제 3 판

Melsec-Q PLC를 활용한

생산자동화 (MPS) 제어실습

(생산자동화기능사 예제 포함)

오 선 일 저

B.C.Info

Prologue

오늘날 정부에서는 **스마트 팩토리 구축을 위한 다양한 형태의 정책 지원**을 하고 있다. 정부에서는 '제조업 혁신 3.0 전략'에서 중소기업 스마트 제조혁신 전략, AI·데이터 기반 중소기업 제조혁신 고도화 전략, '제조업 르네상스 비전 및 전략' 등 과거의 양적 성장을 중시하고 선진국을 뒤쫓는 풍토에서 벗어나 혁신선도형 제조강국을 실현하는데 중점을 두고 있다. 국내 스마트제조 정책은 주로 중견·중소기업의 스마트공장 보급과 확산에 중점을 두고 진행되고 있으며, 스마트공장 구축상황과 디지털전환 트렌드에 대응한 신규목표를 제시하여 국가 경쟁력 강화에 노력하고 있다.

자동제어 분야를 처음 배우는 학습자들은 다양한 형태의 제어요소(램프, 실린더, 모터 등)와 제어기기(PLC, PC, 마이크로프로세서 등)는 물론이고 급격히 변화하는 제어기술 발전으로 많은 어려움을 호소하고 있다. 그런데 다양한 자동제어 요소의 제어기술이 필요하지만, **제어의 핵심 요소는 PLC제어**라 할 수 있다.

저자는 "천리길도 한걸음부터"라는 속담에서와 같이 제어의 핵심 요소인 PLC제어의 기초를 탄탄히 다지기 위해, 아래의 목표를 두고 집필하였다.

Ⅰ. 현재 자동제어 분야에서 가장 널리 사용되고 있는 Melsec PLC 선정
Ⅱ. 제어의 기본인 시퀀스제어를 바탕으로한 PLC제어 연계
Ⅲ. PLC제어에서 자주 사용되는 시퀀스 명령, 기본명령, 응용명령 등을 각종 입/출력 장치를 활용한 실습을 통해 배울 수 있도록 제작
Ⅳ. GX-Works2의 설치에서부터 프로그램 입력, 디버깅, 동작 모니터링까지 이해하기 쉽게 제작
Ⅴ. 각 실습에 맞추어 다양한 입/출력장치의 실제 결선방법을 사진으로 설명

이 교재를 통해 PLC제어를 공부하는 학생, 전문 기술인을 꿈꾸는 현장 기술자들에게 조금이나마 도움이 되길 바라며, 당신의 꿈이 이루어지길 기원한다.

저자 씀

CONTENTS

1 PLC 기초 (이론)

1.1 PLC의 출현 배경

산업전반의 생산 패러다임이 생산자 중심의 소품종 대량생산에서 소비자 중심의 다품종 소량 생산으로 변하면서, 간단한 수정과 변경으로 다양한 제품을 생산할 수 있는 자동제어 설비 기술이 요구되고 있다. 또한 생산성 향상, 품질향상, 작업의 안정성, 원가 절감 및 인원관리의 효율성을 위해 공장 자동화가 산업 전반에 확대되기 시작하였다.

1980년대 초기 자동화 분야에서는 단위 기계의 자동화로 인해 대부분 제어시스템의 회로도를 따라 릴레이, 푸시버튼스위치, 타이머, 카운터 등을 직접 접속하여 사용하였다. 하지만 이러한 자동화는 다품종 소량생산 체제에 따른 제어 시스템의 변경에 많은 시간과 비용이 요구되었으며, 장비의 거대화, 복잡화, 고급화 등으로 릴레이 시퀀스와 무접점 시퀀스로서는 적용이 용이하지 못했고 확장하여 사용하는데도 많은 한계를 가지고 있었다.

1990년 이후 자동화의 흐름은 주문, 생산, 검사, 출하 등에 이르는 전반적인 제어 및 관리를 실행하는 방향으로 발전되었으며, 오늘날 치열한 국가간 경쟁에서 유리한 기술 우위를 점유하기 위하여 공장 자동화는 이제 국가 또는 기업에서 선택이 아니라 필수가 되었다.

[그림 1-1] 공장자동화 시스템 구축 〈출처: 에세터크놀로지 CPS〉

1.2 PLC의 등장

자동화분야 시퀀스 제어의 도입 단계에서는 릴레이Relay가 주로 사용되었으며, 이후 반도체 기술 발전과 함께 무접점 회로TR가 사용되기 시작하였다. 유접점회로가 무접점회로에 비해 단순하고 저렴하다는 장점을 가지고 있으나, 제어환경, 사용 수명, 회로 변경의 용의성 등을 비교하였을 때, 유접점 회로의 사용이 축소되고 무접점 회로가 이를 대체하게 되었다.

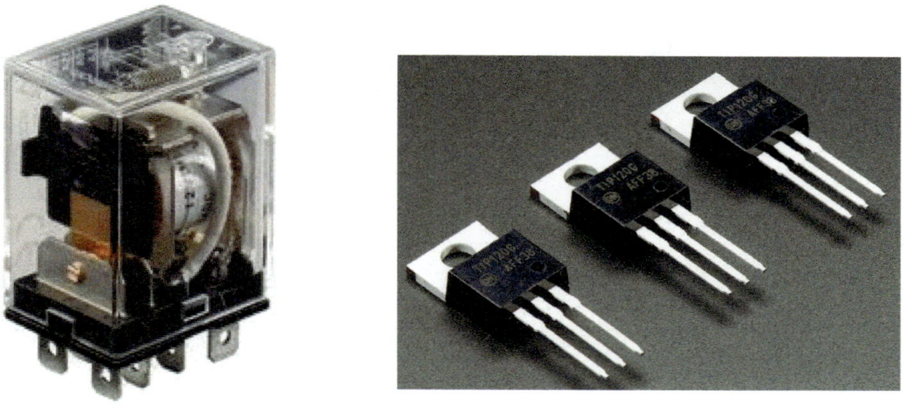

(a) 유접점 회로(릴레이)　　(b) 무접점 회로(TR)

[그림 1-2] 유접점/무접점 회로의 특징

[표 1-1] 유접점 회로의 문제점

NO	문제점
1	시퀀스 회로를 작성하고 결선 후 실제 기계를 동작시켜야 제대로 동작 된 것인지를 알 수 있으며, 동작상태 변경에 따라 현장에서 변경이 빈번하다.
2	초기 제작시, 또는 생산시스템의 변경에 따라 시퀀스 회로를 외부에 노출 시키게 된다.
3	제작단계의 공정상 완벽한 시퀀스 회로 설계, 각종 부품 구매, 검사, 시험, 결선도 작성, 현장 시운전 등 여러 단계를 거치게 되어 작업시간이 장기화가 요구된다.
4	기술발전의 고도화 및 설비의 거대화 되고 있으며, 이에 따라 제어에 사용되는 릴레이 개수도 많아지고 릴레이 접촉 신뢰성의 한계로 인하여 빈번한 고장이 발행하였다.

유접점 제어는 위 표와 같은 문제점이 있었다. 현장 장비에 연결하여 동작을 확인하기 전까지는 프로그램의 확정이 어려우며 이로 인한 현장에서의 수정변경이 많아지게 되었다. 기존 소품종 대량생산에 비해, 현재의 자동화시스템은 다품종 소량생산으로 생산기술이 발전되고 있으므로

시스템 변경이 빈번해 짐에 따라 결선의 변경이나 시스템 전체의 새로운 제작이 이루어져야 하는 구조적 어려움을 가지고 있다.

1969년 GMGeneral Motors이 자동차의 조립라인에 사용할 시퀀스 제어의 문제점을 해결한 새로운 제어장치를 구매하기 위하여 표 1-2와 같은 제어장치 10대 조건을 명시했다. 이 10대 조건이 PLC의 출현의 결정적인 동기가 되었다.

1969년부터 미국의 알렌브레들리AB와 모디콘사에 의해 마이크로프로세서Microprocessor 기능을 갖춰 10가지 조건을 충족시키는 새로운 형태의 제어기가 개발되었다. 70년 중반에는 여러 개의 프로세스를 사용한 PLC가 등장하였으며 원격 입/출력 모듈도 등장하였다.

[표 1-2] 제어장치가 갖추어야 할 10대 조건

NO	문제점
1	프로그램 작성 및 변경이 용이할 것
2	보수 및 수리가 간단할 것
3	릴레이 제어반보다 신뢰성이 높을 것
4	릴레이 제어반보다 소형일 것
5	출력 DATA는 중앙 통제장치에 연결되어 있을 것
6	릴레이식 제어반보다 가격이 낮을것
7	입력은 AC115V를 받을 수 있을 것
8	출력은 최대 2A, 115V AC 일 것
9	확장이 가능할 것
10	메모리는 최대 4K Word까지 확장될 것

[그림 1-3] MODICON 084, 세계 최초의 PLC

1.3 PLC의 발전과정

[표 1-3] PLC의 발전 과정

연도	주요 발전과정
1968	Programmable Controller의 개념 정리
1969	Hardware CP.1K의 메모리,128개의 I/O점수에 논리연산 기능을 갖는 Controller개발
1974	타이머, 카운터, 산술연산 기능과 12K의 메모리,1024개의 I/O 점수를 갖고 여러 개의 Processor를 사용한 PLC등장
1976	Remote I/O 모듈 개발
1977	Micro Processor를 CPU를 채택한 PLC개발
1980	지능형(Intelligent) I/O모듈과 고기능 통신장치 개발, 소프트웨어 다양화 프로그래밍 장치로서 개인용 컴퓨터 사용
1983	저가의 소형 PLC 출시
1985	PLC, 컴퓨터, CNC, Robot등을 분산 형 계층제어 시스템(Distributed Hierarchical Control System)의 추세로 발전

PLC는 위 표와 같이 발전해 왔으며, 설비가 자동화되고 고도의 능률화를 요구함에 따라 PLC의 적용 범위는 확대되고 있다. 특히 공장 자동화와 FMSFlexible Manufacturing System는 고기능화, 고속화로 변화되는 추세로 소규모 생산 시스템에서 대규모 자동화 시스템에 이르기까지 수많은 산업에 적용되고 있다.

PLC가 적용되고 있는 대표적인 산업 분야는 아래의 표에서 확인할 수 있다.

[표 1-4] PLC의 적용분야

적용분야	제어 대상
식료 산업	컨베이어 총괄 제어, 생산라인 자동제어
제철제강 산업	압연라인 제어, 원료수송 제어, 하역운반 제어, 작업장 하역제어
섬유, 화학공업	원료 수입 출하 제어, 직조염색라인 제어
자동차 산업	전송라인 제어, 자동조립라인 제어, 도장라인 제어, 용접기 제어
기계 산업	산업용 로봇제어, 공작기계 제어, 송배수 펌프 제어
상하수도	정수장 제어, 하수처리 제어, 송 · 배수 펌프 제어
물류 산업	자동창고 제어, 하역설비 제어, 반송라인 제어
공해 방지사업	쓰레기소각로 자동제어, 공해방지기 제어
공장 설비	압축기 제어

1.4 PLC의 규격화 및 정의

(1) PLC의 규격화

1970년대 초부터 NEMA(미국), GRAFSET(프랑스), DIN(독일), MIL(미국) 등 지역별로 PLC의 규격화를 진행하여 왔으나, 1979년 IEC에서 Working Group의 결성으로 IEC의 주도하에 규격화 작업이 시작되었고, 현재 상당 부분이 규격화되었다.

① PART1

일반 정보로 PLC의 일반적인 요구기능 및 용어를 정의하고 있으며 규격이 완성되어 있다.

② PART2

장치의 요구기능 및 테스트 조건Equipment and test requirements에 대해 정의하고 있으며 규격이 완성되어 있다. PLC의 신뢰성 보장 및 하드웨어 기능의 규격화 등에서 PLC 기능 및 품질보증이 매우 중요한 의미를 가지고 있다.

③ PART3: 프로그램 언어 Programming Languages

PLC에 사용되는 사용자 언어에 대하여 정의하고 있으며, 프로그램 언어의 표준화를 통해 사용자의 소프트웨어 작성 기술, 작성된 소프트웨어 자산화의 극대화를 도모하고 있다. 이 규격은 IEC1131중 핵심이 되는 부분으로 92년 완성되어 규격으로 제정되었다.

④ PART4: 사용자 지침 User Guidelines

PLC의 사용자들이 시스템을 구축할 때 주의해야 할 점들에 대하여 규격화하고 있으며, CDCommittee Draft 도큐먼트가 완성되었다.

⑤ PART5: 통신 Messaging Service

시스템의 통일된 네트워크에 대하여 정의하고 있으며, 최후에는 타 기기와의 통신도 중간 매개체 없이 직접 제어가 가능할 수 있도록 규정하고 있다. IEC-1131규격은 일본에서도 이미 JIS규격(JIS B3500, B3501, B3502)으로 채용되었다.

(2) PLC의 정의

미국전기제조협회(NEMA National Electrical Manufacturers Association)는 1976년 규격에서 PLC 정의를 "각종 기계나 프로세서 등의 제어를 위해 로직, 시퀀스, 타이머, 카운터 및 연산기능을 내장하고 있으며 프로그램을 작성할 수 있는 메모리를 갖춘 제어장치"라고 하였다.

PLCProgrammable Logic Controller는 기존의 제어반Control panel에서 사용하던 릴레이, 타이머, 카운터 등을 IC, 트랜지스터 등의 반도체 소자로 대체시켜 시퀀스 제어 기능에 연산 기능을 추가하여 프로그램 제어가 가능하도록 한 범용 제어 장치이고 산업용 컴퓨터라 볼 수 있다.

1.5 PLC의 특징

(1) 쉬운 소프트웨어

PLC는 기존에 사용하던 릴레이, 타이머, 카운터 등을 IC, 트랜지스터 등의 반도체 소자로 변경한 장치로, 기존 릴레이 사용자라면 특별한 전문교육을 받지 않아도 쉽게 다룰 수 있는 소프트웨어이다. 내부의 직렬동작 프로그램이 외부의 병렬동작으로 대응되기 때문에 외부동작이 쉽게 내부동작으로 변환된다.

(2) 보수의 용이성

PLC를 사용한 시스템은 내부 동작 프로그램을 쉽게 변경할 수 있고, 실행상태를 종래의 시퀀스 제어기술로 쉽게 파악할 수 있기 때문에 현장에서 쉽게 유지보수할 수 있다.

프로그래머가 하드웨어 또는 소프트웨어의 보수 및 모니터링을 용이하게 할 수 있는 디버그 debug 기능을 구비하고 있다.

(3) 프로세스 직결성

외부기기와 CPU의 중간에 입출력이 위치하고 있으며, 이 입출력은 외부신호를 논리레벨로 변환하고, CPU로부터 논리레벨을 외부신호로 변환하는 기능을 갖는다.

(4) 배선 및 설치의 용이성

릴레이 제어반에 비해 납땜과 결선 작업이 적어 쉽게 처리할 수 있다.

(5) 컴팩트한 규격

반도체 사용으로 설치 면적이 줄었다.

(6) 반영구적인 수명

호환성이 결여되며 가격이 비싸지만, 유접점 릴레이에 비해 신뢰성이 높고, 수명이 길다.

(7) 컴퓨터와 PLC의 비교

[표 1-5] 컴퓨터와 PLC의 비교

구분		컴퓨터	PLC
하드웨어	입력	키보드, 마우스, 스캐너	스위치, 센서
	출력	프린터, 모니터	릴레이, 모터, 표시램프, 카운터, 타이머
	구조	약전	강, 약전
	목적	연산, 데이터 처리, 통신	기계장치의 제어
	사용장소	사무실, 공장 제어실	공장 등 산업 현장
소프트웨어	사용자	오퍼레이터, 프로그래머	현장 작업자
	프로그램 언어	컴퓨터 언어	시퀀스 회로를 중심으로 한 언어

(8) PLC와 릴레이 제어반의 비교

[표 1-6] PLC와 릴레이 제어반의 성능 비교

구분	PLC	릴레이 제어반
제어 방식	소프트웨어에 의해 제어되는 소프트 로직	부품의 배선에 의해 제어 로직이 결정되는 하드웨어 로직
제어 기능	릴레이(AND, OR, NOT등) 업 다운 카운터 시프트 레지스터 산술 연산, 논리연산 전송	릴레이(직병렬에 의한 AND, OR), 타이머, 프리셋 카운터 등 (고기능, 대규모 제어를 소형으로 실현)
제어 요소	무접점(높은 신뢰성, 긴 수명, 고속제어)	유접점(제한된 수명, 저속제어)
제어 내용 변경	프로그램 변경만으로 제어 가능	하드웨어 모든 배선 철거 및 재시공
보전성	보수가 용이하고, 높은 신뢰성 유지,	변경에 따른 보수 및 수리 곤란
확장성	확장이 빠르고 용이하며, 컴퓨터와 연결을 통한 작업정보를 송수신 가능	시스템 확장이 매우 어려움
크기	소형화 가능	소형화가 곤란

1.6 PLC의 구성요소

PLC는 시퀀스제어를 소프트웨어로 처리하기 위해 제어장치를 컴퓨터와 비슷하게 만들어 외부의 입출력장치를 편리하게 연결하여 제어할 수 있고, 래더다이어그램LD 언어를 이용한 시퀀스제어를 할 수 있도록 설계하였다.

그 구성을 살펴보면 시퀀스 제어 프로그램을 보관하고 처리할 수 있는 중앙 프로세서(메모리+연산처리장치=CPU), 입력/출력장치, 전원급장치, 기타 외부기기(주변장치) 또는 다른 컴퓨터나 PLC 등과 데이터를 송수신할 수 있는 통신장치 그리고 이 모든 동작을 제어하는 내부 제어 소프트웨어로 구성되어 있다. 이를 간단하게 보면 다음 그림과 같다.

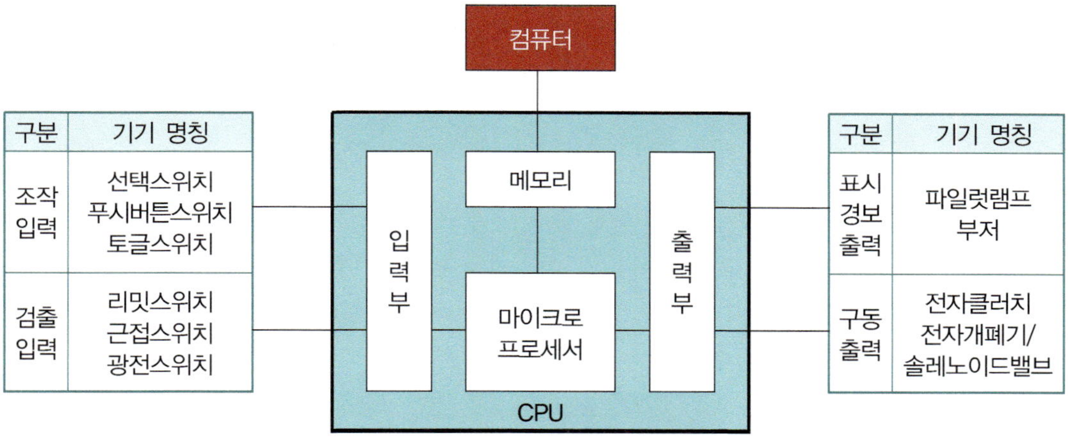

[그림 1-4] PLC의 구조

(1) 프로세서

프로세서Processor는 PLC의 핵심으로서, PLC의 모든 동작을 제어하기 위한 **중앙연산장치CPU부**와 실행 프로그램/사용자 프로그램 및 연산 데이터 저장을 위한 **메모리부**, 외부 입출력 장치를 스캔하기 위한 **입출력 인터페이스 회로부**, 외부장치와 통신하기 위한 **통신 회로부**가 있다. 이외에 Watch dog timer, Real time clock 프로세서, 상태표시 회로부, 메모리 에러를 Check하는 회로부 등의 기타 회로들이 있다.

① 중앙연산 처리장치CPU

마이크로프로세서로 사용한다. 마이크로프로세서는 프로그램 및 입력/출력 모듈로부터 입력을 받고, 입력에 들어있는 데이터를 조작하여 출력을 만들어 그 결과를 내보내는 기능을 하게 된다.

② 메모리부Memory

메모리부는 PLC 내부 동작을 제어하기 위한 실행 프로그램과 필요한 데이터를 저장하기 위한 시스템 메모리, 사용자 프로그램과 데이터를 저장하기 위한 사용자 메모리로 구성된다.

메모리는 보통 EPROM을 사용하며, 실행 프로그램을 저장하는 실행 프로그램 메모리는 입력/출력 스캔, 명령실행, 통신 등에 사용되는 데이터를 소프트웨어에 저장한다.

시스템 데이터 메모리는 보통 RAM을 사용하며, 실행 프로그램이 동작하기 위해서 필요한 영역으로 실시간 데이터, 스택 영역, 통신버퍼 등이 사용되고 있다.

사용자 메모리는 사용자가 작성한 프로그램, 래더 다이어그램 프로그램이 저장되는 메모리(RAM, EPROM, EEPROM)로 사용되고, 보통 교환하여 사용할 수 있도록 팩PACK으로 만들어진다.

사용자 데이터 메모리는 입력/출력 상태 데이터, 타이머/카운터 등의 설정치PRESET VALUE 및 현재치ACCUMULATE VALUE 데이터, 출력상태 또는 각종 데이터를 저장하기 위한 메모리이며, 일반적으로 RAM이 사용된다.

③ 입출력 인터페이스 회로부

입출력 인터페이스 회로는, 입력/출력 장치 동작 상태를 CPU가 데이터로 전송하기 위해 필요한 어드레스(DECODE 회로와 데이터 버스버퍼)로 구성되어 있다. 이러한 인터페이스 회로에 따라 입력/출력 장치의 어드레스 지정 방식이 결정된다.

④ 통신회로부

통신회로부는 외부 프로그래밍 장치와 리모트 입출력, 데이터 하이웨이, 근거리 통신망 LANLocal Area Network, 컴퓨터 등을 통신 연결을 위한 회로이다. 리모트 입력/출력과 데이터 하이웨이 등의 LAN 인터페이스는 PLC 공급자에 따라 다른 사양을 사용하며, 프로그램 장치와 컴퓨터 인터페이스 등은 RS-232C, RS-422 RS-485 등의 EIAElectronic Industries Association 표준을 사용한다.

⑤ 입력/출력 장치

입력/출력 장치는 입력기기에서 사용되는 다양한 입력신호(ON/OFF, 아날로그 등)를 프로세서가 처리할 수 있는 신호로 변환하여 전송하는 것이다. 출력장치는 사용자 프로그램의 명령에 의하여 제어 대상(램프, 모터, SOL밸브 등)을 동작시킨다.

현장 동작 신호가 PLC 내부의 신호로 바로 사용될 수 없으므로, 입력/출력 장치는 신호변환, 잡음제거, 현장 동작 신호와 PLC 내부 데이터와의 절연회로 등을 포함하고 있다.

입력/출력 장치는 크게 디지털 입력/출력, 아날로그 입력/출력, 특수기능INTELLIGENT 입력/출력 장치로 구분할 수 있다. 디지털 입력장치TTL, DC24V SINK, DC24V SOURCE, 아날로그 입력장치(AC110V, AC220V)가 있고 디지털 출력 장치RELAY, TRANSISTOR, SSR, TTL가 있다. 아날로그 입력/출력 장치는 아날로그 입력/출력, 측온저항체 입력, 열전대 입력 등으로 구분된다.

특수기능 입력/출력 장치는 입출력 장치 내에 프로세서를 포함하여 다기능을 처리할 수 있는 장치이며, 엔코더의 출력을 계측하기 위한 고속 카운터 장치, 스텝모터나 DC 서보모터 등을 제어하기 위한 위치결정제어장치, 프로세서를 제어하기 위한 비례/미분/적분PID 제어장치, 베이직 프로그램을 처리할 수 있는 BASIC 장치 등 여러 가지 특수기능의 장치들이 있다.

⑥ 전원 공급 장치

전원공급 장치는 일반적으로 프로세서와 각 입출력 장치들에 전원을 공급하기 위한 장치이다. 형식에 따라 섀시 내장형, 섀시의 슬롯에 장착하는 슬롯형과 별도로 설치하는 별도 장치형이 있다.

⑦ 통신 장치

통신 장치는 CPU 모듈에 내장되는 경우와 별도의 장치로서 설계되는 경우가 있다. 별도의 장치로 설계되는 경우도 통신회로부에서 설명한 통신회로 기능과 동일한 기능을 수행한다. 일반적으로 리모트 입출력, 데이터 하이웨이 등과 같이 LAN 인터페이스 장치, 컴퓨터 인터페이스 장치 등이 있다.

⑧ 입출력 섀시

입출력 섀시는 일체형인 경우에는 필요가 없으나, 각각이 장착 모듈화(프로세서, 입출력 장치, 전원공급장치, 통신 장치 등)된 모듈형인 경우에는 각종 모듈을 쉽게 장착, 탈착하기 위하여 필요하다.

⑨ 프로그래밍 장치와 주변기기

프로그래밍 장치는 프로그램 작성, 디버깅, 모니터링, PLC의 보수 등에 사용된다. 주변기기로는 MMIMan Machine Interface 장치, 롬라이터, 플로피디스켓, 프린터 등이 있다.

1.7 PLC의 종류

현재 전 세계에서 다양한 브랜드의 PLC가 생산되고 있으며, 대표적인 PLC 생산국과 모델명은 아래 표와 같다.

[표 1-4] PLC의 종류

<table>
<tr><th>생산 국가</th><th>모델명</th></tr>
<tr><td>한국</td><td>LS일렉트릭
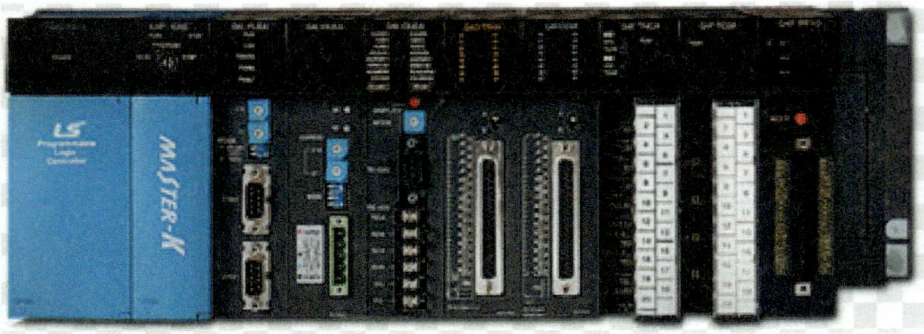

[그림 1-5] Master K Series

[그림 1-6] GLOFA GM Series

[그림 1-7] XGT Series</td></tr>
</table>

미국

[그림 1-8] Allen-Bradley Unites States

[그림 1-9] General Electric RX3i

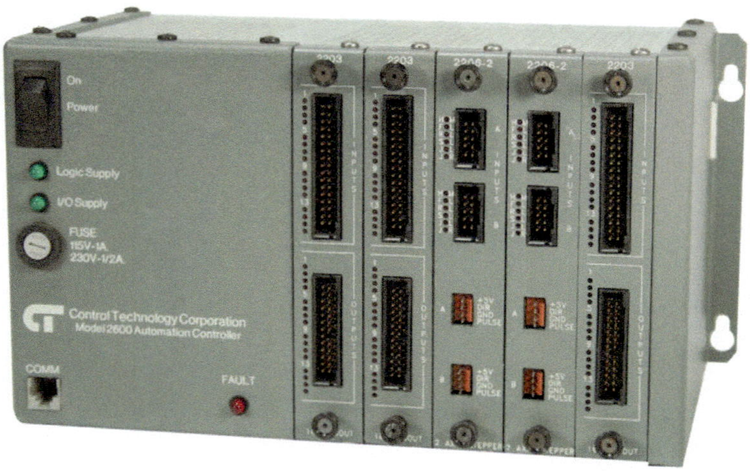

[그림 1-10] Control Technology Inc CTI Series

독일

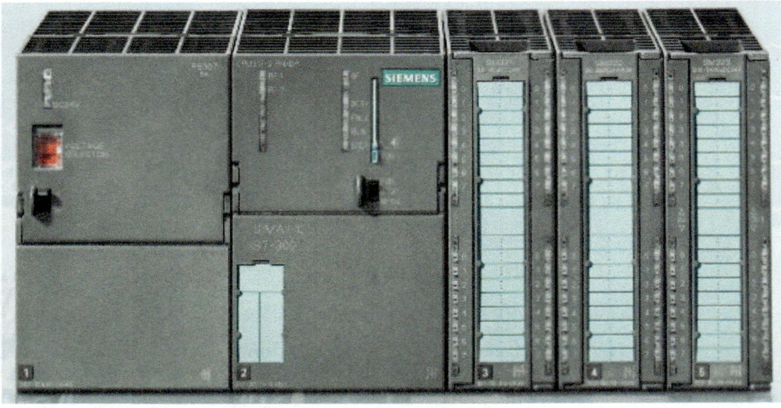

[그림 1-11] Siemens s7 series

[그림 1-12] ABB AC5000 PLC

일본

[그림 1-13] Melsec Q Series

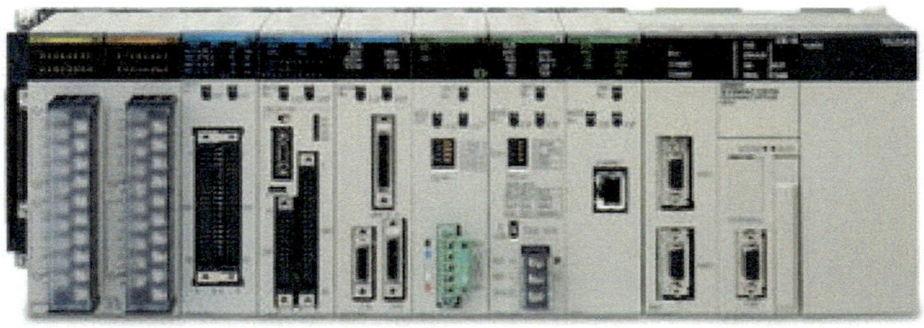

[그림 1-14] Omron CS1G/H Series

2 Melsec PLC (이론)

2.1 Q 시리즈 PLC의 개요

(1) Q 시리즈의 특징

Melsec-Q 시리즈 PLC는 국내 자동화 분야(반도체 장비, 자동차, 로봇, 등)에서 매우 높은 비율로 사용되고 있다. 생산실적, 이력 트레이스 관리 등 대량의 생산정보를 취합하여 고속의 데이터 처리를 통해 생산성 향상을 달성하고 있다.

시장 요구에 대응하기 위해 등장한 Melsec Q 시리즈는 나노영역에서 고속의 기본 명령 처리에 의해 생산 공정에서 기계장치의 성능 및 퍼포먼스를 비약적으로 향상시켜 나가고 있다.

Melsec PLC는 다음과 같은 장점이 있다.

① 택-타임 단축
② 어려운 품질관리 요구에 대응
③ 대형화 · 다양화 · 복잡한 설비 장치 대응
④ 방대한 데이터 · 생산관리 데이터 처리 대응
⑤ 제품 사이클 단축에 대응
⑥ 생산설비 가동률 향상

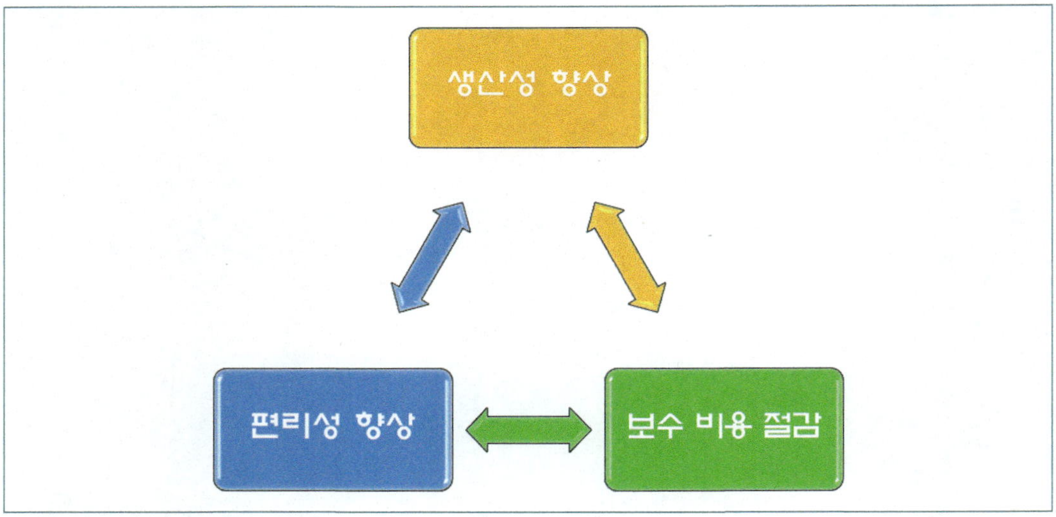

[그림 2-1] Melsec PLC의 특징

2.2 Q 시리즈 유니버설 모델 CPU

(1) PLC에서 CPU란

인간에 비유하면 두뇌의 역할로 컴퓨터에서 CPU와 유사하다.

PLC의 중앙처리장치로 마이크로프로세서[1] 및 메모리[2]를 중심으로 구성되어 있다.

시퀀스 프로그램 실행과 멀티 CPU 간 고속통신(0.88ms)의 병렬 처리에 의해 고속제어 실현이 가능하며, 고속통신 주기는 모션제어에 동기하고 있다.

모션 제어의 성능도 기존 제품에 비해 2배 향상되어 고속 · 고정밀 제어가 가능하다.

[그림 2-2] Melsec PLC CPU]

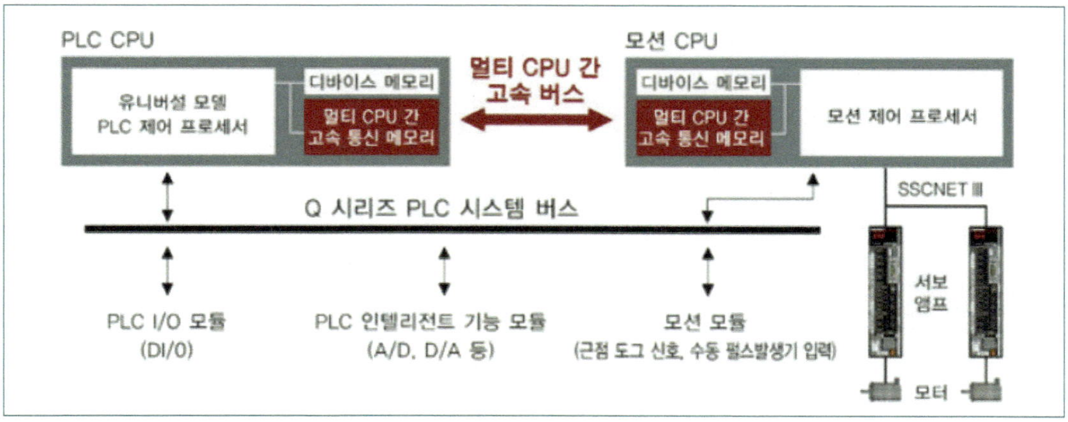

[그림 2-3] 멀티 CPU 간 고속 통신제어

---

1) 마이크로프로세서(연산부) : 메모리에 저장되어 있는 프로그램을 처리하여 사용자가 요구하는 기능을 수행하는 기능

2) 메모리 : ROM(사용자 프로그램 저장)과 RAM(CPU 처리 데이터 저장)

(2) 초고속 처리에 의한 택-타임 단축

대규모화 되고 복잡해지고 있는 생산 시스템에서 기본연산처리속도(택-타임) 단축은 매우 중요하며, 필수적이다.

연산 처리 속도(LD 명령) 1.9ns의 혁신적인 택-타임 단축을 실현하여 초고속 처리를 할 수 있다. 또한, 연산 성능 향상에 의한 스캔 타임 단축 결과 데이터 처리의 정밀도 및 불균형을 억제할 수 있다. 또한, 마이컴 보드에 의해서만 가능했던 고속 제어도 PLC에서 구현이 가능하다.

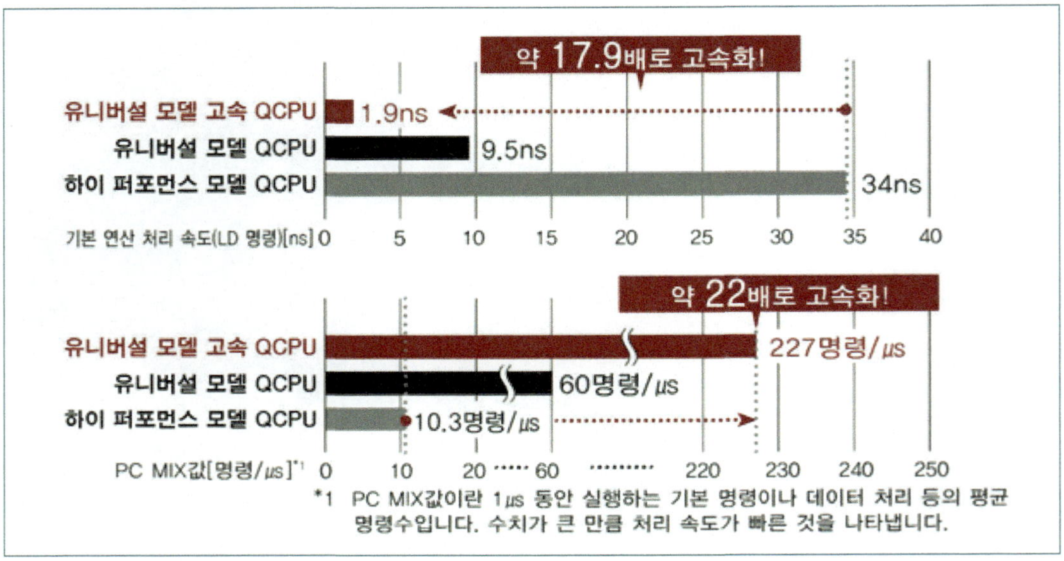

[그림 2-4] CPU의 텍-타임 고속화

(3) 고정 스캔 인터럽트 간격의 단축에 의한 장치의 고정밀화

프로그램을 스캔하여 실행할 때 고정 스캔 인터럽트 프로그램의 최소 간격을 100μs로 단축하여 외부 또는 내부에서 발생되는 고속 신호를 확실히 수신할 수 있도록 하여 장치의 고정밀 제어가 가능하다.

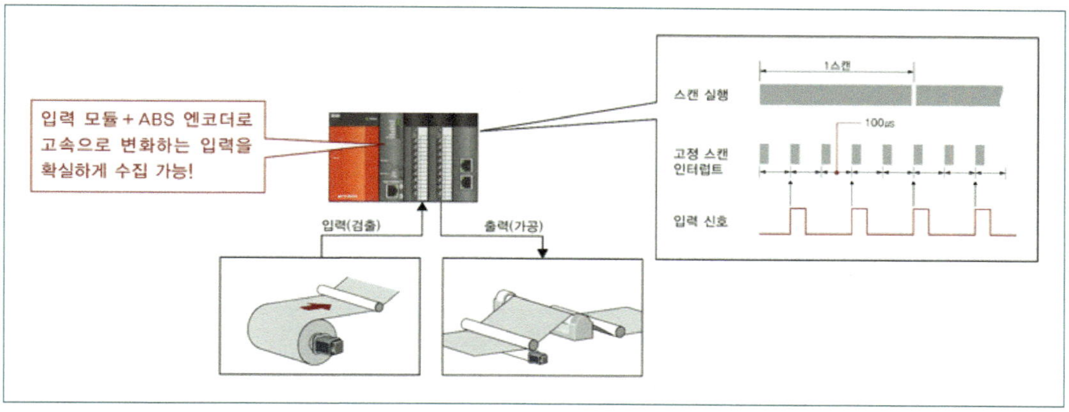

[그림 2-5] CPU의 인터럽트 타임 단축

(4) 대용량 메모리 제공

기존에는 표준 RAM과 SRAM 카드의 파일 레지스터 영역에 대해 연속해서 액세스하지 못하고 프로그래밍 시 각 경계를 의식해야만 했다.

유니버설 모델 고속 QCPU는 8MB의 확장 SRAM 카세트를 장착하여, 표준 RAM을 최대 4736K워드 연속된 1개의 파일 레지스터로 취급할 수 있으므로 프로그래밍이 용이하다. 디바이스 메모리가 부족한 경우에는 확장 SRAM 카세트를 증설하기만 하면, 쉽게 레지스터 영역을 확장하여 사용할 수 있다.

[표 2-1] PLC 파일 레지스터 용량 비교

형명	Q03UDV	Q04UDV	Q06UDV	Q13UDV	Q26UDV
확장 SRAM 카세트 미사용 시 (표준 RAM 용량)	96K워드 (192KB)	128K워드 (256KB)	384K워드 (768KB)	512K워드 (1024KB)	640K워드 (1280KB)
Q4MCA-1MBS(1MB) 사용 시	608K워드	640K워드	896K워드	1024K워드	1152K워드
Q4MCA-2MBS(2MB) 사용 시	1120K워드	1152K워드	1408K워드	1536K워드	1664K워드
Q4MCA-4MBS(4MB) 사용 시	2144K워드	2176K워드	2432K워드	2560K워드	2688K워드
Q4MCA-8MBS(8MB) 사용 시	4192K워드	4224K워드	4480K워드	4608K워드	4736K워드

(5) SD 메모리 카드 채택

유니버설 모델 고속 QCPU는 SD 메모리 카드를 채택하여, SD 메모리 카드 슬롯이 있는 PC 등과 자유롭게 데이터 교신을 실행할 수 있다.

또한 SD 메모리 카드, 확장 SRAM 카세트의 동시 사용도 가능하며 이에 따른 확장 SRAM 카세트에 대한 파일 레지스터의 확장 및 SD 메모리 카드에 의한 로깅 및 대용량의 코멘트 데이터 저장, 메모리 카드에서의 부팅 운전 등이 동시에 실행 가능하다.

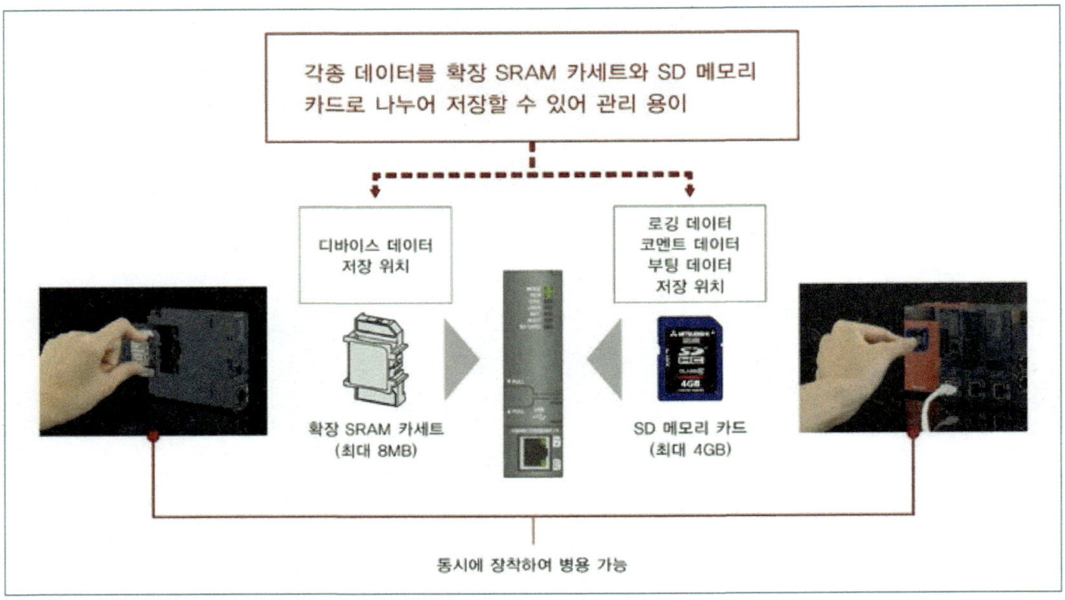

[그림 2-6] SD 메모리 카드 저장용량 증가

(6) CPU 모듈 선정 방법

PLC에서 CPU의 선정은 매우 중요하다. 사용자가 구축하고자 하는 자동화 장비의 능력에 따라 알맞은 CPU 선정이 필요하며, ① 메모리 용량, ② 대응방식, ③ 고속처리 실현 등을 고려하여 선정하여야 한다.

Q 25 PR H CPU (① 25, ② PR, ③ H)

① 프로그램 용량
- 00: 8K 스텝
- 01: 14K 스텝
- 02: 28K 스텝
- 06: 60K 스텝
- 12: 124K 스텝
- 25: 252K 스텝

② 대응방법
- P: 계장 대응 CPU
- R: 이중화 전용 CPU
- J: 전원, 베이스 일체형 CPU

③ H: 고속타입

[그림 2-7] CPU 선정 주요내용

2.3 Q 시리즈 전원 모듈

(1) 전원 모듈

외부로부터 전원을 공급받아 PLC 베이스에 장착된 모듈에 전원을 안정적으로 공급하는 전원 장치이다.

[그림 2-8] Melsec PLC 전원

(2) 전원 모듈의 특징

[그림 2-9] Melsec PLC 전원 단자의 역할

① 외부전원 입력단자 : 외부 전원을 PCL에 전원을 공급할 수 있도록 연결하는 단자 AC 100~240V(+10%, -15%), 50/60Hz(±5%)

② LG(Line Ground) : 장치와 장치 상호 회선간 Ground 연결 시 사용

③ FG(Frame Ground) : 금속외함, 섀시 등 모든 회로의 Earsh(대지)에 직접 연결하는 기준전위

④ PLC 내부에서 외부(센서, 릴레이 등) 장치에 전원을 출력해 주는 단자

⑤ FG와 LG의 접지단자에 ERR가 발생하였을 때 외부로 전원을 출력해 주는 단자

①②③

Q 6 4 R B

① Analog module ② 출력전압

❍ 1: AC 100V~240V → DC 5V(6A)

❍ 2: AC 100V~240V → DC 5V, 24V(3A, 0.6A)

❍ 3: DC 24V→ DC 5V(5A)

❍ 4: AC 100V~240V → DC 5V(8.5A)

③ R: 이중화 전원 타입

[그림 2-10] Melsec PLC 파워 선정 주요내용

2.4 Q 시리즈 베이스 모듈

(1) 베이스 모듈

PLC의 특수 구성요소인 베이스는 전원모듈, CPU 모듈, 입출력 모듈, 인텔리전트 모듈 등 각종 모듈을 안정적으로 고정하며, 또한 각각의 모듈에 안전적으로 전원을 공급하고 데이터 신호선을 연결하는 역할을 수행한다.

[그림 2-11] Melsec PLC 베이직 베이스 모듈

[표 2-2] Melsec PLC 베이직 베이스 모듈 사양

품명	형명	개요
기본 베이스	Q33B	3슬롯 전원 유닛 장착 필요 Q시리즈 유닛 장착용
	Q35B	5슬롯 전원 유닛 장착 필요 Q시리즈 유닛 장착용
	Q38B	8슬롯 전원 유닛 장착 필요 Q시리즈 유닛 장착용
	Q312B	12슬롯 전원 유닛 장착 필요 Q시리즈 유닛 장착용

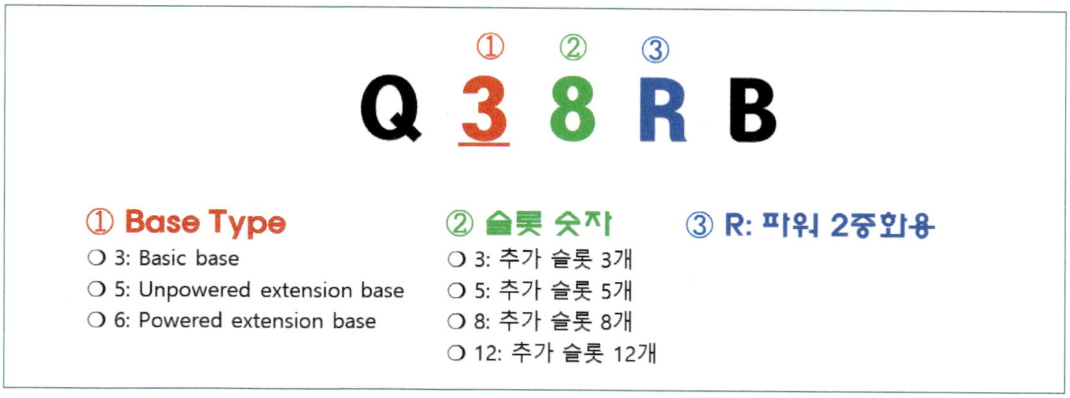

[그림 2-12] Melsec PLC 베이스 선정 주요내용

(2) 증설 베이스 모듈

PLC 시스템을 구축하고자 할 경우, 장착되어야 할 모듈의 수에 비해 베이스 모듈이 부족한 경우 증설 베이스 모듈을 이용하여 증설이 가능하다. 베이스 증설에 있어 주의사항은

① 최대 7개까지 증설이 가능하다.
② 연장케이블은 13.2m 이내로 증설하는 것이 바람직하다.
③ 최대 64개 모듈 장착이 가능하다.

[표 2-3] Melsec PLC 증설 베이스 모듈 사양

품명	형명	개요
증설 베이스	Q65B	5슬롯 전원 유닛 장착 필요 Q시리즈 유닛 장착용
	Q68B	8슬롯 전원 유닛 장착 필요 Q시리즈 유닛 장착용
	Q612B	12슬롯 전원 유닛 장착 필요 Q시리즈 유닛 장착용

2.5 Q 시리즈 입력 모듈

(1) 입력 모듈

외부에서 입력받는 신호(센서, 리밋스위치, 카운터 등)를 CPU에 전송하는 역할을 수행한다.

[그림 2-13] Melsec PLC 입력 모듈

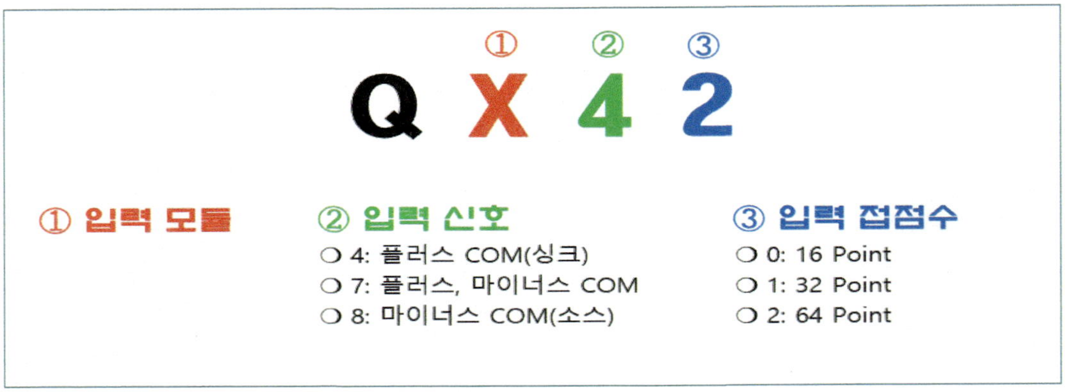

[그림 2-14] Melsec PLC 입력 모듈 선정 주요내용

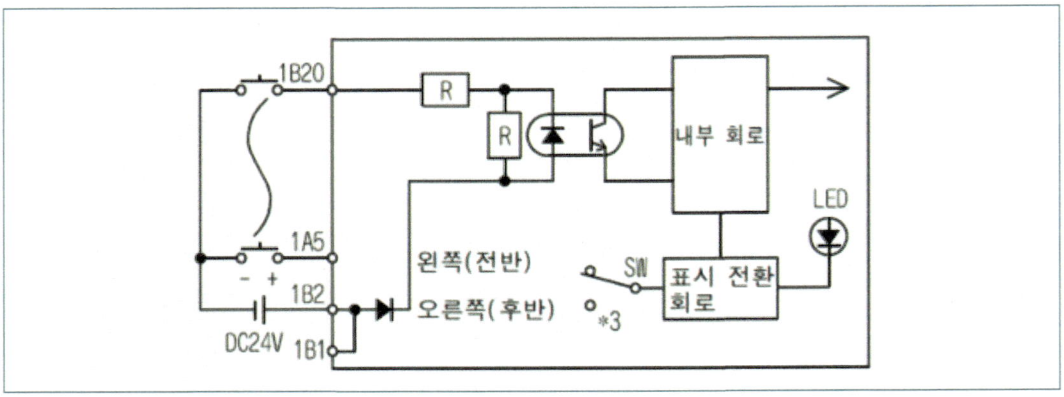

[그림 2-15] Melsec PLC 입력 모듈 내부회로

▌QX42-S1 타입 DC 입력 모듈(플러스 코먼 타입)

형식 사양			DC 입력 모듈(플러스 코먼 타입) QX42-S1					정면 모양
입력 점수			64점					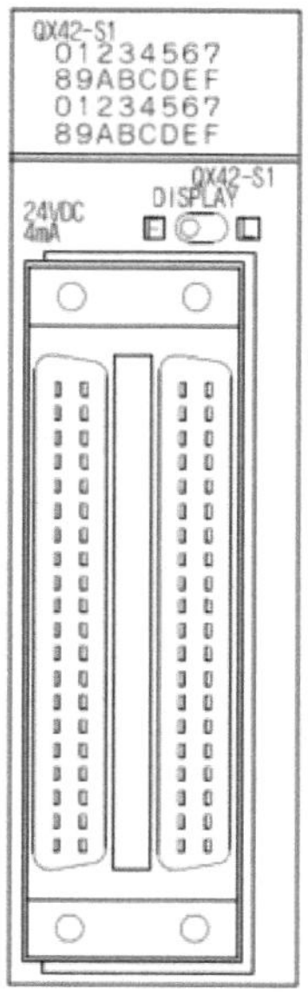
절연 방식			포토커플러 절연					
정격 입력 전압			DC24V(+20/-15%, 리플율 5% 이내)					
정격 입력 전류			약 4mA					
입력 딜레이팅			딜레이팅도 참조					
ON 전압 / ON 전류			19V 이상 / 3mA 이상					
OFF 전압 / OFF 전류			9.5V 이하 / 1.5mA 이하					
입력 저항			약 5.6kΩ					
응답 시간	설정값 *3		0.1ms	0.2ms	0.4ms	0.6ms	1ms	
	OFF → ON	TYP.	0.05ms	0.15ms	0.30ms	0.55ms	1.05ms	
		MAX.	0.12ms	0.20ms	0.40ms	0.60ms	1.20ms	
	ON → OFF	TYP.	0.15ms	0.20ms	0.35ms	0.60ms	1.10ms	
		MAX.	0.20ms	0.30ms	0.50ms	0.70ms	1.30ms	
절연 내압			AC560V rms/33사이클(표고 2000m)					
절연 저항			절연 저항계에서 10MΩ 이상					
노이즈 내량			시뮬레이터 노이즈 500Vp-p, 노이즈폭 1μs 노이즈 주파수 25~60Hz의 노이즈 시뮬레이터에 따름					
			First transient 노이즈 IEC61000-4-4:1kV					
보호 등급			IP2X					
코먼 방식			32점 1커먼(코먼 단자:1B01, 1B02, 2B01, 2B02)					
동작 표시			ON 표시(LED) 스위치를 사용하여 32점 표시 전환					
외선 접속 방식			40핀 커넥터					
적합 전선 크기			0.3mm^2(AWG#22) 이하(A6CON1, A6CON4의 경우) *4					
외부 배선 적용 커넥터(별매)			A6CON1, A6CON2, A6CON3, A6CON4					
적합 커넥터/단자대 변환 모듈			A6TBXY36, A6TBXY54, A6TBX70					
온라인 모듈 교환			가능					
멀티 CPU 시스템			대응					
입출력 점유 점수			64점 1슬롯(I/O 할당 : 고속 입력)					
DC5V 내부 소비 전류			0.09A(TYP. 모든 접점 ON)					
외형 치수			98(H)×27.4(W)×90(D)[mm]					
중량			0.18kg					

[그림 2-16] Melsec PLC 입력 모듈 Spec

핀 배열

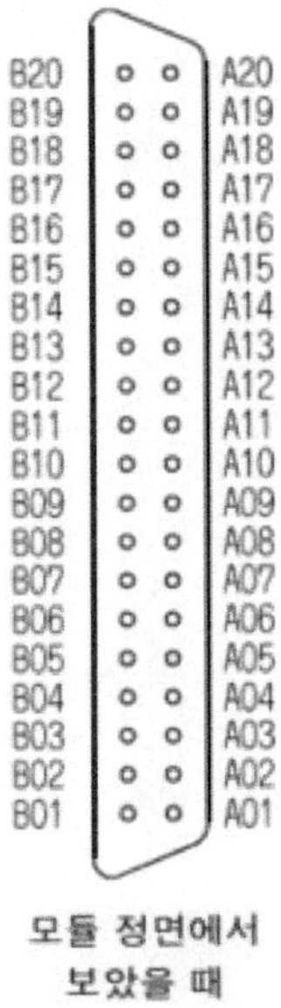

핀 번호	신호명	핀 번호	신호명
1B20	X00	1A20	X10
1B19	X01	1A19	X11
1B18	X02	1A18	X12
1B17	X03	1A17	X13
1B16	X04	1A16	X14
1B15	X05	1A15	X15
1B14	X06	1A14	X16
1B13	X07	1A13	X17
1B12	X08	1A12	X18
1B11	X09	1A11	X19
1B10	X0A	1A10	X1A
1B09	X0B	1A09	X1B
1B08	X0C	1A08	X1C
1B07	X0D	1A07	X1D
1B06	X0E	1A06	X1E
1B05	X0F	1A05	X1F
1B04	공백	1A04	공백
1B03	공백	1A03	공백
1B02	COM1	1A02	공백
1B01	COM1	1A01	공백

[그림 2-17] Melsec PLC 입력 모듈 핀 배열

2.6 Q 시리즈 출력 모듈

(1) 출력 모듈

내부 제어 결과를 외부로 출력하여 각종 엑츄에이터(램프, 실린더, 모터 등)를 동작하게 하는 역할을 수행한다.

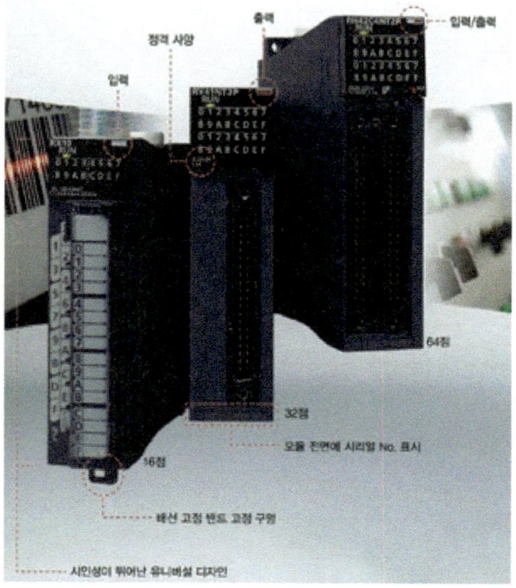

[그림 2-18] Melsec PLC 출력 모듈

Q Y 4 2
(Y = ①, 4 = ②, 2 = ③)

① 출력 모듈

② 출력 신호
- ❍ 1: DC 24V/ AC 240V
- ❍ 2: AC 100~240V
- ❍ 4: DC 12~24V

③ 출력 접점 수
- ❍ 0: 16 Point
- ❍ 1: 32 Point
- ❍ 2: 64 Point

[그림 2-19] Melsec PLC 출력 모듈 선정 주요내용

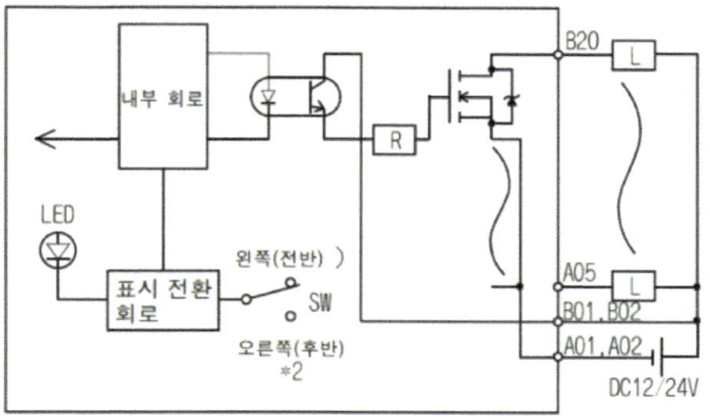

[그림 2-20] Melsec PLC 출력 모듈 내부회로

▌QY42P형 트랜지스터 출력 모듈(싱크 타입)

형식 / 사양		트랜지스터 출력 모듈(싱크 타입)	
		QY42P	정면 모양
출력 점수		64점	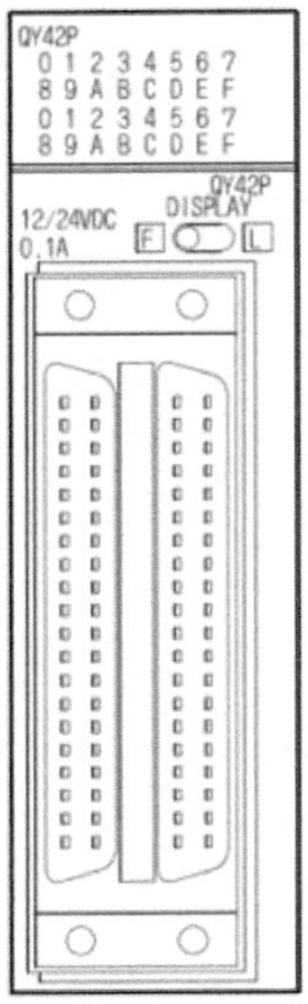
절연 방식		포토커플러 절연	
정격 부하 전압		DC12~24V(+20/-15%)	
최대 부하 전류		0.1A/1점, 2A/1코먼	
최대 돌입 전류		0.7A 10ms 이하	
OFF 시 누설 전류		0.1mA 이하	
ON 시 최대 전압 강하		DC0.1V(TYP.) 0.1A, DC0.2V(MAX.) 0.1A	
응답 시간	OFF → ON	1ms 이하	
	ON → OFF	1ms 이하(정격 부하, 저항 부하)	
서지 킬러		제너 다이오드	
퓨즈		없음	
외부 공급 전원	전압	DC12~24V(+20/-15%)(리플율 5% 이내)	
	전류	0.02A(DC24V 시)/1코먼	
절연 내압		AC560V rms/3사이클(표고 2000m)	
절연 저항		절연 저항계에서 10MΩ 이상	
노이즈 내량		시뮬레이터 노이즈 500Vp-p, 노이즈폭 1μs 노이즈 주파수 25~60Hz의 노이즈 시뮬레이터에 따름	
		First transient 노이즈 IEC61000-4-4:1kV	
보호 등급		IP2X	
코먼 방식		32점 1코먼(코먼 단자:1A01, 1A02, 2A01, 2A02)	
보호 기능		있음(과부하 보호 기능, 과열 보호 기능) • 과열 보호 기능은 1점 단위로 작동합니다. • 과부하 보호 기능은 1점 단위로 작동합니다.	
동작 표시		ON 표시(LED) 스위치를 사용하여 32점 표시 전환 *2	
외선 접속 방식		40핀 커넥터	
적합 전선 크기		0.3mm²(AWG#22) 이하(A6CON1, A6CON4의 경우) *3	
외부 배선 적용 커넥터(별매)		A6CON1, A6CON2, A6CON3, A6CON4	
적합 커넥터/단자대 변환 모듈		A6TBXY36, A6TBXY54	
온라인 모듈 교환		가능	
멀티 CPU 시스템		대응	
입출력 점유 점수		64점 1슬롯(I/O 할당 : 출력)	
DC5V 내부 소비 전류		0.15A(TYP. 모든 접점 ON)	
외형 치수		98(H)×27.4(W)×90(D)[mm]	
중량		0.17kg	

[그림 2-21] Melsec PLC 출력 모듈 Spec

핀 배열	핀 번호	신호명	핀 번호	신호명
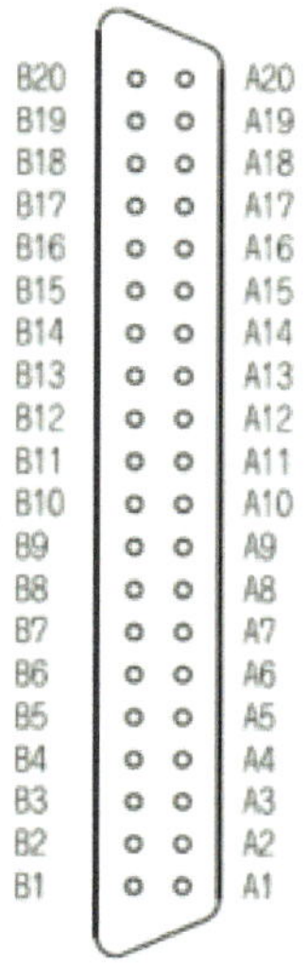	1B20	Y00	1A20	Y10
	1B19	Y01	1A19	Y11
	1B18	Y02	1A18	Y12
	1B17	Y03	1A17	Y13
	1B16	Y04	1A16	Y14
	1B15	Y05	1A15	Y15
	1B14	Y06	1A14	Y16
	1B13	Y07	1A13	Y17
	1B12	Y08	1A12	Y18
	1B11	Y09	1A11	Y19
	1B10	Y0A	1A10	Y1A
	1B09	Y0B	1A09	Y1B
	1B08	Y0C	1A08	Y1C
	1B07	Y0D	1A07	Y1D
	1B06	Y0E	1A06	Y1E
	1B05	Y0F	1A05	Y1F
	1B04	공백	1A04	공백
모듈 정면에서 보았을 때	1B03	공백	1A03	공백
	1B02	12/24 VDC	1A02	COM1
	1B01	12/24 VDC	1A01	COM1

[그림 2-22] Melsec PLC 출력 모듈 핀 배열

2.7 Q 시리즈 Intelligent 모듈

2.7.1 AD 변환 모듈

아날로그 입력 신호를 디지털 신호로 변환하여 CPU에 전달하는 역할을 수행한다.

[그림 2-23] Melsec PLC A/D변환 모듈

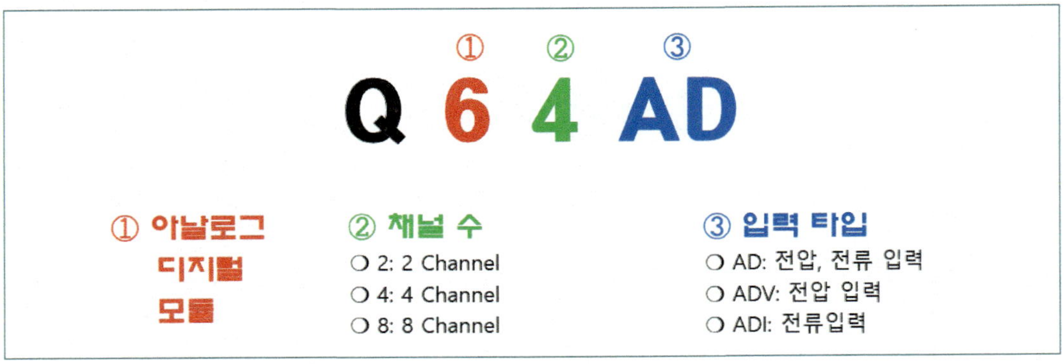

[그림 2-24] Melsec PLC A/D 변환 모듈 선정 주요 내용

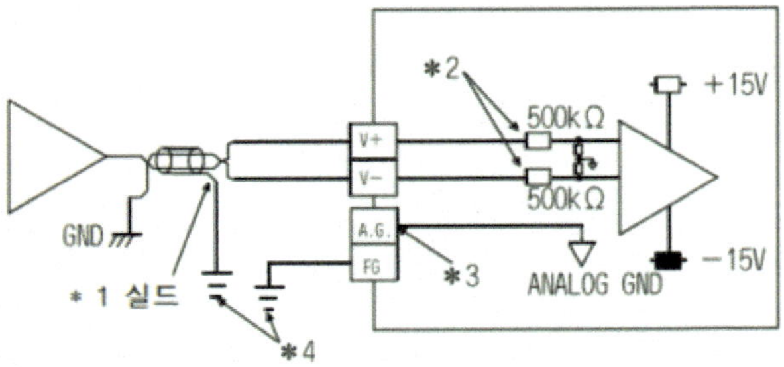

*1 전선은 2심 트위스트 실드선을 사용하십시오.
*2 Q68ADV의 입력 저항을 나타냅니다.
*3 「A.G.」 단자는 일반적으로 배선할 필요가 없습니다. 다만 다음과 같은 경우에는 상대 기기의 GND와 접속하십시오.
① 「A.G.」 와 「상대 기기의 GND」 사이에 전위차가 있을 때
② 0V 입력 대신에 ±배선의 +측만 OPEN으로 할 때
*4 전원 모듈의 FG와 마찬가지로 반드시 접지하십시오.

[그림 2-25] Melsec PLC A/D 변환 모듈 선정 전압방식 외부 배선

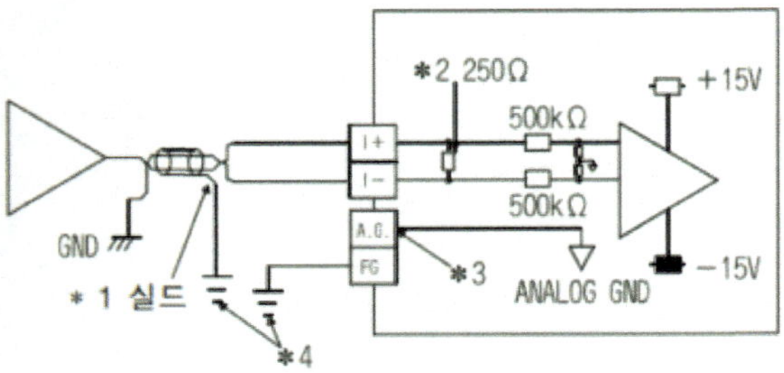

*1 전선은 2심 트위스트 실드선을 사용하십시오.
*2 Q68ADI의 입력 저항을 나타냅니다.
*3 「A.G.」 단자는 일반적으로 배선할 필요가 없습니다. 다만 다음과 같은 경우에는 상대 기기의 GND와 접속하십시오.
① 「A.G.」 와 「상대 기기의 GND」 사이에 전위차가 있을 때
*4 전원 모듈의 FG와 마찬가지로 반드시 접지하십시오.

[그림 2-26] Melsec PLC A/D 변환 모듈 선정 전류방식 외부 배선

[표 2-4] Melsec PLC A/D 변환 모듈 핀 배열

단자 번호	신호 명칭					
	Q64AD		Q68ADV		Q68ADI	
1	CH1	V+	CH1	V+	CH1	I+
2		V–		V–		I–
3		I+	CH2	V+	CH2	I+
4		SLD		V–		I–
5	CH2	V+	CH3	V+	CH3	I+
6		V–		V–		I–
7		I+	CH4	V+	CH4	I+
8		SLD		V–		I–
9	CH3	V+	CH5	V+	CH5	I+
10		V–		V–		I–
11		I+	CH6	V+	CH6	I+
12		SLD		V–		I–
13	CH4	V+	CH7	V+	CH7	I+
14		V–		V–		I–
15		I+	CH8	V+	CH8	I+
16		SLD		V–		I–
17	A.G.(ANALOG GND)					
18	FG					

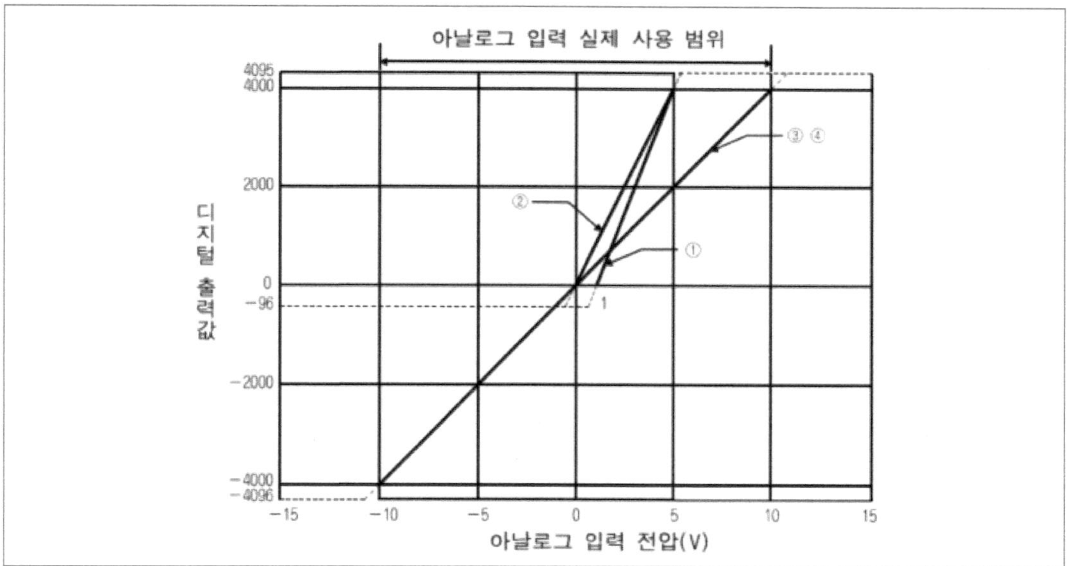

[그림 2-27] Melsec PLC A/D 변환 모듈 일반 분해능 모드의 전압 입력 특성 (계속)

번호	아날로그 입력 범위 설정	오프셋값	게인값	디지털 출력값 *2	최대 분해능
①	1~5V	1V	5V	0~4000	1.0mV
②	0~5V	0V	5V		1.25mV
③	−10~10V	0V	10V	−4000~4000	2.5mV
④	0~10V	0V	10V	0~4000	2.5mV
−	사용자 범위 설정	*1	*1	−4000~4000	0.375mV

[그림 2-27] Melsec PLC A/D 변환 모듈 일반 분해능 모드의 전압 입력 특성

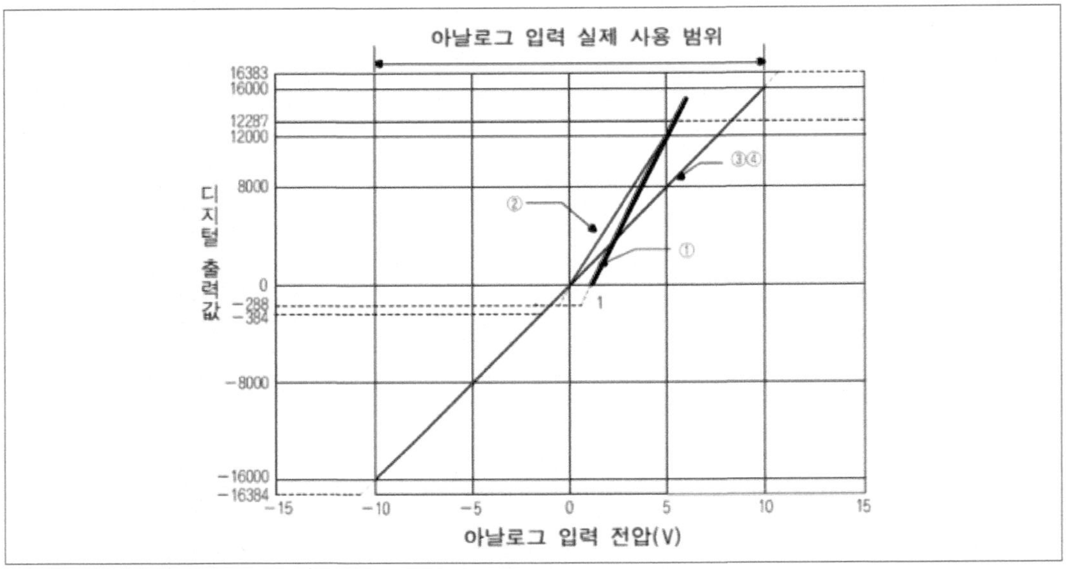

번호	아날로그 입력 범위 설정	오프셋값	게인값	디지털 출력값 *2	최대 분해능
①	1~5V	1V	5V	0~12000	0.333mV
②	0~5V	0V	5V		0.416mV
③	−10~10V	0V	10V	−16000~16000	0.625mV
④	0~10V	0V	10V	0~16000	0.625mV
−	사용자 범위 설정	*1	*1	−12000~12000	0.333mV

[그림 2-28] Melsec PLC A/D 변환 모듈 고분해능 모드의 전압 입력 특성

[표 2-5] Melsec PLC A/D 변환 모듈 성능 사양

<table>
<tr><th>항목 \ 형명</th><th colspan="2">Q64AD</th><th>Q68ADY</th><th>Q68ADI</th></tr>
<tr><td colspan="2">아날로그 입력 점수</td><td>4점(4채널)</td><td>8점(8채널)</td><td>8점(8채널)</td></tr>
<tr><td rowspan="2">아날로그 입력</td><td>전압</td><td colspan="2">DC-10~10V(입력 저항값 1MΩ)</td><td>–</td></tr>
<tr><td>전류</td><td>DC0~20mA(입력 저항값 250 Ω)</td><td></td><td>DC0~20mA(입력 저항값 250 Ω)</td></tr>
<tr><td colspan="2">디지털 출력</td><td colspan="3">16비트 부호 부착 바이너리
(일반 분해능 모드 : -4096~4095, 고분해능 모드 : -12288~12287, -16384~16383)</td></tr>
</table>

<table>
<tr><td rowspan="10">입출력 특성
최대 분해능</td><td colspan="2" rowspan="2">아날로그 입력 범위</td><td colspan="2">일반 분해능 모드</td><td colspan="2">고분해능 모드</td></tr>
<tr><td>디지털 출력값</td><td>최대 분해능</td><td>디지털 출력값</td><td>최대 분해능</td></tr>
<tr><td rowspan="5">전압</td><td>0~10V</td><td rowspan="3">0~4000</td><td>2.5mV</td><td>0~16000</td><td>0.625mV</td></tr>
<tr><td>0~5V</td><td>1.25mV</td><td rowspan="2">0~12000</td><td>0.416mV</td></tr>
<tr><td>1~5V</td><td>1.0mV</td><td>0.333mV</td></tr>
<tr><td>-10~10V</td><td rowspan="2">-4000~4000</td><td>2.5mV</td><td>-16000~16000</td><td>0.625mV</td></tr>
<tr><td>사용자 범위 설정</td><td>0.375mV</td><td>-12000~12000</td><td>0.333mV</td></tr>
<tr><td rowspan="3">전류</td><td>0~20mA</td><td rowspan="2">0~4000</td><td>5μA</td><td>0~12000</td><td>1.66μA</td></tr>
<tr><td>4~20mA</td><td>4μA</td><td rowspan="2">-12000~12000</td><td>1.33μA</td></tr>
<tr><td>사용자 범위 설정</td><td>-4000~4000</td><td>1.37μA</td><td>1.33μA</td></tr>
</table>

<table>
<tr><td rowspan="12">정밀도
(디지털 출력값의 최대값에 대한 정밀도)</td><td colspan="2" rowspan="3">아날로그 입력 범위</td><td colspan="3">일반 분해능 모드</td><td colspan="3">고분해능 모드</td></tr>
<tr><td colspan="2">주위 온도 0~55℃</td><td rowspan="2">주위 온도 25±5℃</td><td colspan="2">주위 온도 0~55℃</td><td rowspan="2">주위 온도 25±5℃</td></tr>
<tr><td>온도 드리프트 보정 있음</td><td>온도 드리프트 보정 있음</td><td>온도 드리프트 보정 있음</td><td>온도 드리프트 보정 있음</td></tr>
<tr><td rowspan="5">전압</td><td>0~10V</td><td rowspan="8">±0.3%
(±12digit*)</td><td rowspan="8">±0.4%
(±16digit*)</td><td rowspan="8">±0.1%
(±4digit*)</td><td rowspan="2">±0.3%
(±48digit*)</td><td rowspan="2">±0.4%
(±64digit*)</td><td rowspan="2">±0.1%
(±16digit*)</td></tr>
<tr><td>-10~10V</td></tr>
<tr><td>0~5V</td><td rowspan="6">±0.3%
(±36digit*)</td><td rowspan="6">±0.4%
(±48digit*)</td><td rowspan="6">±0.1%
(±12digit*)</td></tr>
<tr><td>1~5V</td></tr>
<tr><td>사용자 범위 설정</td></tr>
<tr><td rowspan="3">전류</td><td>0~20mA</td></tr>
<tr><td>4~20mA</td></tr>
<tr><td>사용자 범위설정</td></tr>
<tr><td colspan="8">*digit는 디지털값을 나타냅니다.</td></tr>
</table>

<table>
<tr><td>변환도</td><td colspan="3">80μs/채널
(온도 드리프트 보정 있음의 경우, 사용 채널 개수에 관계없이 160μs을 더한 시간이 됩니다)</td></tr>
<tr><td>절대 최대 입력</td><td colspan="3">전압 : ±15V, 전류 : ±30mA</td></tr>
<tr><td>절연 방식</td><td colspan="3">입출력 단자와 PLC 전원 간 : 포토커플러 절연
채널 간 : 비절연</td></tr>
<tr><td>절연 내압</td><td colspan="3">입출력 단자와 PLC 전원 간 : AC500V 1분간</td></tr>
<tr><td>절연 저항</td><td colspan="3">입출력 단자와 PLC 전원 간 : DC500V 20MΩ 이상</td></tr>
<tr><td>보호 등급</td><td colspan="3">IP2X</td></tr>
<tr><td>E²PROM 쓰기 횟수</td><td colspan="3">최대 10만회</td></tr>
<tr><td>접속 단자</td><td colspan="3">18점 단자대</td></tr>
<tr><td>적합 전선 크기</td><td colspan="3">0.3~0.75mm²</td></tr>
<tr><td>적합 압착 단자</td><td colspan="3">R1.25-3(솔리브 부착 압착 단자는 사용할 수 없습니다)</td></tr>
<tr><td>온라인 모듈 교환</td><td colspan="3">가능 *1</td></tr>
<tr><td>멀티 CPU 시스템</td><td colspan="3">대응 *2</td></tr>
<tr><td>입출력 점유 점수</td><td colspan="3">16점 1슬롯(I/O 횡당 : 인텔리전트)</td></tr>
<tr><td>DC5V 내부 소비 전류</td><td>0.63A</td><td>0.64A</td><td>0.64A</td></tr>
<tr><td>외형 치수</td><td colspan="3">98(H)×27.4(W)×90(D)(mm)</td></tr>
<tr><td>중량</td><td>0.18kg</td><td>0.19kg</td><td>0.19kg</td></tr>
</table>

*1 : 기능 버전 C 이후의 제품에서 대응하고 있습니다. *2 : 기능 버전 B 이후의 제품에서 대응하고 있습니다.

2.7.2 D/A 변환 모듈

디지털 신호를 아날로그 신호로 변환하여 출력하는 역할을 수행한다.

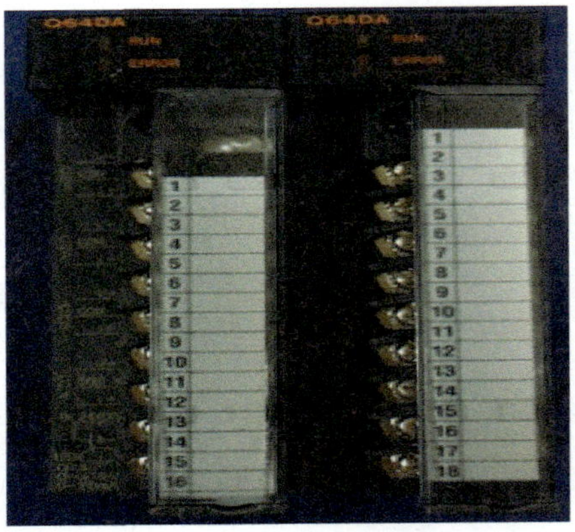

[그림 2-29] Melsec PLC D/A변환 모듈

① ② ③

Q 6 4 DA

① 아날로그 디지털 모듈

② 채널 수
- ❍ 2: 2 Channel
- ❍ 4: 4 Channel
- ❍ 8: 8 Channel

③ 출력 타입
- ❍ DA: 전압, 전류 출력
- ❍ DAV: 전압 출력
- ❍ DAI: 전류 출력

[그림 2-30] Melsec PLC D/A변환 모듈 선정 주요 내용

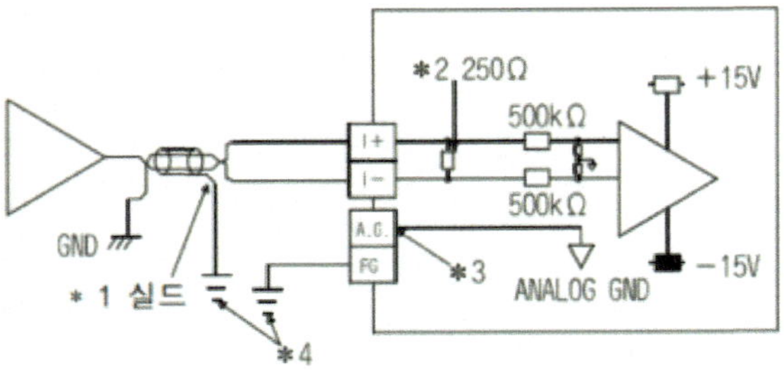

*1 전선은 2심 트위스트 실드선을 사용하십시오.
*2 Q68ADI의 입력 저항을 나타냅니다.
*3 「A.G.」 단자는 일반적으로 배선할 필요가 없습니다. 다만 다음과 같은 경우에는 상대 기기의 GND와 접속하십시오.
① 「A.G.」와 「상대 기기의 GND」 사이에 전위차가 있을 때
*4 전원 모듈의 FG와 마찬가지로 반드시 접지하십시오.

[그림 2-31] Melsec PLC D/A변환 모듈 선정 전압방식 외부 배선

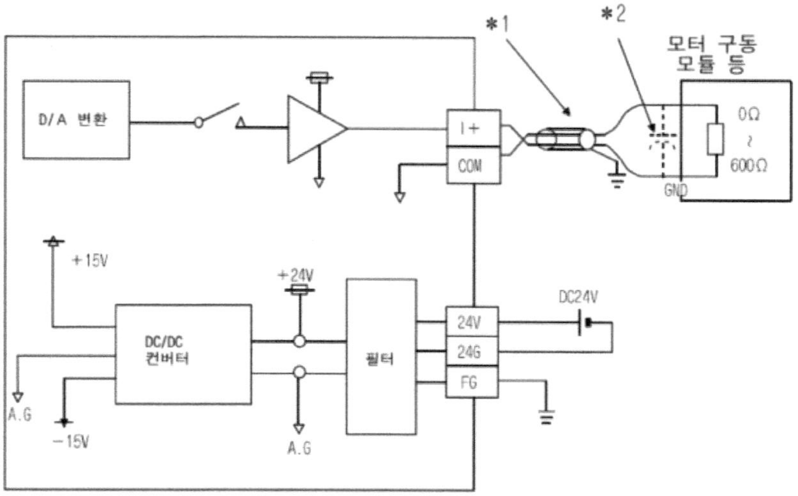

*1 전선은 2심 트위스트 실드선을 사용하십시오.
*2 노이즈 또는 리플이 발생하는 경우 외부 배선에는 단자 I+와 COM 간에 0.1~ 0.47μF25V 정밀도의 콘덴서를 접속하십시오.

[그림 2-32] Melsec PLC D/A변환 모듈 선정 전류방식 외부 배선

[표 2-5] Melsec PLC D/A 변환 모듈 핀 배열

단자 번호	신호 명칭					
	Q62DA		Q64DA		Q68DAI	
1	CH1	V+	CH1	V+	CH1	I+
2		COM		COM		COM
3		I+		I+	CH2	I+
4	빈 단자	빈 단자	빈 단자	빈 단자		COM
5	CH2	V+	CH2	V+	CH3	I+
6		COM		COM		COM
7		I+		I+	CH4	I+
8	빈 단자	빈 단자	빈 단자	빈 단자		COM
9	빈 단자		CH3	V+	CH5	I+
10	빈 단자			COM		COM
11	빈 단자			I+	CH6	I+
12	빈 단자		빈 단자	빈 단자		COM
13	빈 단자		CH4	V+	CH7	I+
14	빈 단자			COM		COM
15	빈 단자			I+	CH8	I+
16	24V		빈 단자	빈 단자		COM
17	24G				24V	
18	FG				24G	

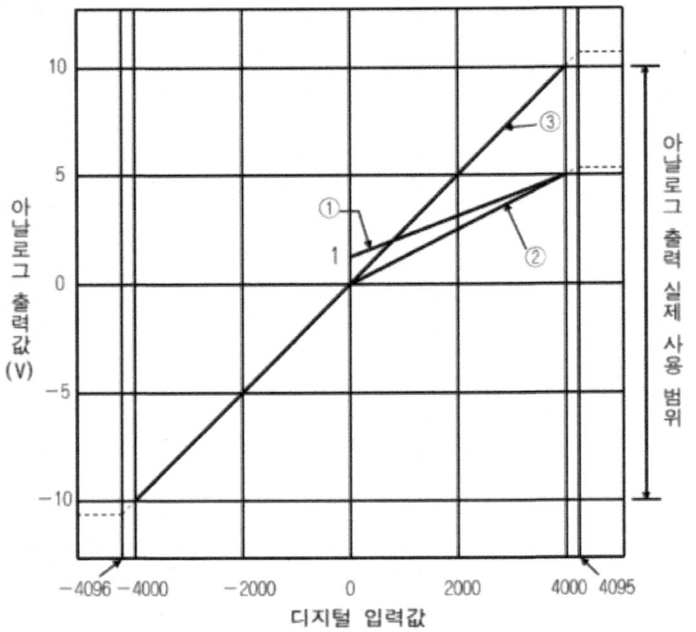

번호	출력 범위 설정	오프셋값	게인값	디지털 출력값 *2	최대 분해능
①	1~5V	1V	5V	0~4000	1.0mV
②	0~5V	0V	5V		1.25mV
③	−10~10V	0V	10V	−4000~4000	2.5mV
−	사용자 범위 설정	*1	*1	−4000~4000	0.75mV

[그림 2-33] Melsec PLC D/A변환 모듈 일반 분해능 모드의 전압 입력 특성

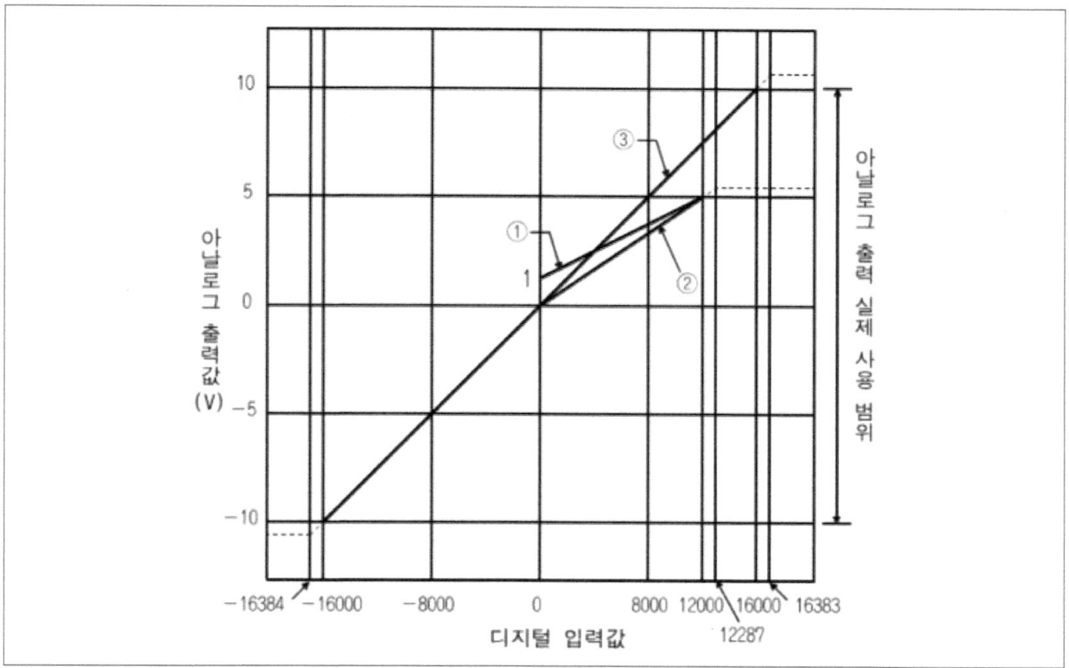

번호	출력 범위 설정	오프셋값	게인값	디지털 출력값	최대 분해능
①	1~5V	1V	5V	0~12000	0.333mV
②	0~5V	0V	5V		0.416mV
③	-10~10V	0V	10V	-16000~16000	0.625mV
-	사용자 범위 설정	*1	*1	-12000~12000	0.333mV

[그림 2-34] Melsec PLC D/A변환 모듈 고분해능 모드의 전압 입력 특성

[표 2-6] Melsec PLC D/A 변환 모듈 성능 사양

항목 \ 형명		Q62DAN	Q64DAN	Q68DAVN	Q68DAIN
아날로그 출력 점수		2점(2채널)	4점(4채널)	8점(8채널)	
디지털 입력		16비트 부호 부착 바이너리 (일반 분해능 모드 : -4096~4095, 고분해능 모드 : 12288~12287, -16384~16383)			
아날로그 출력	전압	DC-10~10V(외부 부하저항값 1kΩ~1MΩ)			
	전류	DC0~20mA(외부 부하저항값 0Ω~600Ω)		–	DC0~20mA (외부 부하저항값 0Ω~600Ω)

입출력 특성 최대 분해능

아날로그 출력 범위		일반 분해능 모드		고분해능 모드	
		디지털 입력값	최대 분해능	디지털 입력값	최대 분해능
전압	0~5V	0~4000	1.25mV	0~12000	0.416mV
	1~5V		1.0mV		0.333mV
	-10~10V	-4000~4000	2.5mV	-16000~16000	0.625mV
	사용자 범위 설정		0.75mV	-12000~12000	0.333mV
전류	0~20mA	0~4000	5μA	0~12000	1.66μA
	4~20mA		4μA		1.33μA
	사용자 범위 설정	-4000~4000	1.5μA	-12000~12000	0.83μA

항목		Q62DAN	Q64DAN	Q68DAVN	Q68DAIN
정밀도(아날로그 출력값의 최대값에 대한 정밀도)	주위 온도 25±5℃	±0.1% 이내(전압 : ±10mV, 전류 : ±20μA)			
	주위 온도 0~55℃	±0.3% 이내(전압 : ±30mV, 전류 : ±60μA)			
변환 속도		80μs/채널			
절대 최대 출력	전압	±12V			
	전류	21mA		–	21mA
출력 합선 보호		있음			
절연 방식		입출력 단자와 PLC 전원 간 : 포토커플러 절연 출력 채널 간 : 비절연 외부 공급 전원과 아날로그 출력 간 : 트랜스 절연			
절연 내압		입출력 단자와 PLC 전원 간 : DC500V 20MΩ 이상, 외부 공급 전원과 아날로그 출력 간 : DC500V 200MΩ 이상			
절연 저항		입출력 단자와 PLC 전원 간 : AC500V 1분간, 외부 공급 전원과 아날로그 출력 간 : AC500V 1분간			
보호 등급		IP2X			
E^2PROM		쓰기 횟수 최대 10만 회			
접속 단자		18점 단자대			
적합 전선 크기		0.3~0.75mm²			
적합 압착 단자		R1.25-3(슬리브 부착 압착 단자는 사용할 수 없습니다)		FG 단자 : R1.25-3-YS3, RAV1.25-3, V1.25-YS3A FG 단자 이외 : R1.25-3(슬리브 부착 압착 단자는 사용할 수 없습니다)	
온라인 모듈 교환		가능 *1			
멀티 CPU 시스템		대응 *2			
입출력 점유 점수		16점 1슬롯(I/O 할당 : 인텔리전트 16점)			
DC5V 내부 소비 전류		0.33A	0.34A	0.39A	0.38A
외부 공급 전원		DC24V +20%, ~15%			
		리플, 스파이크 500mVp-p 이하			
		돌입전류 : 2.5A 250μs 이하	돌입전류 : 2.5A 260μs 이하	돌입전류 : 2.5A 230μs 이하	돌입전류 : 2.5A 250μs 이하
		0.15A	0.24A	0.20A	0.27A
외형 치수		98(H)×27.4(W)×112(D)[mm]			
중량		0.19kg	0.20kg	0.20kg	

2.7.3 고속 카운터 모듈

QD62, QD62E, QD62D는 고속 펄스열을 카운트하기 위한 고속 카운터 모듈이다. 외부의 엔코더와 조합하여 위치결정 등을 제어할 수 있으며 3종류의 모듈이 구비되어 있다.

[그림 2-35] Melsec PLC 고속카운터 모듈

[표 2-7] Melsec PLC 고속카운터 모듈 선정 주요내용

항목	QD62	QD62E	QD62D
입출력 타입	DC 입력 싱크 출력	DC 입력 소스 출력	차동 입력 싱크 출력
최고 계수 속도	200kPPS500kPPS		500kPPS
채널수	2채널		

QD62 E/D는 1상/2상 펄스 입력에 대해 다음과 같은 입력 방식이 있다.

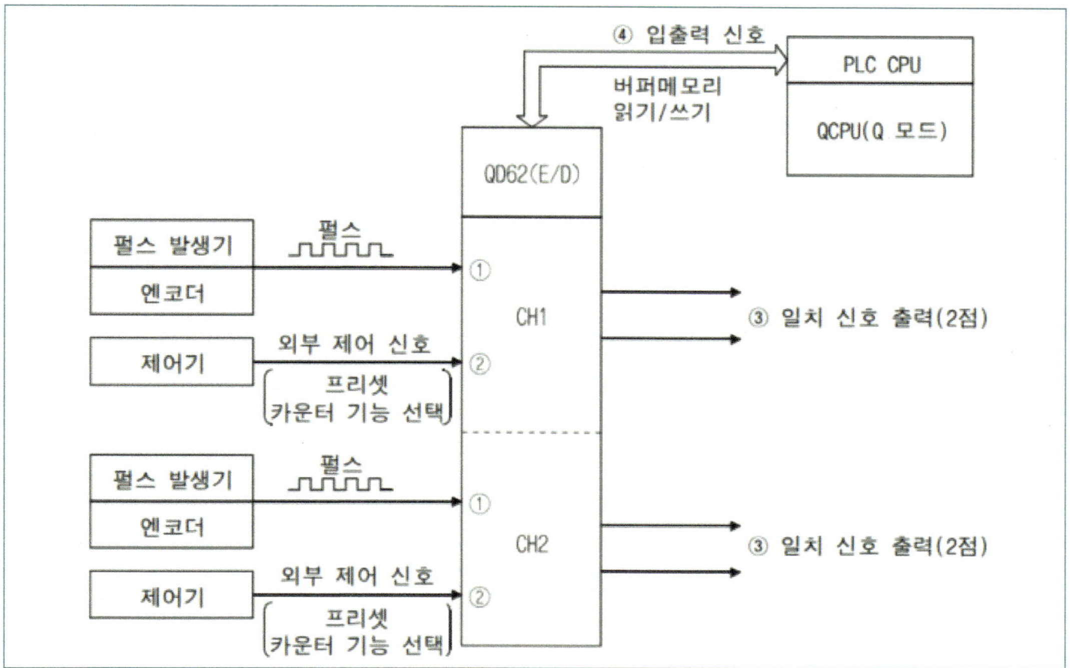

[그림 2-36] Melsec PLC 고속카운터 모듈 입력방식

3 Melsec PLC SW 설치 및 통신 연결

3.1 프로그램 다운로드

3.1.1 Mitsubishi Electric 접속

① http://www.dawooservo.co.kr/ 로 접속하여 회원 가입 후 로그인

② 고객지원 → 프로그램 클릭

③ 프로그램 내의 검색기능을 사용하여 찾는 방법

- 제품분류: ⓐ MITSUBISHI, ⓑ 제어 제품, ⓒ MELSEC, ⓓ MELSEC PLC
- 검색유형: ⓔ 제목, ⓕ GX-Works → 조회 버튼 클릭

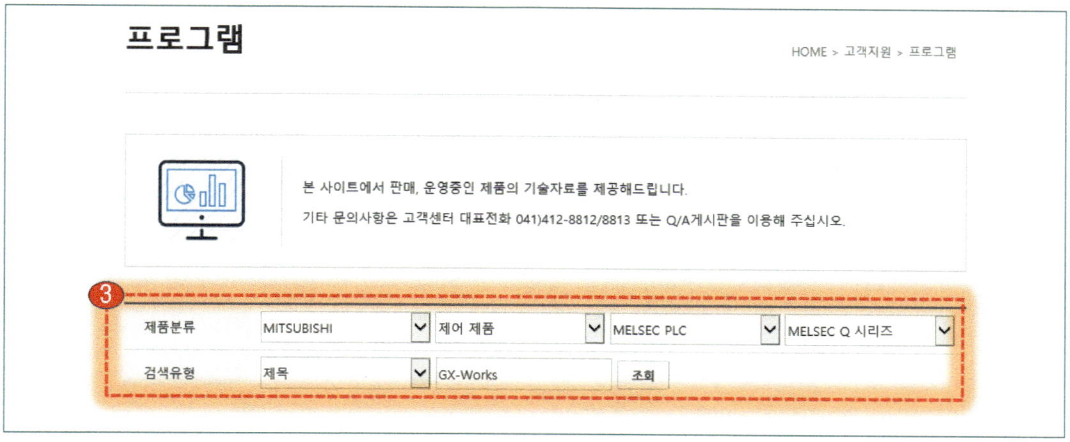

④ 다우FA에서는 자주 사용되는 GX-Works 프로그램의 경우 공지사항으로 정보를 제공하고 있어 바로 다운로드 받을 수 있다.

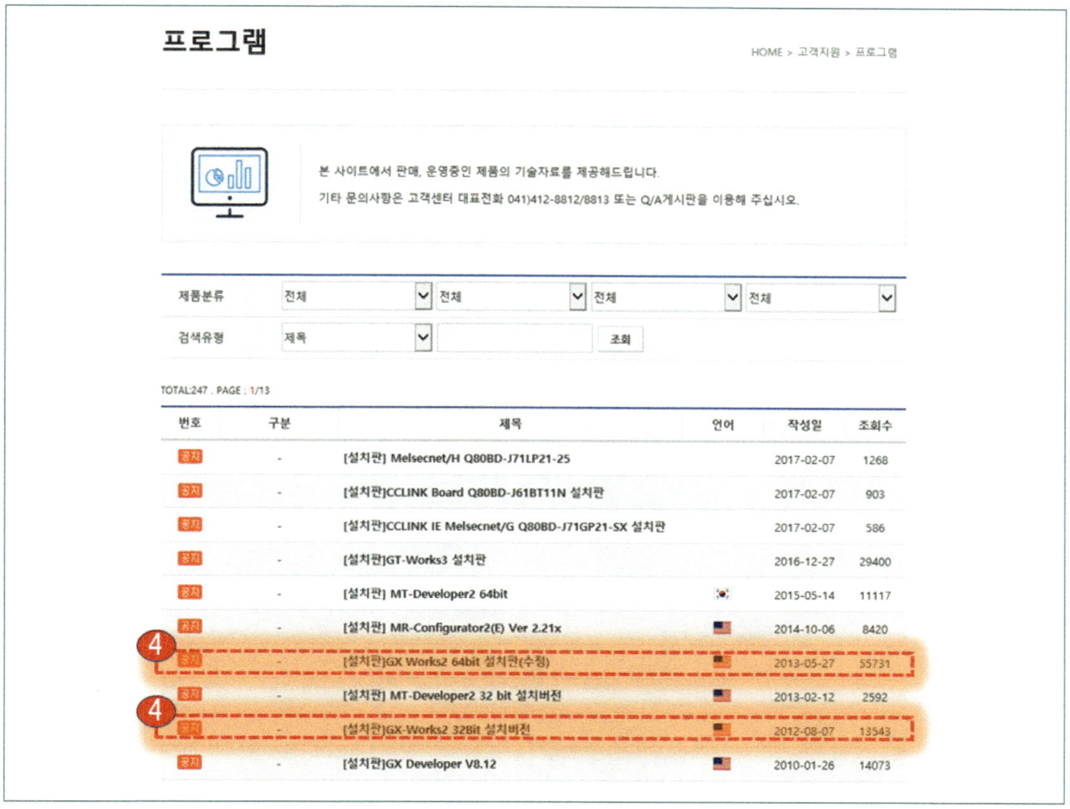

⑤ 사용자 컴퓨터 윈도우 버전을 확인하여 64bit 또는 32bit 버전을 다운받아야 한다.

- 윈도우 버전 확인 방법: ⓐ 검색

- ⓑ 검색: "PC 정보"로 입력 후 검색

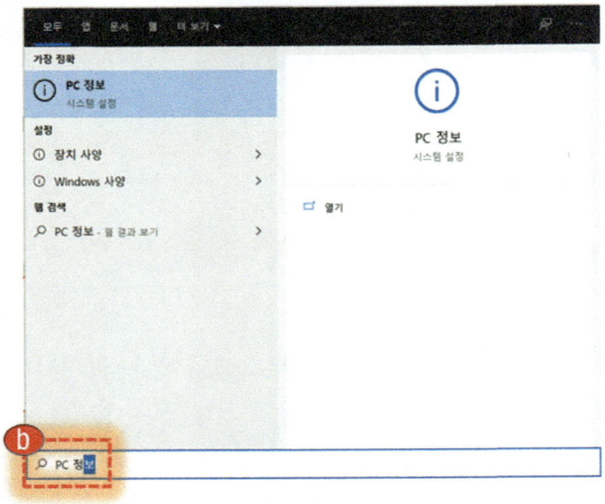

- ⓒ 시스템 종류: 64bit 또는 32bit인지 확인이 가능하며, 사용자의 버전에 맞는 프로그램을 다운 받아야 한다.

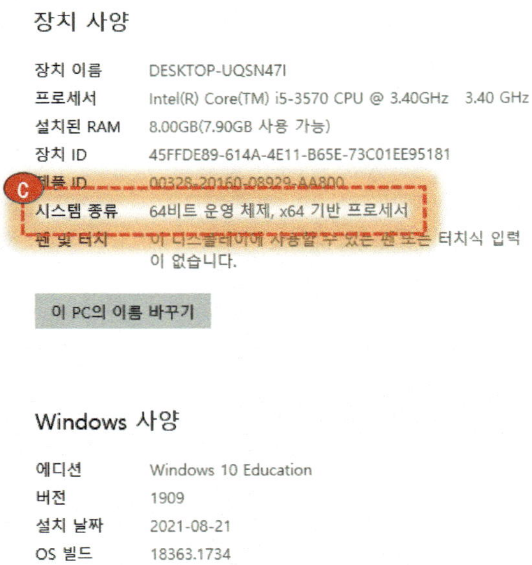

• 사용자의 버전을 확인하여 저자의 경우 64bit로 윈도우가 설치되어있어 "[설치판]GX Works2 64bit 설치판(수정) 파일을 다운로드 받아 설치하였다.

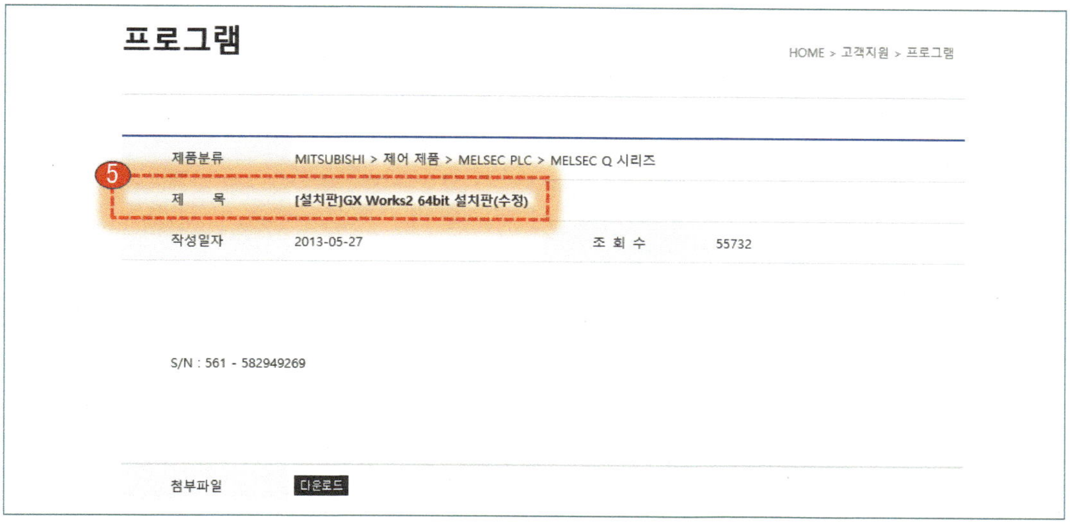

⑥ 최신 GX-Works 업데이트 버전 다운로드를 위해 "③"에서와 같이 검색하여, 최신버전을 다운로드 받을 수 있다.

• 제품분류: ⓐ MITSUBISHI, ⓑ 제어 제품, ⓒ MELSEC, ⓓ MELSEC PLC
• 검색유형: ⓔ 제목, ⓕ GX-Works → 조회 버튼 클릭

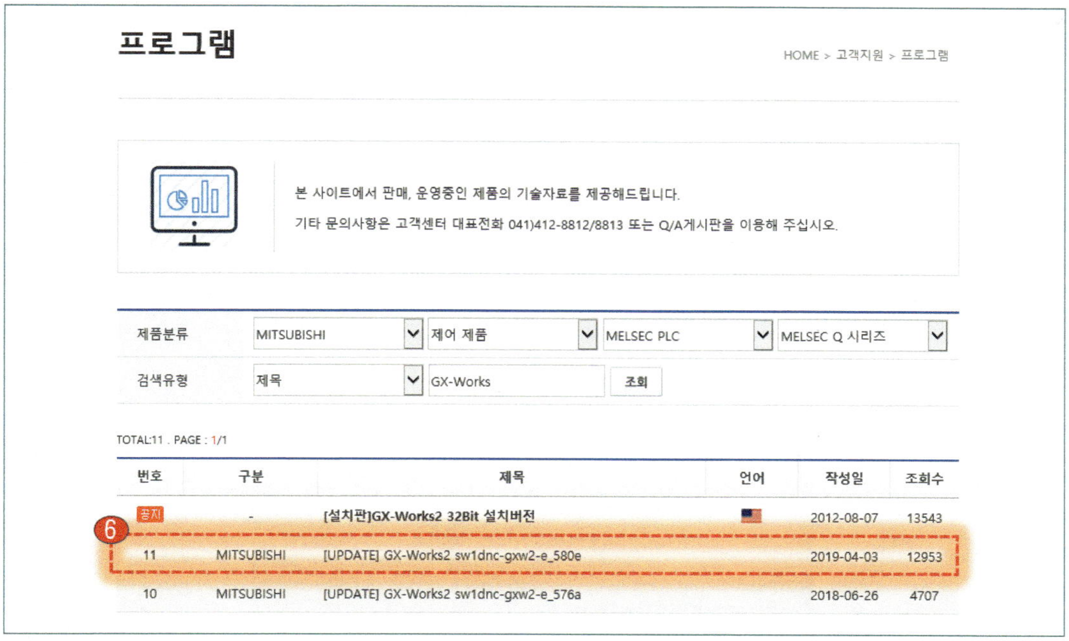

3.2 프로그램 설치

3.2.1 GX-Workser2 설치

① 설치경로: C:₩SW1DNC-GXW2-E_Install_1.77F(64bit) → setup 아이콘 실행

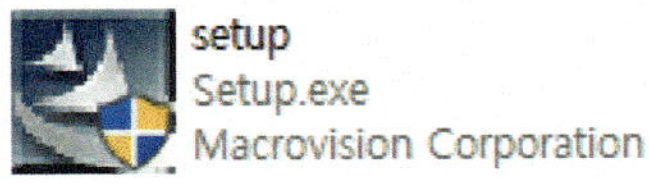

② 파일 설치: Next 버튼 클릭

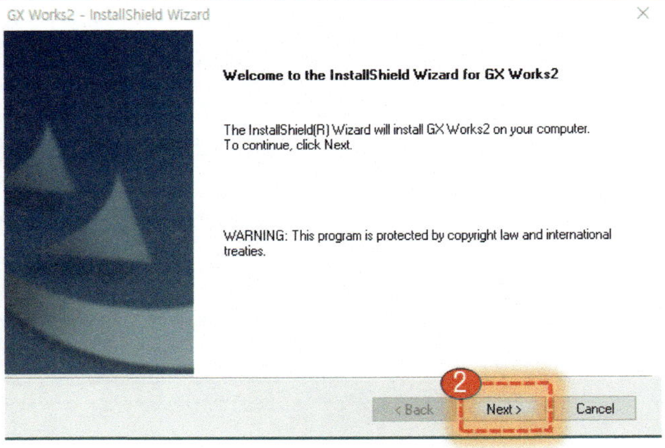

③ 사용자 정보 입력

- 사용자명 입력 : 영문으로 작성
- 회사명 입력 : 영문으로 작성

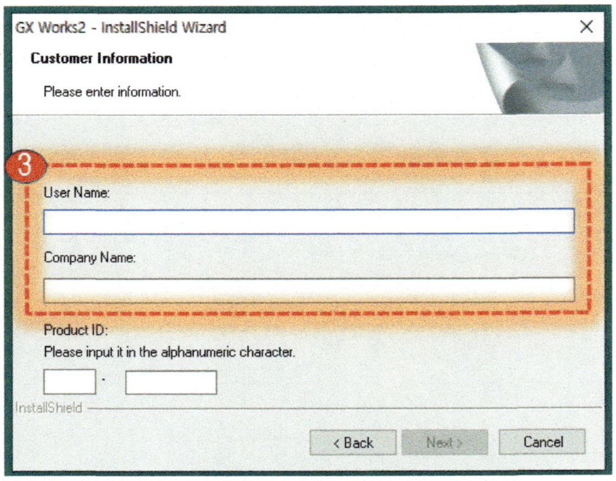

④ Product ID 입력: 나우FA에 접속 후 프로그램을 다운로드 할 때 제공되었던 ID번호(S/N : 561 – 582949269)를 입력하면 된다.

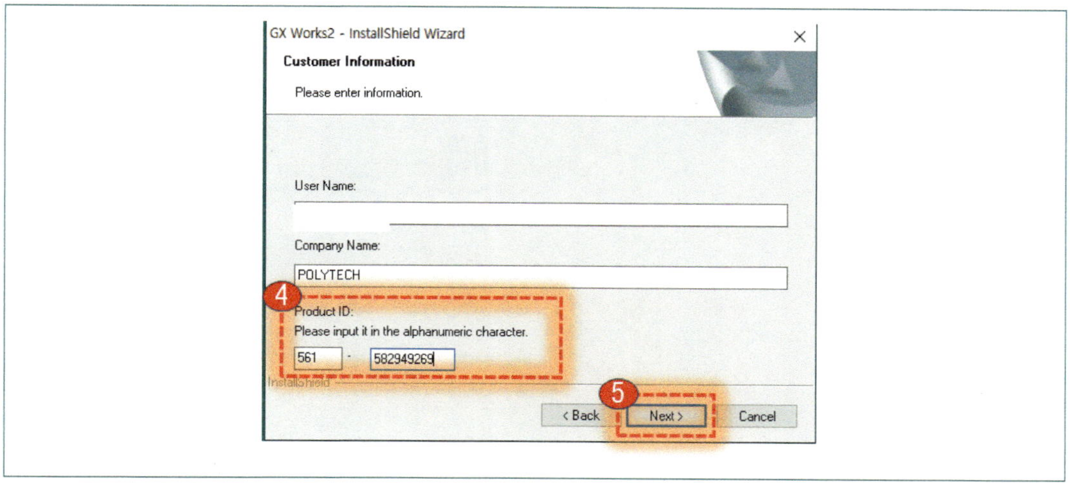

⑤ 정보입력 사항이 정상적으로 입력되었으면 Next 클릭

⑥ GX-Developre 설치 여부 확인: 일반적으로 하위 버전인 GX-Developre는 설치하지 않으므로 체크박스의 체크를 해제하어야 한다.

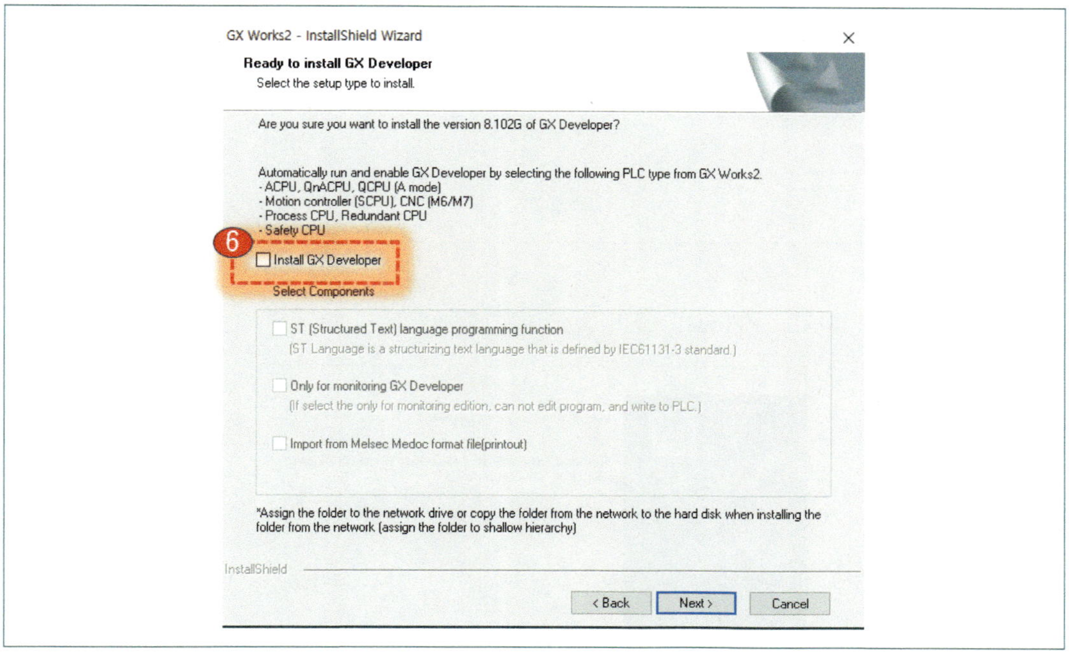

⑦ 설치폴더 확인: 일반적으로 C드라이브에 설치하는 것이 바람직하며, 확인 후 Next 버튼 클릭.

⑧ 설치폴더 정보 확인 : 확인 후 Next 버튼 클릭.

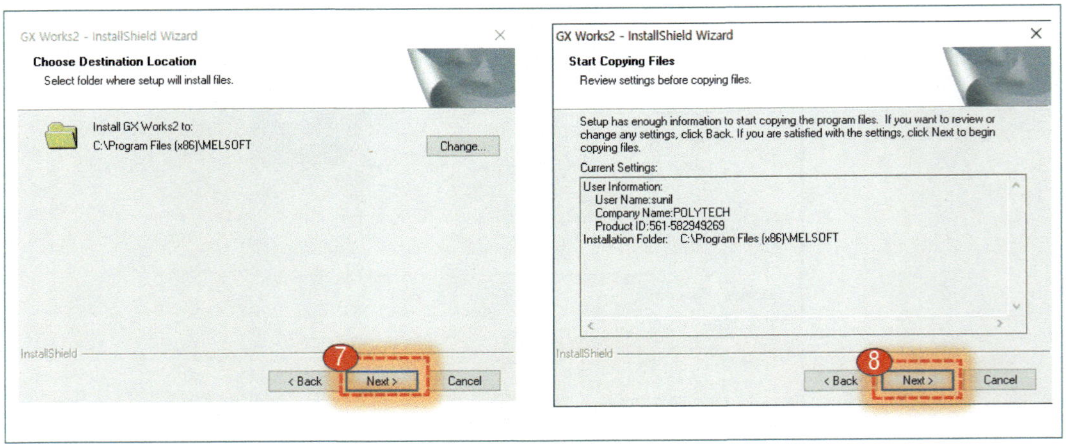

⑨ 프로그램 설치 및 인스톨 정보 확인 → "예(Y) 클릭

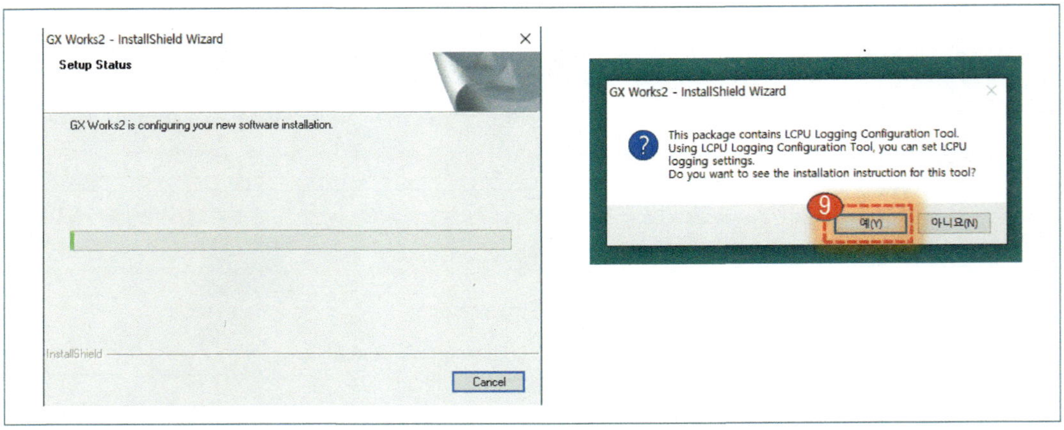

⑩ 프로그램 설치 완료 →'Finish' 클릭

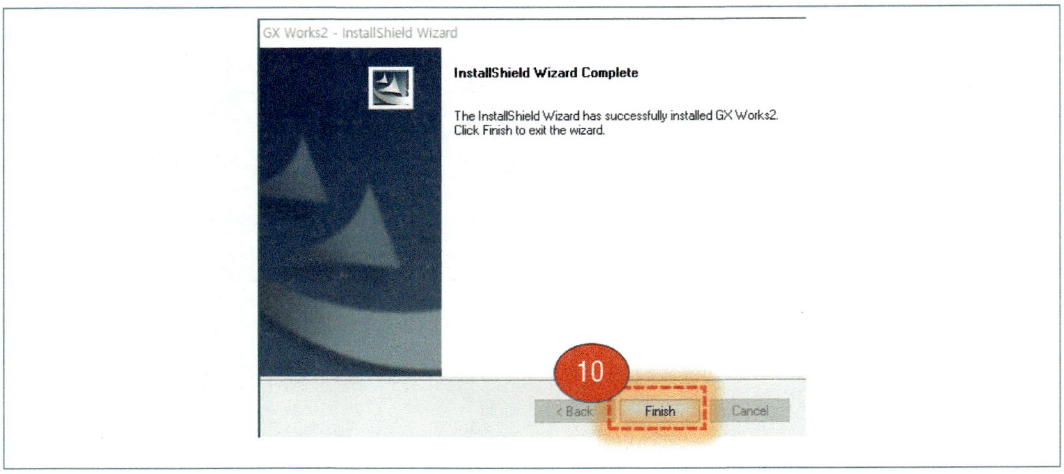

3.2.2 GX-Workser2 업데이트 실시

① 설치경로: C:₩sw1dnc-gxw2-e_580e → 아이콘 실행

② 설치 여부 확인('예' 클릭) → ③ 다른 응용프로그램 실행 시 정상적 실행 오류 안내('확인' 클릭)

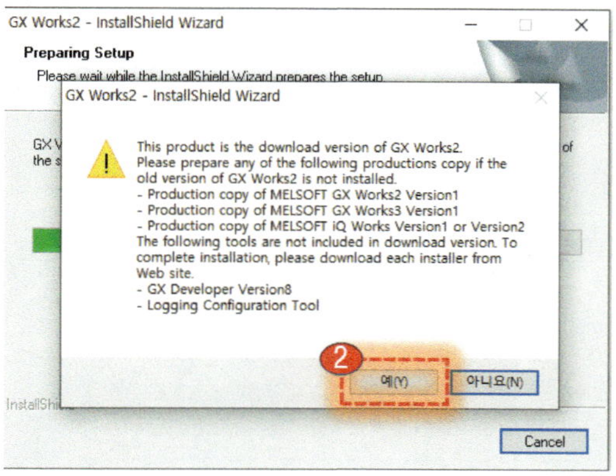

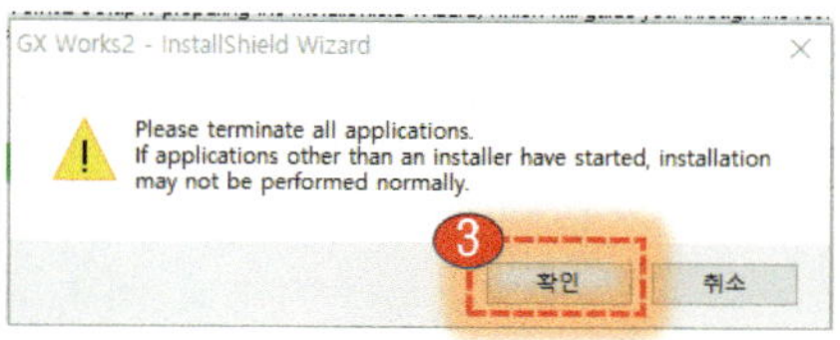

④ 업데이트 시작('Next' 클릭)

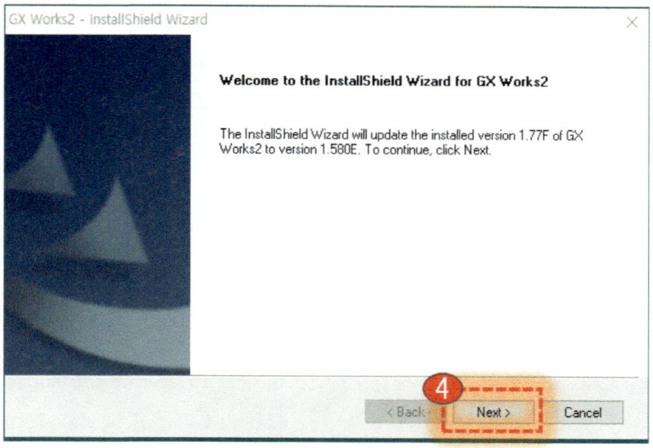

⑤ '설치' 버튼 클릭

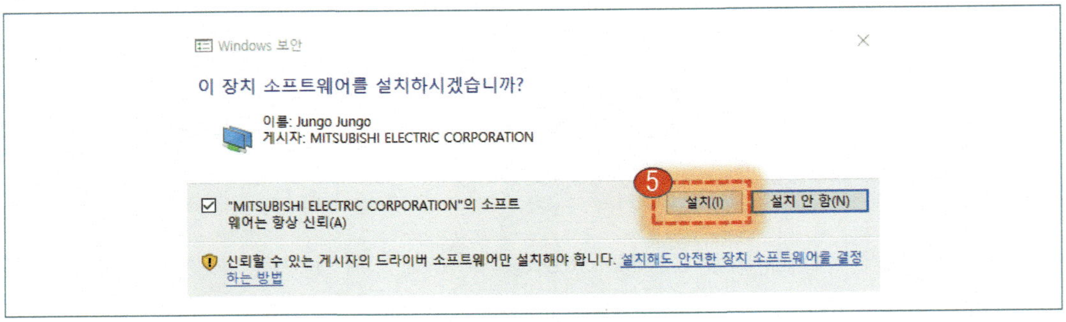

⑥ USB Drivers 설치: '설치' 클릭

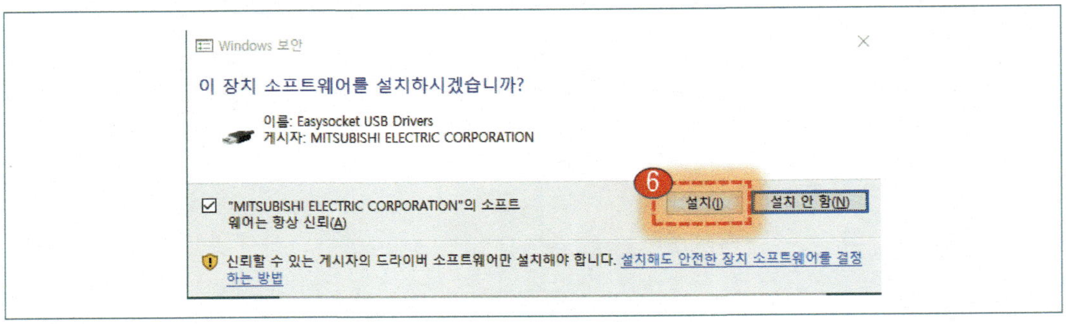

⑦, ⑧ '확인' 클릭

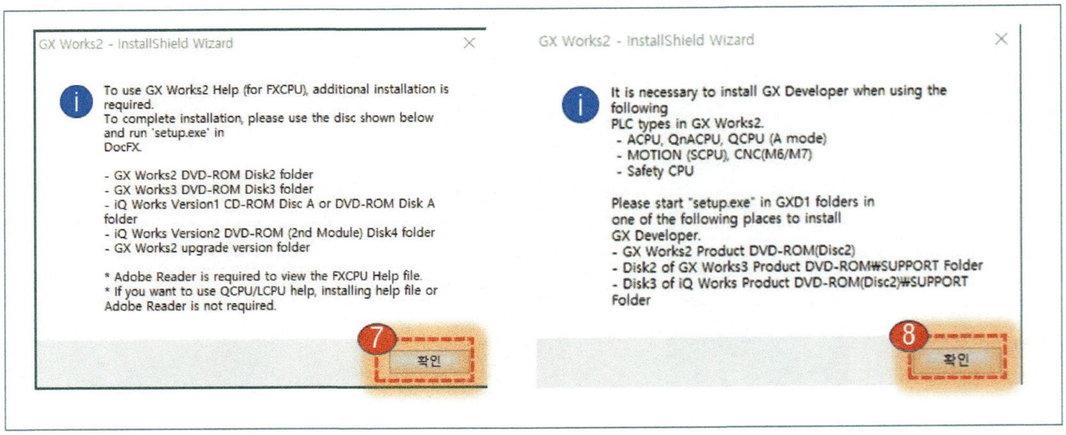

⑨ 설치 후 리부팅 여부 확인 : 'Finish' 클릭

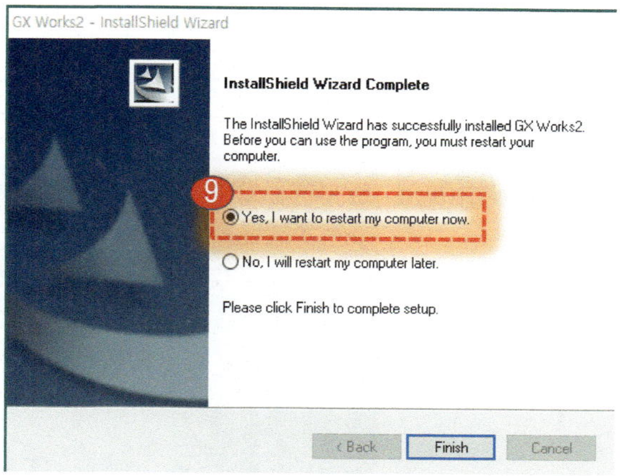

3.3 PC와 Melsec PLC 통신 접속(USB 방식)

3.3.1 PC에서 USB장치 드라이버 설치

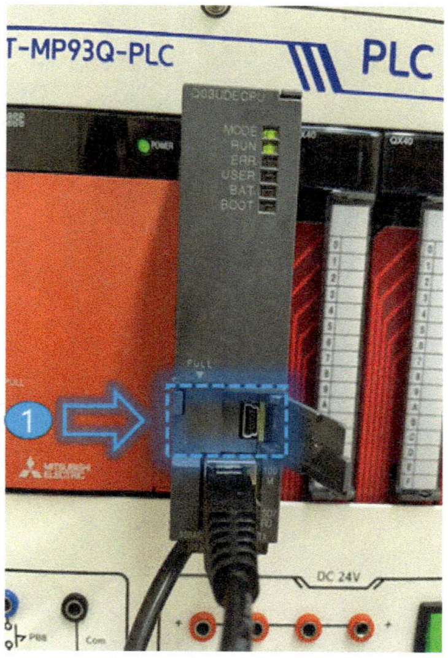

Melsec PLC에 USB 케이블 연결

3.3.2 Easysocket USB Drivers 설치

① 검색을 클릭하여 "장치 관리자" 클릭

② 장치 관리자 선택

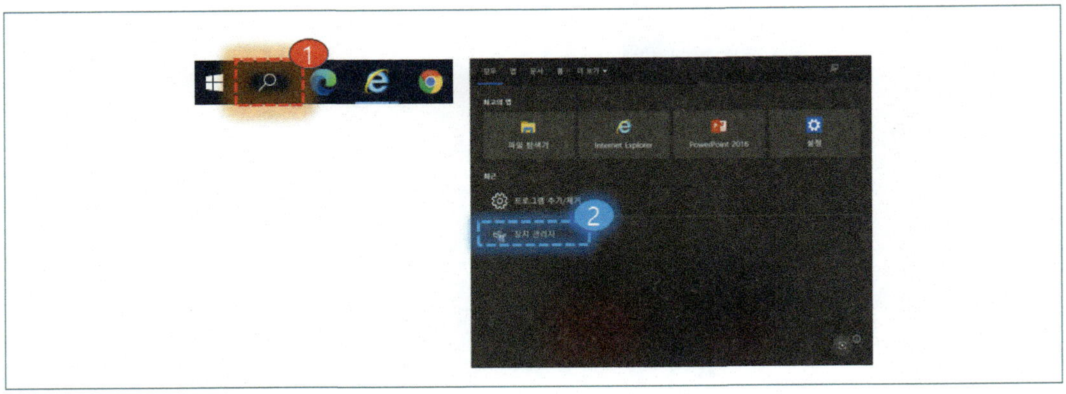

③ 장치 관리자 → 기타 장치 → MELSEC → ④ 컴퓨터에서 드라이버 소프트웨어 검색 클릭

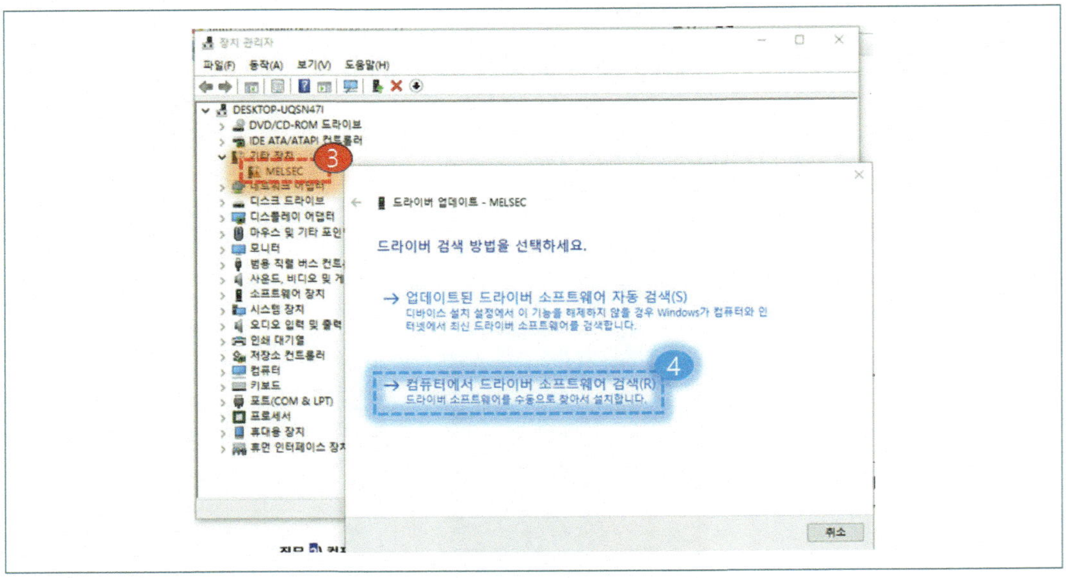

폴더 찾아보기:

⑤ C: 드라이브 →

⑥ MELSEC폴더 →

⑦ Easysocket 폴더 →

⑧ USB Drivers폴더 →

⑨ 확인 클릭

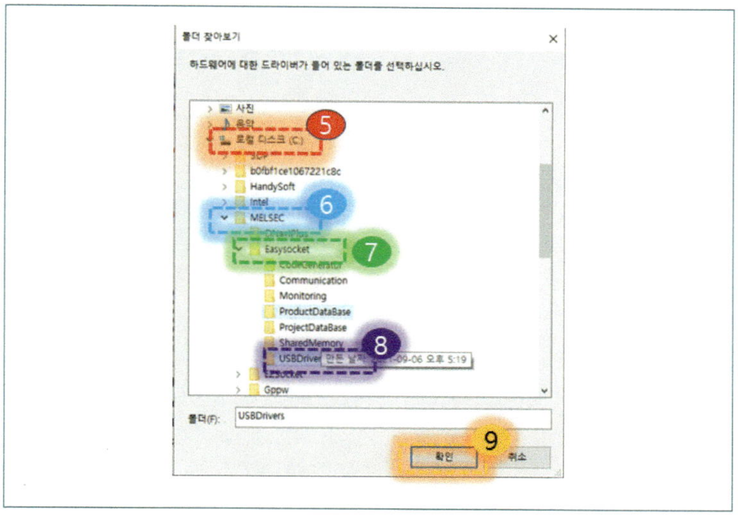

⑩ 다음 클릭

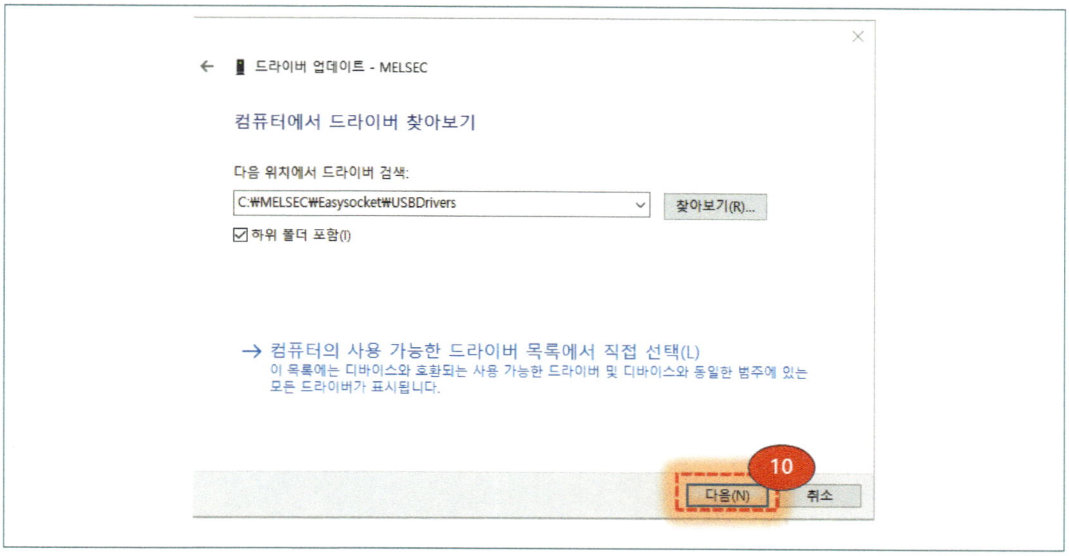

⑪ 설치 클릭

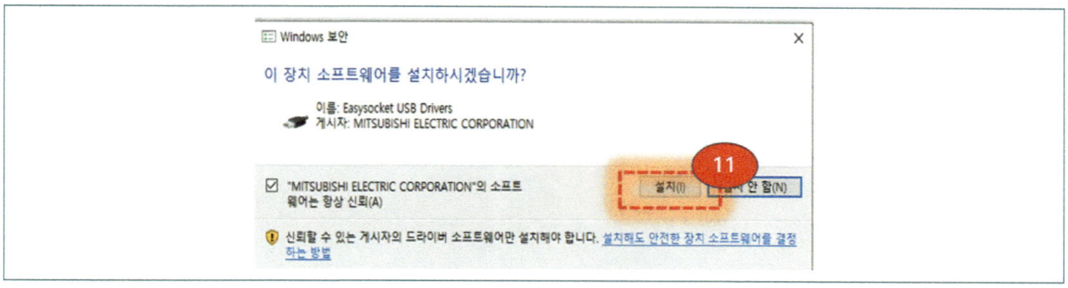

※ 드라이버 설치 중 오류가 발생되는 경우 아래 그림과 같이 미씨비시전기 홈페이지를 방문하여 Gx developer, Gx Works2용 easysocket(USB Driver)를 다운받아 설치 경로를 ⑤번부터 다시 지정하여야 한다.

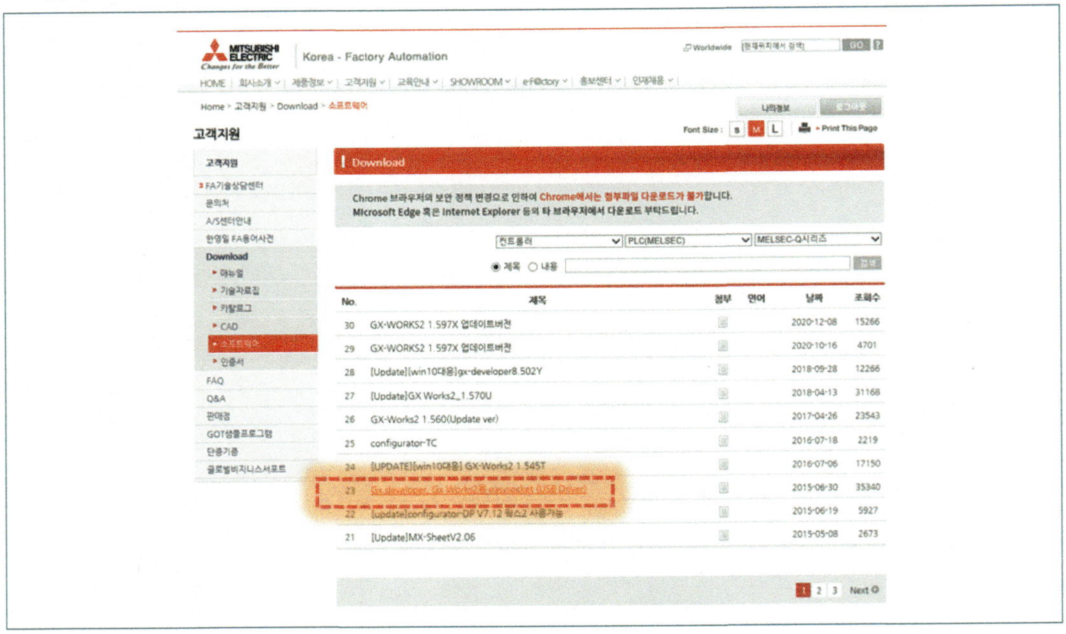

⑫ 닫기 클릭

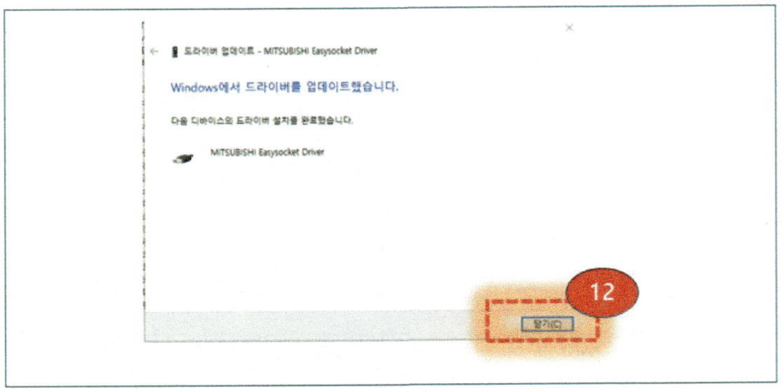

⑬ 설치 완료

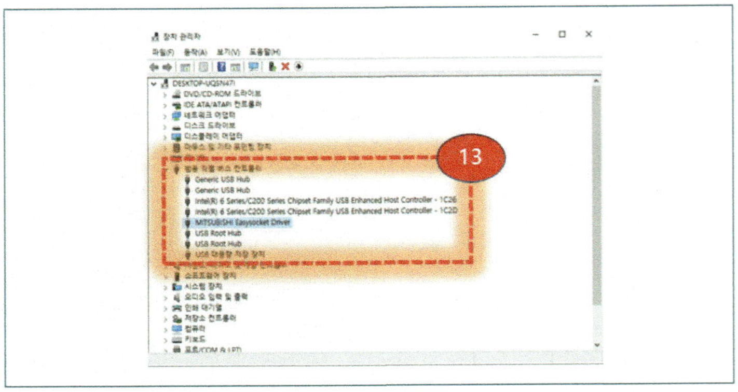

3.4 PC와 Melsec PLC 통신 접속(이더넷 직접 접속 방식)

이번 접속방식은 이더넷 케이블을 이용하여 PC(이더넷 포트)와 PLC CPU(이더넷 포트)를 직접 1:1로 연결하는 방식이다. 직접 접속 방식이기 때문에 별도의 IP 어드레스를 설정할 필요가 없으며(별도의 허브가 필요없음), GX-Works에서 연결 대상만 지정하면 연결이 가능하다.

3.4.1 이더넷 케이블 연결

① PC ⇆ Melsec PLC 이더넷 케이블 연결

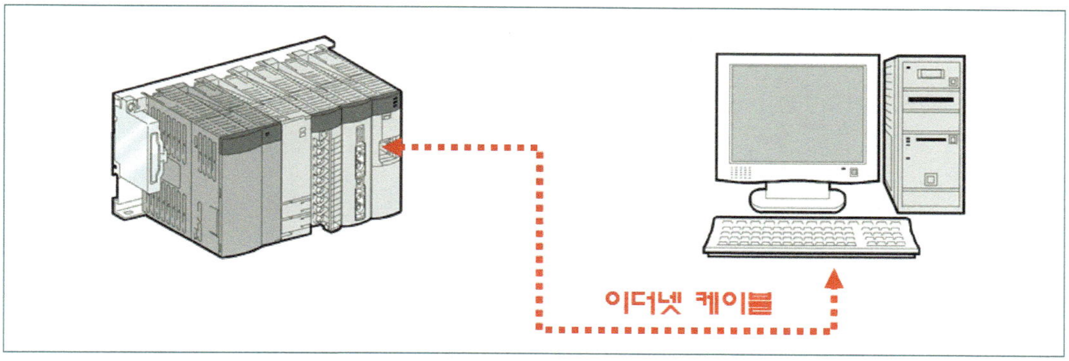

② Melsec PLC에 이더넷 케이블 연결

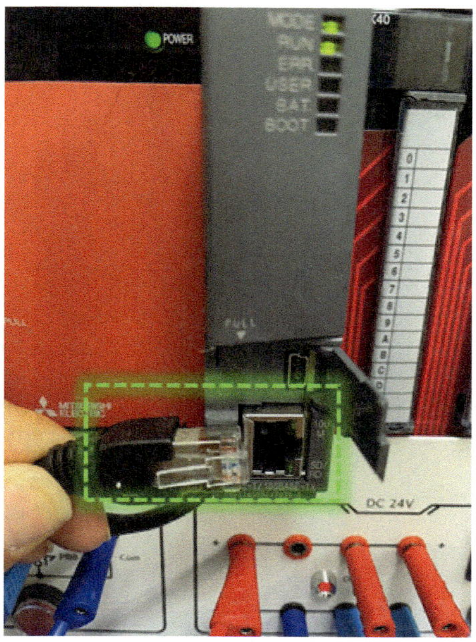

3.4.2 GX-Works2 이더넷 통신 설정

① GX-Works2를 실행한다.

② Project 클릭 → ③ New 클릭

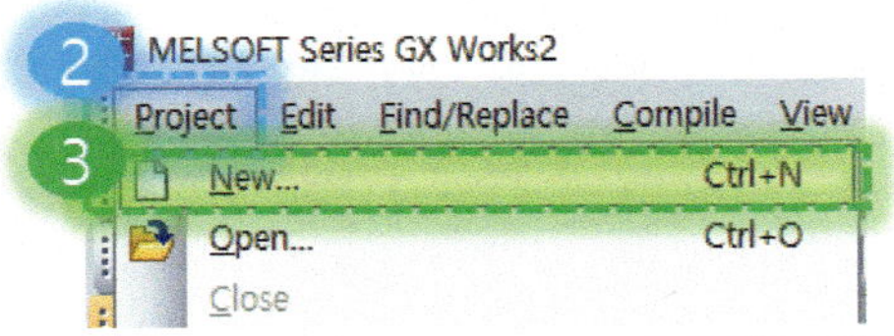

④ New Project 창 설정

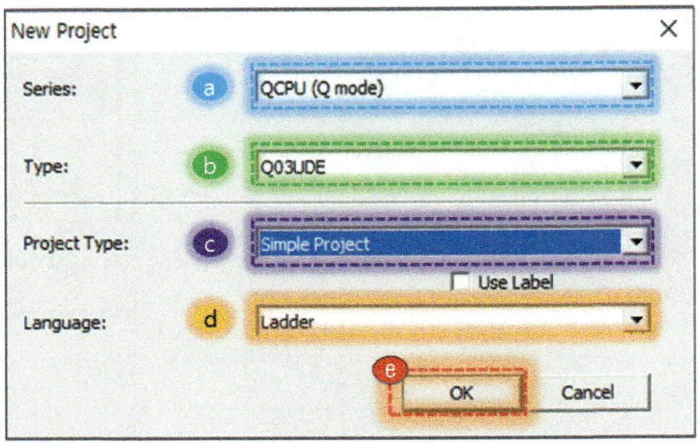

※ 그림과 같이 통신 설정에 에러가 발생

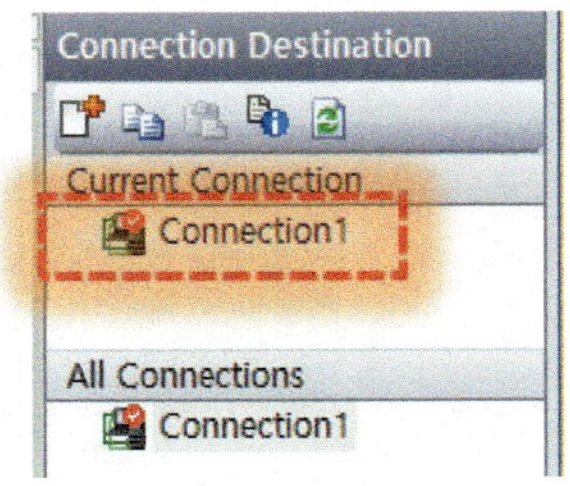

⑤ Connection Destination(내비게이션 창) → Connection1 클릭

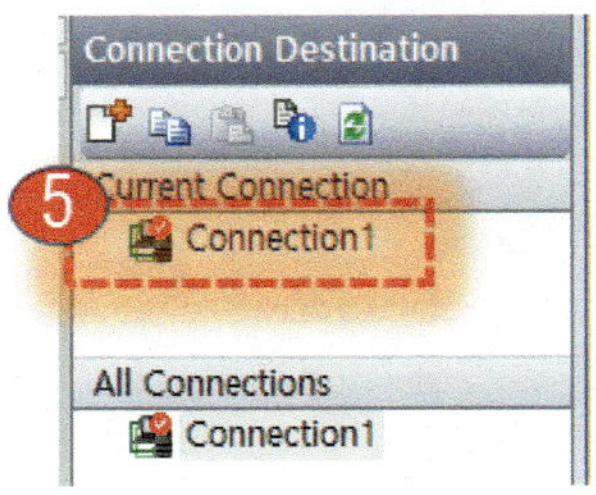

⑥ Transfer Connection1 설정

ⓐ Ethernet Bord 클릭 → ⓑ '예' 클릭

※ 이더넷 통신을 사용할 경우 ⓐ와 같이 선택

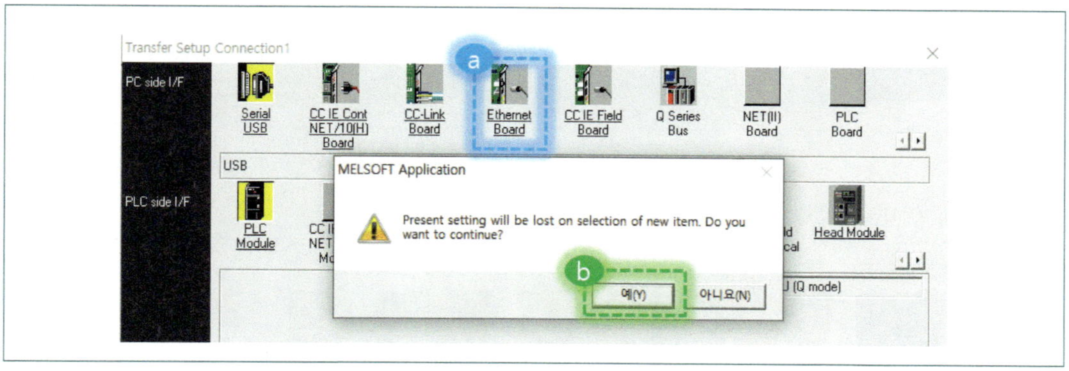

ⓒ PLC Module 더블 클릭

※ 이더넷 통신이 CPU 내장형일 경우 ⓒ 선택

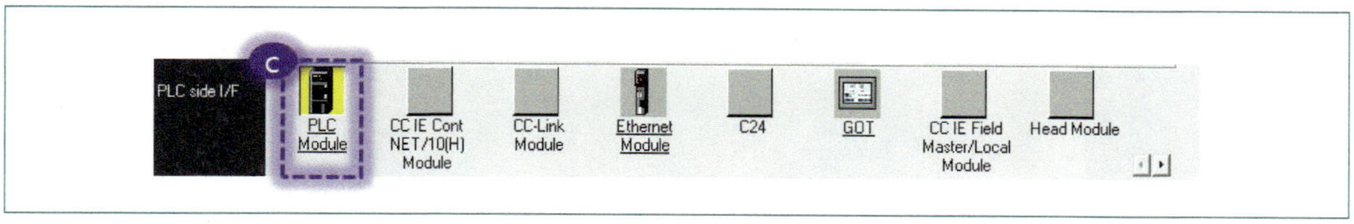

ⓓ Ethernet Port Direct Connection 선택 → ⓔ'OK'클릭

※ 이더넷 통신이 PC와 1:1로 연결된 경우 ⓓ 선택

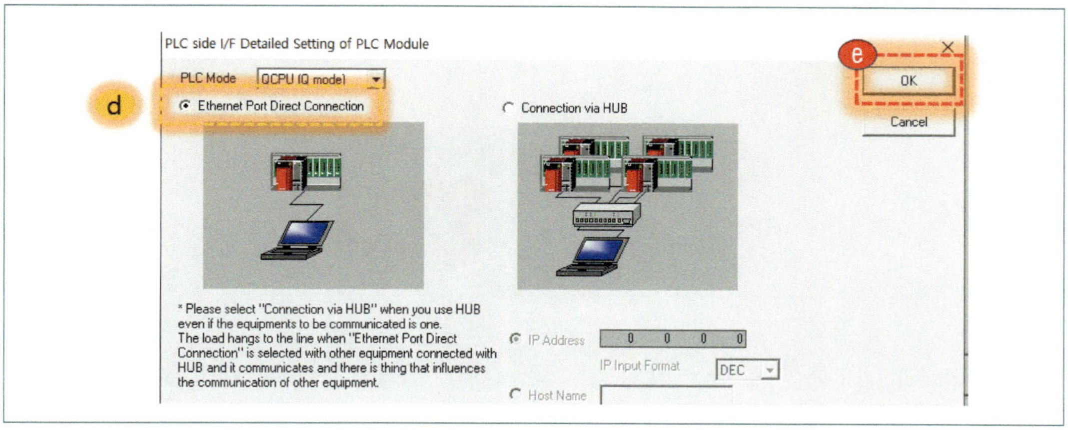

ⓕ No Specification 클릭

※ 이더넷 통신이 PC와 1:1로 연결된 경우 ⓕ 선택

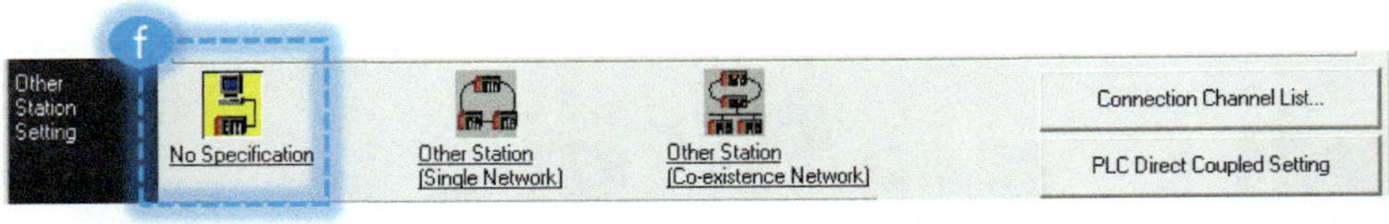

ⓖ Connection test 클릭 → 'OK' 클릭

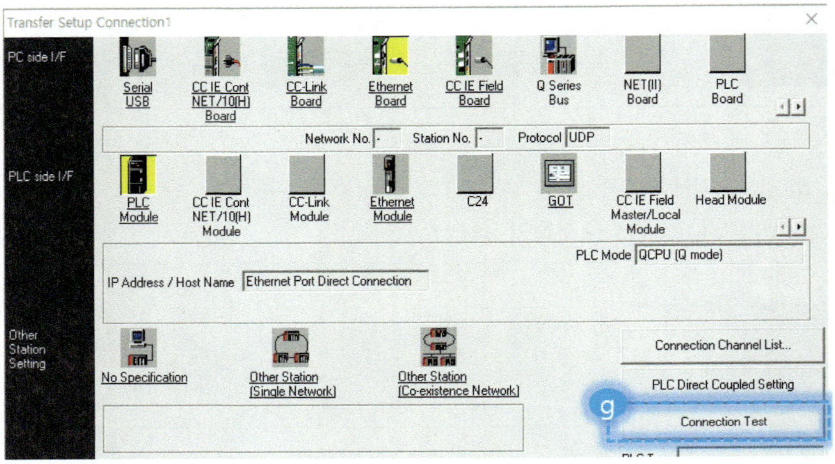

ⓗ Connection test 클릭선택 → '확인' 클릭

※ 정상적인 이더넷 통신이 완료 되었으면 아래와 같은 창이 표시된다.

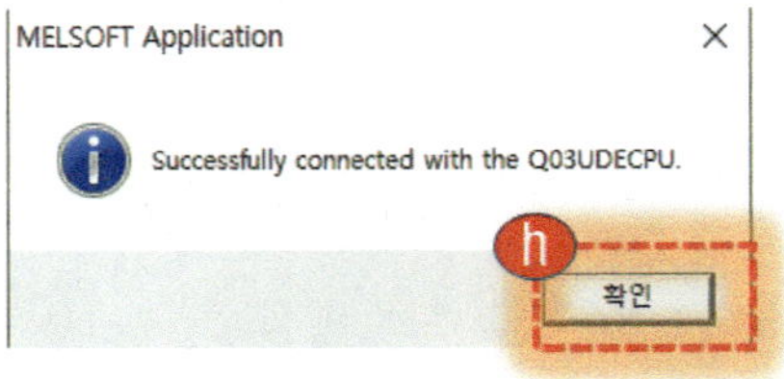

※ 만약 아래와 같이 통신 에러가 발생할 경우 ⓐ~ⓖ까지 설정을 다시 확인하여 설정하여야 한다.

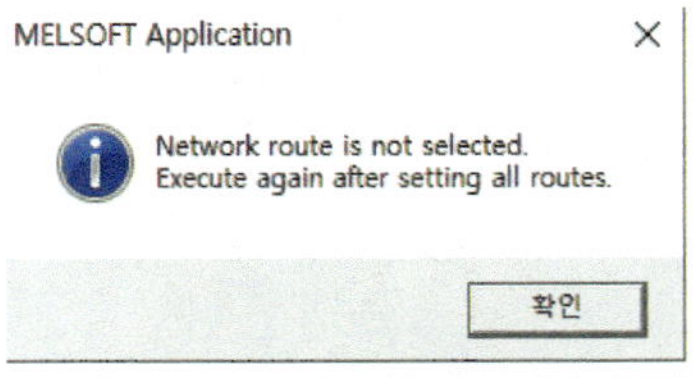

4 GX-Works 사용방법

4.1 GX-Works 프로그램 실행하기

4.1.1 GX-Works2의 주요 기능

Mitsubishi Electric사에서는 Melsec PLC제어를 위해 GX-Works라는 전용 프로그램을 제공하고 있다. GX-Works2는 제어 프로그램이나 파라미터를 관리할 수 있다.

① 프로그램 작성 : 사용자가 제어하고자 하는 프로젝트에 대한 구조화된 프로그램을 작성할 수 있다.

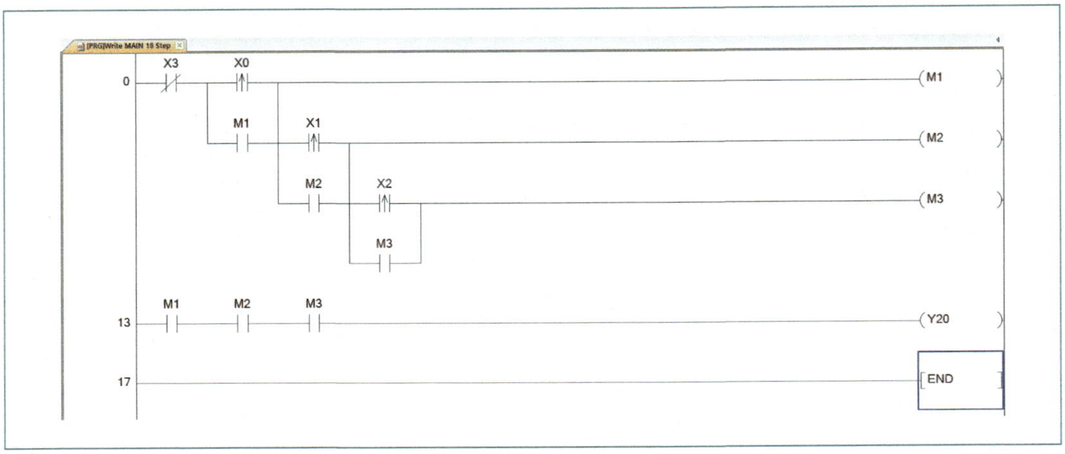

② 파라미터 설정 : 사용자 PLC의 파라미터, 네트워크에 연결되어 있는 파라미터 등을 설정할 수 있다.

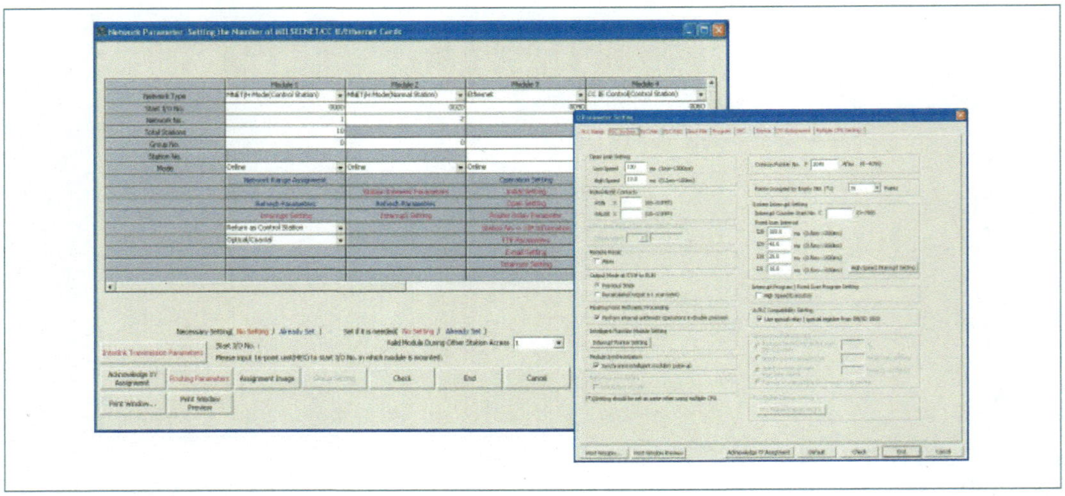

③ PLC CPU의 읽기 · 쓰기 : 작성한 시퀀스 프로그램을 PLC에 읽기 · 쓰기를 할 수 있다. 또한 PLC CPU가 동작 중 쓰기 기능을 사용하여 프로그램을 변경할 수 있다.

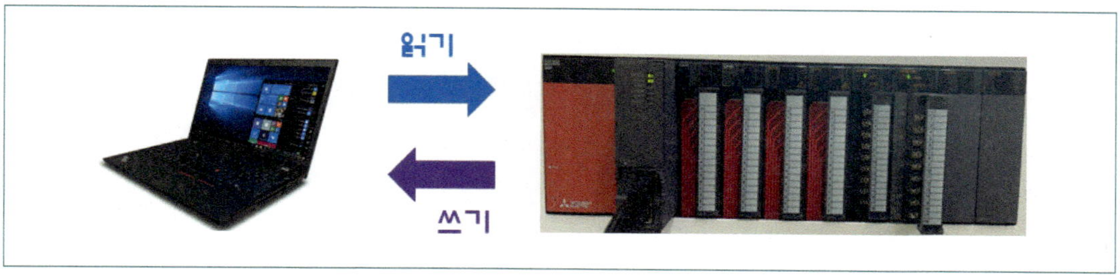

④ 모니터/디버그 : 작성된 프로그램을 PLC CPU에 써서 확인하고자 하는 접점이나 메모리의 데이터 등을 온/오프라인으로 모니터링 할 수 있다.

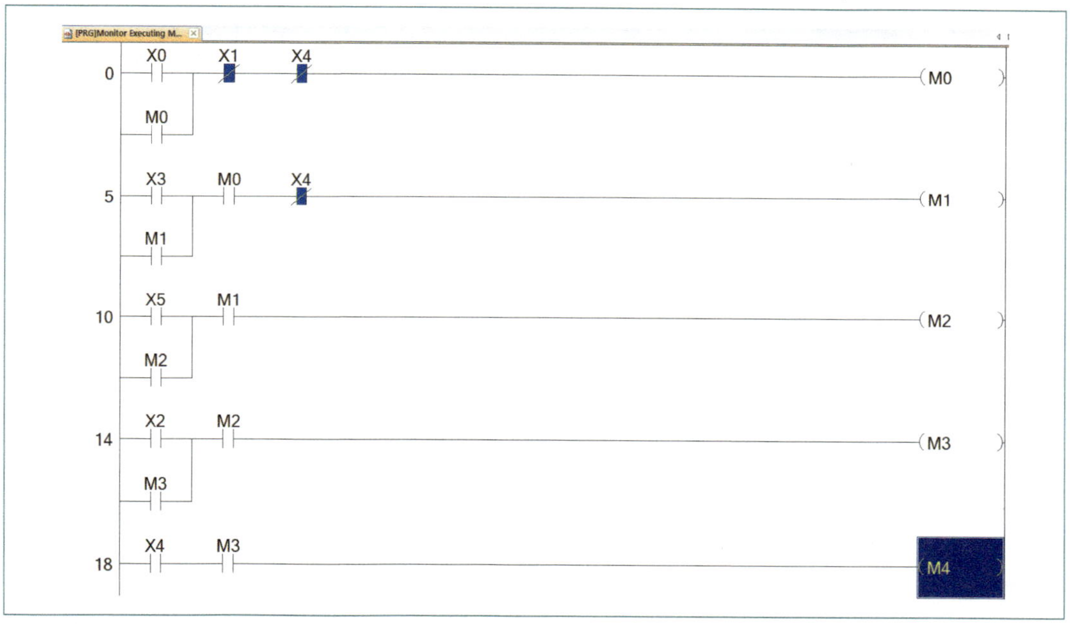

⑤ 진단 : PLC의 현재 상태 및 고장 이력 등을 확인하여 빠른 시간 내로 사용자가 복구할 수 있다.

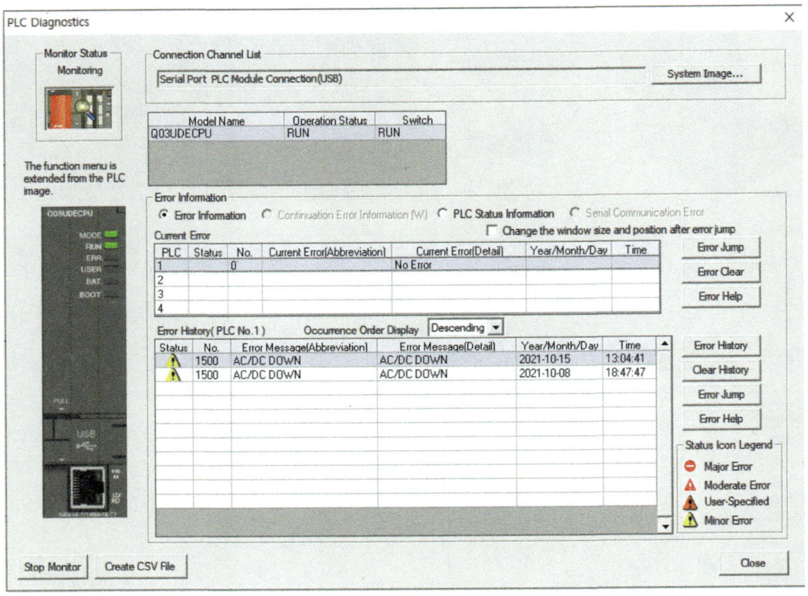

4.2 GX-Works 화면 구성 및 프로그래밍 하기

4.2.1 GX-Works2 실행하기

- GX-Works2를 실행하기 위해서는

① [Windows 시작 버튼] →

② [GX Works2] 클릭

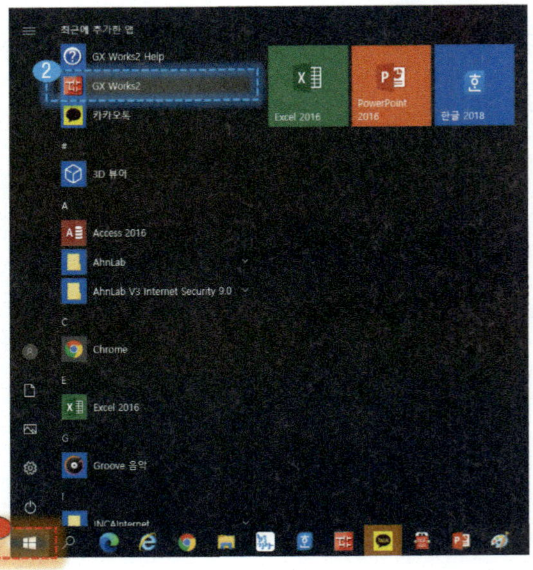

- 또는 바탕화면의  아이콘 클릭

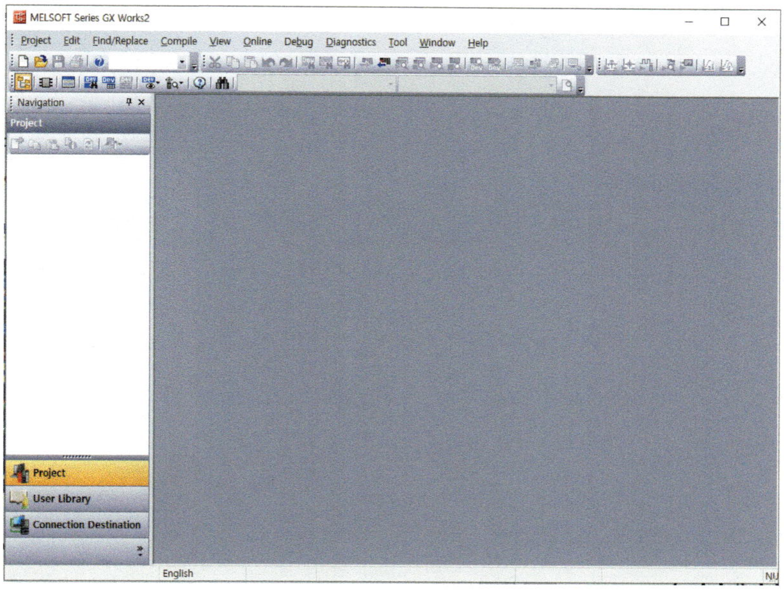

4.2.2 GX-Works2 종료하기

① 프로젝트 → ② 종료(Exit) 클릭

- 또는 ③ 'X' 클릭

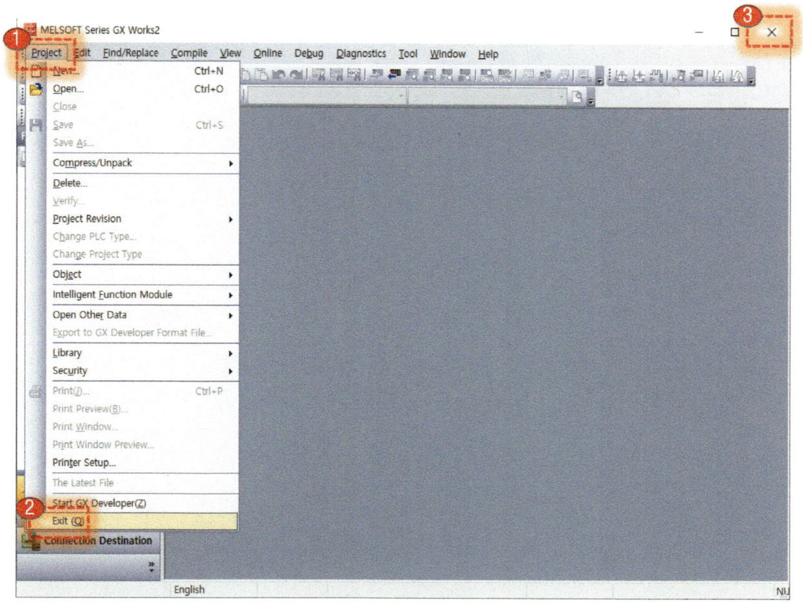

4.2.3 GX-Works2 화면 구성

① 메뉴 바 : 각 기능을 실행하는 메뉴가 표시

② 툴바 : 각 기능을 실행하는 툴 버튼이 표시

③ 내비게이션 윈도우 : 프로젝트의 내용이 트리 형식으로 표시

④ 워크 윈도우 : 프로그래밍, 파라미터 설정, 모니터링 등을 실행하는 메인이 되는 화면

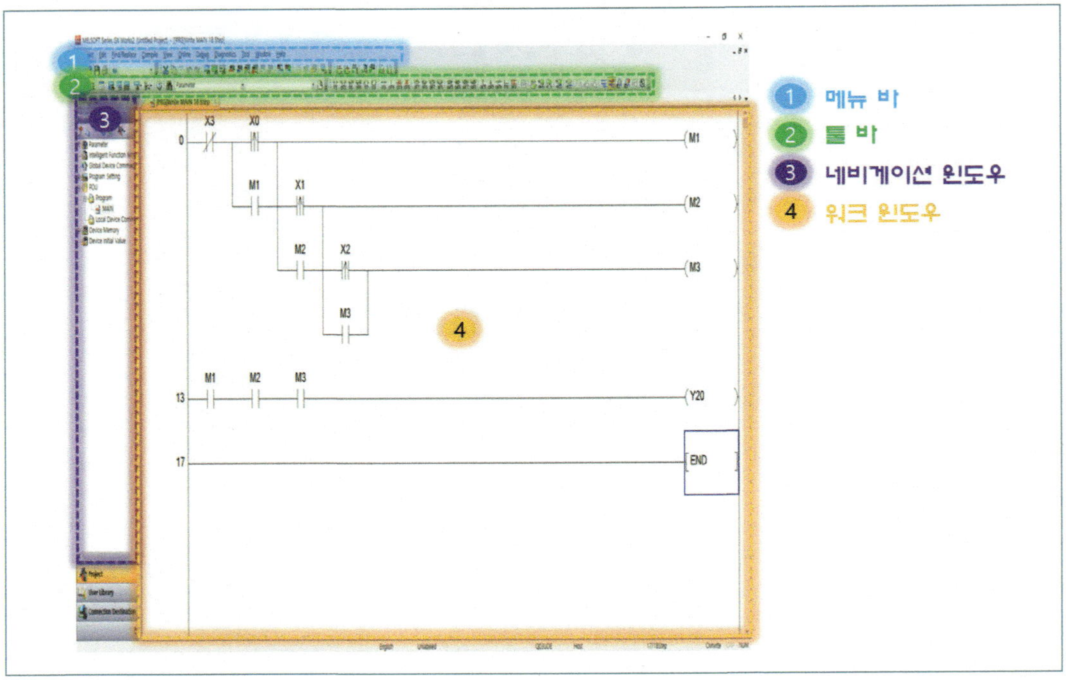

4.3 프로젝트 실습하기

4.3.1 프로젝트 새로 만들기

▌GX-Works2를 실행한 후 → ① '프로젝트' → ② 'New'

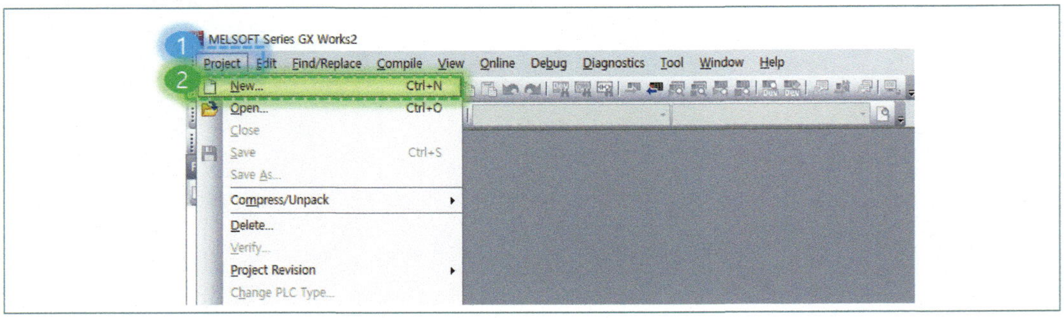

■ 프로젝트 항목 설정

① Series 설정 : QCPU(Melsec PLC 시리즈)

② Type 설정 : Q03UDE

※ 사용자가 사용중인 PLC의 CPU 모델명을 사용하여야 한다.

③ Project Type 설정 : 새로 작성하고자 하는 프로젝트의 종류 선택

※ Simple(단일) Project 선택 또는 Structured(구조적) Project

④ Language : 일반적으로 Ladder를 선택하여 사용

⑤ 설정 완료 후 'OK' 클릭

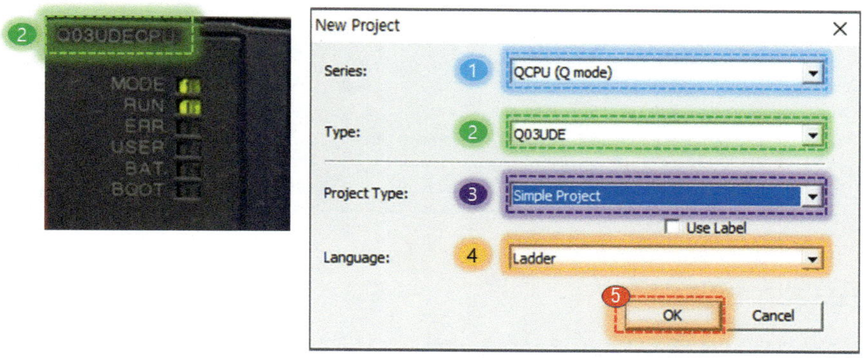

4.3.2 프로젝트 열기

■ GX-Works2를 실행한 후 → ① '프로젝트' → ② 'Open'

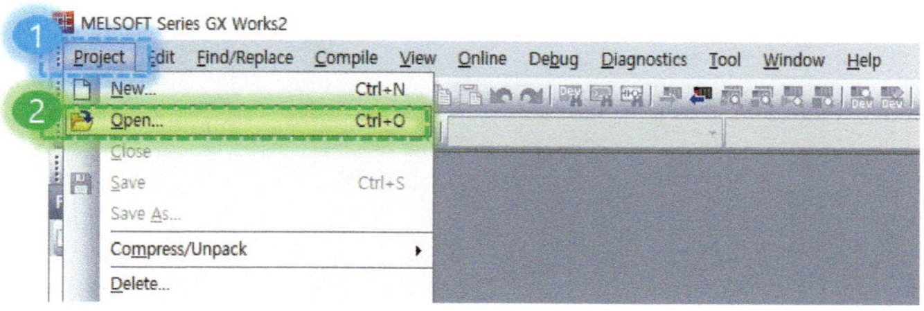

③ 사용자가 열고자 하는 프로그램을 선택

④ 선택 완료 후 '열기' 버튼 클릭

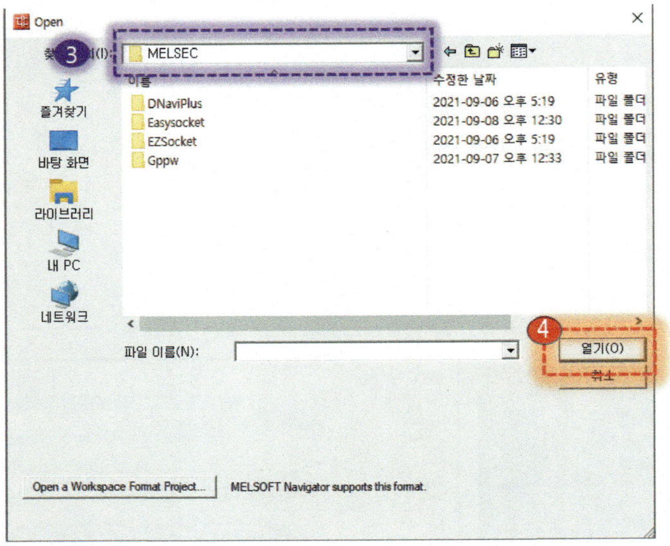

4.3.3. 프로젝트 저장

▌GX-Works2를 실행한 후 → ① '프로젝트' → ② 'Save'

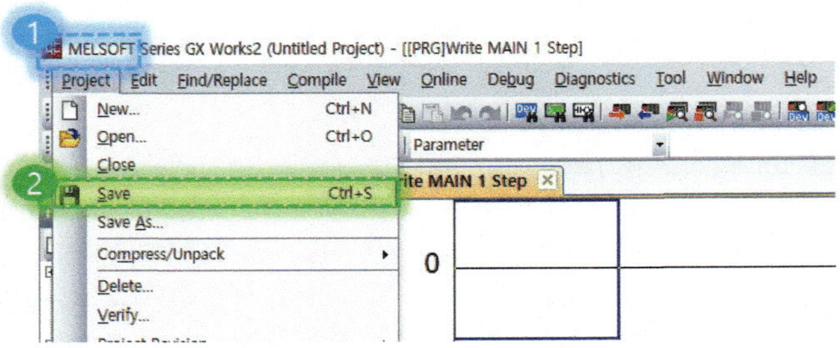

4.3.4 프로젝트 닫기

▌GX-Works2를 실행한 후 → ① '프로젝트' → ② 'Exit'

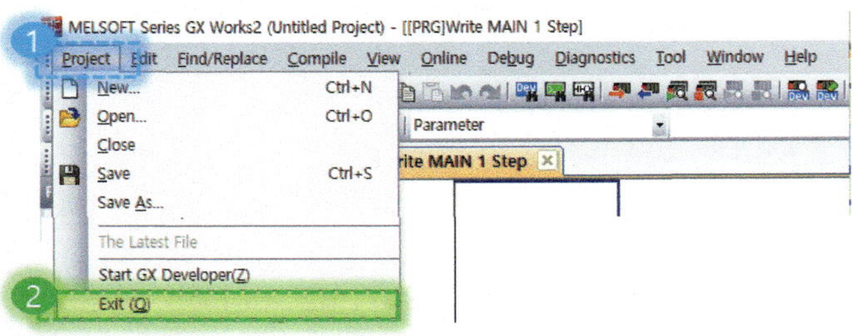

4.4 파라미터 설정하기

4.4.1 Melsec PLC I/O 할당하기

(1) 사용자 PLC 확인하기

▌ Melsec PLC를 사용하기 위해서는 PLC 베이스에 장착된 각종 카드들의 I/O 주소를 할당하여야 한다. 이를 위해서 먼저 사용자 PLC를 확인해보자.

- 우선 저자(사용자)의 PLC는 아래 사진과 같이 각종 카드들이 설치되어 있다.

① 전원 모듈 : 주소를 부여하지 않음

② CPU 모듈 : 주소를 부여하지 않음

③ 입력 모듈 2개 : 첫 번째 모듈(X00~X0F), 두 번째(X10~X1F)

④ 출력 모듈 2개 : 첫 번째 모듈(Y20~Y2F), 두 번째(Y30~Y3F)

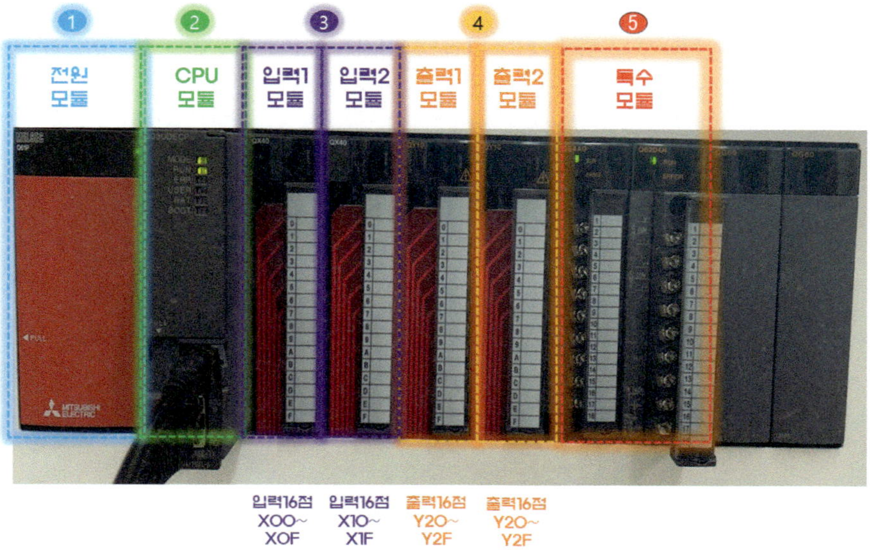

알아두기

- 입력과 출력에 따라 영문명이 변경: 입력(X), 출력(Y)
- 접점 수에 따라 설정되는 주소가 변경
  - ex) 입력 16점의 경우(X00~X0F), 출력 32점의 경우(Y10~X2F)
  - ex) 입력 32점의 경우(X00~X1F), 입력 64점의 경우(Y20~Y5F)

(2) 사용자 PLC와 연계한 파라미터 설정하기

▌GX-Works2에서 파라미터를 설정할 수 있다.

① 내비게이션 윈도우창에서 Project 화면 Parameter 클릭

② PLC Parameter 더블 클릭

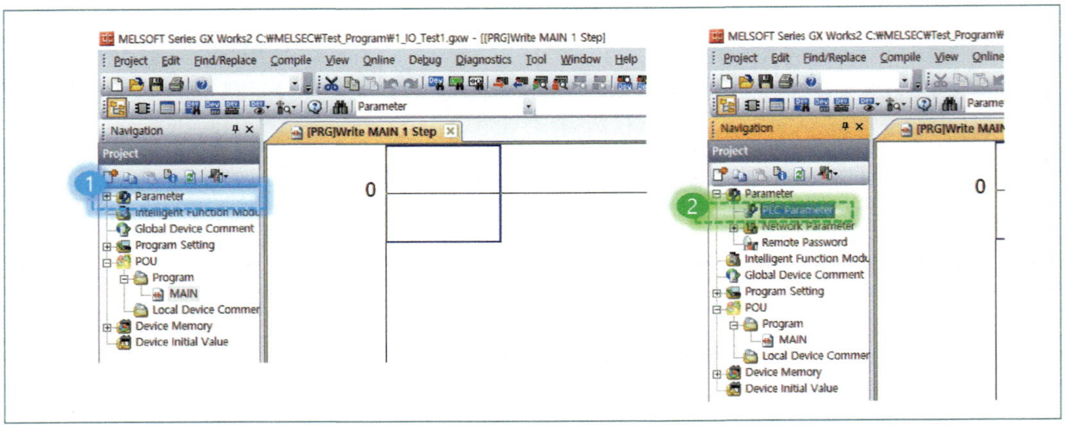

③ Device I/O Assignment를 클릭하면 아래 화면과 같이 표시된다. 그림에서와 같이 PLC의 각종 파라미터를 설정하는 부분이다.

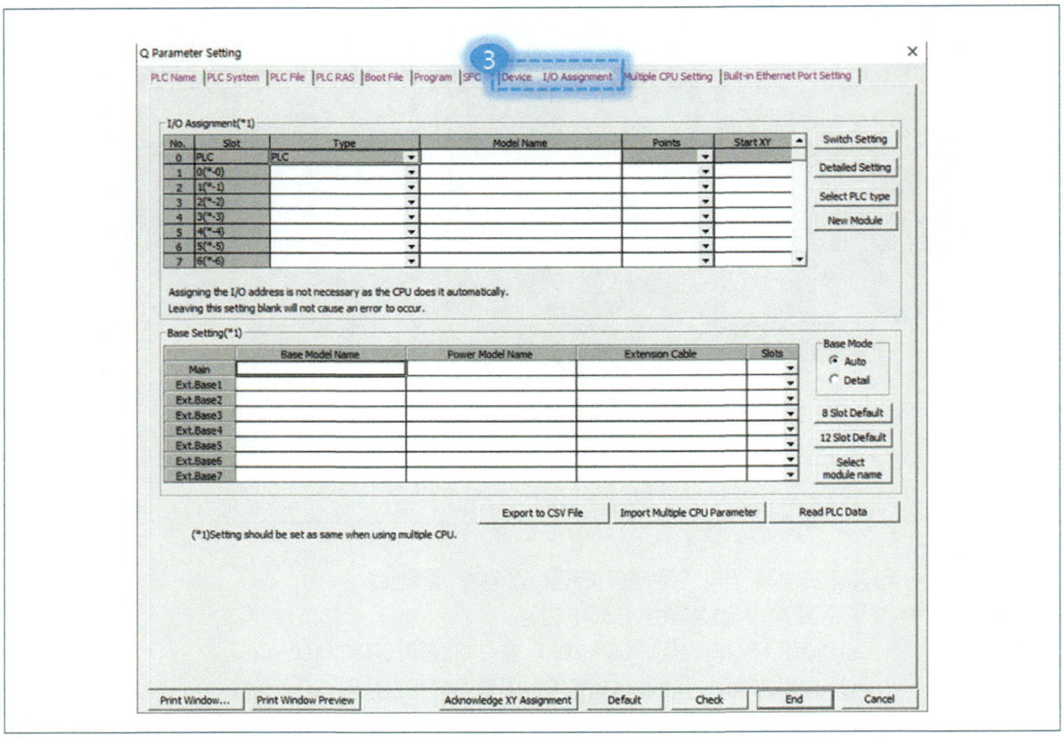

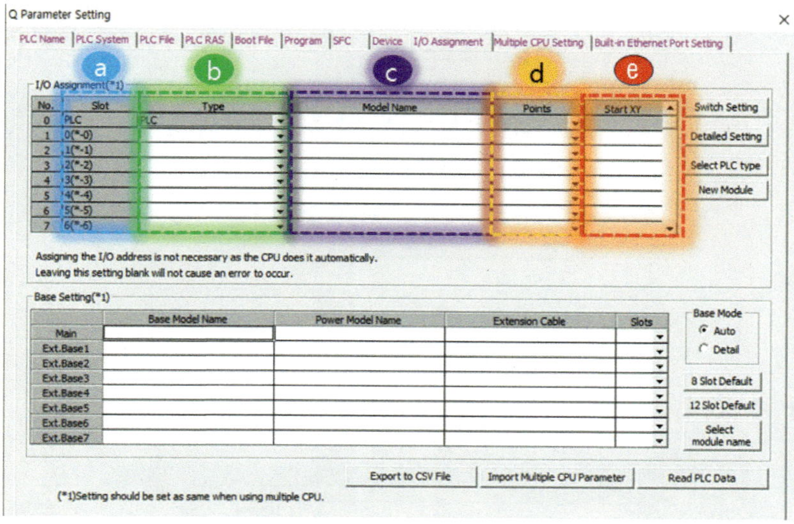

ⓐ Slot : 베이스 모듈에 장착된 슬롯 모듈이 몇 번째 슬롯인지 표시

ⓑ Type : 장착된 모듈의 종류를 표시

ⓒ Model Name : 장착된 모듈의 형명을 표시

ⓓ Points : 장착된 모듈의 입/출력 점수 표시

ⓔ Start XY : 장착된 모듈에 할당할 입/출력 번지의 선두번지를 설정할 수 있다.

④ 사용자 PLC의 각종 모듈 정보를 자동으로 읽어 올 수 있도록 'Read PLC Data' 버튼을 클릭한다.

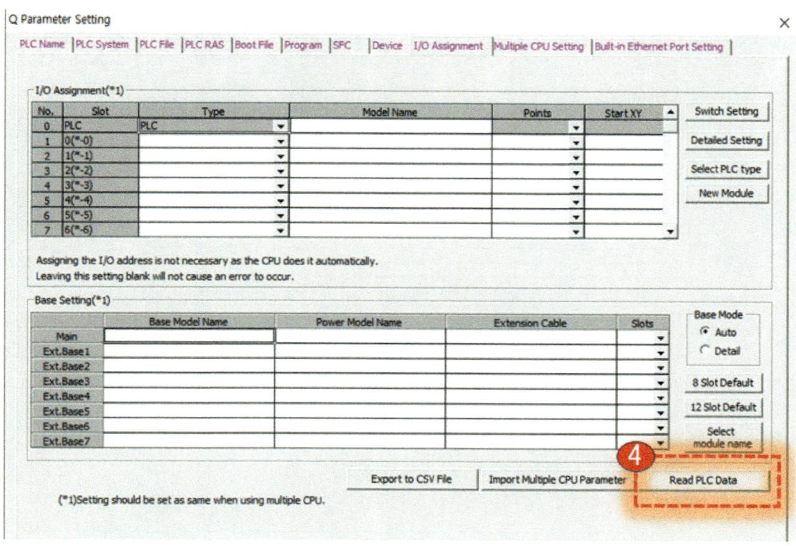

⑤ PLC 데이터를 읽기 위해 '예' 클릭

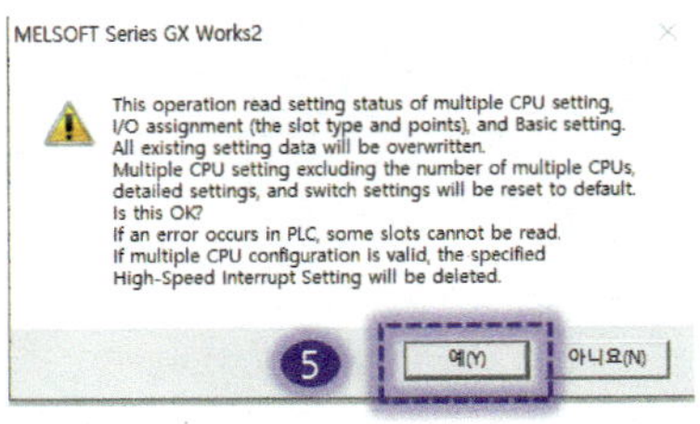

⑥ 아래 그림과 같이 슬롯번호, 모듈 타입, 접점(Points) 등이 자동으로 업로드 된 것을 확인할 수 있다.

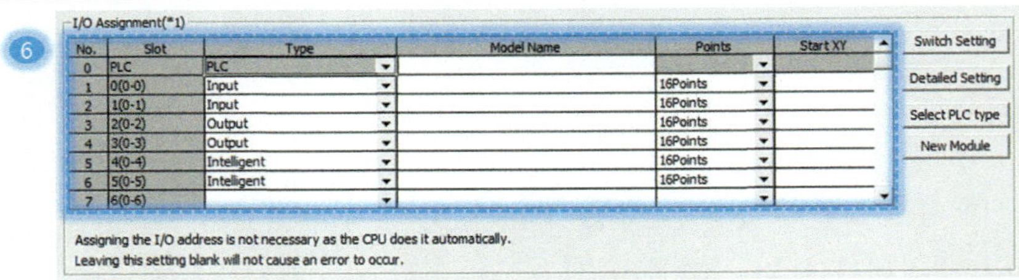

⑦ 자동 읽기를 사용하지 않아도 I/O Assignment 테이블 표를 활용하여 사용자가 직접 입력할 수도 있다.

⑧ I/O 할당을 확인 후 이상이 없으면 'End' 버튼 클릭하여 저장

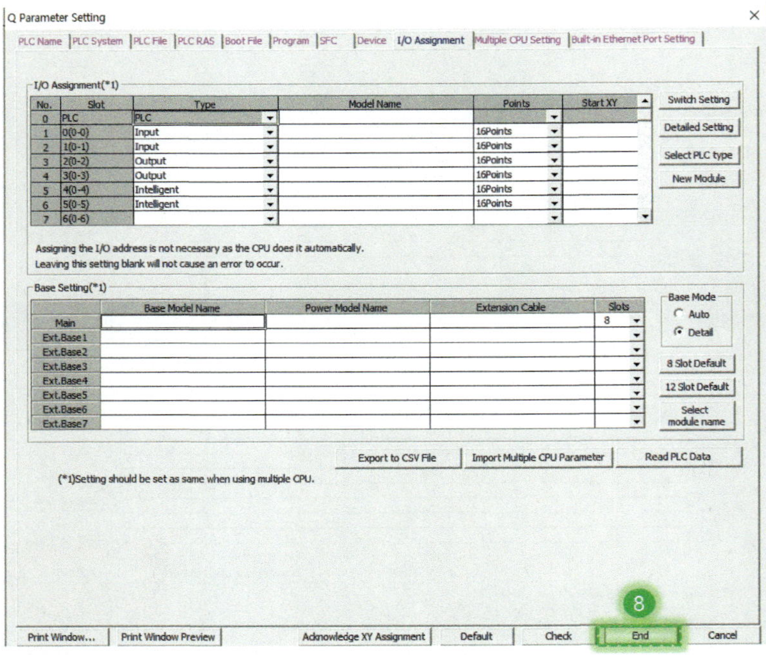

4.5 디바이스 초기값 설정하기

4.5.1 디바이스 메모리의 특징

▌디바이스 메모리는 PLC CPU의 메모리 영역에 특수 목적의 내부 메모리들을 디바이스명으로 설정하여 사용자의 편의성을 제공한다.

- **읽기** : 디바이스 메모리의 데이터를 일괄적으로 PLC CPU에서 GX-Works로 읽어 들인다.
- **쓰기** : 디바이스 메모리의 데이터를 일괄적으로 GX-Works에서 PLC CPU로 쓴다.

주요 설정 가능한 디바이스

분류	디바이스명		기호	표시(△), 편집(○), 미지원(×)
내부 사용자 디바이스	입력		X	△
	출력		Y	△
	내부 릴레이		M	○
	래치 릴레이		L	○
	어넌시에이터		F	○
	에지 릴레이		V	○
	스텝 릴레이		S	△
	링크 릴레이		B	○
	링크 특수 릴레이		SB	○
	타이머	현재값	T	○
		접점	TS	×
		코일	TC	×
	카운터	현재값	C	○
		접점	CS	×
		코일	CC	×
	적산 타이머	현재값	ST	○
		접점	STS	×
		코일	STC	×
	데이터 레지스터		D	○
	링크 레지스터		W	○
	링크 특수 레지스터		SW	○
	다이렉트 입력		DX	×
	다이렉트 출력		DY	×
내부 시스템 디바이스	특수 릴레이		SM	△
	특수 레지스터		SD	○

4.5.2 디바이스 메모리 설정하기

▌GX-Works2에서 디바이스 메모리를 설정할 수 있다.

① 내비게이션 윈도우창에서 Project 화면 Device Memory 더블 클릭

② MAIN 더블 클릭

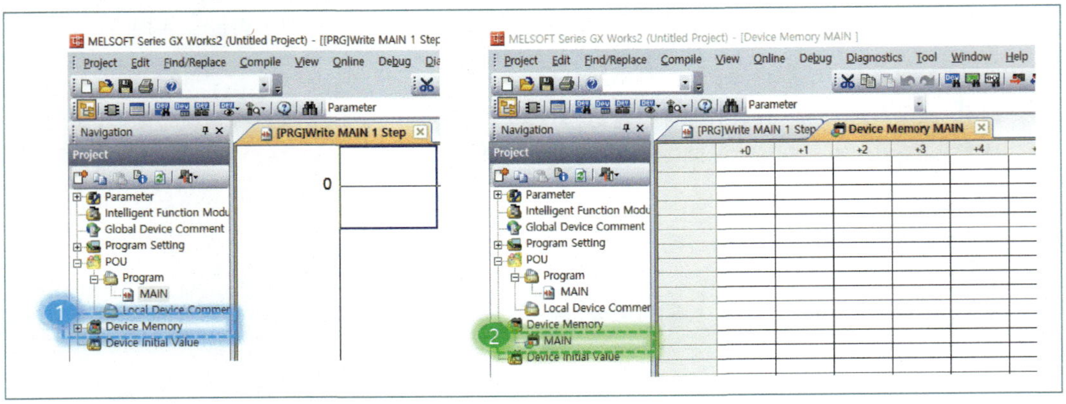

③ 디바이스 메모리값을 설정하기 위한 셀을 선택한다.

④ 디바이스 'X0'를 입력한다.

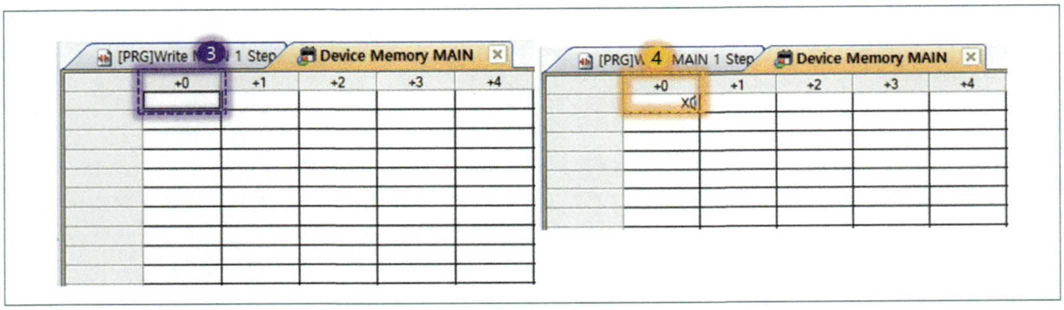

⑤ 키보드의 Enter를 누른다.

※ 입력 X0는 화면 표시만 가능하므로, 그림과 같이 값을 보여주기만 할 뿐 설정값을 입력할 수는 없다.

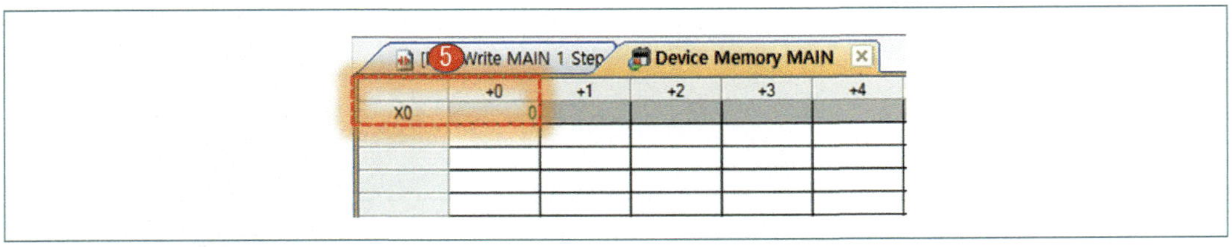

⑥ 디바이스 메모리값을 설정하기 위한 셀을 선택한다.

⑦ 디바이스 'D0'를 입력한다.

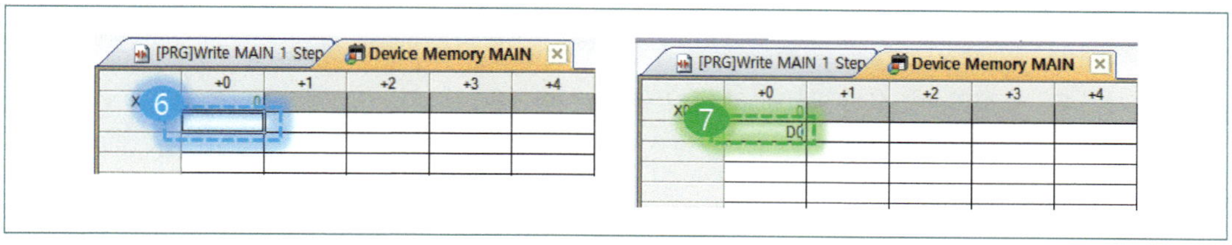

⑧ 키보드의 Enter를 누른다.

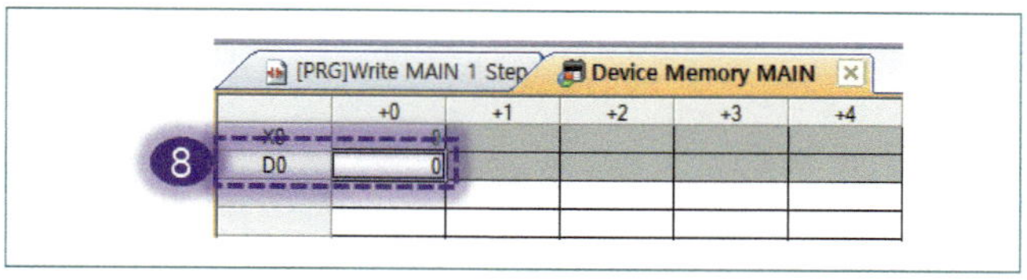

⑨ 사용자가 원하는 값(00)을 입력한다.

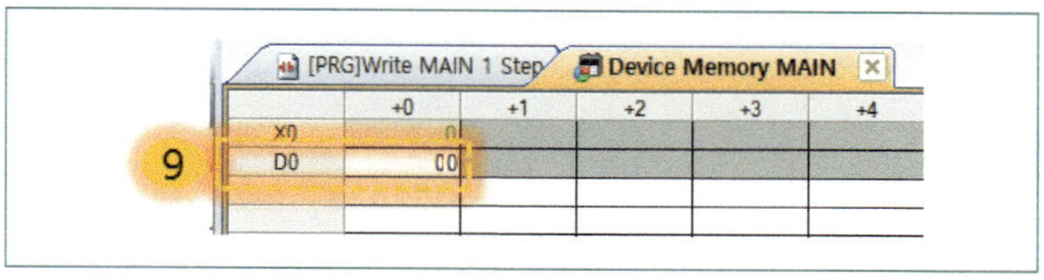

⑩ 키보드의 Enter를 누른다.

4.5.3 디바이스 메모리 표시 형식 전환하기

▌GX-Works2에서 디바이스 메모리 표시 형식을 전환할 수 있다.

① View 클릭 → ② Display Mode 클릭 → ③ Binary 클릭

④ 화면과 같이 2진수의 값으로 표시된다.

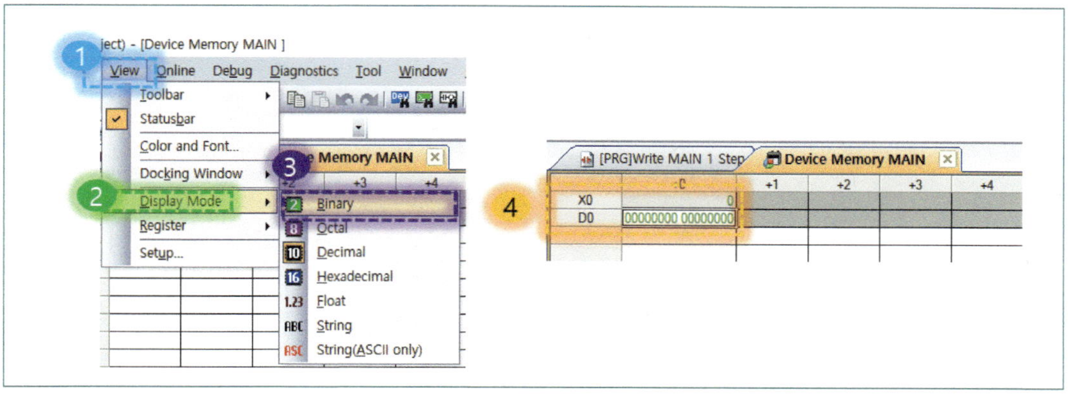

⑤ 위와 같은 방법으로 2진수, 8진수, 10진수, 16진수 등 다양한 표시 형식으로 전환이 가능하다.

4.5.4 디바이스 초기값 설정하기

▌사용자가 PLC CPU의 RUN 하였을 때 시퀀스 프로그램의 연산에 의해 디바이스값을 설정하는 것보다는

- 초기값을 설정하는 것이 설정 프로그램 작성에 유리하다.

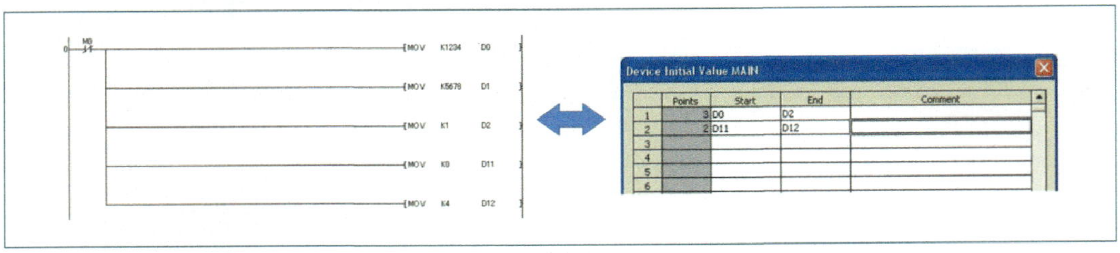

주요 초기값으로 설정 가능한 디바이스

분류	디바이스명	디바이스
내부 사용자 디바이스	타이머	T
	적산 타이머	ST
	카운터	C
	데이터 레지스터	D
	링크 레지스터	W
	링크 특수 레지스터	SW
내부 시스템 디바이스	특수 레지스터	SD

▌GX-Works2에서 디바이스 메모리 표시 형식을 전환할 수 있다.

① Project 클릭 → ② Object 클릭 → ③ New 클릭

④ Data Name 설정 후 → ⑤ 'OK' 클릭

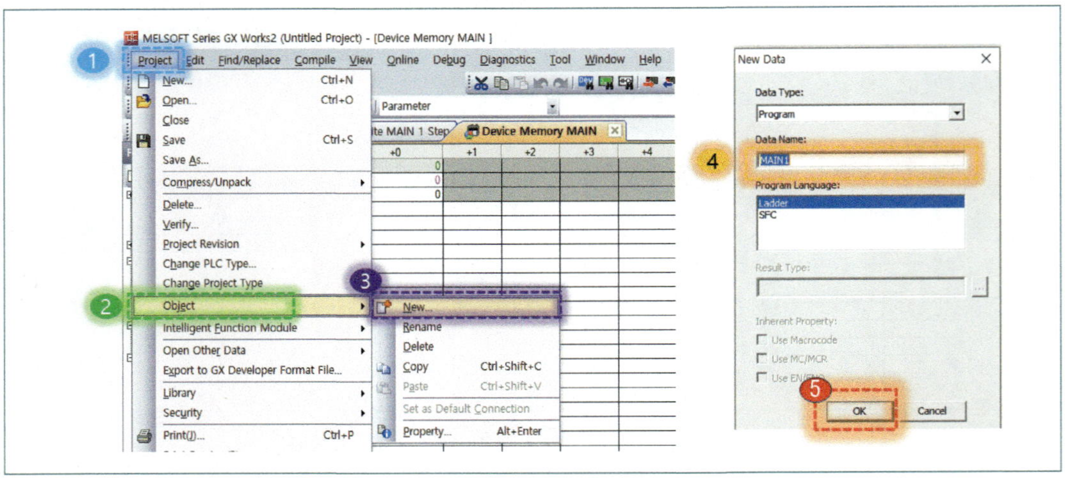

⑥ 그림과 같이 Device Initial Value에 MAIN을 클릭

⑦ 디바이스 초기값을 설정할 수 있는 팝업창이 열린다.

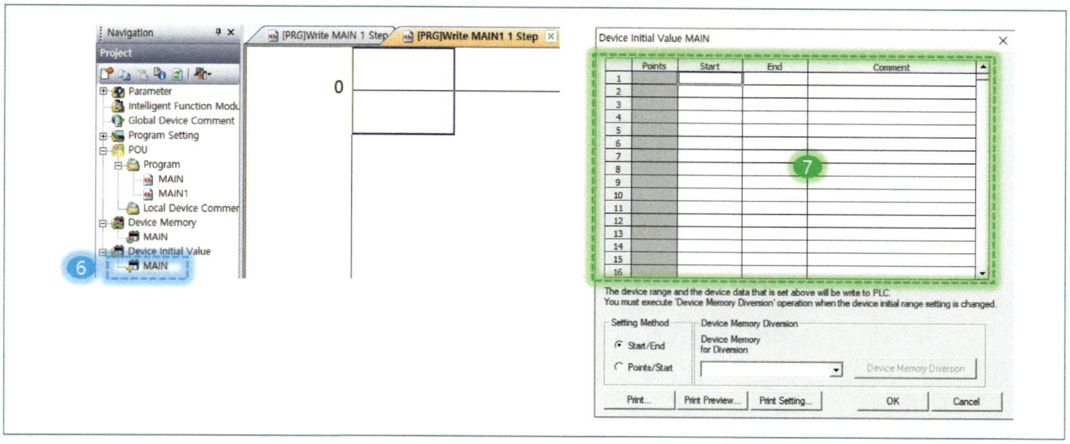

ⓐ Points : 각 디바이스의 점수를 설정한다.(하나의 범위 내에서 최대 8,000점까지 설정 가능)

ⓑ Start : 설정하는 범위의 선두 디바이스를 지정한다.

ⓒ End : 설정하는 범위의 최종 디바이스를 지정한다.

ⓓ Comment : 설정된 디바이스 범위에 코멘트를 입력한다.(반각 32문자, 전각 16문자 이내)

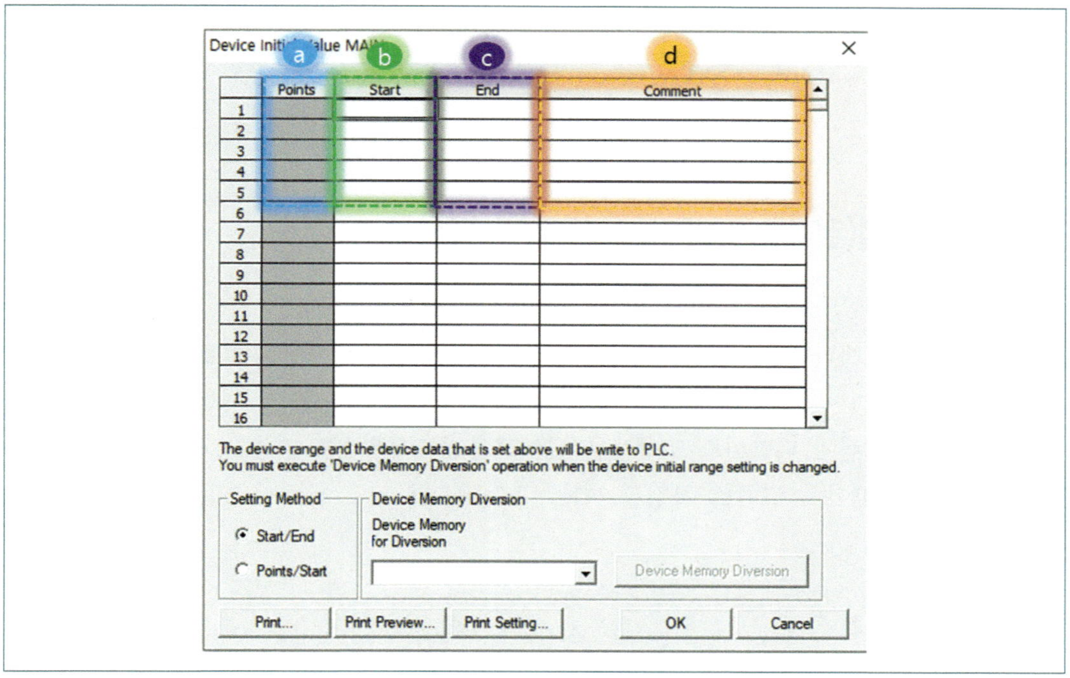

⑧ 사용자가 필요한 경우 그림과 같이 Device Initial Value MAIN에 입력한다.

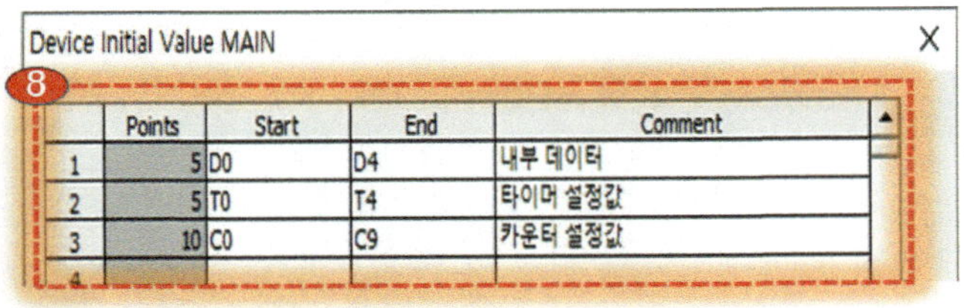

⑨ 사용자가 작성한 디바이스 프로그램을 선택 후

⑩ 디바이스 초기값 확인 후 'OK'클릭

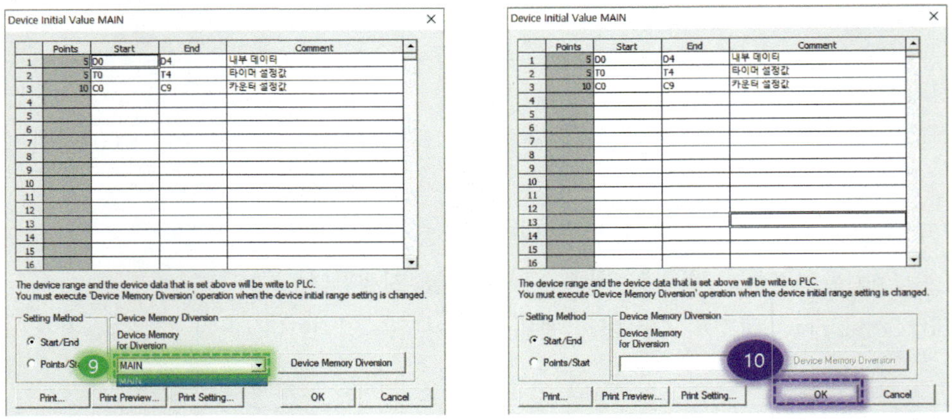

4.6 글로벌(로컬) 디바이스 코멘트 작성하기

▌사용자가 여러 개의 프로그램을 사용하고자 할 경우 공통의 디바이스 코멘트 데이터를 사용할 수 있다.

- Main 프로그램에 디바이스 코멘트를 붙이고자 할 경우에도 가능

① 글로벌 디바이스 코멘트 설정을 위해 Global Device Comment 더블클릭

② 그림과 같이 코멘트를 입력할 수 있는 팝업창이 나타난다.

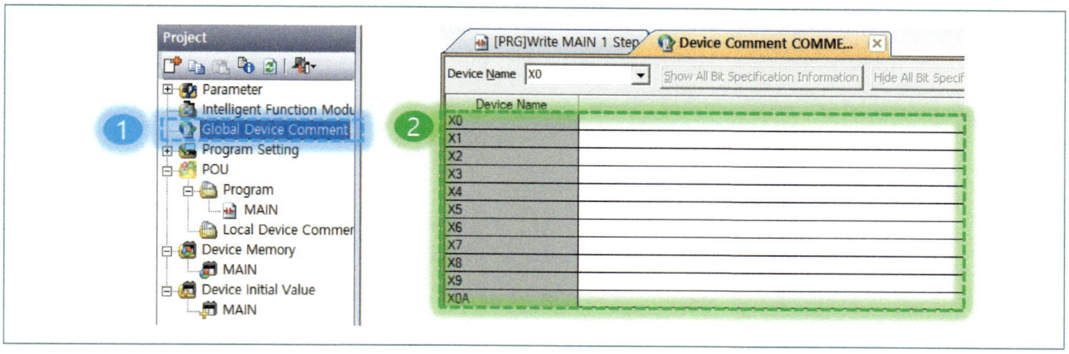

③ 로컬 디바이스 코멘트[3] 설정을 위해

ⓐ Project 클릭 → ⓑ Object 클릭 → ⓒ New 클릭

ⓓ Data Name을 입력 → ⓔ 'OK' 클릭

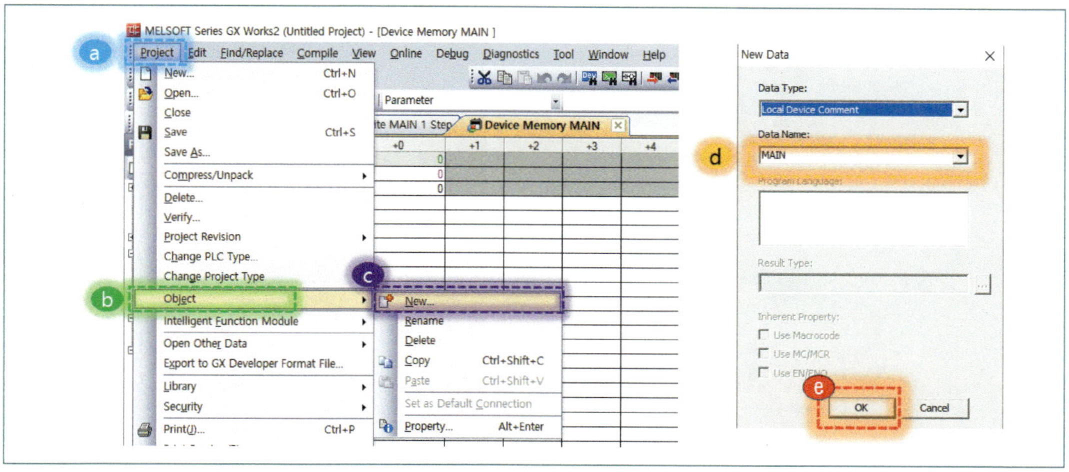

ⓕ Local Device Comment → MAIN 더블클릭

ⓖ 그림과 같이 코멘트를 입력할 수 있는 팝업창이 나타난다.

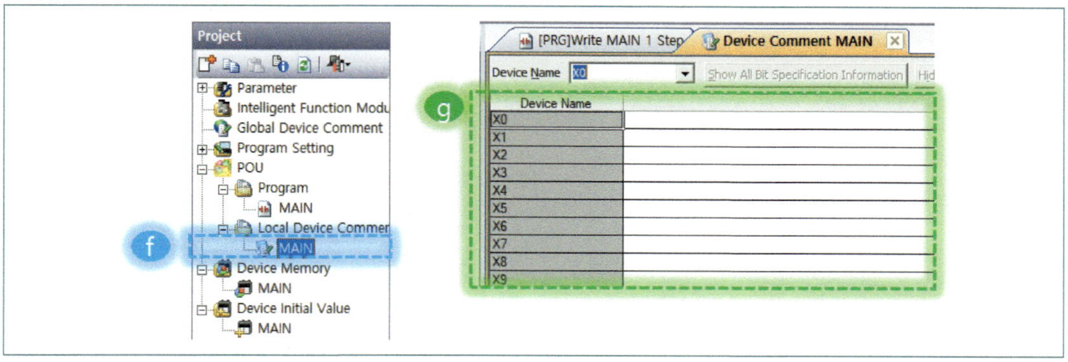

3) 사용자가 임의로 작성하여 사용하는 디바이스 코멘트

4.7 래더 에디터에서 코멘트 작성하기

▌사용자가 디바이스 코멘트를 수정 및 추가할 수 있다.

① Edit 클릭 → ② Documentation 클릭 → ③ Device Comment 클릭

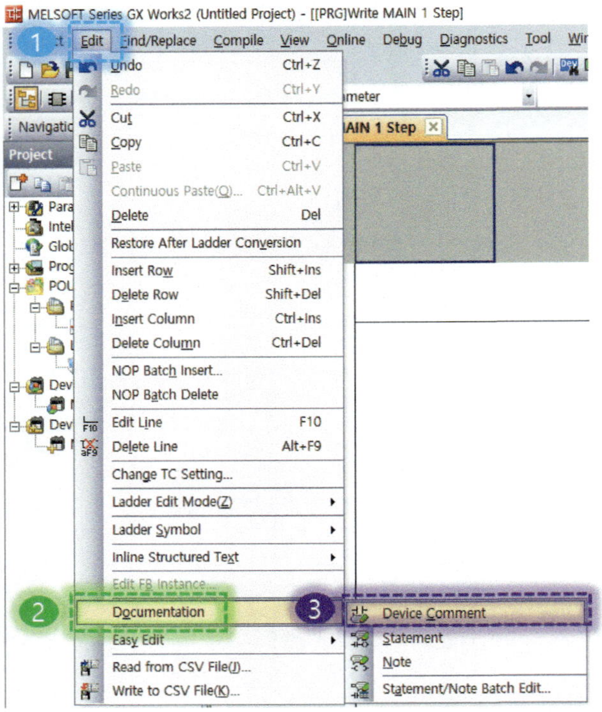

④ 먼저 작성된 프로그램에서 디바이스 코멘트를 입력하고자 하는 위치로 커서를 이동시킨다.

⑤ 키보드의 Enter를 누르면 그림과 같이 팝업창이 나타난다.

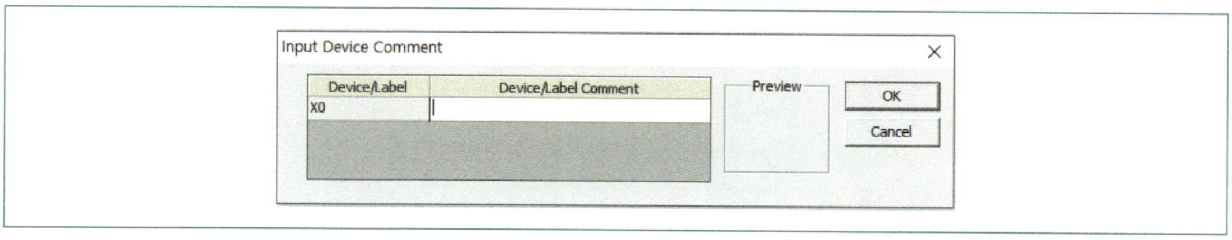

⑥ Device/Label Comment에 'PB1'입력한다.

⑦ 'OK' 클릭한다.

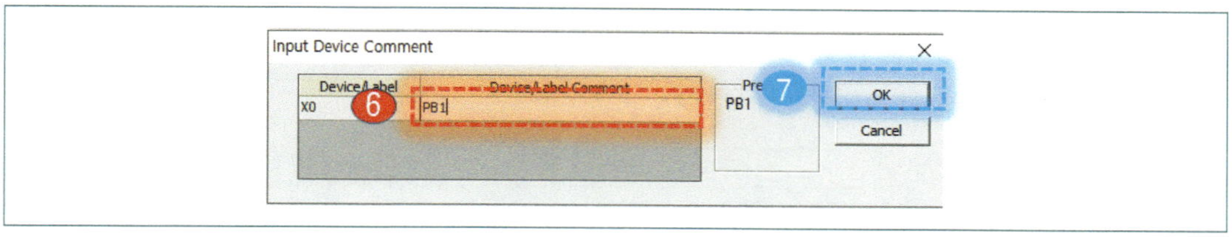

⑧ 아래 그림과 같이 화면에 접접에 대한 코멘트가 표시된다.

4.8 스테이트먼트 작성하기

▌사용자가 스테이트먼트를 추가할 수 있다.

① 사용자가 프로그램 설명을 위해 주석문을 추가할 경우, 먼저 주석문을 추가하고자 하는 라인의 가장 왼쪽에 위치시킨다.

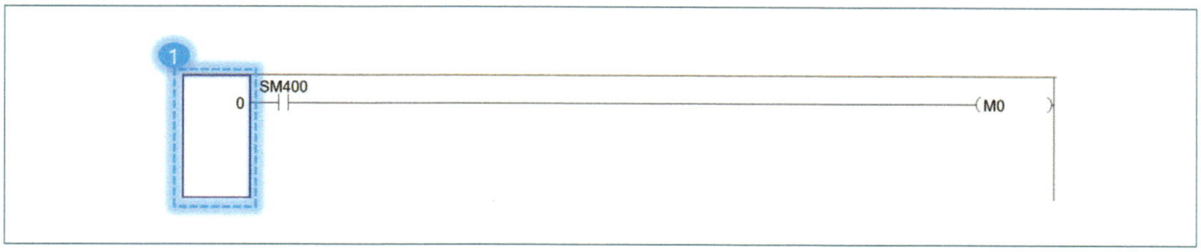

② 키보드에서 Enter키를 누른다.

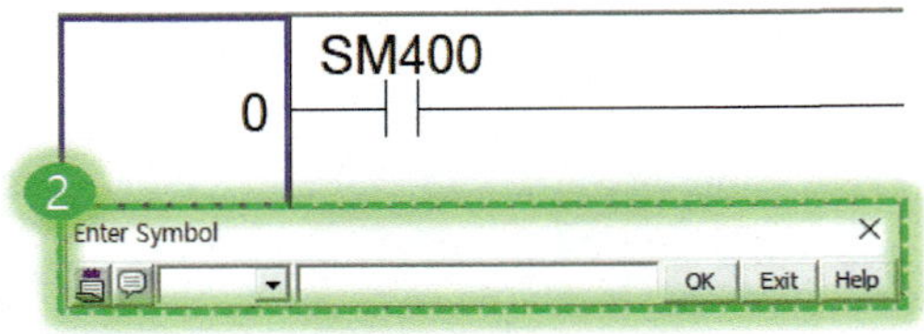

③ ;보행자 신호등 제어하기를 입력한 후 Ok 버튼를 누른다.

※ 세미콜론(;)을 앞에 추가하여야 주석문 입력이 가능

④ 만약 스테이트먼트가 보이지 않는 경우,

ⓐ View → ⓑ Statement를 클릭한다.

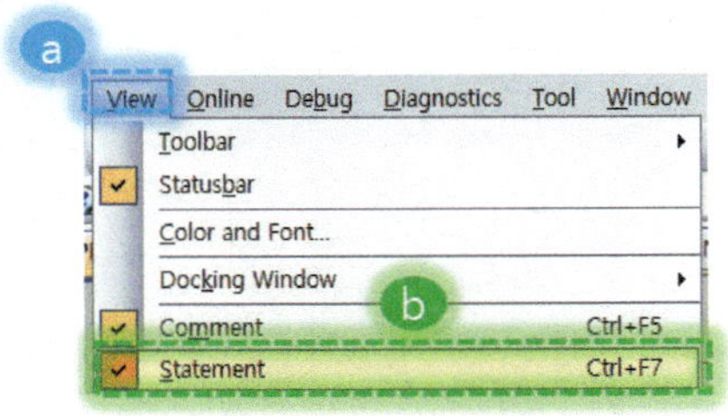

⑤ 만약 스테이트먼트가 작성되었으나, 글자 모양 깨짐현상(?????)이 발생할 경우 아래와 같이 언어를 변경해 준다

ⓐ Tool 선택

ⓑ Language Selection 선택

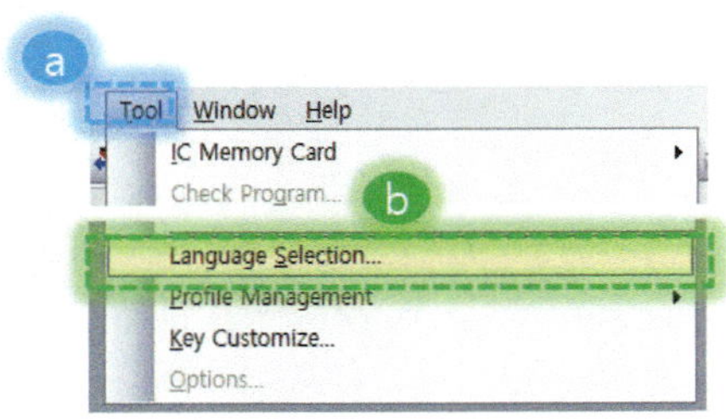

ⓒ Korean 선택 후 ⓓ 'OK' 버튼 클릭

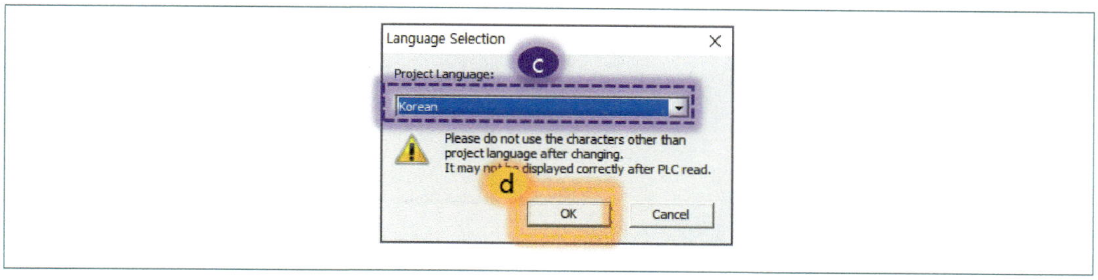

ⓔ '예' 버튼 클릭

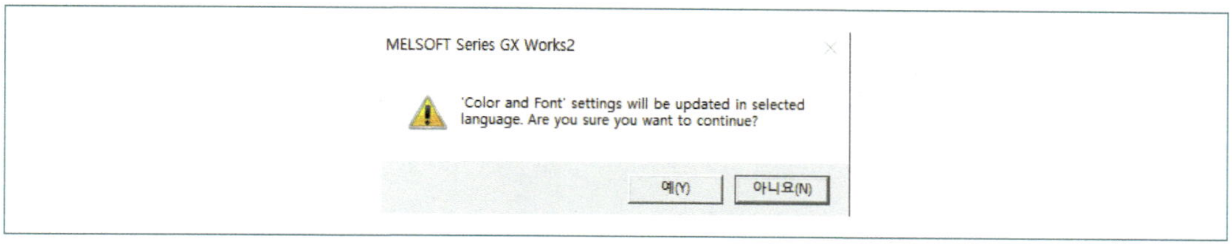

ⓕ 아래 화면과 같이 변경된다.

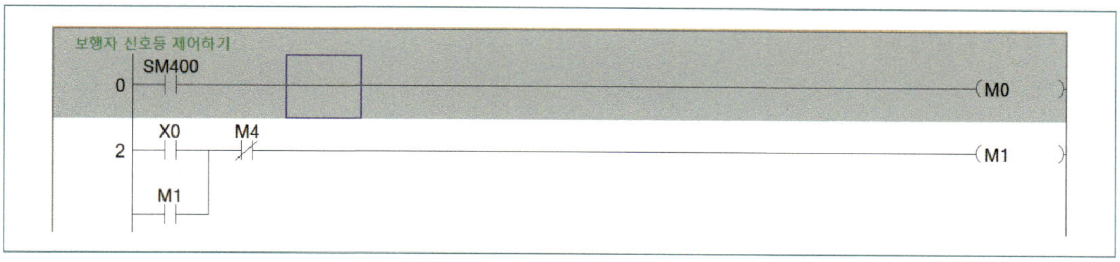

4.9 노트 작성하기

▌사용자가 노트를 추가할 수 있다.

① 사용자가 프로그램 설명을 위해 노트를 추가할 경우, 먼저 노트를 추가하고자 하는 라인의 가장 오른쪽(출력 접점)에 위치시킨다.

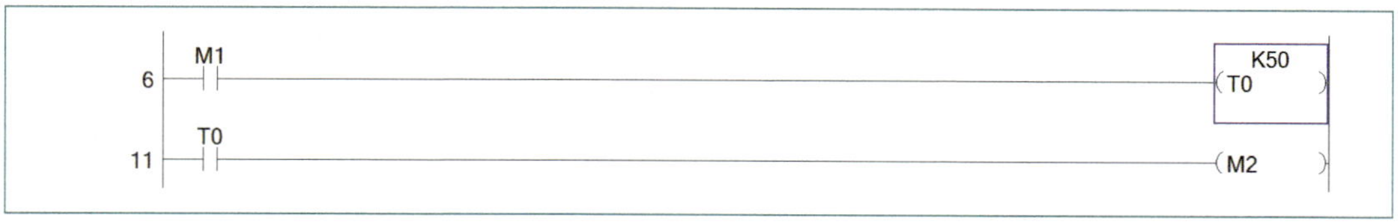

② 키보드에서 Enter키를 누른다.

③ 다른 출력부를 공란으로 선택한다.

④ ; 보행자 녹색등 접점을 입력한 후 Ok 버튼를 누른다.

※ 세미콜론(;)을 앞에 추가하여야 주석문 입력이 가능

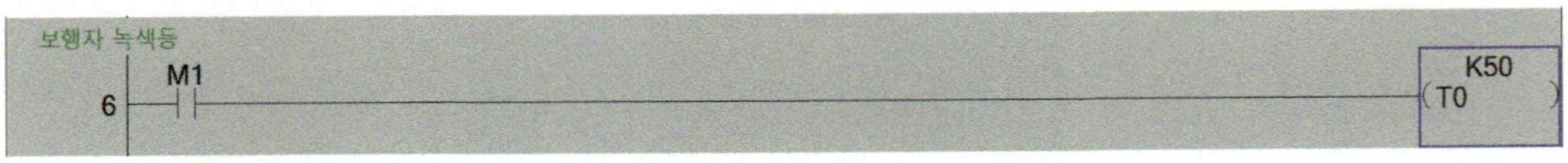

4.10 타이틀 작성하기

▌사용자가 타이틀을 추가할 수 있다.

① 사용자가 프로그램 설명을 위해 타이틀을 추가할 경우, 먼저 타이틀문을 추가하고자 하는 라인의 가장 왼쪽에 위치시킨다.

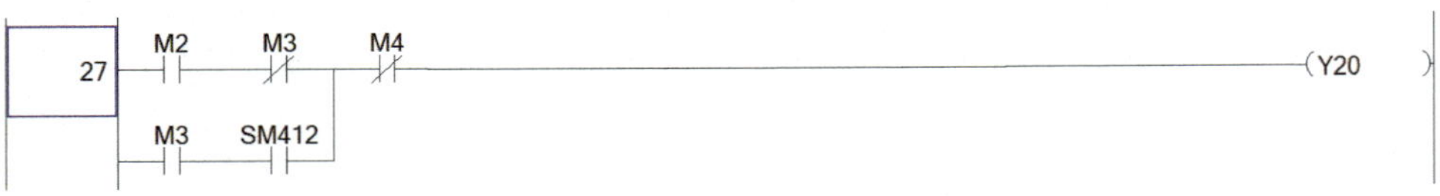

② 키보드에서 Enter키를 누른다.

③ ;[Title] 출력부를 입력한 후 Ok 버튼를 누른다.

※ 반드시 세미콜론(;)과 Title의 대소문자를 구분하여 작성한다.

④ 아래 화면과 같이 변경된다.

⑤ Compile → Rebuild All을 클릭하면,
아래 그림과 같이 프로젝트 → POU → Program → MAIN → 출력부로 생성된다.

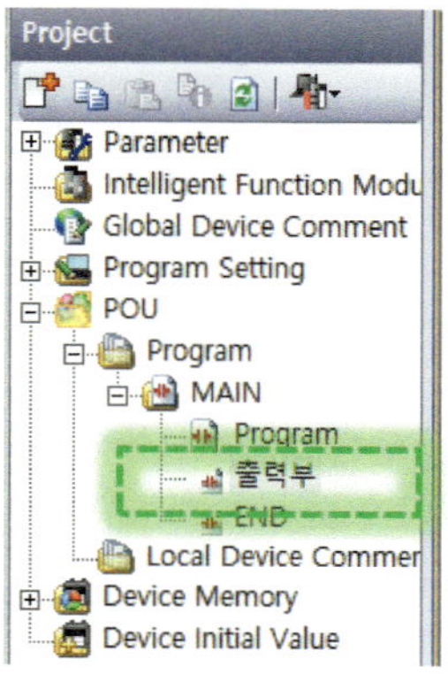

⑥ 위 화면에서 출력부를 더블클릭하면 아래와 같이 타이틀 프로그램만 보여진다.

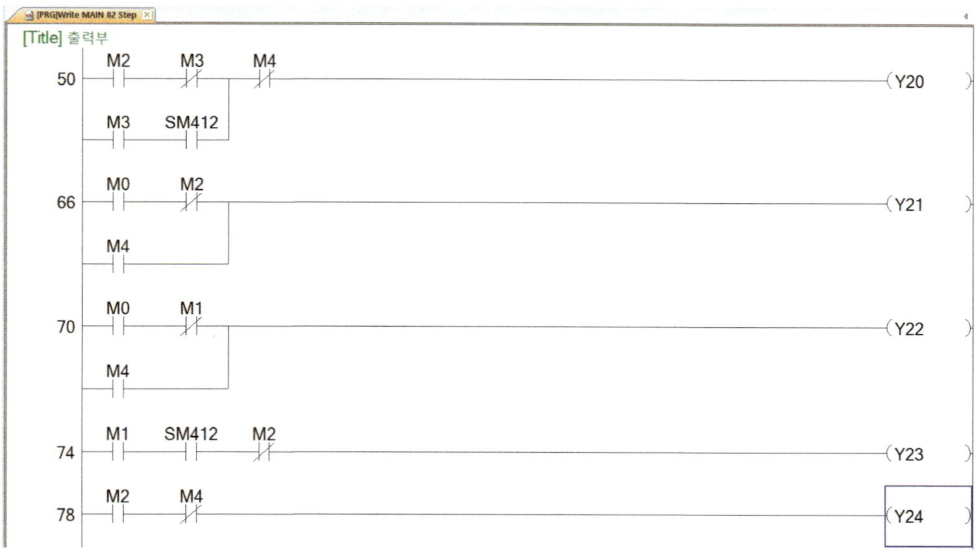

⑦ 만약 메인 프로그램을 보고자 할 경우 Program을 더블클릭하면 된다.

4.11 PLC CPU에 데이터 읽기 및 데이터 삭제

4.11.1 PLC CPU 데이터 읽기

▌이미 작성된 Melsec PLC 프로젝트 데이터를 읽을 수 있다.

① 새로운 프로젝트를 생성 후 Online 클릭 → ② Read from PLC... 클릭

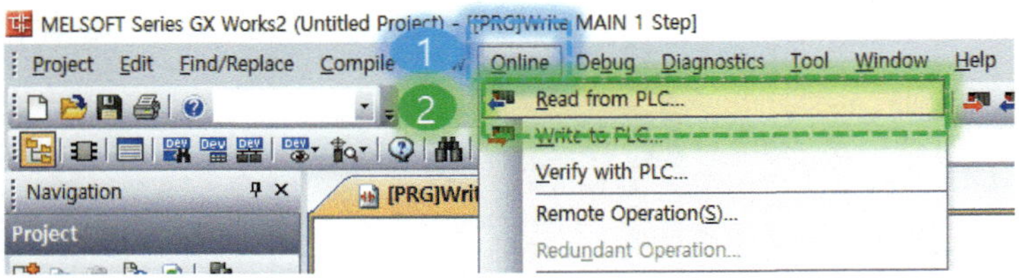

③ Parameter+Program 버튼 클릭 → ④ Execute 버튼 클릭

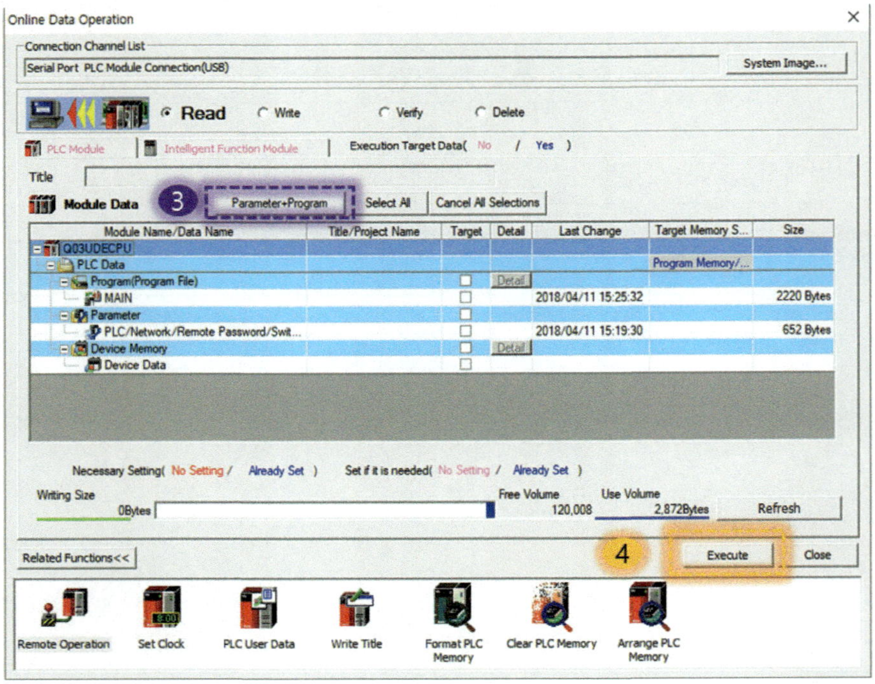

⑤ 아래 화면과 같이 PLC의 프로젝트가 읽어진다.

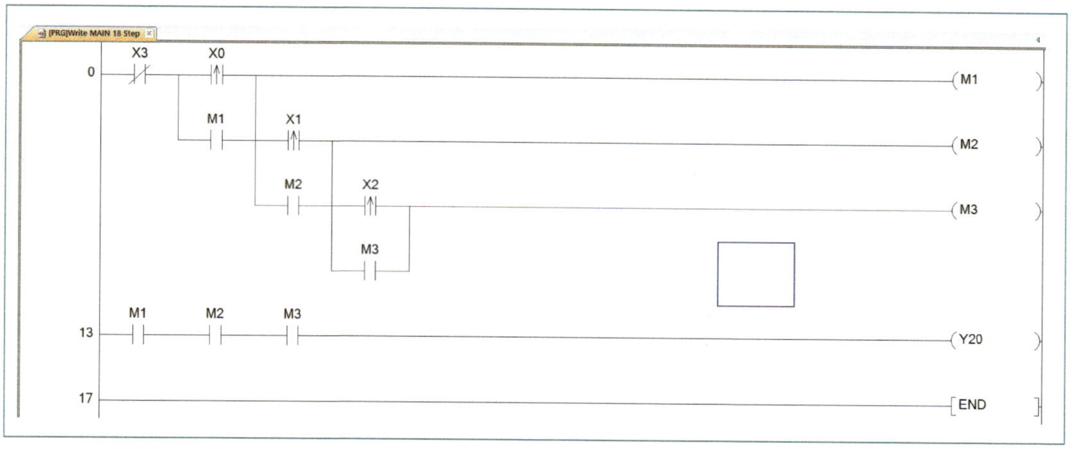

4.11.2 PLC CPU 데이터 삭제

▌PLC CPU 내의 프로그램이나 파라미터 등을 삭제할 수 있다.

① 새로운 프로젝트를 생성 후 Online 클릭 → ② Delete PLC Data... 클릭

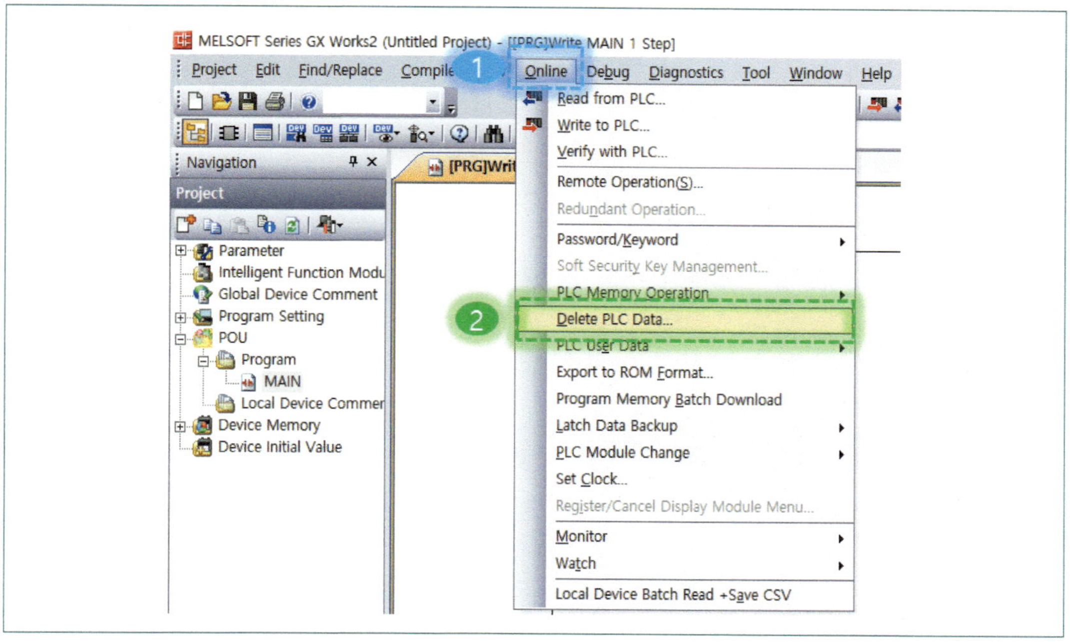

③ Select All버튼 클릭 → ④ Execute 버튼 클릭

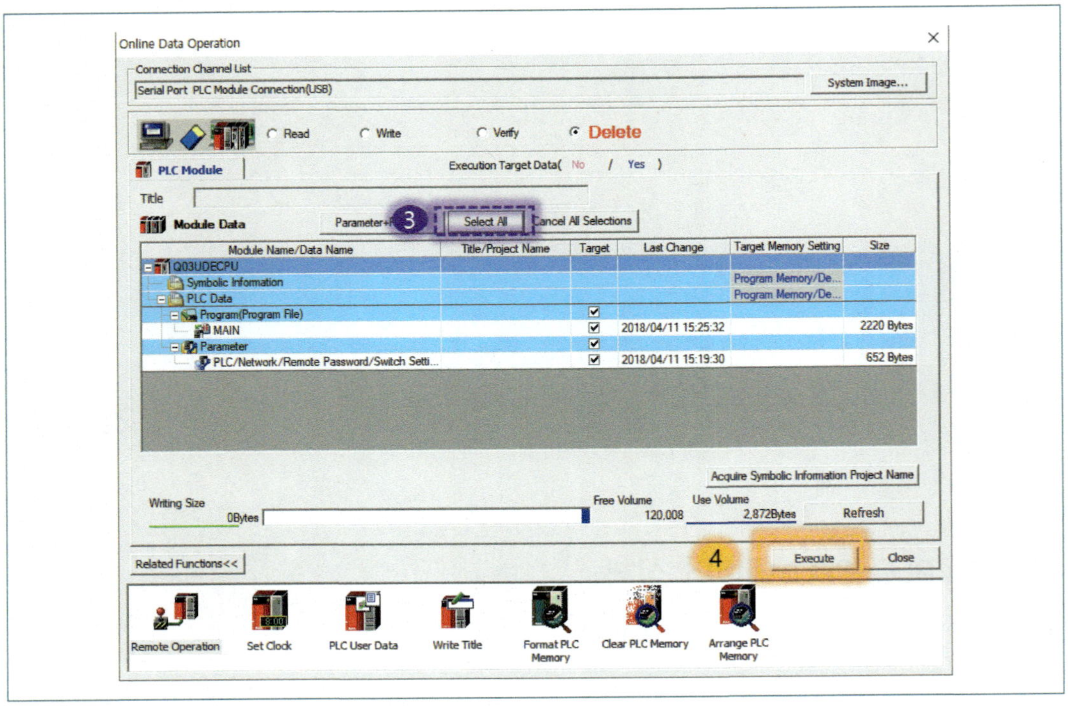

⑤ PLC CPU 내의 프로그램, 파라미터 등이 삭제된다.

4.11.3 예제 프로그램 작성하기

① 새로운 프로젝트를 생성하기:

ⓐ '프로젝트' 클릭 → ⓑ 'New' 클릭

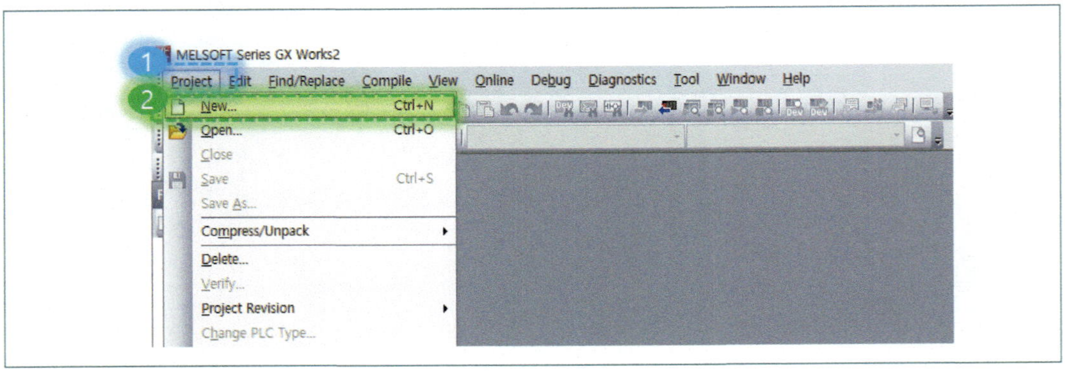

ⓒ 사용자 PLC 사양 확인 → ⓓ 'OK'클릭

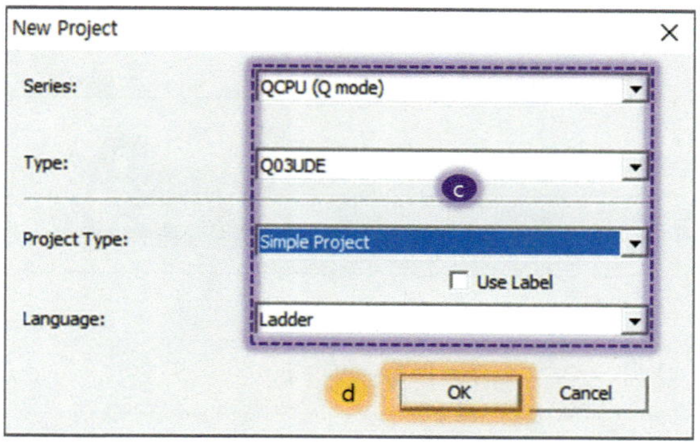

ⓔ 아래 그림과 같이 워크 윈도우창이 열린다.

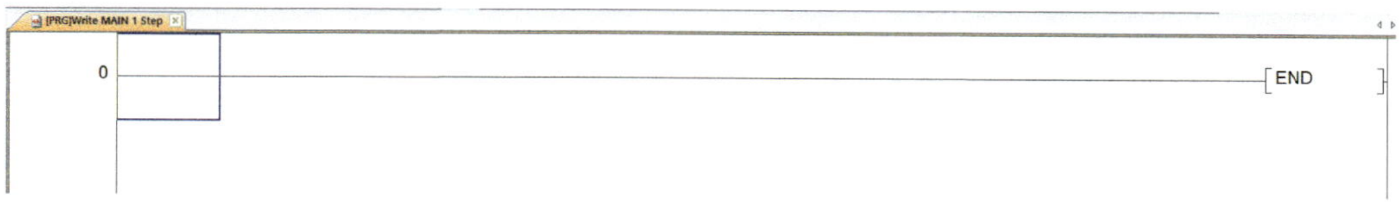

② PLC 프로그램 입력하기

ⓐ 모니터 화면에서 우측 아이콘을 클릭하거나, 키보드의 'F5'를 클릭하면 아래와 같은 팝업창이 나타난다.

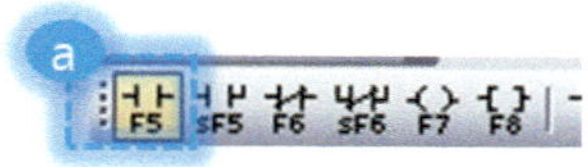

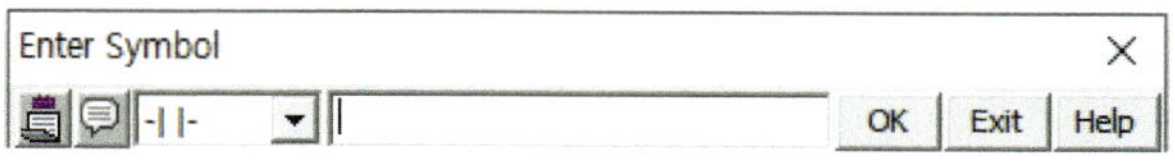

ⓑ 'X0' 텍스트를 입력 후 → ⓒ 'Ok'클릭

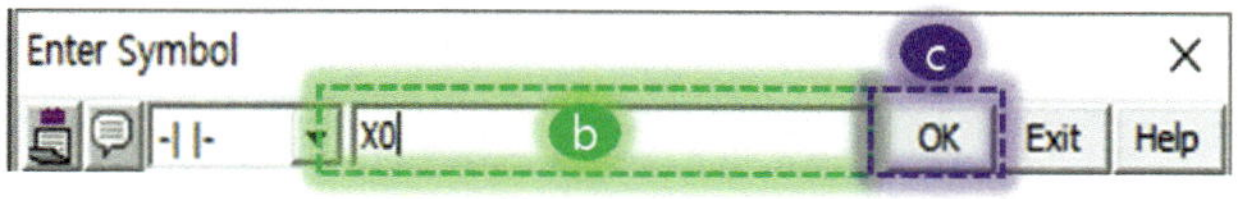

ⓓ 아래 화면과 같이 a접점이 입력된다.

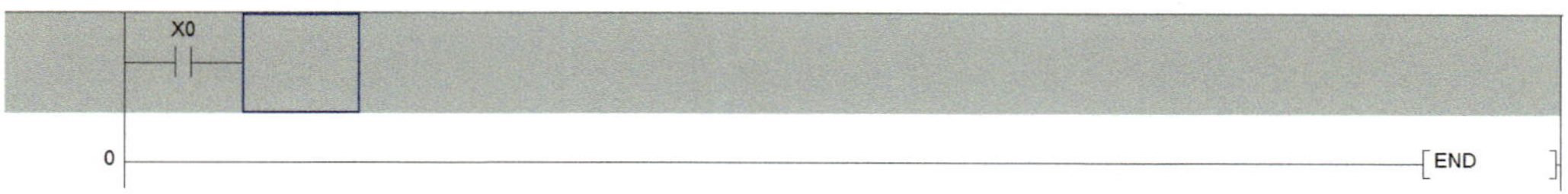

ⓔ 모니터 화면에서 우측 아이콘을 클릭하거나, 키보드의 'F7'를 클릭하면 아래와 같은 팝업창이 나타난다.

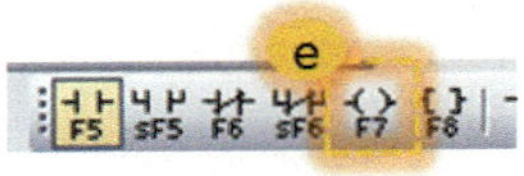

ⓕ 'Y20' 텍스트를 입력 후 → ⓖ 'Ok'클릭

ⓗ 아래 화면과 같이 출력 접점이 입력된다.

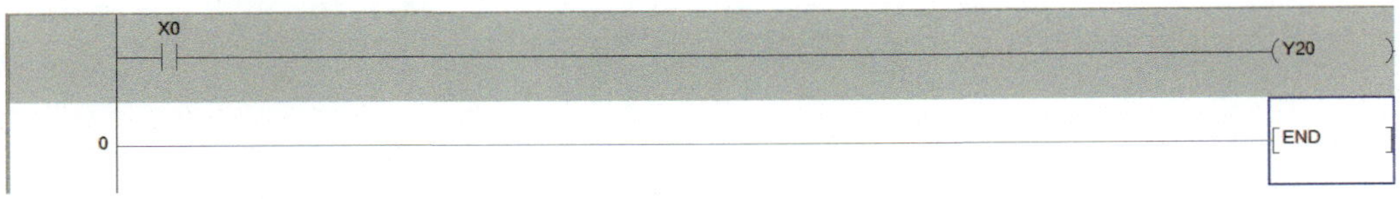

③ PLC 프로그램 작성이 완료되면, 작성된 프로그램을 반드시 PLC에 전송 가능한 파일로 변환하여야 한다.

ⓐ Compile 클릭 → ⓑ Build 클릭

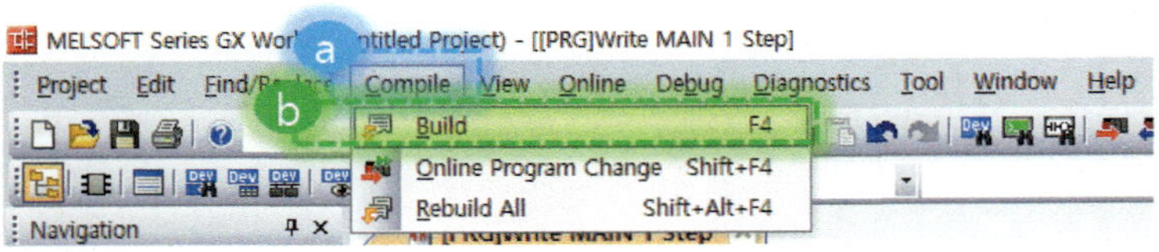

ⓒ 아래 그림과 같이 정상적으로 프로그램이 변환된 경우 회색 처리된 프로그램의 음영이 삭제된다.

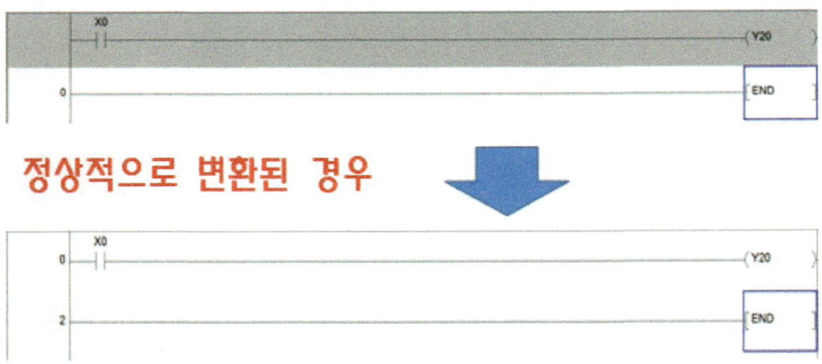

④ PLC 프로그램이 정상적으로 컴파일(변환)된 후 프로그램을 PLC에 전송하여야 한다.

ⓐ Online 클릭 → ⓑ Write to PLC 클릭

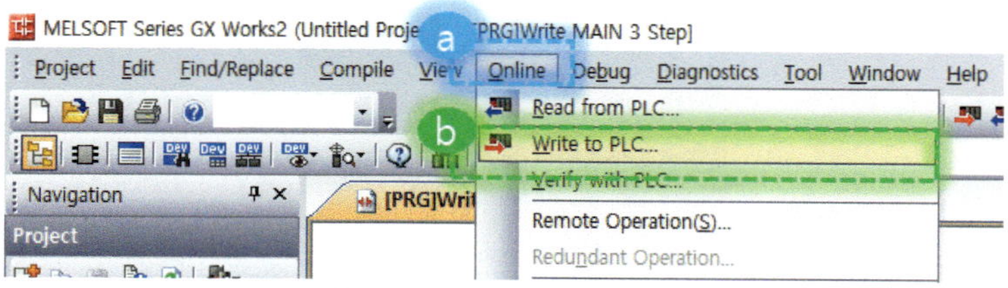

ⓒ Parameter + Program 버튼 클릭 → ⓓ Execute 버튼 클릭

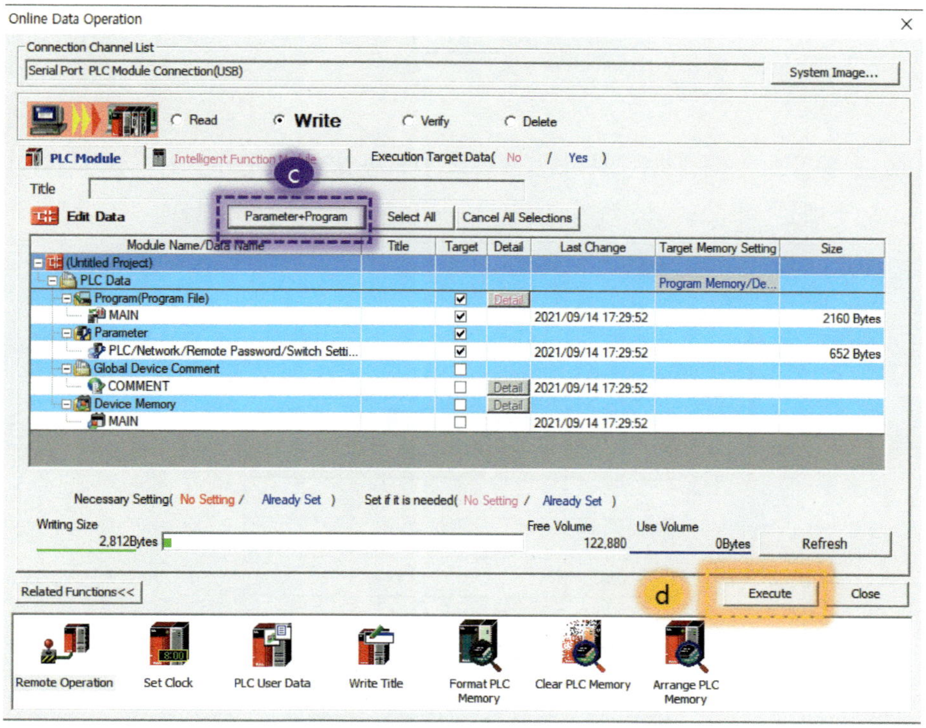

ⓔ 프로그램을 PLC에 전송하고, 전송이 완료되면 ‘Close’ 버튼 클릭

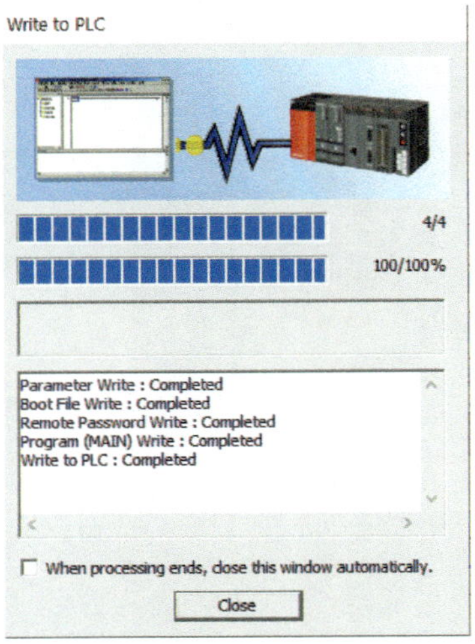

⑤ PLC를 동작하기 위해서는 작성된 프로그램과 동일하게 하드웨어가 결선되어야 한다.

ⓐ I/O 배선 회로도 결선하기(전원(+) → 입력 접점 COM 결선)

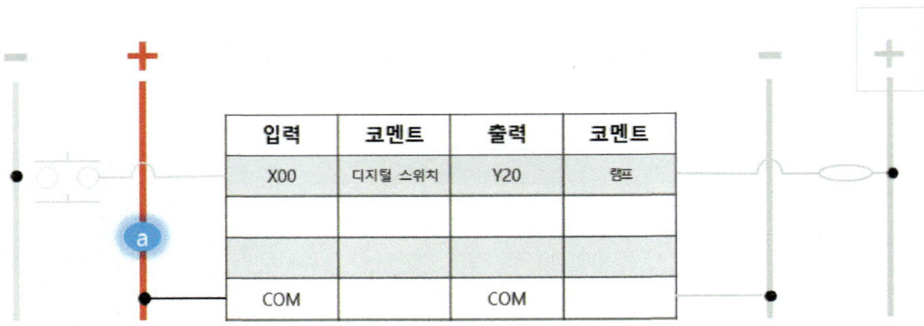

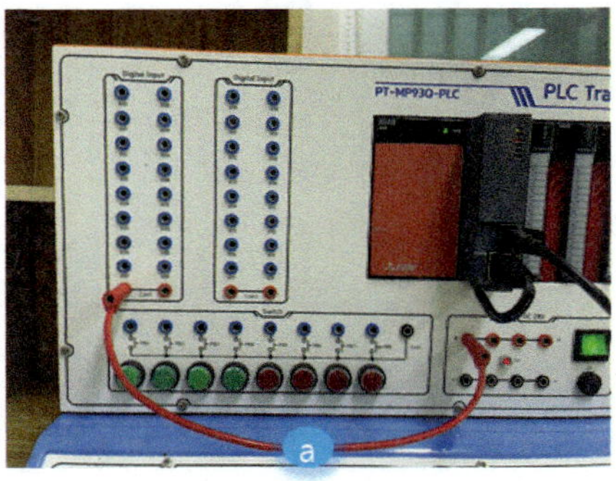

ⓑ I/O 배선 회로도 결선하기(X0 → 입력 스위치 결선)

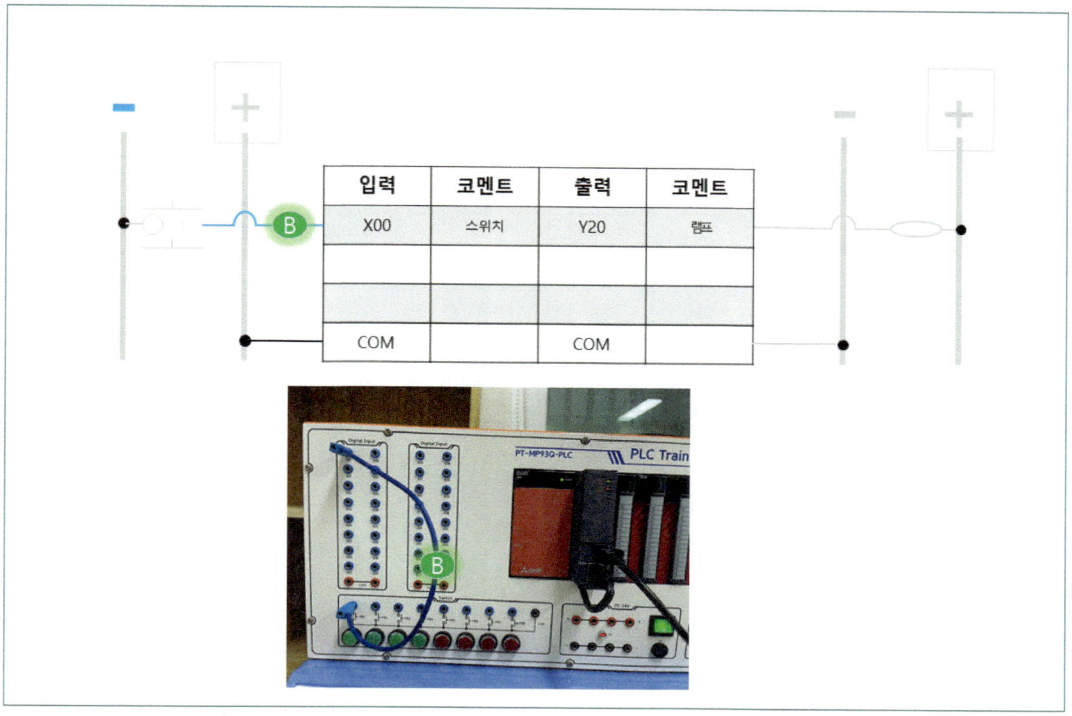

ⓒ I/O 배선 회로도 결선하기(전원(-) → 입력 스위치 결선)

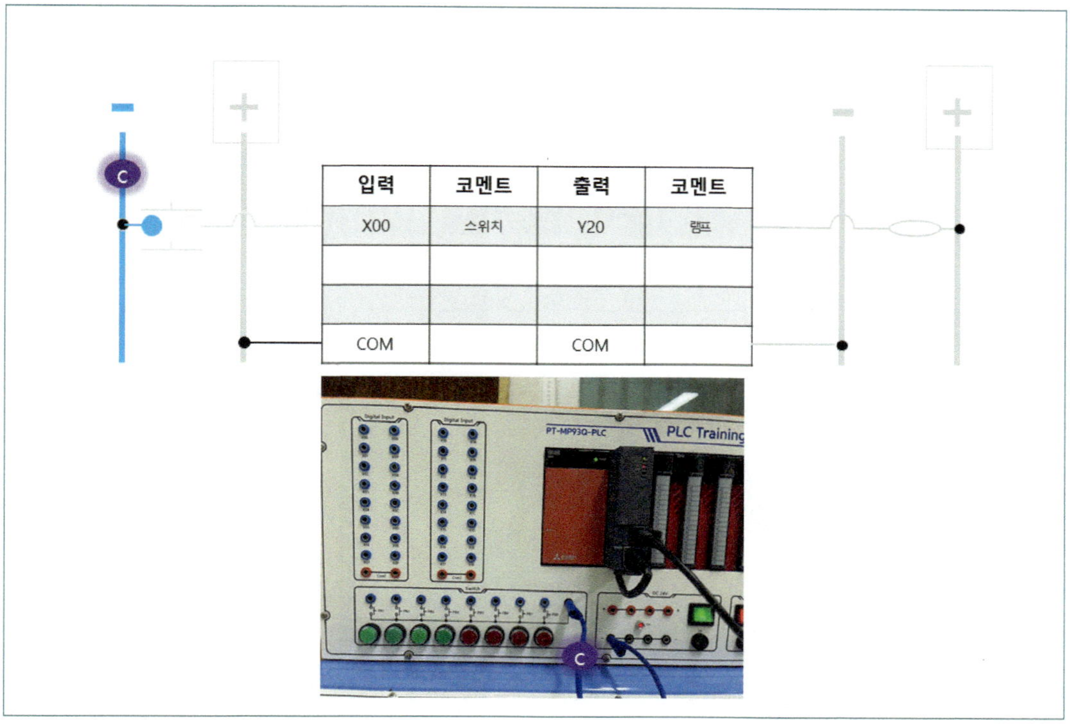

ⓓ 입력부 I/O 결선하기 전체

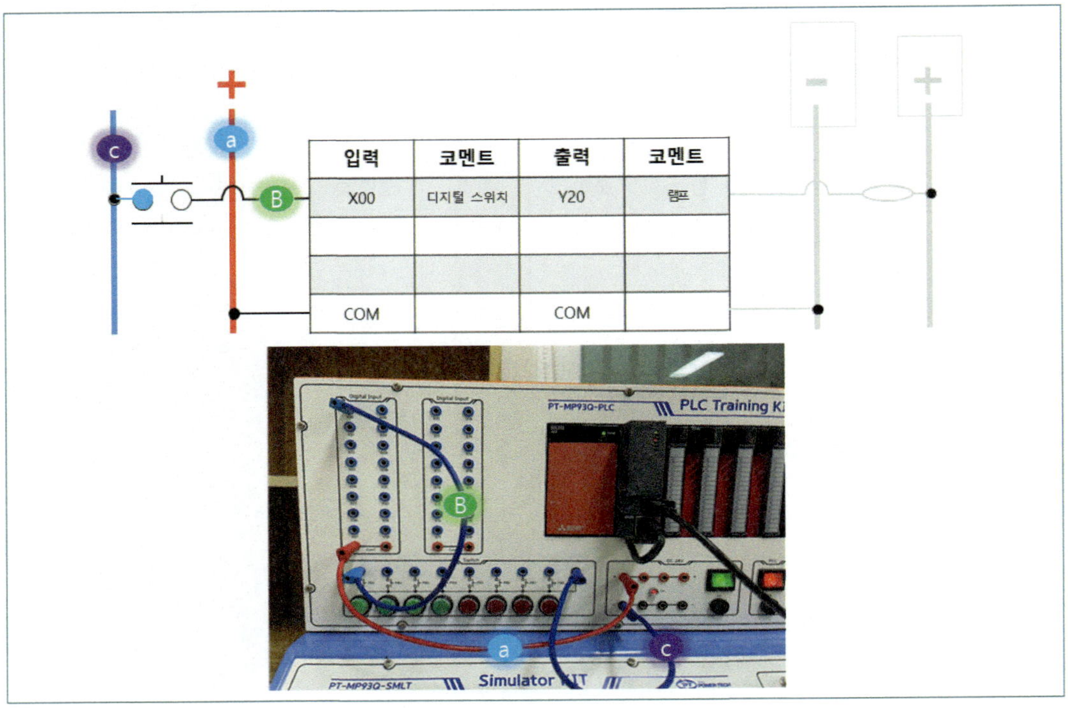

ⓔ 출력부 I/O 결선하기(전원(+) → 출력 접점 COM 결선)

ⓕ I/O 배선 회로도 결선하기(Y20 → 출력 램프 결선)

ⓖ I/O 배선 회로도 결선하기(출력 램프 → 전원(-) 결선)

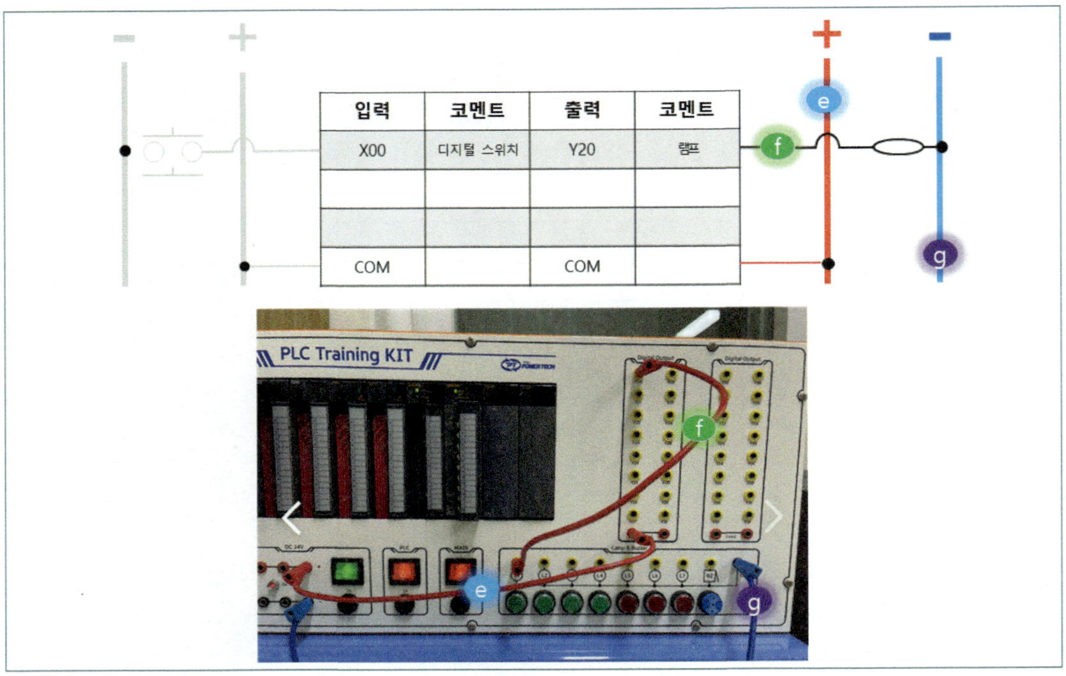

⑥ PLC에 프로그램 전송이 완료되면 PLC는 작동상태가 된다. 이때 PLC의 입/출력이 정상적으로 동작되는지를 확인하기 위해 모니터링을 실시하게 된다.

ⓐ Online 클릭 → ⓑ Monitor 클릭 → ⓒ Monitor Mode 클릭

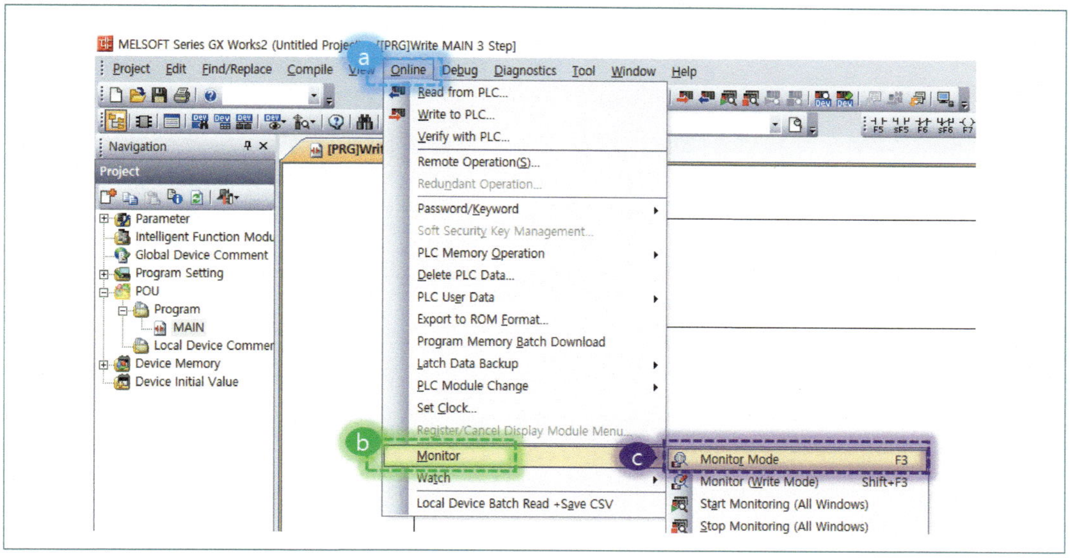

ⓓ 모니터링 기본 화면

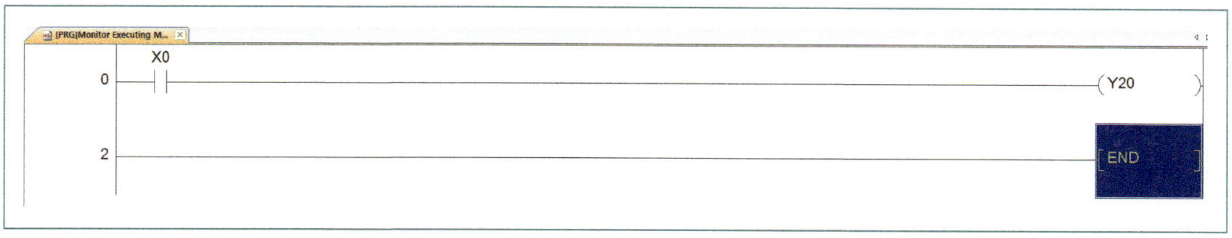

ⓔ 실습 키트의 푸쉬버튼 PB1을 손으로 누르면

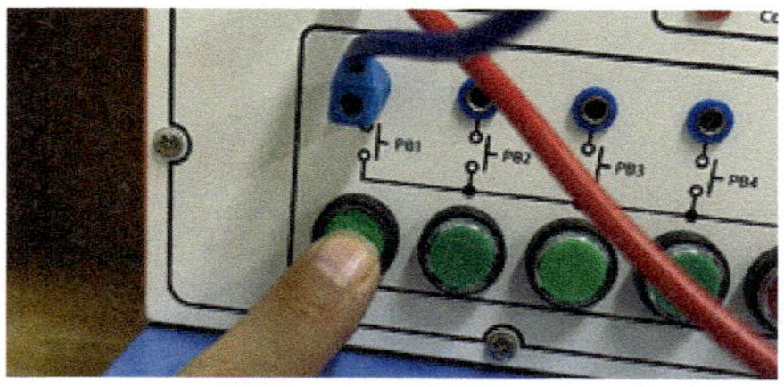

ⓕ 모니터링 화면상에 X0와 Y20 모두 파란색으로 음영이 표시되며,

⑧ 실습 키트의 램프(L1)이 점등된다.

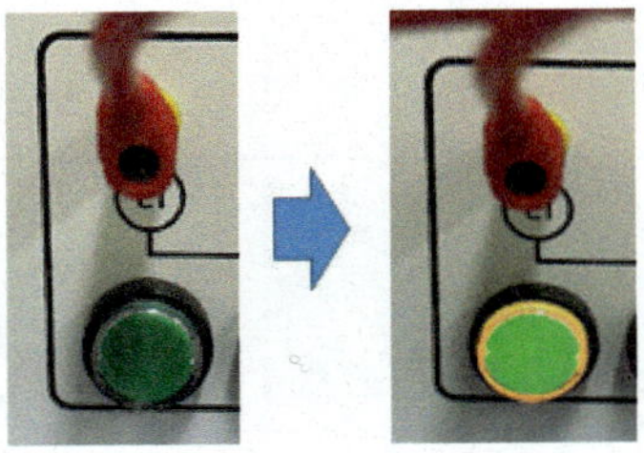

5 Melsec PLC 실습

1 이론 디지털 접점의 이해

(1) 전기 접점의 이해

① A접점arbeit contact : 전기적으로 릴레이에 전류가 흐르면 동작하여 닫히는(ON) 접점normally open contact.

ⓐ 보통 때에는 접점이 떨어져 있고, 스위치를 조작할 때에만 접점이 동작하여 붙는다.

ⓑ arbeit contact에서 앞글자를 따서 a접점이라고 한다.

ⓒ 메이크 접점make contact 또는 상개 접점(NO 접점normally open contact)이라고도 한다.

구분	기호	비고
전기	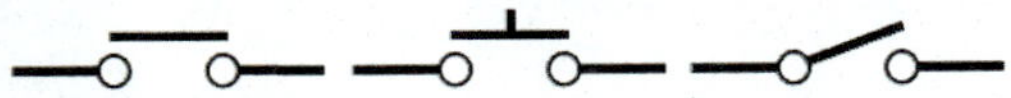	
PLC		

② B접점break contact : 전기전으로 릴레이에 전류가 흐르면 동작하여 접점이 열리는(OFF) 접점 normally closed contact.

ⓐ 보통 때에는 접점이 붙어 있고, 스위치를 조작할 때에는 접점이 떨어진다.

ⓑ break contact에서 앞글자를 따서 b접점이라고 한다.

ⓒ 상폐 접점(NC 접점normally close contact)이라고도 한다.

구분	기호	비고
전기	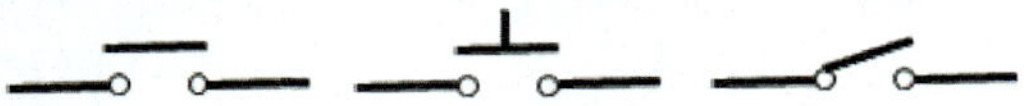	
PLC		

③ C접점change-over contact : a, b접점부를 공유, 트랜스퍼 접점transfer contact이라고도 함. Melsec-Q 시리즈 PLC는 국내 자동화 분야(반도체 장비, 자동차, 로봇, 등)에 매우 높은 비율로 사용되고 있는 PLC로 사용되고 있다.

ⓐ a접점과 b접점이 하나의 케이스 안에 있는 것으로, 필요에 따라 a접점과 b접점을 선택하여 사용 할 수 있다.

ⓑ 전환 접점change-over contact 또는 트랜스퍼 접점transfer contact이라고도 한다.

구분	기호	비고
전기	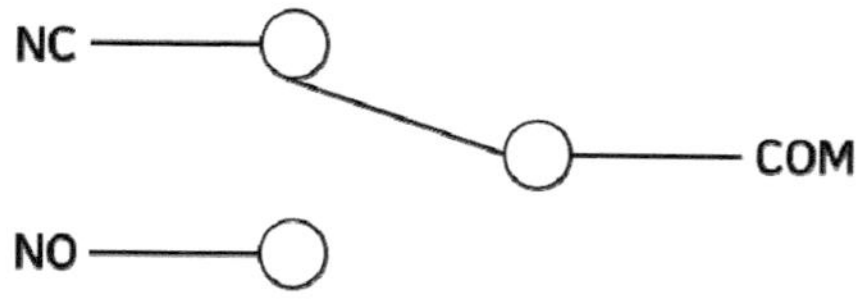	
PLC	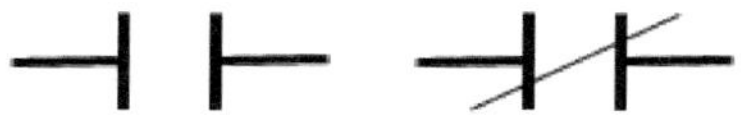	

(2) PLC 입력 접점 명령어의 이해

PLC제어를 위해 시퀀스 제어 명령어의 이해는 매우 중요하다. 아래 표는 대표적인 접점 명령어로 전기에서 사용되고 있는 a접점, b접접을 직렬/병령 접속방법, 펄스 상승/하강 연산 시작으로 분류하여 이해할 필요가 있다

분류	명령기호	심볼	처리내용	기본스텝
접점	LD		· 논리 연산 시작 (a 접점 논리 연산 시작)	1
	LDI		· 논리 부정 연산 시작 (b 접점 논리 연산 시작)	
	AND		· 논리적 (a 접점 직렬 접속)	
	ANI		· 논리적 부정 (b 접점 직렬 접속)	
	OR		· 논리합 (a 접점 병렬 접속)	
	ORI		· 논리합 부정 (b 접점 병렬 접속)	
	LDP		· 펄스상승 연산 시작	2
	LDF		· 펄스하강 연산 시작	
	ANDP		· 펄스상승 직렬 접속	
	ANDF	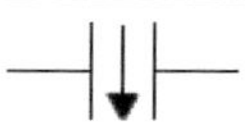	· 펄스하강 직렬 접속	
	ORP	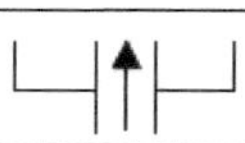	· 펄스상승 병렬 접속	
	ORF	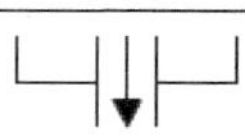	· 펄스하강 병렬 접속	

각 명령어의 실행 조건은 아래 표와 같다.

기호	실행 조건
없음	항시 실행 명령으로, 명령 앞 조건의 ON/OFF에 관계없이 항상 실행한다. 앞의 조건이 OFF인 경우, 해당 명령은 OFF라고 하는 처리를 한다.
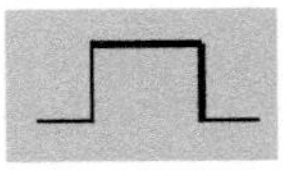	ON 중 실행형 명령으로, 명령 앞 조건이 ON되어 있는 동안만 해당 명령을 실행한다. 앞의 조건이 OFF인 경우, 해당 명령을 실행하거나 처리하지 않는다.
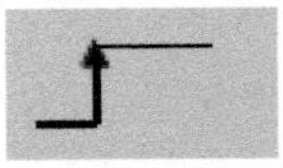	ON 시 1회 실행형 명령으로, 명령 앞 조건의 펄스상승 시(OFF→ON)만 명령을 실행하고, 이후 조건이 ON되어도 해당 명령을 실행하거나 처리하지 않는다.
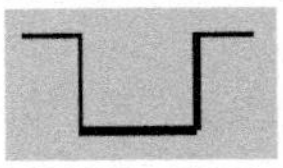	OFF 중 실행형 명령으로, 명령 앞 조건이 OFF되어 있을 때만 해당 명령을 실행한다. 앞의 조건이 ON인 경우, 해당 명령을 실행하거나 처리하지 않는다.
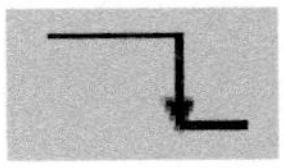	OFF 시 1회 실행형 명령으로, 명령 앞 조건의 펄스하강 시(ON→OFF)만 명령을 실행하고, 이후 조건이 OFF되어도 해당 명령을 실행하거나 처리하지 않는다.

(3) PLC 결합 명령어의 이해

PLC제어를 위해 논리 블록 간의 AND, OR, 연산 결과 기억, 연산결과 반전/상승화/하강화 등을 제어할 수 있는 명령어이다.

분류	명령기호	심볼	처리내용	기본스텝
결합	ANB	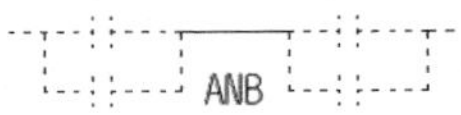	· 논리 블록 간의 AND (논리 블록 간의 직렬 접속)	1
	ORB	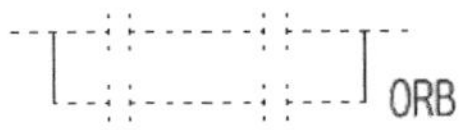	· 논리 블록 간의 OR (논리 블록 간의 직렬 접속)	
	MPS	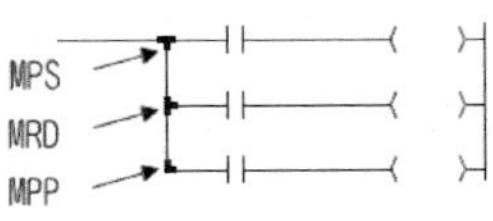	· 연산 결과 기억	1
	MRD		· MPS로 기억한 연산 결과 읽기	
	MPP		· MPS로 기억한 연산 결과 읽기와 리셋	
	INV		· 연산 결과 반전	1
	MEP		· 연산 결과 펄스상승화	
	MEF	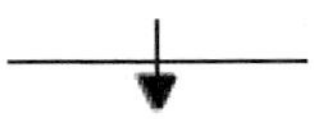	· 연산 결과 펄스하강화	
	EGP	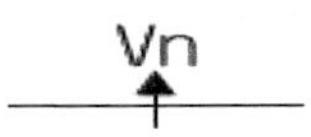	· 연산 결과 펄스상승화 (Vn으로 기억)	
	EGF	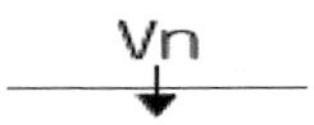	· 연산 결과 펄스하강화 (Vn으로 기억)	

(4) PLC 출력 접점 명령어의 이해

PLC제어를 위해 시퀀스 제어 명령어의 이해는 매우 중요하다. 아래 표는 대표적인 출력 명령어로 전기에서 사용되고 있는 코일 출력과 유사하며, 세트, 리셋, 입력 신호의 펄스에 따른 동작 등 다양한 형태의 출력으로 구분된다.

분류	명령기호	심볼	처리내용	기본스텝
접점	OUT	─( )─	디바이스 출력	1
	SET	─[SET D]─	디바이스 세트	
	RST	─[RST D]─	디바이스 리셋	
	PLS	─[PLS D]─	입력신호의 펄스상승시에 프로그램 1 주기 분의 펄스를 발생시킨다.	2
	PLF	─[PLF D]─	입력신호의 펄스하강시에 프로그램 1 주기 분의 펄스를 발생시킨다	
	FF	─[FF D]─	디바이스출력 반전	
	DELTA	─[DELTA D]─	다이렉트출력 펄스화	
	DELTAP	─[DELTAP D]─		

실습 01 디지털 입력 접점회로 실습하기

학습목표: 이번 실습에서는 시퀀스 제어에서 가장 기본이 되는 a접점, b접점 및 펄스 연산의 시작에 대해 알아보자.

1.1 주요 동작 설명

▌PB1(누름버튼 SW)을 누르면, a접점(L1) , b접점(L2), 펄스 상승 a접점(L3), 펄스 하강 a접점(L4) 램프가 어떻게 동작하는지 확인한다.

▌a접점(F5): 평상시 열린(NO Normal Open) 접점

- 단축키: F5
- 동작방식: 접점에 전압이 인가되면 접점이 닫히고(On), 제거되면 열린다(Off). 또한 지정된 비트의 논리신호를 좌측에서 우측으로 전달한다.

▌b접점(F6): 평상시 닫힌(NC Normal Close) 접점

- 단축키: F6
- 동작방식: 접점에 전압이 인가되면 접점이 열리고(Off), 제거하면 닫힌다(On). 또한 지정된 비트의 반전된 논리신호를 좌측에서 우측으로 전달한다.

▌펄스 상승(Positive, sF7): 접점의 전압이 하강(Off)에서 상승(On)으로 변경될 때, 접점이 한번 닫히는(On) 접점

- 단축키: Shift + F7
- 동작방식: 입력 전원이 하강에서 상승으로 변경될 경우 1스캔 동안 On(검출)을 유지한다.

▌펄스 하강(Negative, sF8): 접점의 전압이 상승(On)에서 하강(Off)으로 변경될 때, 접점이 한번 닫히는(On) 접점

- 단축키: Shift + F8
- 동작방식: 입력 전원이 상승에서 하강으로 변경될 경우 1스캔 동안 On(검출)을 유지한다.

▌출력코일(F7): 회로상에서 좌측의 전압 입력 상태를 저장

- 단축키: F7
- 동작방식: 좌측 접점들의 논리 연산 결과를 지정된 비트(Bit)주소에 저장(출력)한다.

1.2 구성회로 및 동작상태 타임차트

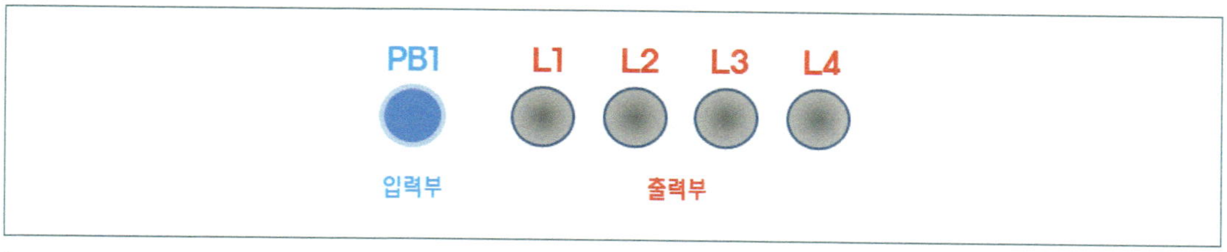

[그림 5-1] 입/출력부 구성

[그림 5-2] 입력신호에 대한 접점 명령의 동작상태 타임차트

1.3 실습 회로도 및 PLC 회로 결선

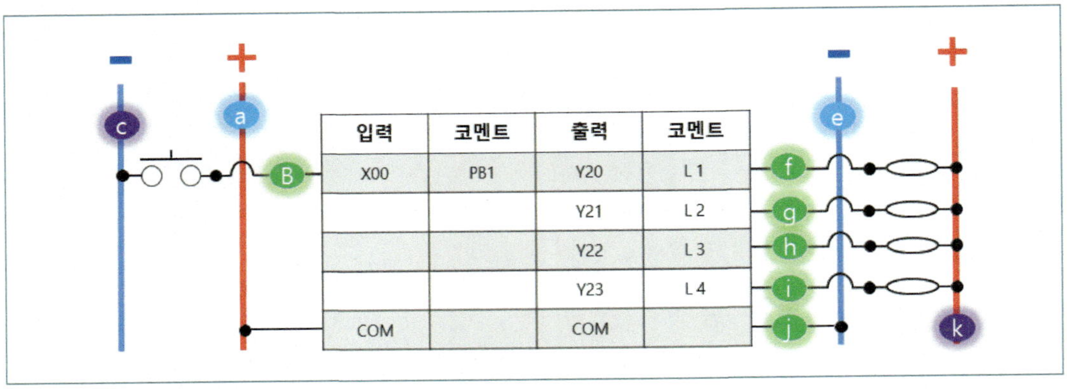

[그림 5-3] 실습1 I/O 배선도

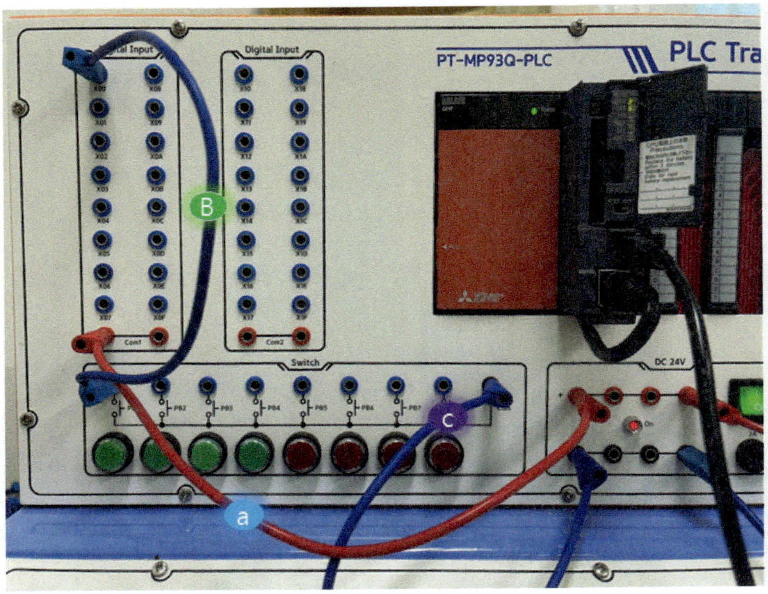

[그림 5-4] 실습1 PLC I/O 실제 배선도(입력부)

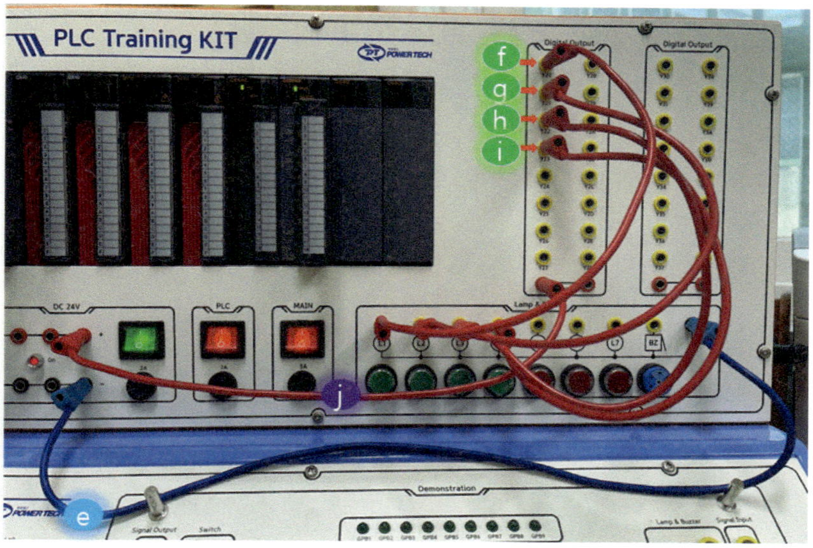

[그림 5-5] 실습1 PLC I/O 실제 배선도(입력부)

1.4 주요 시퀀스 명령어

분류	명령기호	심볼	처리내용
접점	LD	─┤ ├─	· 논리 연산 시작 (a 접점 논리 연산 시작)
	LDI	─┤/├─	· 논리 부정 연산 시작 (b 접점 논리 연산 시작)
	LDP	─┤↑├─	· 펄스상승 연산 시작
	LDF	─┤↓├─	· 펄스하강 연산 시작
	OUT	─( )─	디바이스 출력

1.5 실습1 : PLC 프로그램 입력하기

① 새로운 프로젝트를 생성하기 : ⓐ '프로젝트'클릭 → ⓑ 'New'클릭

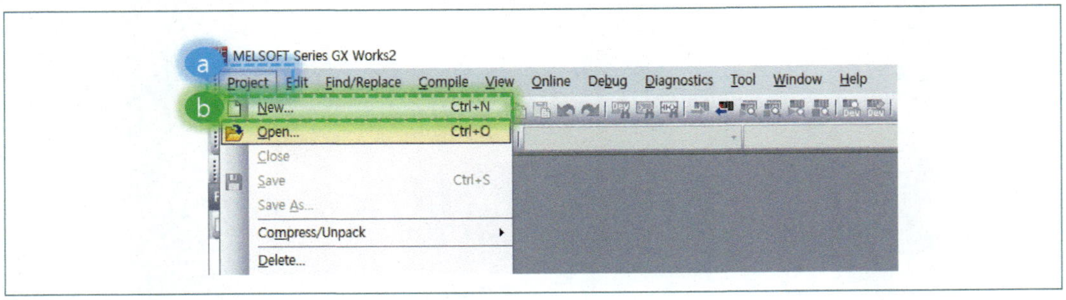

ⓒ 사용자 PLC 사양 확인 → ⓓ 'OK'클릭

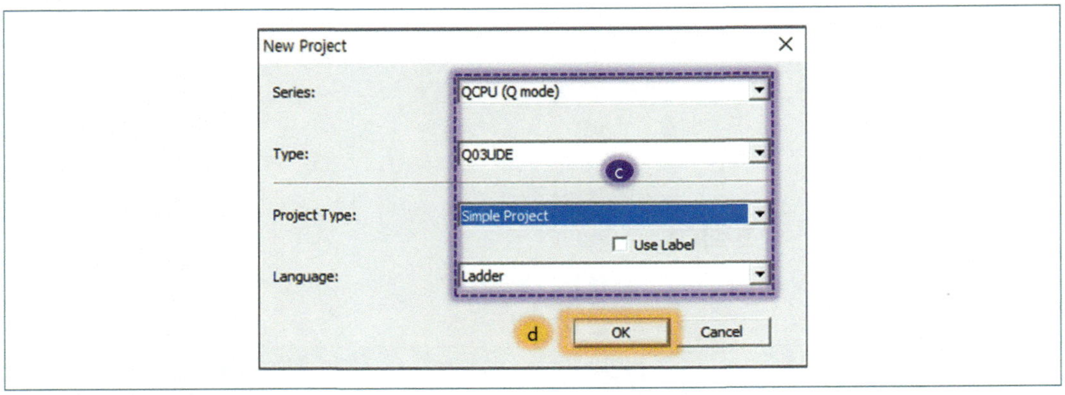

ⓔ 아래 그림과 같이 워크 윈도우창이 열린다.

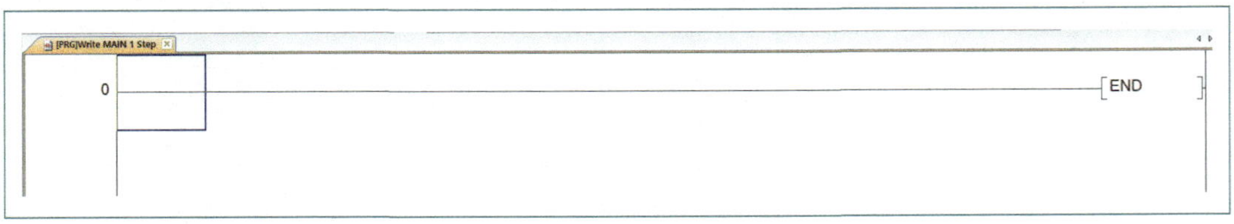

② PLC 프로그램 입력하기

ⓐ 모니터 화면에서 우측 아이콘을 클릭하거나, 키보드의 'F5'를 클릭하면 아래와 같이 팝업창이 나타난다.

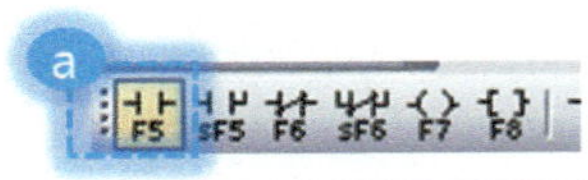

ⓑ 'X0' 텍스트를 입력 후 → ⓒ 'Ok'클릭

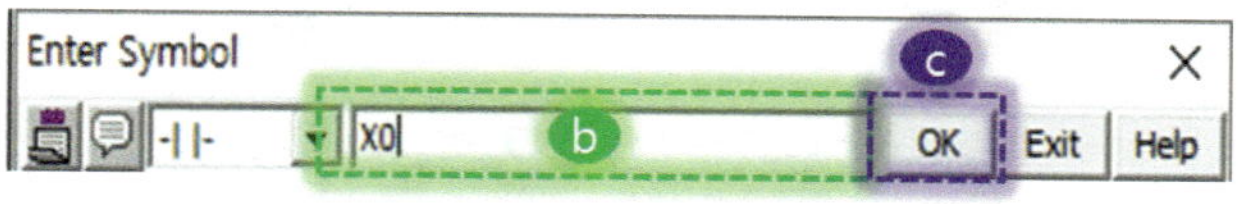

ⓓ 아래 화면과 같이 a접점이 입력된다.

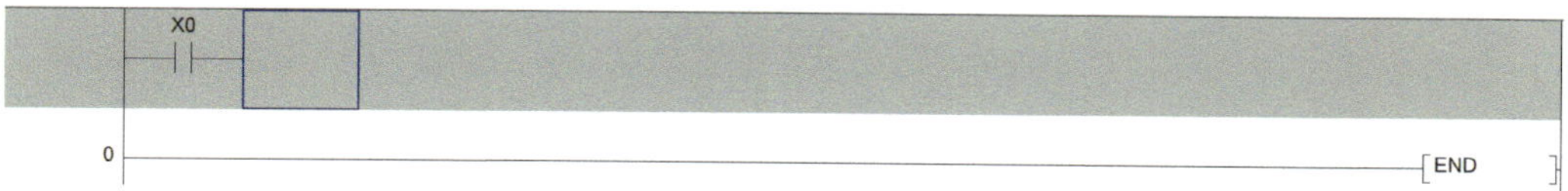

ⓔ 모니터 화면에서 우측 아이콘을 클릭하거나, 키보드의 'F7'를 클릭하면 아래와 같이 팝업창이 나타난다.

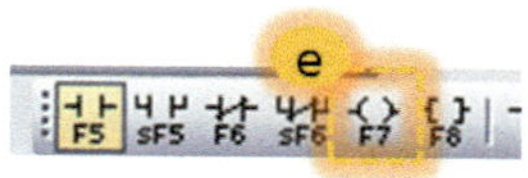

ⓕ 'Y20' 텍스트를 입력 후 → ⓖ 'Ok'클릭

ⓗ 아래 화면과 같이 출력 접점이 입력된다.

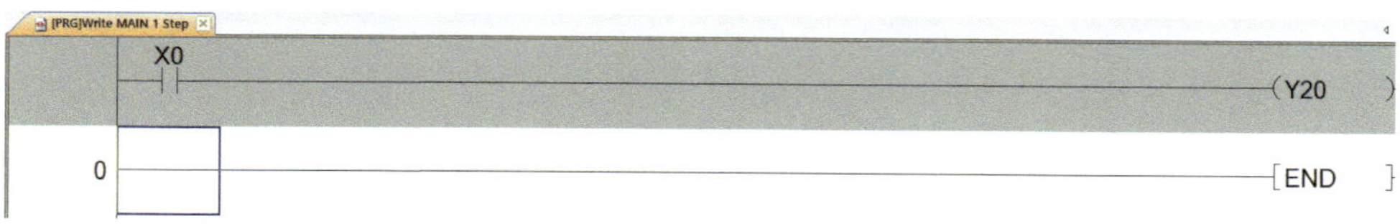

ⓘ 모니터 화면에서 키보드의 'F6'를 클릭하면 아래와 같이 팝업창이 나타난다. ⓑ와 동일한 방법으로 'X00' 텍스트를 입력 후 → ⓙ 'Ok'클릭

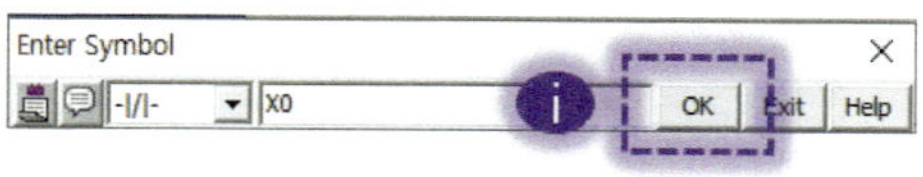

ⓘ 모니터 화면에서 키보드의 'F7'를 클릭하면 아래와 같이 팝업창이 나타난다. ⓕ와 동일하게 'Y21' 텍스트를 입력 후 → ⓙ 'Ok'클릭

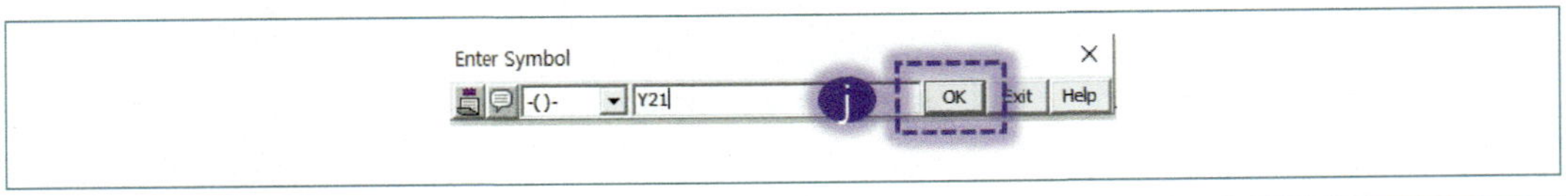

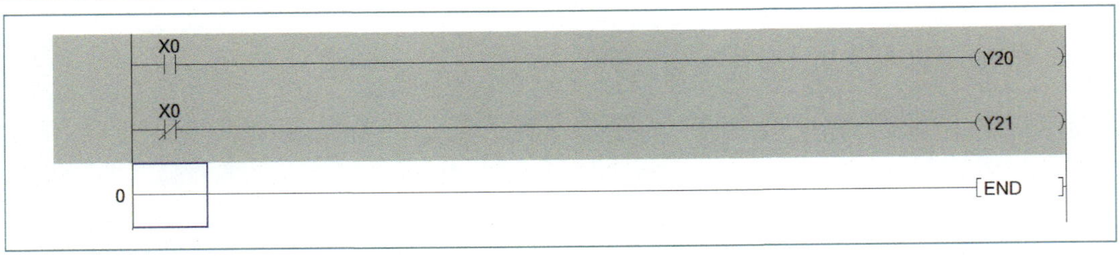

ⓚ 모니터 화면에서 SF7 버튼을 클릭하거나, 키보드의 'Shift + F7'을 클릭하면 아래와 같이 팝업창이 나타난다. ⓑ와 동일한 방법으로 'X00' 텍스트를 입력 후 → ⓚ 'Ok'클릭

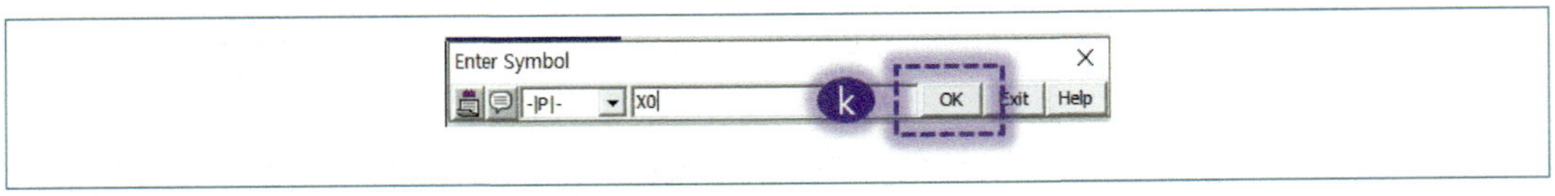

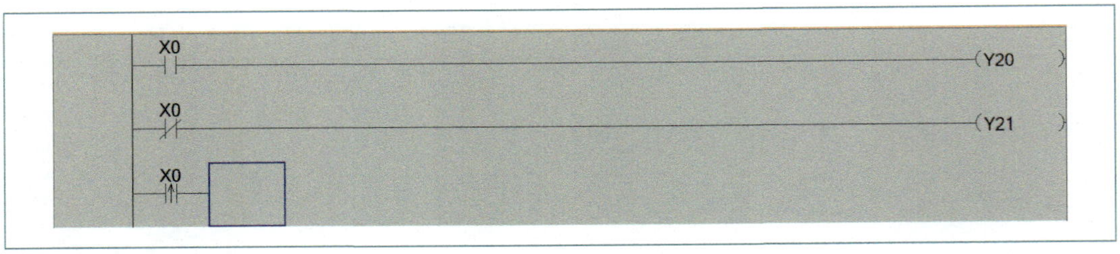

ⓛ 모니터 화면에서 키보드의 'F7'를 클릭하면 아래와 같이 팝업창이 나타난다. ⓕ와 동일하게 'Y22' 텍스트를 입력 후 → ⓛ 'Ok'클릭

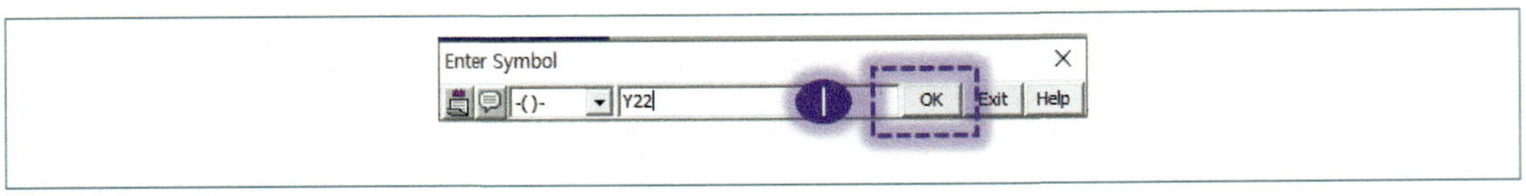

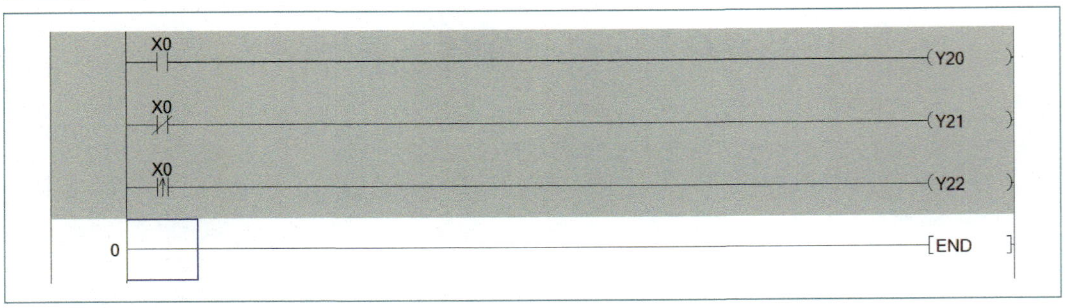

ⓜ 모니터 화면에서 [SF8] 버튼을 클릭하거나, 키보드의 'Shift + F8'을 클릭하면 아래와 같이 팝업창이 나타난다. ⓑ와 동일한 방법으로 'X00' 텍스트를 입력 후 → ⓜ 'Ok'클릭

ⓝ 모니터 화면에서 키보드의 'F7'를 클릭하면 아래와 같이 팝업창이 나타난다. ⓕ와 동일하게 'Y23' 텍스트를 입력 후 → ⓝ 'Ok'클릭

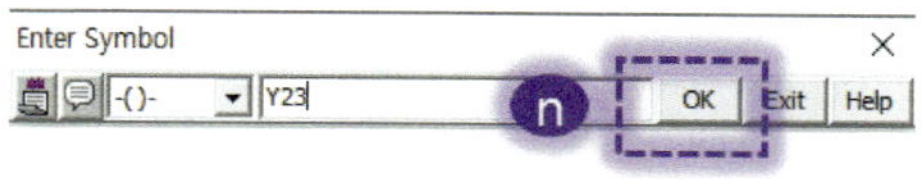

③ PLC 프로그램 작성이 완료되면, 작성된 프로그램을 반드시 PLC에 전송 가능한 파일로 변환하여야 한다.

ⓐ Compile 클릭 → ⓑ Build 클릭

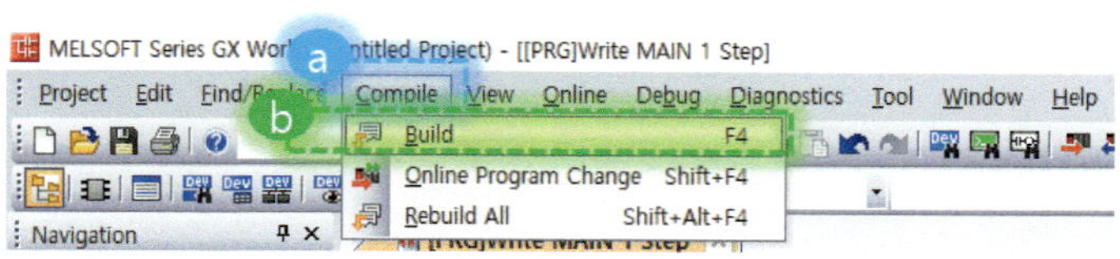

ⓒ 아래 그림과 같이 정상적으로 프로그램이 변환된 경우 회색 처리된 프로그램의 음영이 삭제된다.

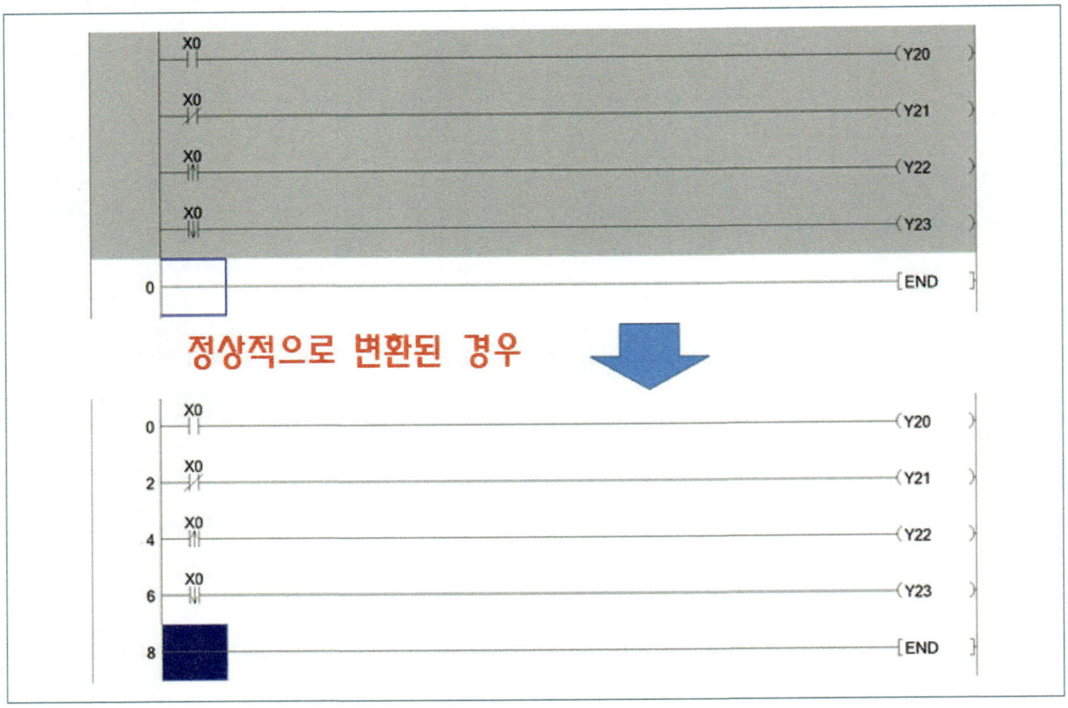

④ PLC 프로그램이 정상적으로 작성되어 컴파일(변환)된 후 프로그램을 PLC에 전송하여야 한다.

ⓐ Online 클릭 → ⓑ Write to PLC 클릭

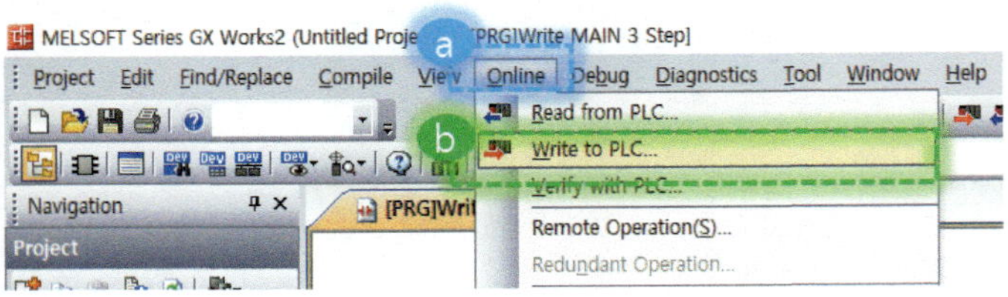

ⓒ Paramete + Program 버튼 클릭 → ⓓ Execute 버튼 클릭

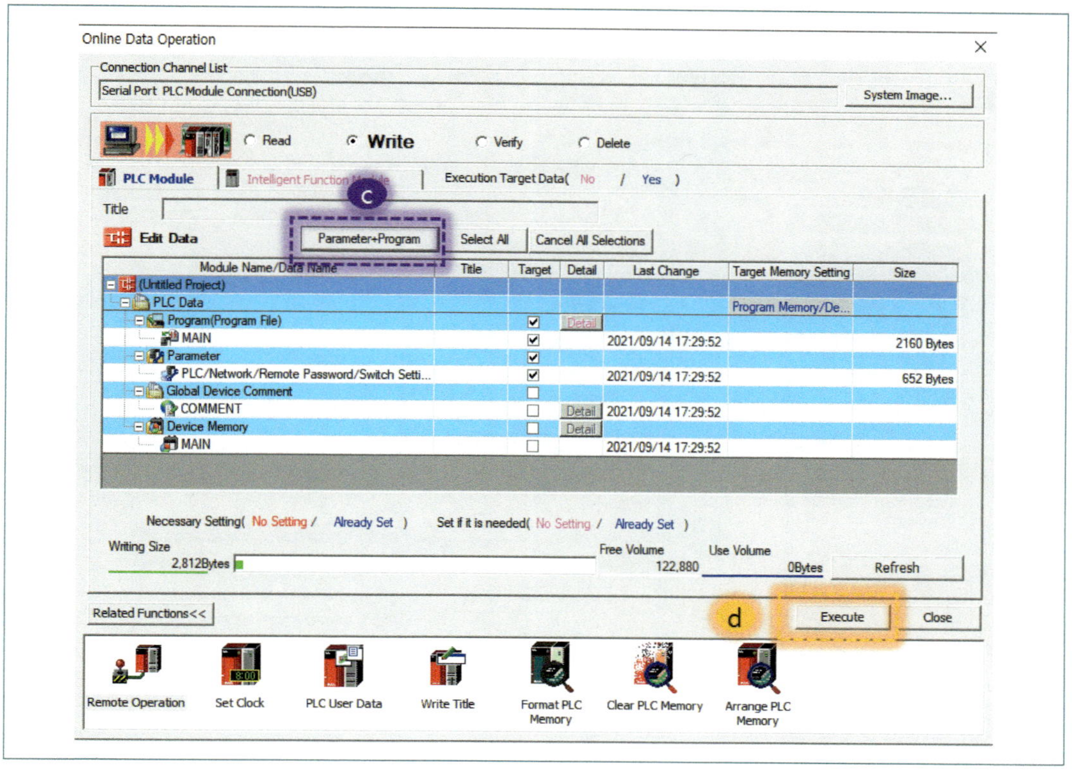

ⓔ 프로그램이 PLC에 전송되며, 전송이 완료되면 'Close' 버튼 클릭

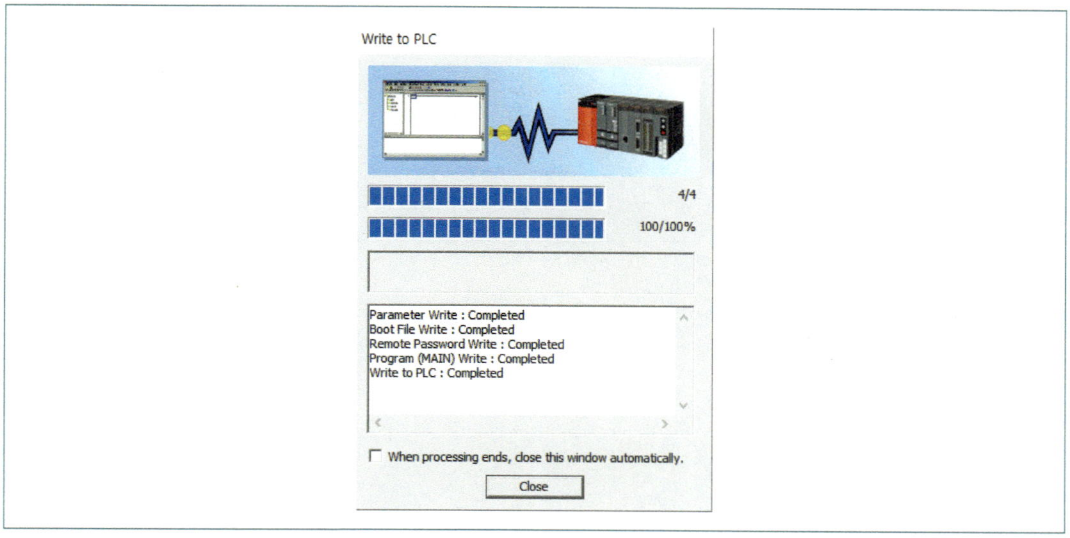

⑤ PLC에 프로그램 전송이 완료되면 PLC는 작동상태가 된다. 이때 PLC의 입/출력이 정상적으로 동작되는지를 확인하기 위해 모니터링을 실시하게 된다.

ⓐ Online 클릭 → ⓑ Monitor 클릭 → ⓒ Monitor Mode 클릭

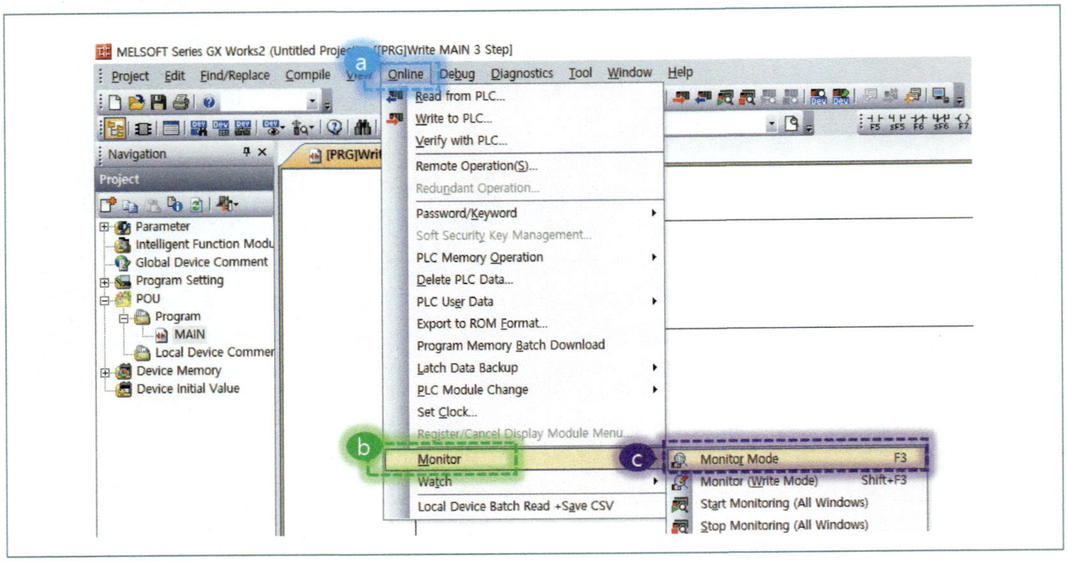

ⓓ 모니터링 기본 화면

1.6 실습1 : PLC 프로그램 동작 확인하기

① 실습 키트의 푸쉬버튼 PB1을 손으로 ON 시켰을 때의 값을 아래 표에 타임차트로 작성하세요.

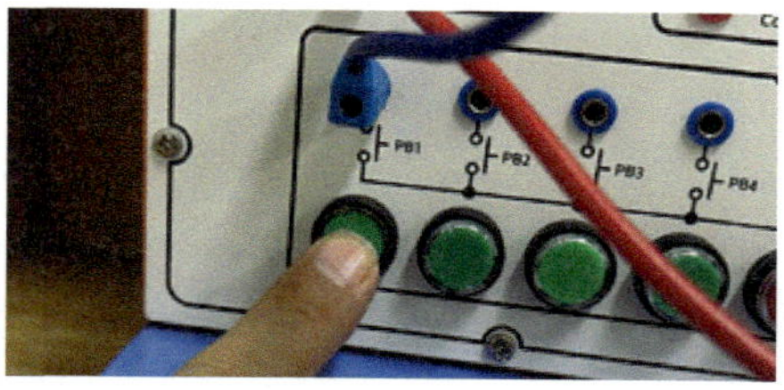

구분	STEP 1 PB1(Off)	STEP 2 PB1(ON)	STEP 3 PB1(유지)	STEP 4 PB1(Off)	STEP 5 PB1(유지)
PB1					
L1					
L2					
L3					
L4					

② 정확한 동작 확인을 위해 모니터링 상태에서

ⓐ 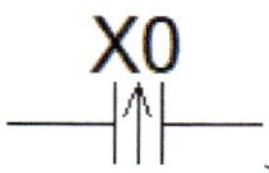

은 언제 ON 되는지 작성하시오

답안:

ⓑ 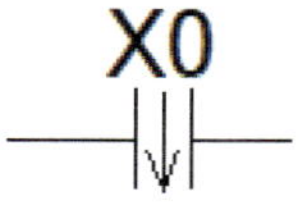

답안:

참고 : 꼭 알아두기

스캔 처리

스캔 처리 정의: Melsec PLC가 연산을 실행하는 방법을 말한다.

– (스캔 타임) PLC는 전원이 투입과 동시에 ① 시작 → ② 입력모듈 Refresh → ③ 스캔 프로그램 처리 → ④ 출력 모듈 결과 Refresh → ⑤ 종료 처리에 한번 걸리는 시간을 말한다.

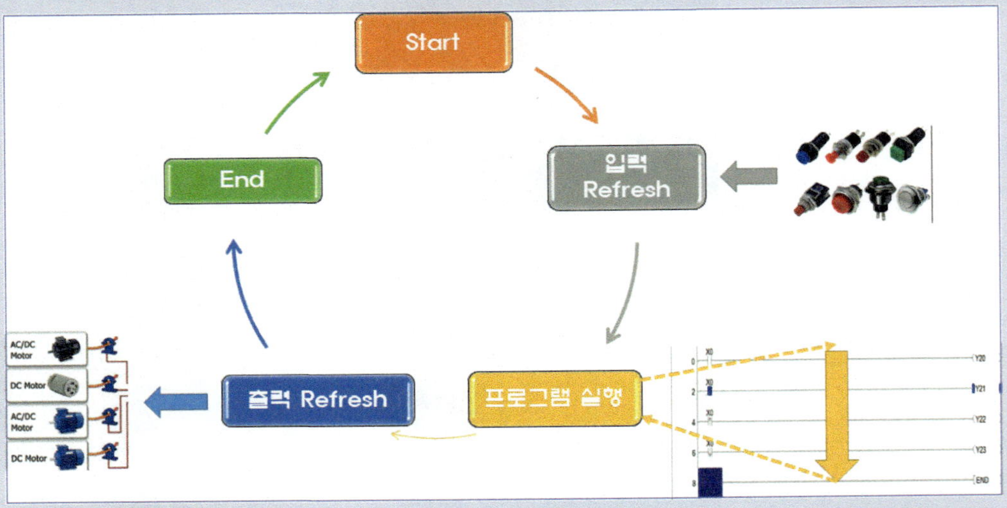

[그림 5-6] 스캔타임 처리 순서

① **시작**: PLC에 전원이 투입되어 운전을 시작한다.

② **입력 Refresh**: 입력 모듈을 통해 입력되는 각종 Input Data를 PLC CPU 메모리에 입력하고, 이러한 데이터를 다시 입력 이미지 영역으로 복사하여 연산이 실행되는 동안 사용한다. 이렇게 데이터를 입력 이미지 영역에 복사하는 것을 입력 리프레시라 하며, 동작중에는 항상 기본 데이터 또는 연산에 활용한다.

③ **프로그램 실행**: 사용자가 작성한 프로그램은 크게 스캔 프로그램, 인터럽트 프로그램으로 나눌수 있는데, 이 모든 프로그램을 실행하는 것이다.

– 스캔 프로그램: PLC가 동작중에는 무조건 실행하는 프로그램이다.

– 인터럽트 프로그램: 스켄프로그램 실행 중 특정 조건에 의해 인터럽트가 발생된 경우에만 실행하는 프로그램이다.

④ **출력 Refresh**: PLC에서는 프로그램 실행처리 동안 그 값을 바로 출력하는 것이 아니라, 우선 출력 이미지 영역에 저장하였다가 프로그램의 마지막 스텝 연산이 종료된 후 모든 출력 데이터를 일괄로 출력한다.

※ 만약 프로그램 실행 중 시스템 오류, 연산 오류 등으로 오류 데이터를 바로 출력할 경우 심각한 문제점이 발생될 수 있다. 이에 따라 모든 프로그램의 연산과 오류가 발생되지 않았을 때 출력을 하게 된다.

⑤ **종료 처리**: PLC 프로그램의 모든 연산이 성공적으로 처리되고, 자가 진단 결과 오류가 없으면 출력 이미지 영역에 저장된 데이터를 출력하여 실질적으로 출력 데이터를 내보내게 된다. 이 과정을 End 처리라 한다.

실습 02 디지털 논리회로 실습하기

학습목표: 시퀀스 제어에서 가장 사용 빈도 높은 명령어로 논리연산인 직렬회로(AND), 병렬회로(OR), 부정회로(NOT), 자기유지회로에 대해 알아보자.

2.1 주요 동작 설명

① 직렬회로(AND) : 스위치 1과 스위치 2를 직렬로 연결하여 두 개의 스위치 모두가 On 되어야만 출력이 On 되는 회로를 말한다.

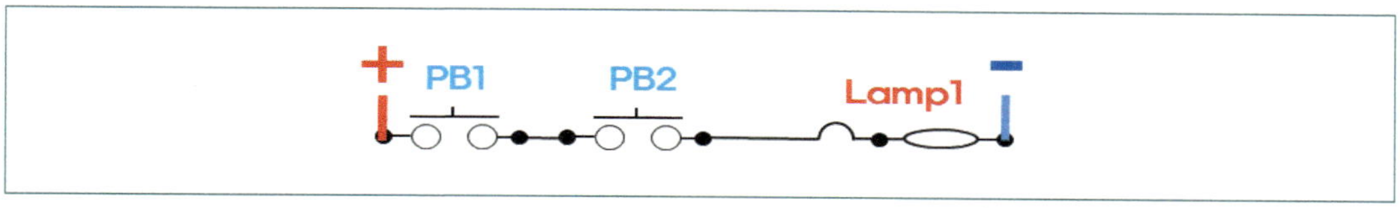

[그림 5-7] 직렬회로(AND) 회로도

PB1	PB2	Lamp1
0	0	0
0	1	0
1	0	0
1	1	1

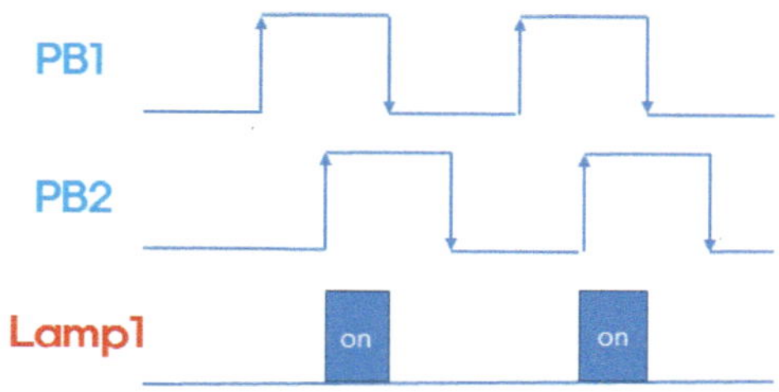

[그림 5-8] 직렬회로(AND) 회로값

② 병렬회로(OR) : 스위치 1과 스위치 2를 병렬로 연결하여 두 개의 스위치 중 어느 하나라도 On 되어야만 출력이 On 되는 회로를 말한다.

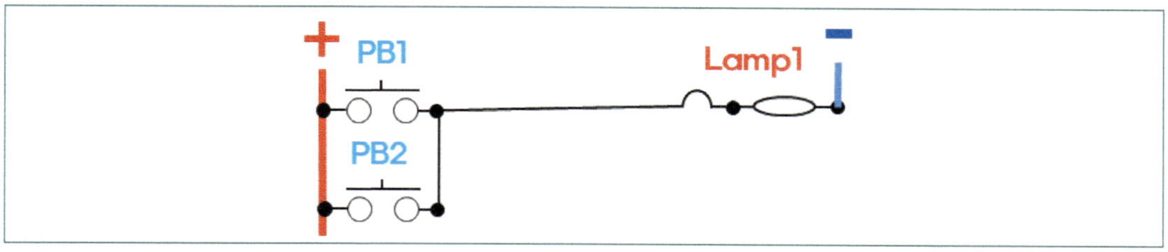

[그림 5-9] 병렬회로(OR) 회로도

PB1	PB2	Lamp1
0	0	0
0	1	1
1	0	1
1	1	1

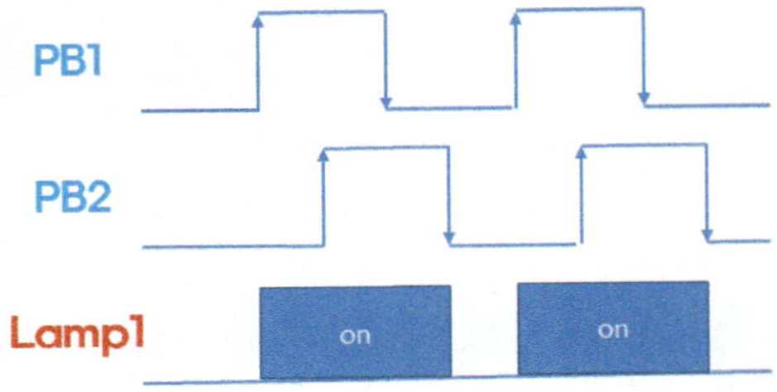

[그림 5-10] 병렬회로(OR) 회로값

③ 부정회로(NOT) : 스위치 1의 입력상태가 출력에서는 반대로 동작되는 회로를 말한다.

[그림 5-11] 부정회로(NOT) 회로도

PB1	Lamp1
0	1
1	0

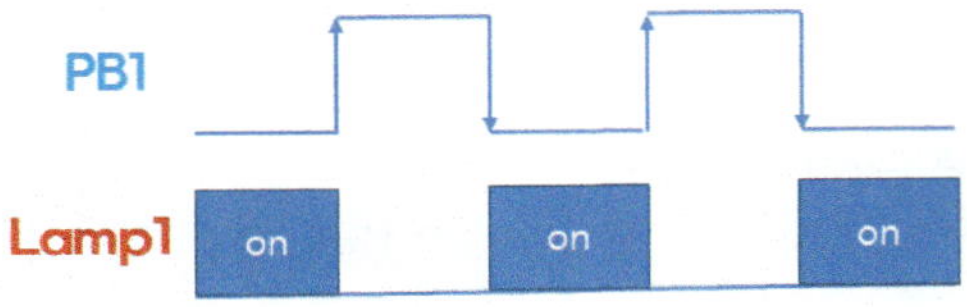

[그림 5-12] 부정회로(NOT) 회로값

④ 자기유지회로 : 자동화 시스템 구성에서 매우 중요한 회로이며, PLC의 1Bit에 대한 메모리 역할을 수행한다.

- 자기유지회로는 셋(SET, PB1) 스위치, 리셋(Reset PB2) 스위치, 릴레이(R1)로 구성되어 진다.

ⓐ 셋 스위치를 누르면 릴레이가 On된다

ⓑ 셋 스위치를 해제하더라도 릴레이는 계속 On되어 진다.

ⓒ 다른 동작이 없으면 릴레이는 계속 On되어 진다.

ⓓ 리셋 스위치를 누르면 릴레이는 Off 된다.

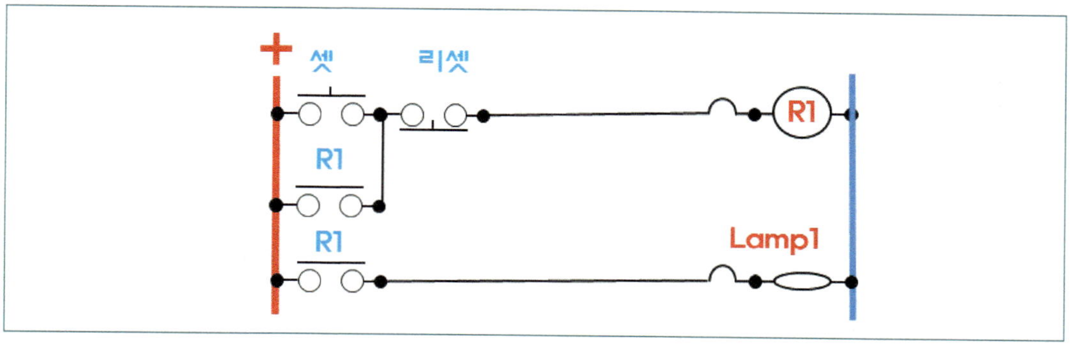

[그림 5-13] 자기유지회로(NOT) 회로도

셋	리셋	R1
0	0	0
1	0	1
0	0	1
0	1	0

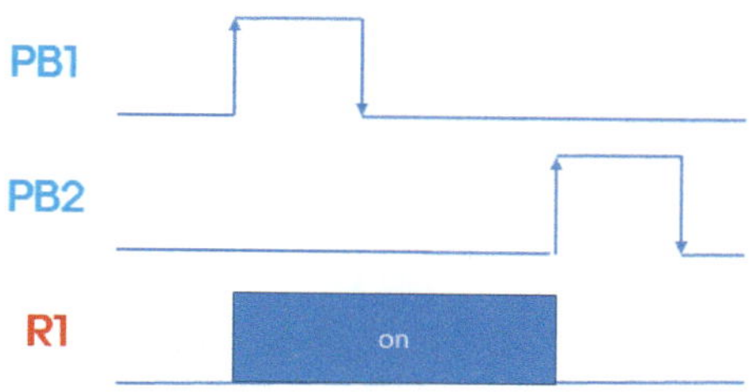

[그림 5-14] 자기유지회로(NOT) 회로값

2.2 구성회로 및 동작상태 타임차트

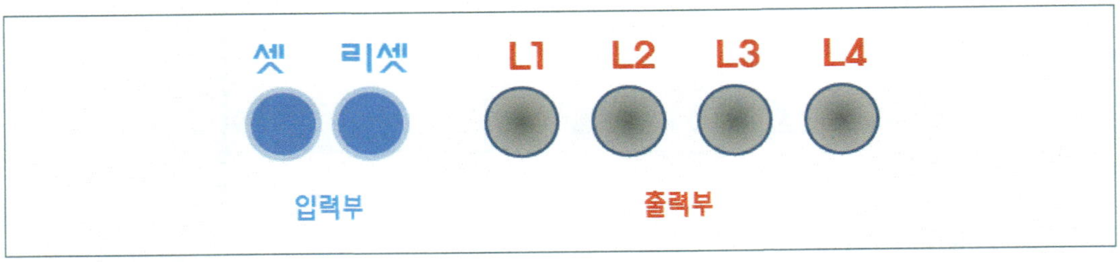

[그림 5-15] 입/출력부 구성

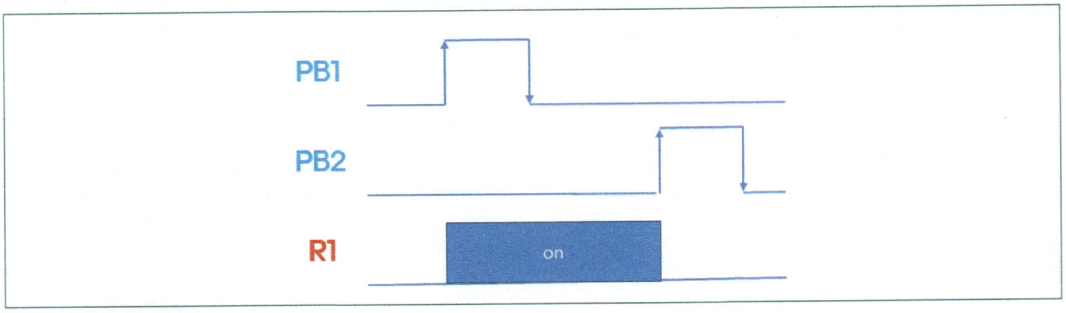

[그림 5-16] 입력신호에 대한 접점 명령의 동작상태 타임차트

2.3 실습 회로도 및 PLC 회로 결선

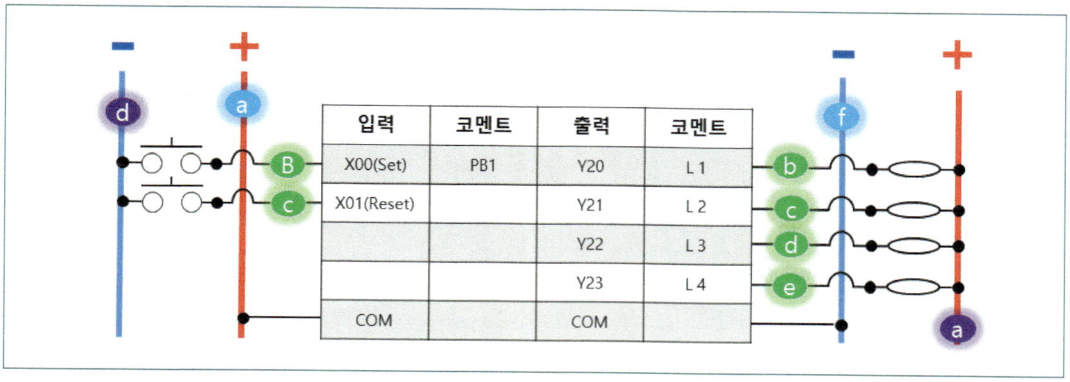

[그림 5-17] 실습1 I/O 배선도

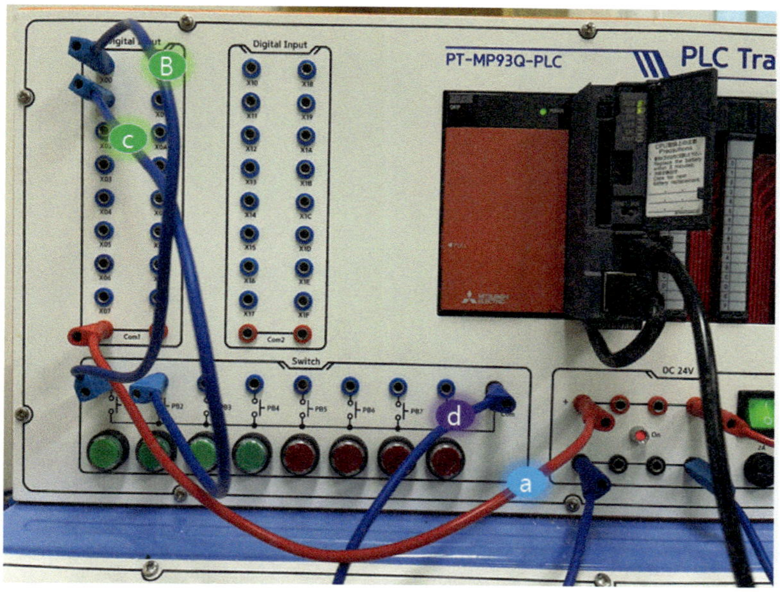

[그림 5-18] 실습1 PLC I/O 실제 배선도(입력부)

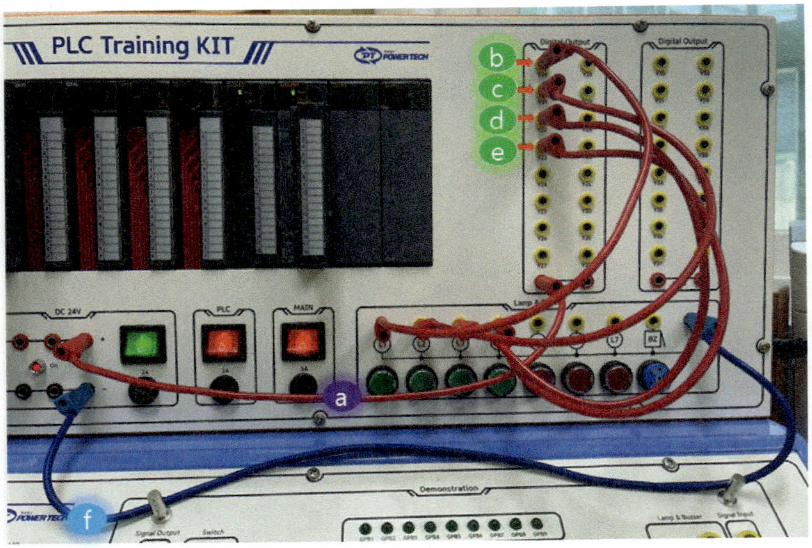

[그림 5-19] 실습1 PLC I/O 실제 배선도(입력부)

2.4 주요 시퀀스 명령어

분류	명령기호	심볼	처리내용
접점	LD	├┤ ├─	· 논리 연산 시작 (a 접점 논리 연산 시작)
	LDI	├╫─	· 논리 부정 연산 시작 (b 접점 논리 연산 시작)
	AND	─┤ ├─	· 논리적 (a 접점 직렬 접속)
	OR	└┤ ├┘	· 논리합 (a 접점 병렬 접속)
	OUT	─( )┤	디바이스 출력

2.5 실습2: PLC 프로그램 입력하기

① 새로운 프로젝트를 생성하기: ⓐ '프로젝트'클릭 → ⓑ 'New'클릭

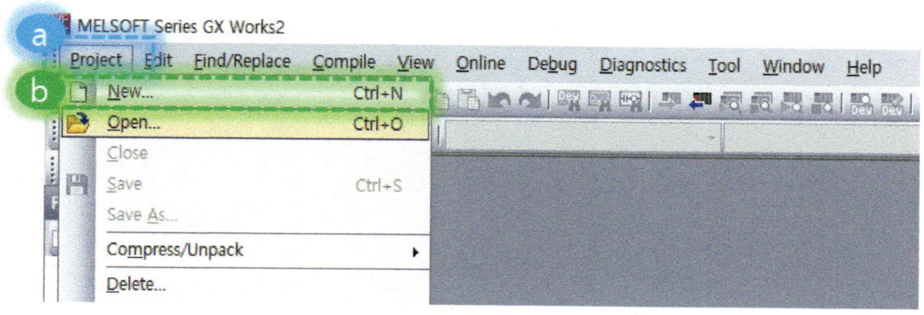

ⓒ 사용자 PLC 사양 확인 → ⓓ 'OK'클릭

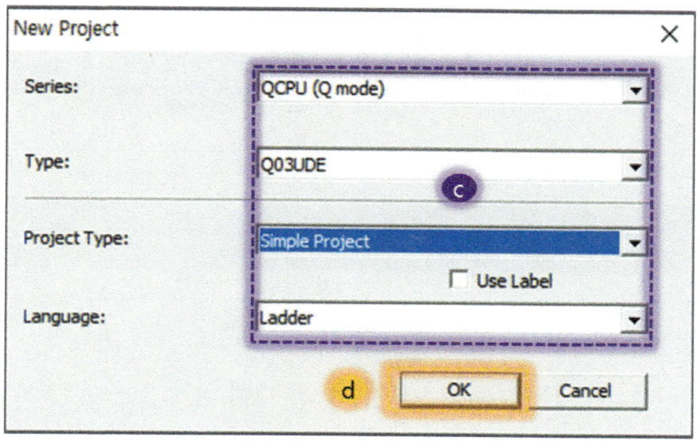

ⓔ 아래 그림과 같이 워크 윈도우창이 열린다.

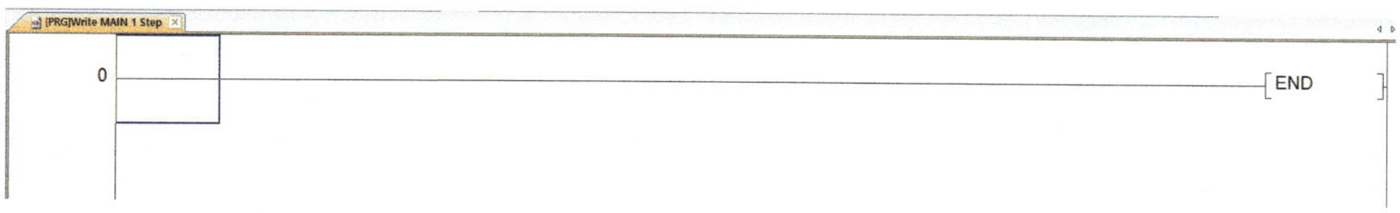

② PLC 프로그램 입력하기

ⓐ 모니터 화면에서 우측 아이콘을 클릭하거나, 키보드의 'F5'를 클릭하면 아래와 같이 팝업창이 나타난다.

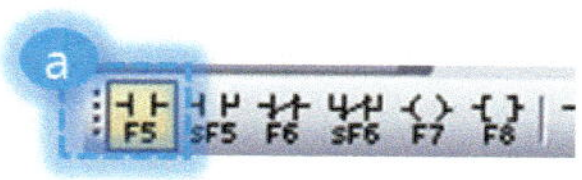

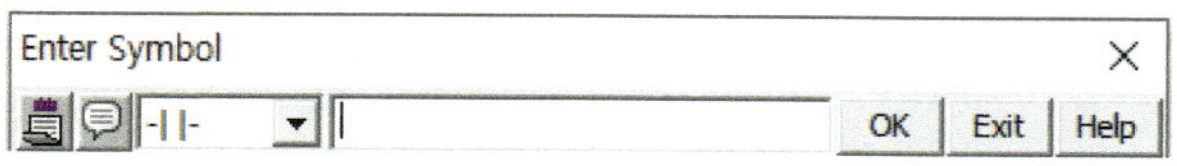

ⓑ 'X0' 텍스트를 입력 후 → ⓒ 'Ok'클릭

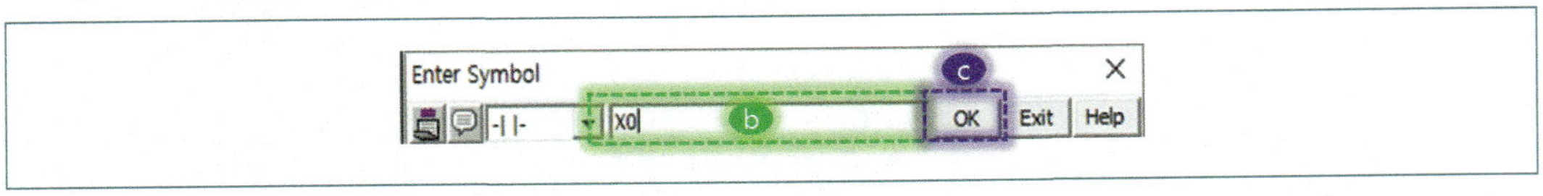

ⓓ 아래 화면과 같이 a접점이 입력된다.

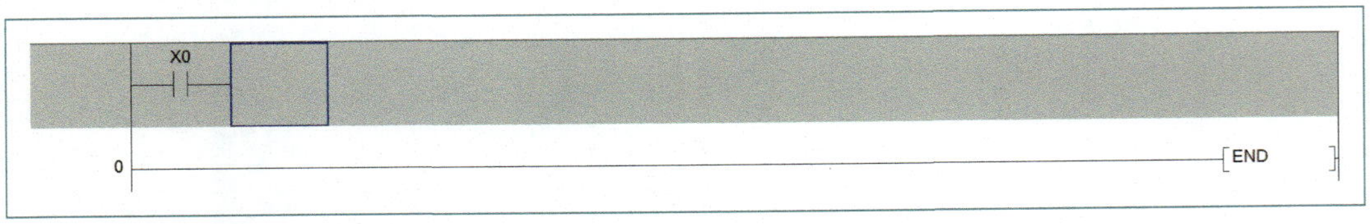

ⓔ 모니터 화면에서 키보드의 'F5'를 클릭하면 아래와 같이 팝업창이 나타난다. ⓑ와 동일한 방법으로 'X01' 텍스트를 입력 후 → ⓔ 'Ok'클릭

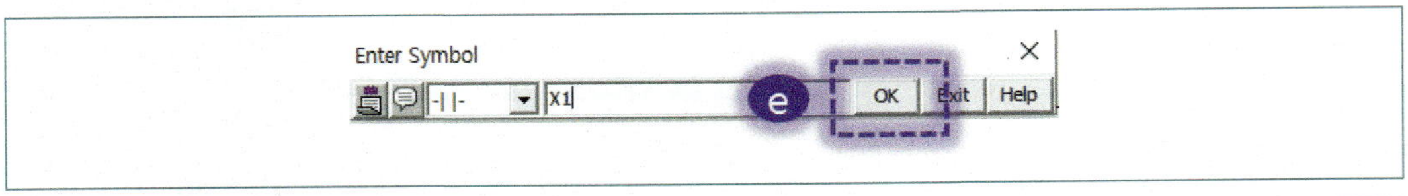

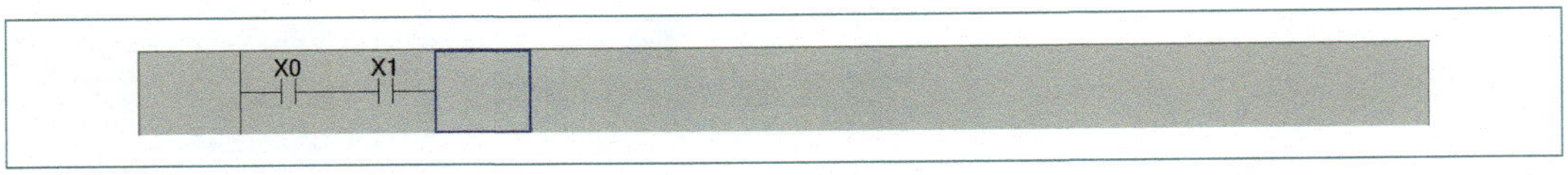

ⓕ 모니터 화면에서 키보드의 'F7'를 클릭하면 아래와 같이 팝업창이 나타난다. ⓕ와 동일하게 'Y20' 텍스트를 입력 후 → ⓕ 'Ok'클릭

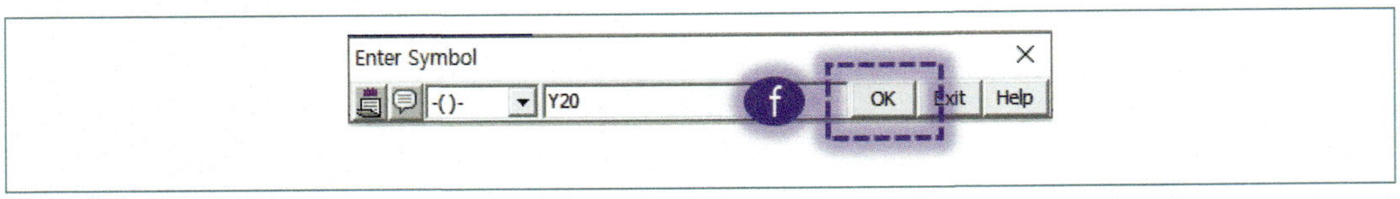

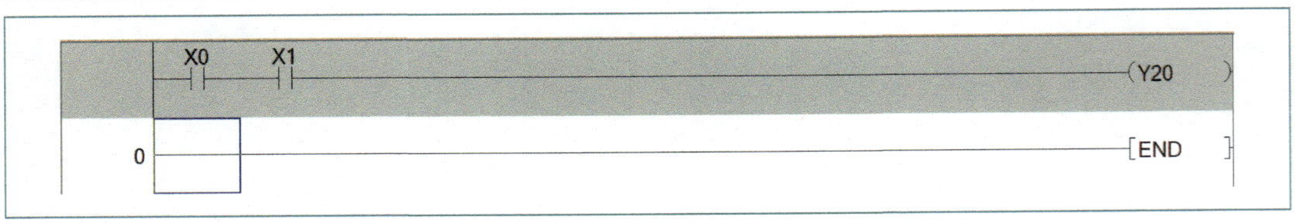

ⓖ 모니터 화면에서 키보드의 'F5'를 클릭하면 아래와 같이 팝업창이 나타난다. ⓑ와 동일한 방법으로 'X00' 텍스트를 입력 후 → ⓖ 'Ok'클릭

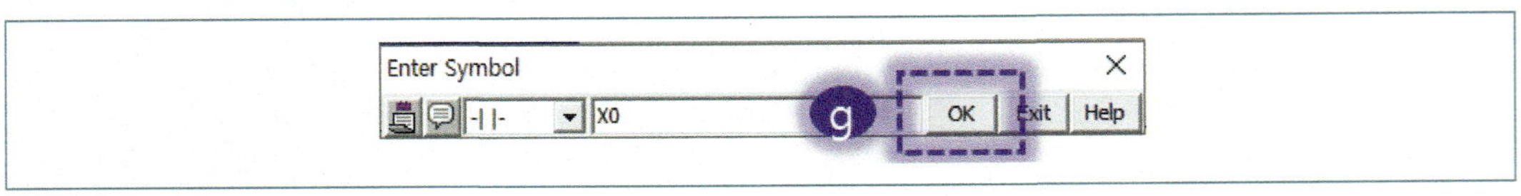

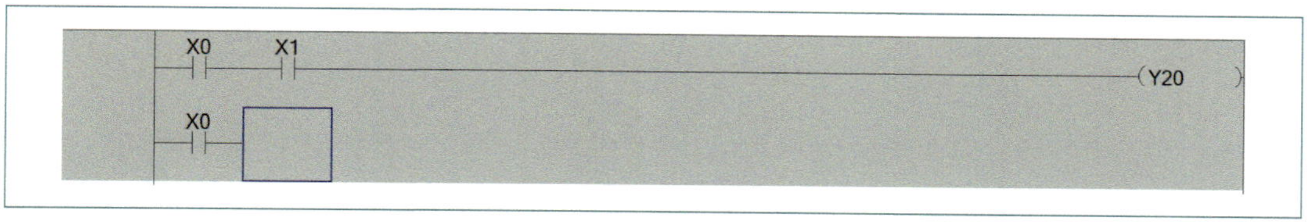

ⓗ 모니터 화면에서 키보드의 'F7'를 클릭하면 아래와 같이 팝업창이 나타난다. ⓕ와 동일하게 'Y21' 텍스트를 입력 후 → ⓗ 'Ok'클릭

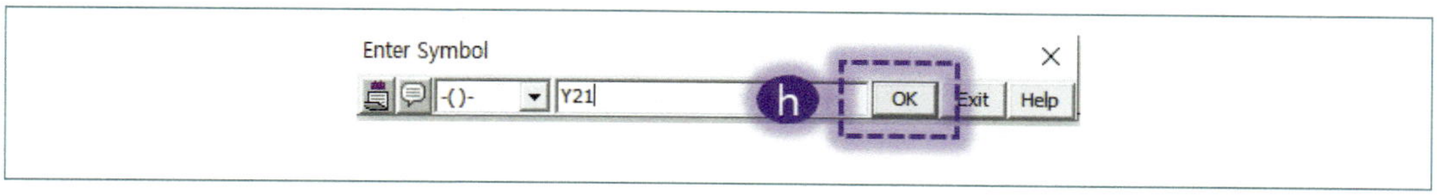

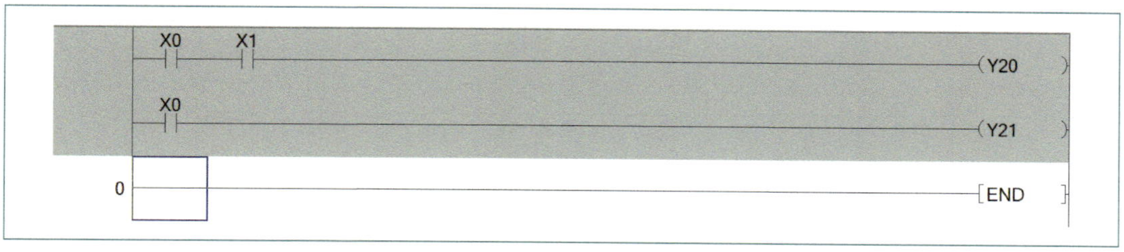

ⓘ 모니터 화면에서 키보드의 'F5'를 클릭하면 아래와 같이 팝업창이 나타난다. ⓑ와 동일한 방법으로 'X01' 텍스트를 입력 후 → ⓘ 'Ok'클릭

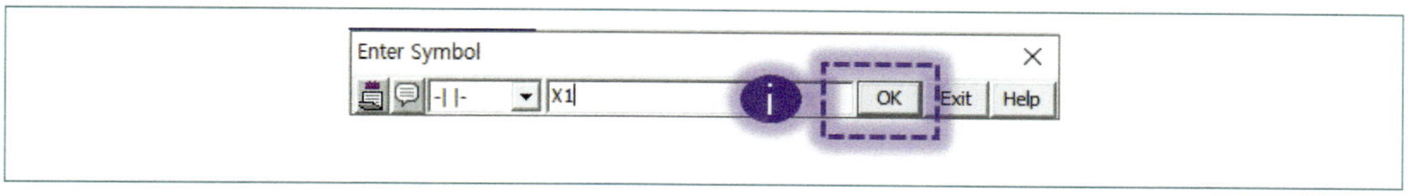

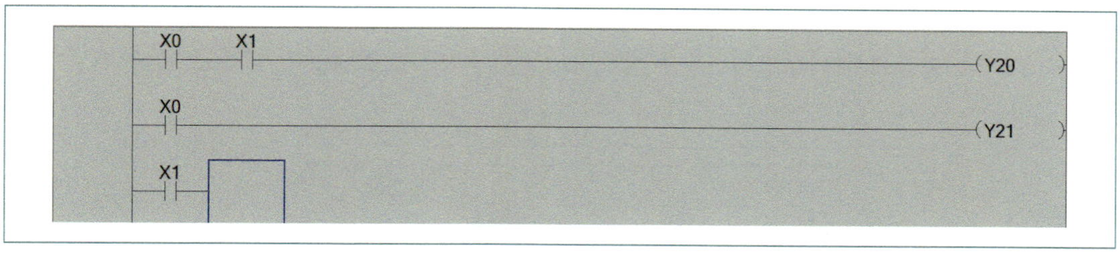

ⓙ 아래 그림에서와 같이 마우스 커서를 ㉮ 위치시킨 후

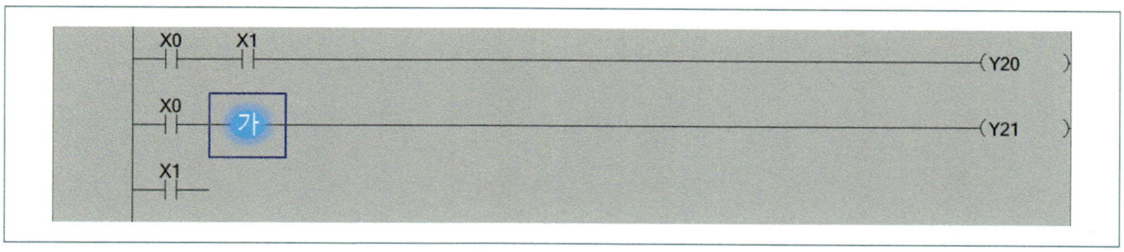

ⓚ 버튼을 클릭하거나, 키보드의 'Shift + F9'을 클릭하면 아래와 같이 팝업창이 나타나며, ⓚ 'Ok'클릭

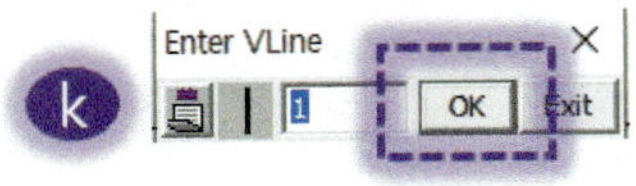

ⓛ 아래 화면과 같이 프로그램 된다.

ⓜ 아래 그림에서와 같이 마우스 커서를 ㊅ 위치시킨 후

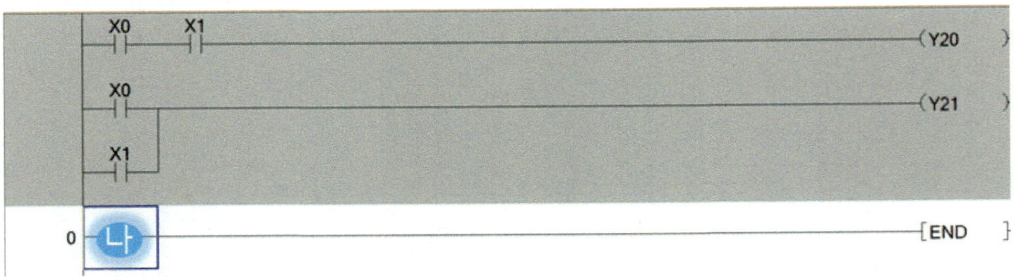

ⓝ 모니터 화면에서 키보드의 'F5'를 클릭하면 아래와 같이 팝업창이 나타난다. ⓑ와 동일한 방법으로 'X00' 텍스트를 입력 후 → ⓝ 'Ok' 클릭

ⓞ 모니터 화면에서 키보드의 'F6'를 클릭하면 아래와 같이 팝업창이 나타난다. ⓑ와 동일한 방법으로 'X01' 텍스트를 입력 후 → ⓞ 'Ok'클릭

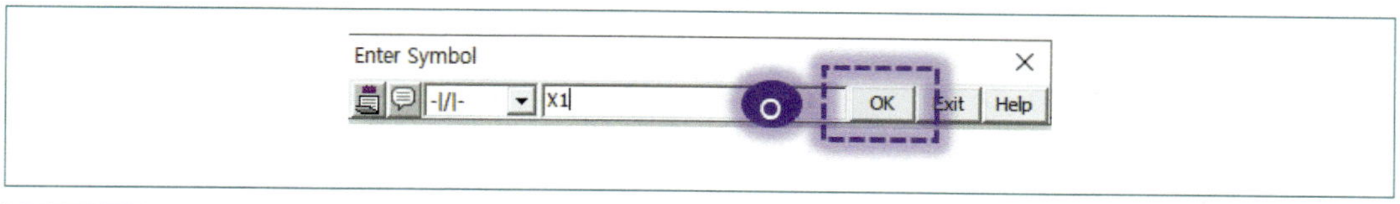

ⓞ 모니터 화면에서 키보드의 'F7'를 클릭하면 아래와 같이 팝업창이 나타난다. ⓟ와 동일한 방법으로 'M0' 텍스트를 입력 후 → ⓠ 'Ok'클릭

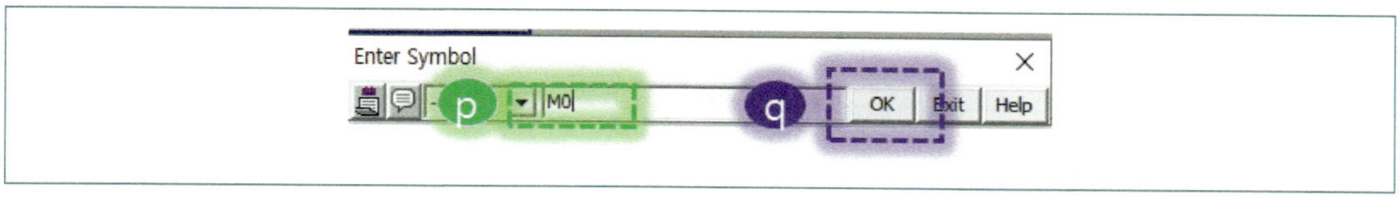

ⓡ 모니터 화면에서 키보드의 'F5'를 클릭하면 아래와 같이 팝업창이 나타난다. ⓟ와 동일한 방법으로 'M0' 텍스트를 입력 후 → ⓝ 'Ok'클릭

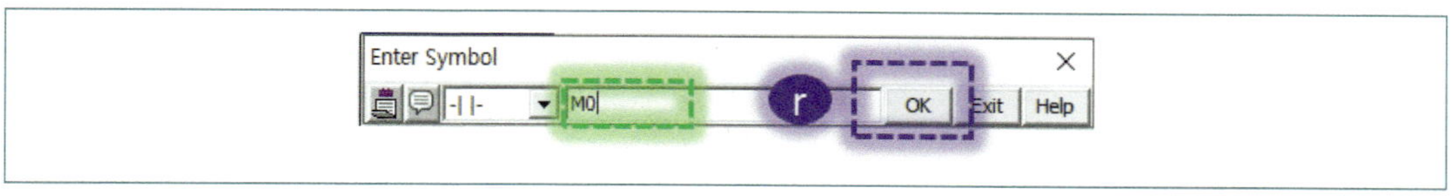

ⓢ 아래 그림에서와 같이 마우스 커서를 ㉰ 위치시킨 후

ⓣ sF9 버튼을 클릭하거나, 키보드의 'Shift + F9'을 클릭하면 아래와 같이 팝업창이 나타나며, ⓣ 'Ok'클릭

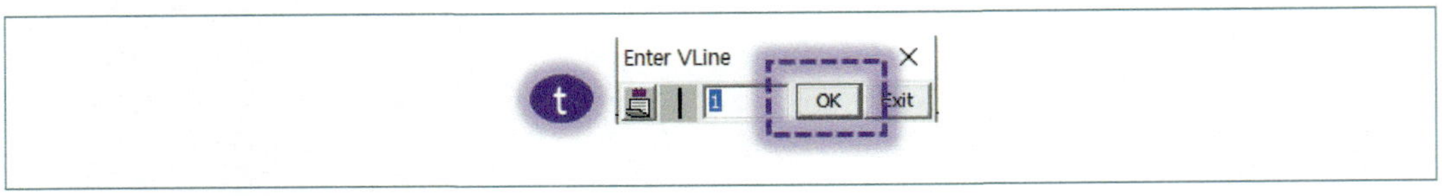

ⓤ 아래 화면과 같이 프로그램 된다.

ⓥ 모니터 화면에서 키보드의 'F5'를 클릭하면 아래와 같이 팝업창이 나타난다. ⓟ와 동일한 방법으로 'M0' 텍스트를 입력 후 → ⓥ 'Ok'클릭

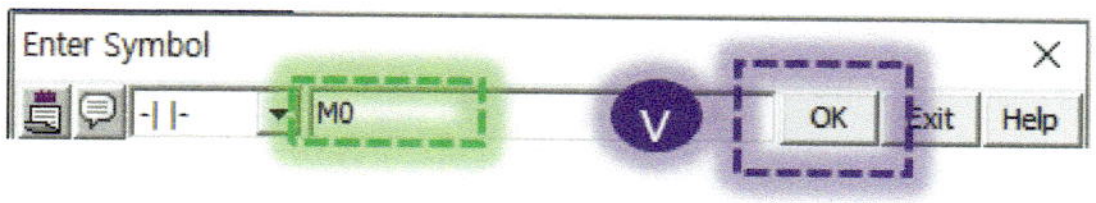

ⓦ 모니터 화면에서 키보드의 'F7'를 클릭하면 아래와 같이 팝업창이 나타난다. ⓟ와 동일한 방법으로 'Y22' 텍스트를 입력 후 → ⓦ 'Ok'클릭

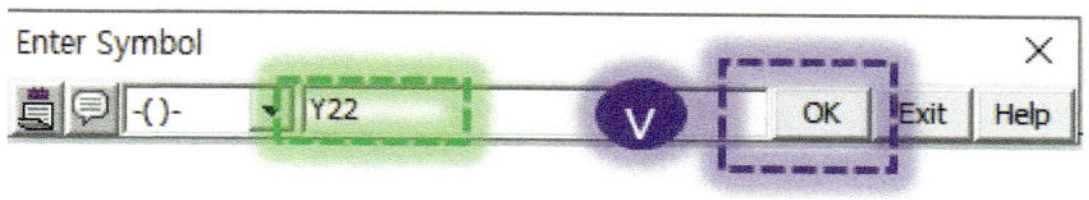

③ PLC 프로그램 작성이 완료되면, 작성된 프로그램을 반드시 PLC에 전송 가능한 파일로 변환하여야 한다.

ⓐ Compile 클릭 → ⓑ Build 클릭

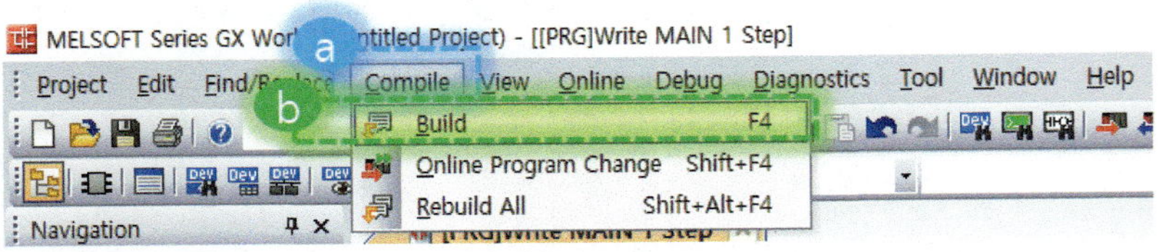

ⓒ 아래 그림과 같이 정상적으로 프로그램이 변환된 경우 회색 처리된 프로그램의 음영이 삭제된다.

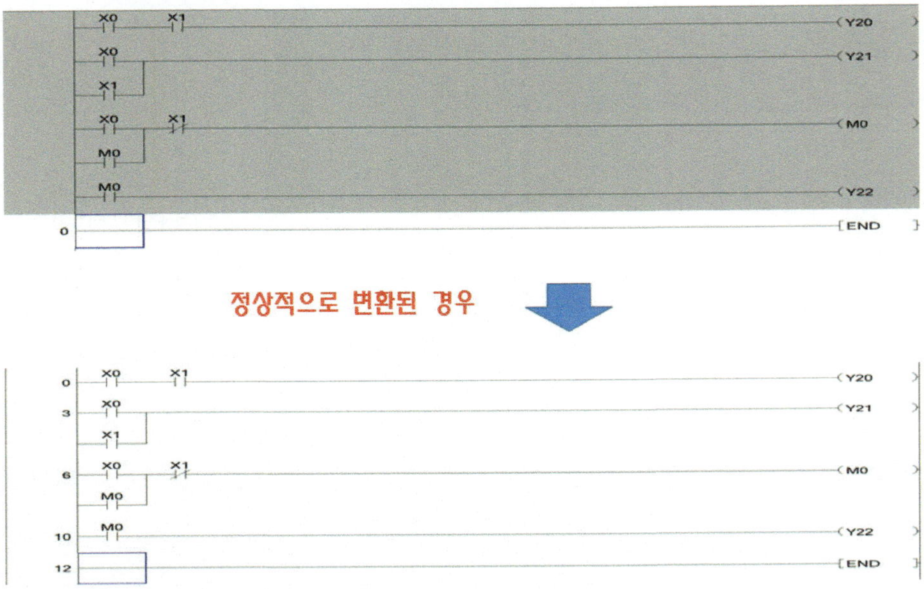

④ PLC 프로그램이 정상적으로 작성되어 컴파일(변환)된 후 프로그램을 PLC에 전송하여야 한다.

ⓐ Online 클릭 → ⓑ Write to PLC 클릭

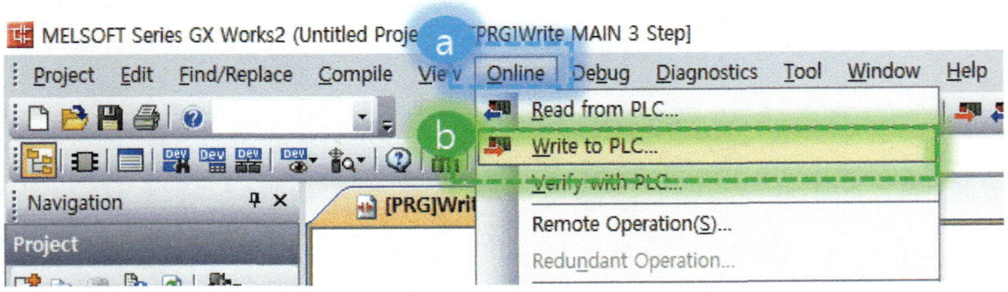

ⓒ Paramete + Program 버튼 클릭 → ⓓ Execute 버튼 클릭

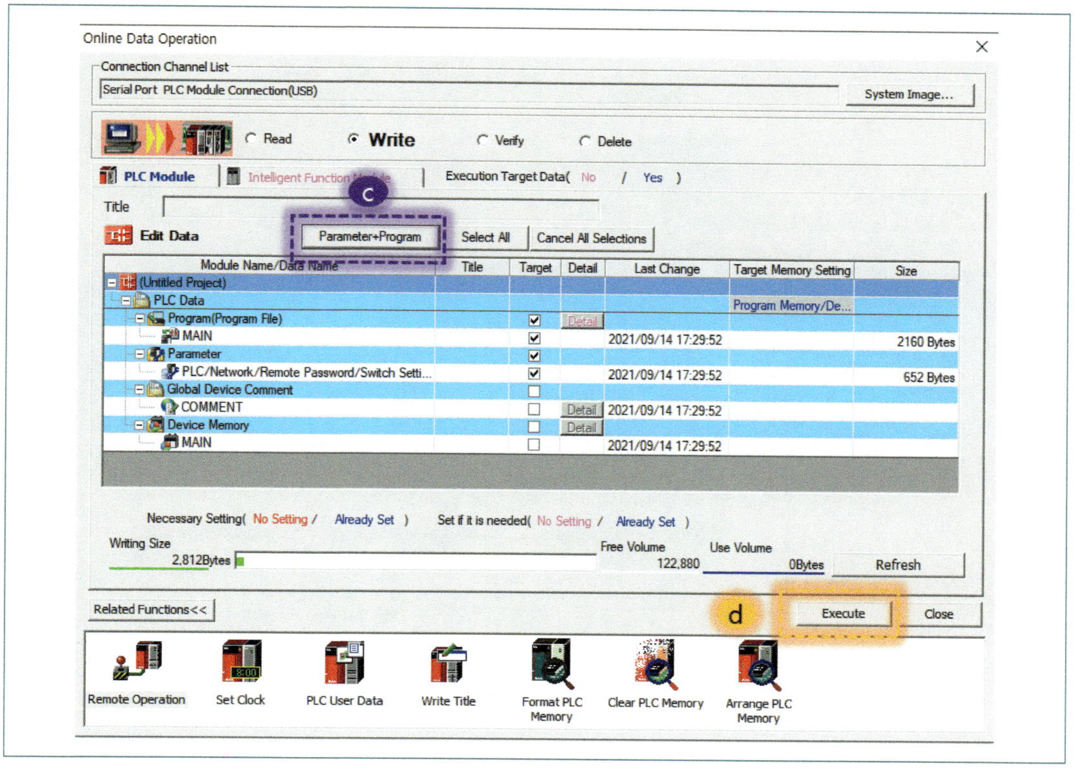

ⓔ 프로그램이 PLC에 전송되며, 전송이 완료되면 'Close' 버튼 클릭

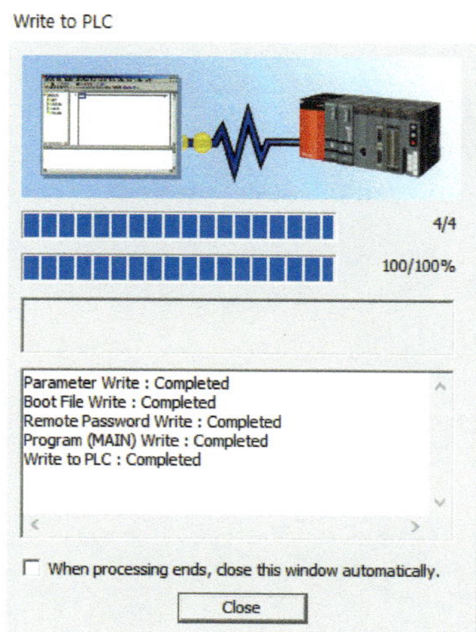

⑤ PLC에 프로그램 전송이 완료되면 PLC는 작동상태가 된다. 이때 PLC의 입/출력이 정상적으로 동작되는지를 확인하기 위해 모니터링을 실시하게 된다.

ⓐ Online 클릭 → ⓑ Monitor 클릭 → ⓒ Monitor Mode 클릭

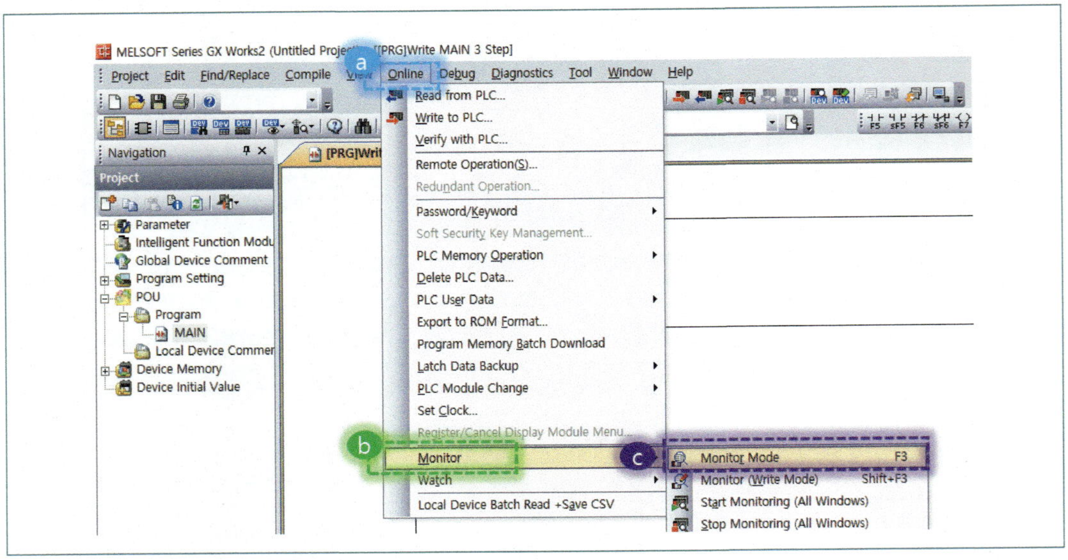

ⓓ 모니터링 기본 화면

2.6 실습2: PLC 프로그램 동작 확인하기

① (AND 회로) 실습 키트의 푸쉬버튼 PB1과 PB2를 동작시켜 Lamp1의 동작상태를 아래 표와 타임차트에 작성하세요.

[표 5-1] 입력에 대한 출력 변화값 작성

PB1	PB2	Lamp 1
0	0	
0	1	
1	0	
1	1	

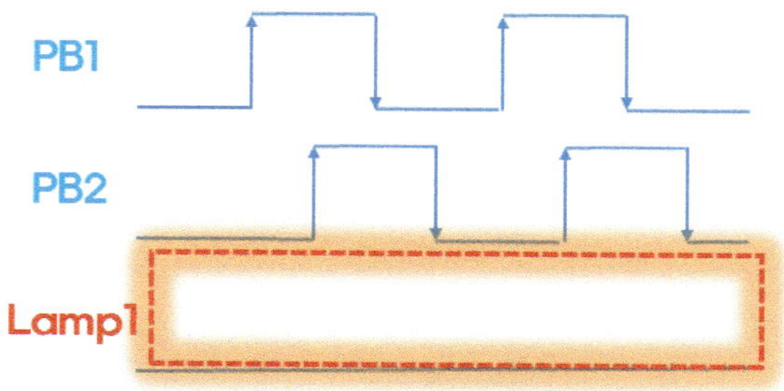

[그림 5-20] 입력신호에 대합 접점 명령의 동작상태 타임차트 작성

② (OR 회로) 실습 키트의 푸쉬버튼 PB1과 PB2를 동작시켜 Lamp2의 동작상태를 아래 표와 타임차트에 작성하세요

[표 5-2] 입력에 대한 출력 변화값 작성

PB1	PB2	Lamp2
0	0	
0	1	
1	0	
1	1	

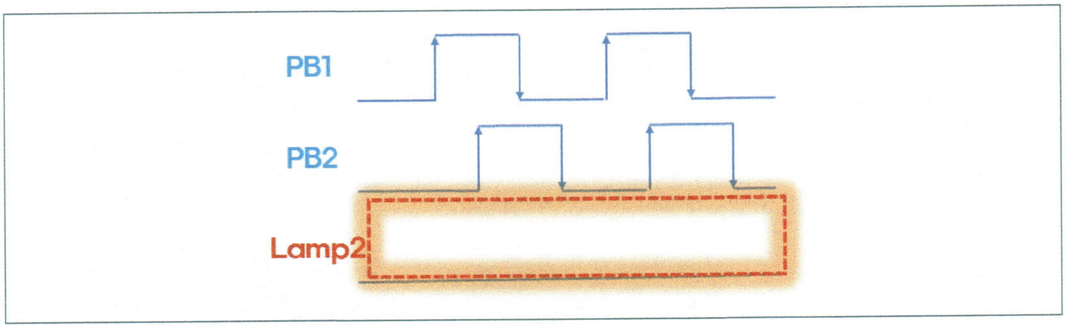

[그림 5-21] 입력신호에 대합 접점 명령의 동작상태 타임차트 작성

③ (자기유지회로) 실습 키트의 푸쉬버튼 PB1과 PB2를 동작시켜 Lamp3의 동작상태를 아래 표와 타임차트에 작성하세요.

[표 5-3] 입력에 대한 출력 변화값 작성

셋	리셋	Lamp3
0	0	
1	0	
0	0	
0	1	

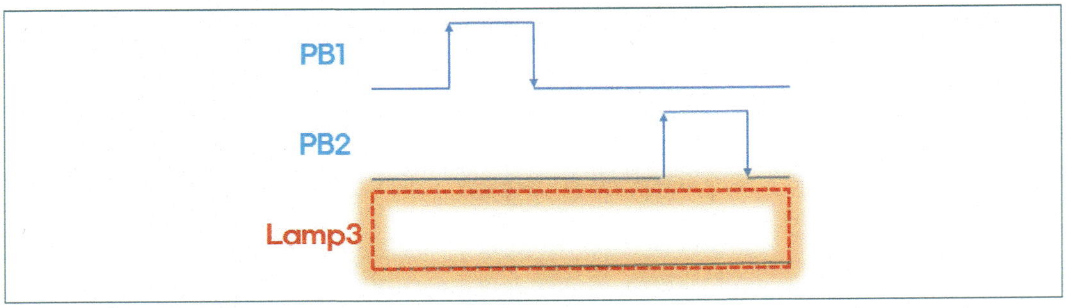

[그림 5-22] 입력신호에 대합 접점 명령의 동작상태 타임차트 작성

참고 : 꼭 알아두기

PLC 프로그램 이해하기

▌시퀀스 프로그램의 종류(시퀀스 명령, 기본 명령, 응용 명령)

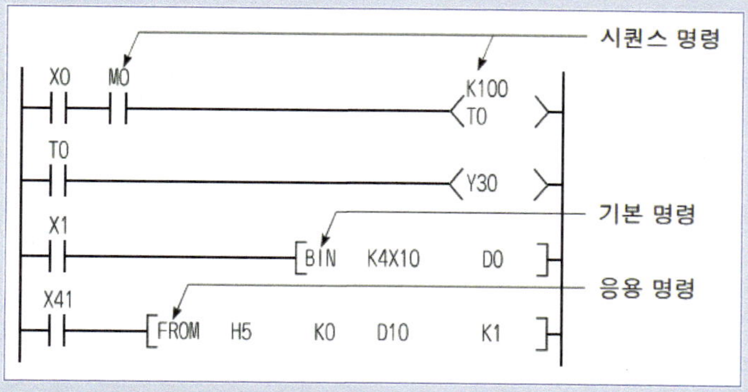

[그림 5-23] 시퀀스 프로그램의 종류

▌시퀀스 프로그램의 종류

– **메인 루틴 프로그램** : PLC의 가장 기본이 되는 프로그램으로 한 개 이상의 메인 루틴 프로그램은 반드시 작성하여야 한다. 메인 루틴 프로그램은 스텝 0에서 END/FEND 명령까지의 프로그램입니다.

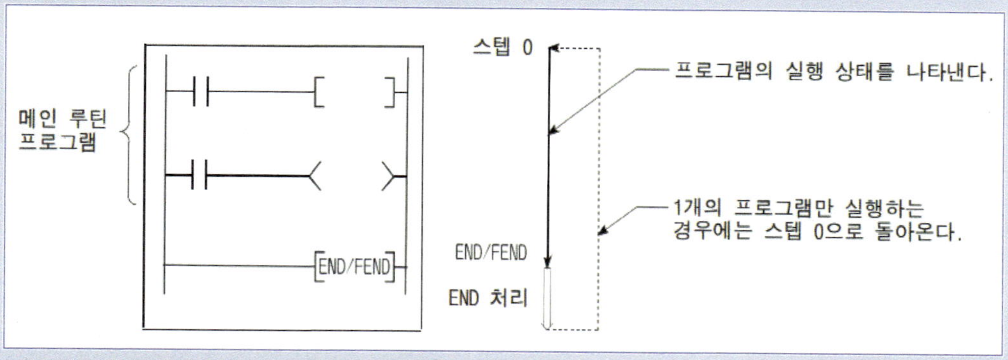

[그림 5-24] 메인 루틴 프로그램의 실행 방법

– **서브 루틴 프로그램** : 서브 루틴 프로그램은 포인터(P)에서 RET 명령까지의 프로그램이다. 서브 루틴 프로그램은 메인 루틴 프로그램 내에서 서브 루틴 프로그램의 호출명령(CALL(P), FCALL(P) 등)으로 호출되었을 때만 실행된다.
사용자가 자주 사용하는 프로그램을 모듈화하여 프로그램으로 작성하여 서브 루틴 프로그램을 만들게 되며, 이에 따라 메인 루틴 프로그램의 스텝 수를 줄일 수 있다.

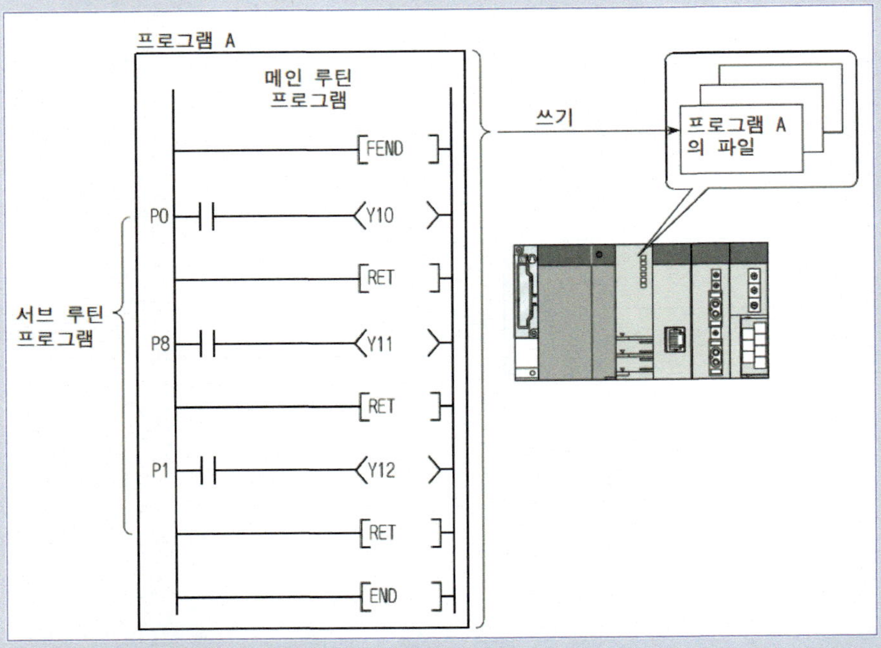

[그림 5-25] 서브 루틴 프로그램의 실행 방법

– **인터럽트 프로그램** : 인터럽트 프로그램은 메인 프로그램 실행 중 I0에 대한 인터럽트가 발생되면 저장된(I0) 인터럽트 프로그램을 실행하고 다시 인터럽트 발생 전 메인프로그램의 다음 스텝으로 이동하는 프로그램이다.

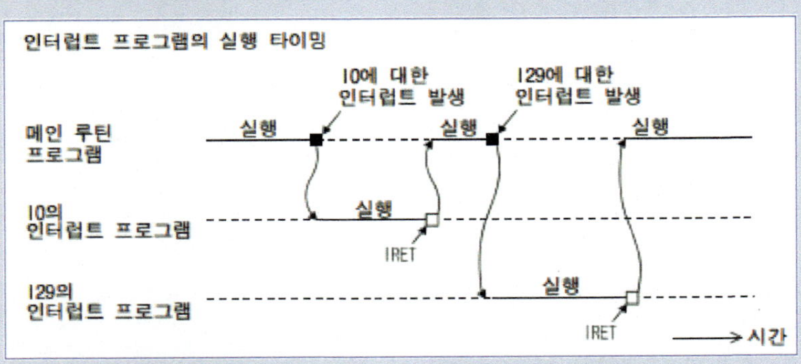

PLC 시퀀스 프로그램의 실행 순서

- 프로그램의 동작순서는 먼저 ① 왼쪽에서 오른쪽으로 실행 → ② 위에서 아래로 실행 순서가 실행된다.
- 위 설명을 대입하면 그 명령어별 실행 순서는 ⓐ~ⓛ의 순서와 같다.

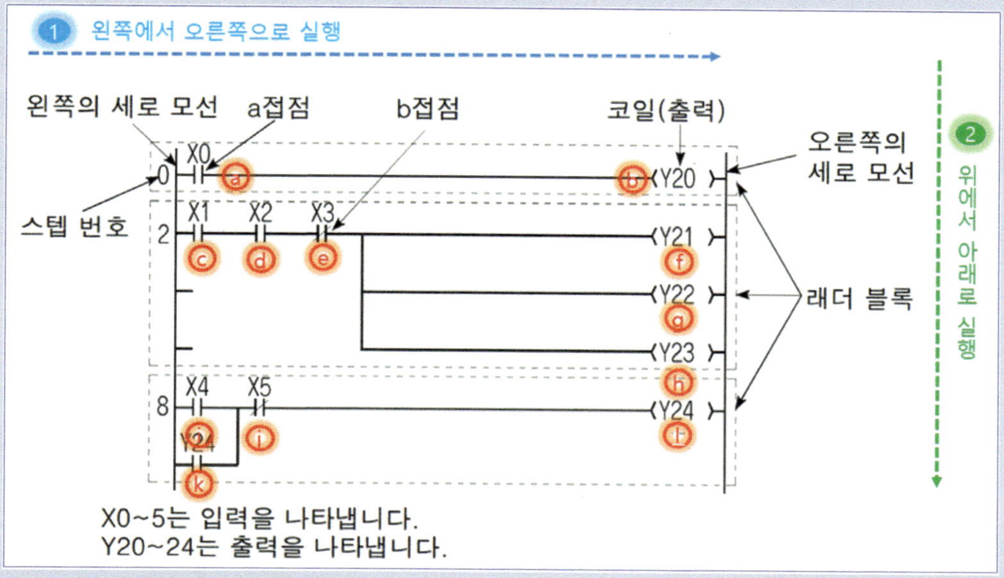

[그림 5-26] 스캔타임 처리 순서

실습 03 인터록 회로 실습하기

학습목표: 이번 실습에서는 인터록(Interlock, 서로 맞물리다) 회로를 이용하여 회로 내에서 두 가지의 동작이 동시에 일어나지 못하게 하는 회로에 대해 알아보자.

- 예시 1: 모터의 정방향 회전과 역방향 회전을 동시에 동작하는 것을 금지
- 예시 2: 신호등에서 빨간등과 녹색등이 동시에 동작하는 것을 금지

3.1 인터록 회로 동작 설명

① 인터록 회로: 전기회로 내에서 두 개의 동작이 동시에 이루어지는 것을 금지하는 회로를 말한다.

ⓐ PB1 버튼을 ON하면 R1릴레이가 ON되며, ⓑ R1 릴레이 b접점이 a접점으로 변경되어 R2 릴레이의 동작을 금지된다.

ⓒ PB2 버튼을 ON하면 R2 릴레이가 ON되며, ⓓ R2 릴레이 b접점이 a접점으로 변경되어 R1 릴레이의 동작을 금지된다.

ⓔ PB3 버튼을 ON하면 동작중인 릴레이 R1, R2 모두가 해지된다.

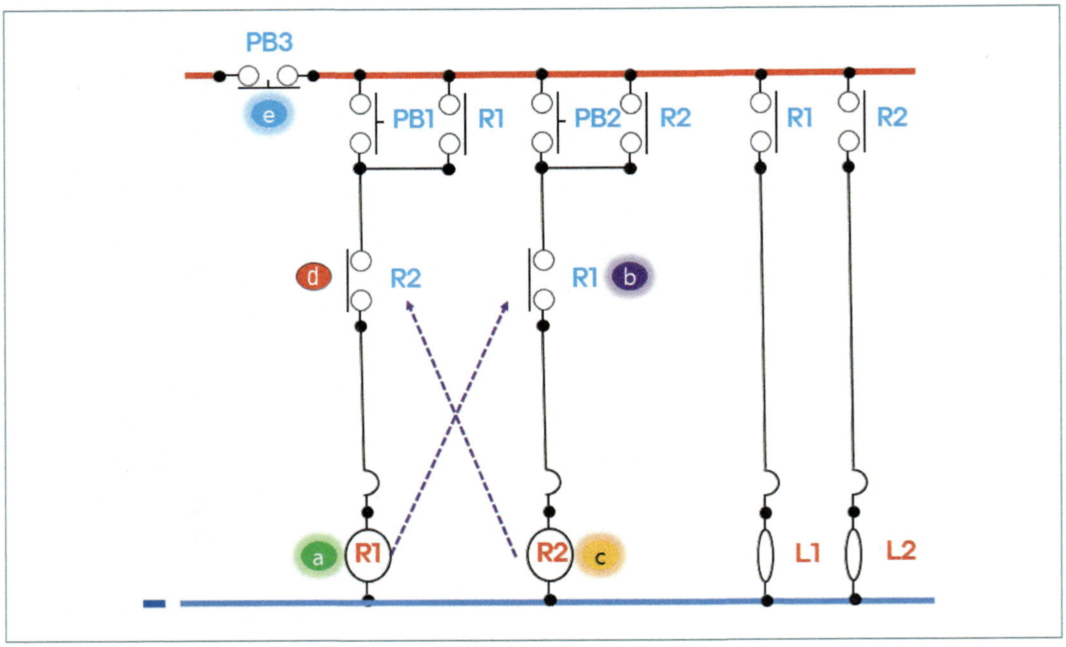

3.2 구성회로 및 동작상태 타임차트

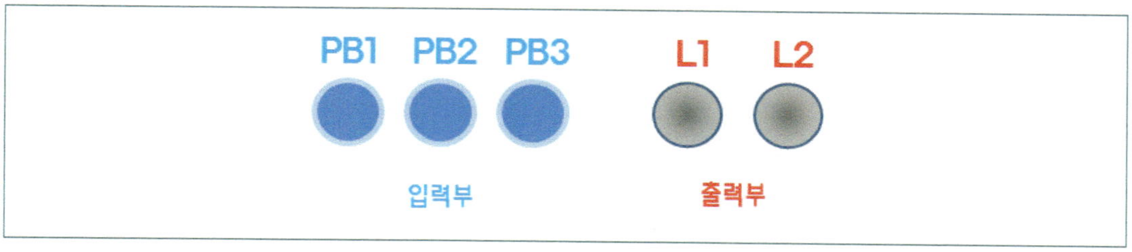

[그림 5-27] 입/출력부 구성

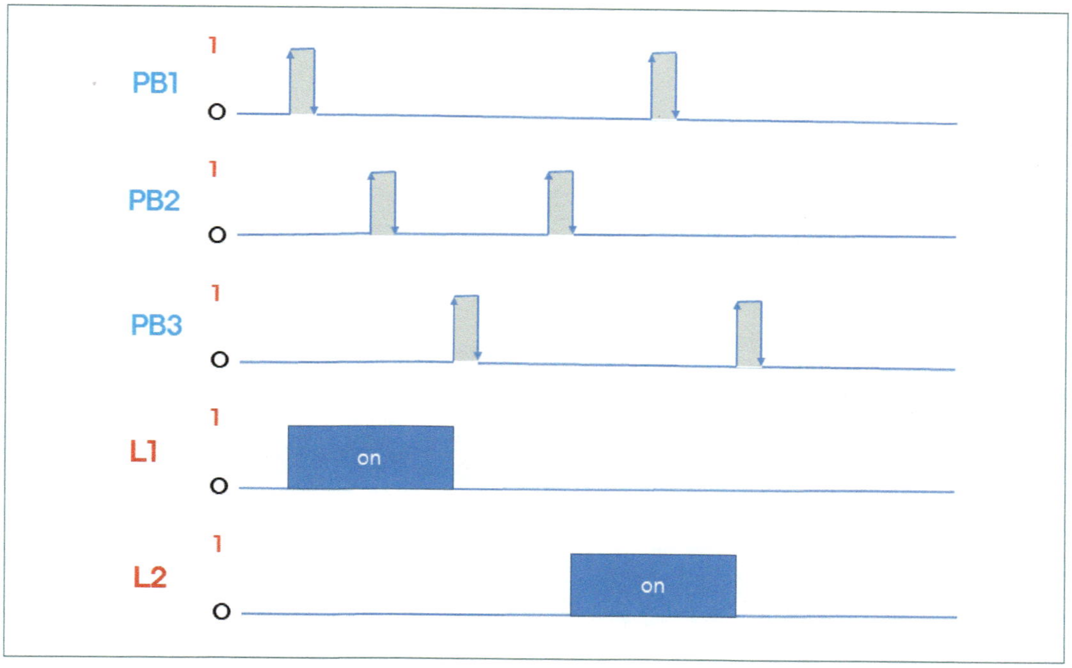

[그림 5-28] 인터록 회로 동작상태 타임차트

3.3 실습 회로도 및 PLC 회로 결선

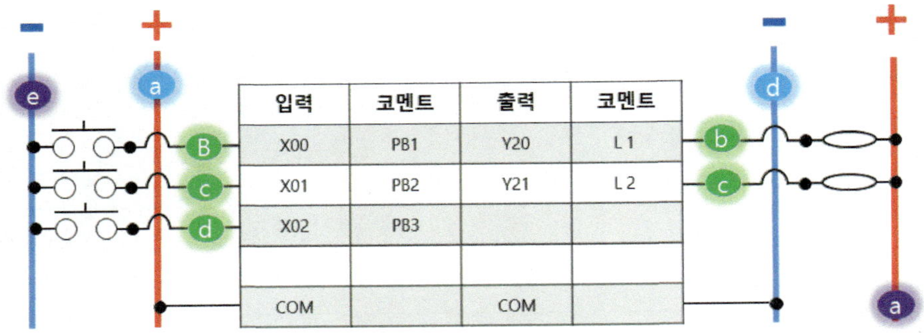

입력	코멘트	출력	코멘트
X00	PB1	Y20	L 1
X01	PB2	Y21	L 2
X02	PB3		
COM		COM	

[그림 5-29] 실습3 I/O 배선도

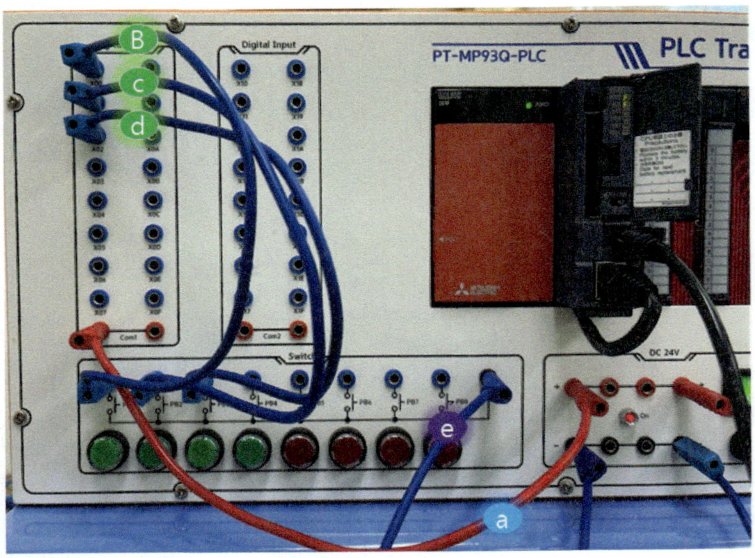

[그림 5-30] 실습3 PLC I/O 실제 배선도(입력부)

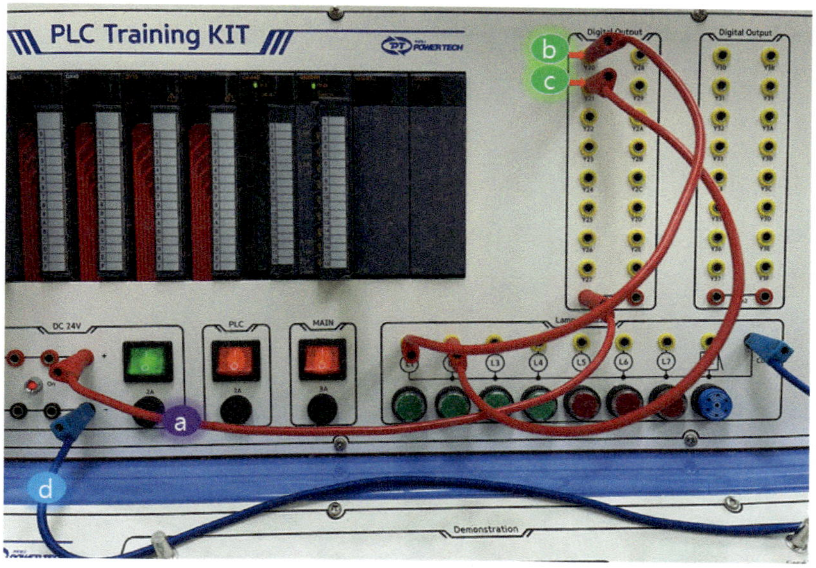

[그림 5-31] 실습3 PLC I/O 실제 배선도(입력부)

3.4 주요 시퀀스 명령어

분류	명령기호	심볼	처리내용
접점	LD	├┤ ├─	· 논리 연산 시작(a 접점 논리 연산 시작)
	LDI	├┤/├─	· 논리 부정 연산 시작(b 접점 논리 연산 시작)
	AND	─┤ ├─	· 논리적 (a 접점 직렬 접속)
	OR	└┤ ├┘	· 논리합 (a 접점 병렬 접속)
	OUT	─( )┤	디바이스 출력

3.5 실습3 : 인터록 회로 프로그램 입력하기

☞ 이번 실습부터는 앞에서 배운 프로그램 입력 방법과 동일하게 작성한다.

① 새로운 프로젝트를 생성하기

② PLC 프로그램 입력하기

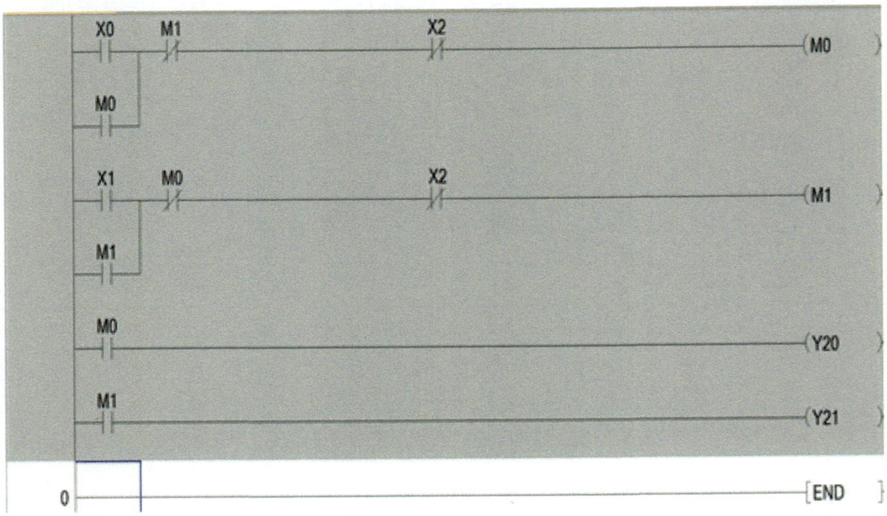

③ PLC 프로그램 작성이 완료되면, 작성된 프로그램을 반드시 PLC에 전송 가능한 파일로 변환하여야 한다.

ⓐ Compile 클릭 → ⓑ Build 클릭

④ PLC 프로그램이 정상적으로 작성되어 컴파일(변환) 된 후 프로그램을 PLC에 전송하여야 한다.

ⓐ Online 클릭 → ⓑ Write to PLC 클릭 →

ⓒ Paramete + Program 버튼 클릭 → ⓓ Execute 버튼 클릭

⑤ PLC에 프로그램 전송이 완료되면 PLC는 작동상태가 된다. 이때 PLC의 입/출력이 정상적으로 동작되는지를 확인하기 위해 모니터링을 실시하게 된다.

ⓐ Online 클릭 → ⓑ Monitor 클릭 → ⓒ Monitor Mode 클릭

ⓓ 모니터링 기본 화면

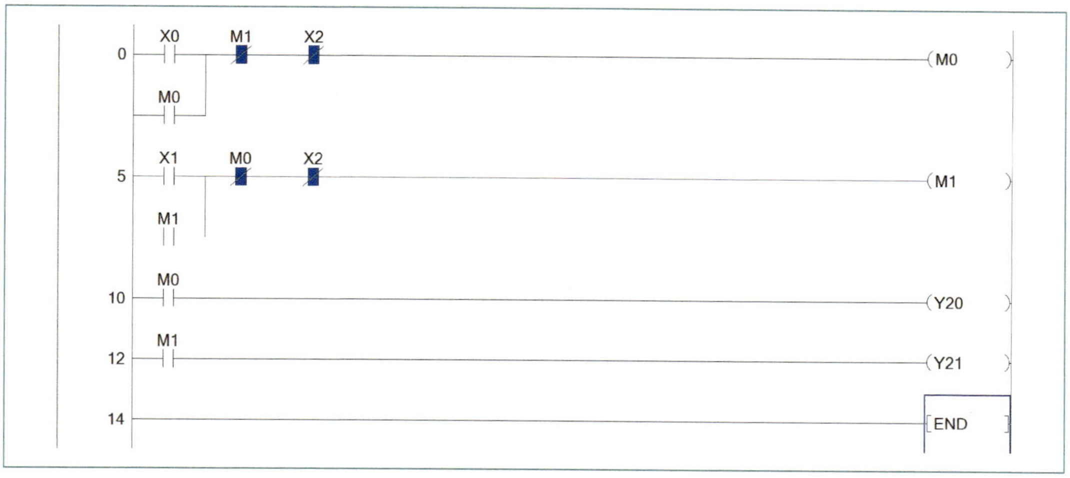

3.6 실습3 : 인터록 회로 프로그램 동작 확인하기

ⓐ PB1 버튼을 ON하면 R1릴레이가 ON되며, ⓑ R1 릴레이 b접점이 a접점으로 변경되어 R2 릴레이의 동작을 금지된다.

ⓒ PB2 버튼을 ON하면 R2 릴레이가 ON되며, ⓓ R2 릴레이 b접점이 a접점으로 변경되어 R1 릴레이의 동작을 금지된다.

ⓔ PB3 버튼을 ON하면 동작중인 릴레이 R1, R2 모두가 해지된다.

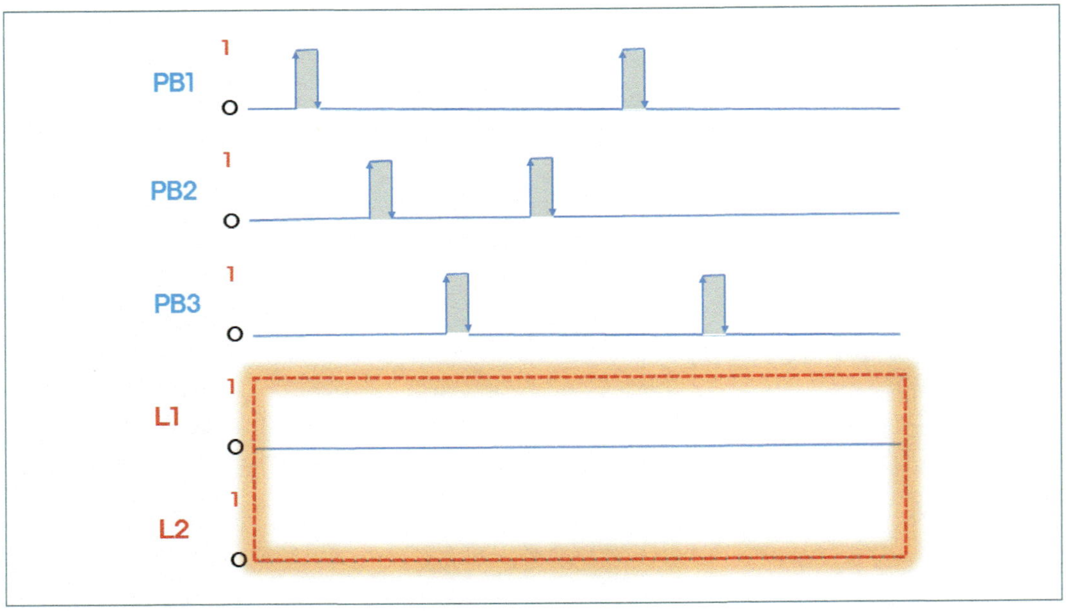

[그림 5-32] 인터록 회로의 동작상태 타임차트 작성

실습 04 순차회로(선입력 우선) 실습하기

학습목표: 이번 실습에서는 인터록 회로의 특성인 먼저 입력된 신호에게 우선권이 주어지는 것을 이용하여,

- 예시 1: 여러 개의 버튼이 우선순위 ① PB1 → ② PB2 → ③ PB3 → ④ PB4로 순차적으로 동작되도록 회로를 구성한다.

4.1 선입력 우선 회로 동작 설명

① 선입력 우선 회로 : 전기회로 내에서 여러 개의 버튼에 우선순위를 결정하여 다른 버튼이 눌러지더라도 동작을 금지하는 회로를 말한다.

ⓐ PB1 버튼을 ON하면 R1 릴레이가 ON되지만, 다른 버튼 PB2, PB3, PB4를 누르더라도 동작되지 않는다.

ⓑ PB2 버튼을 ON하면 R2 릴레이가 ON되지만, 다른 버튼 PB3, PB4를 누르더라도 동작되지 않는다.

ⓒ 위 동작과 동일하게 PB3 → PB4의 동작 순서로 작동된다.

ⓓ PB5 버튼을 ON하면 동작중인 릴레이 R1, R2, R3, R4 모두가 해제된다.

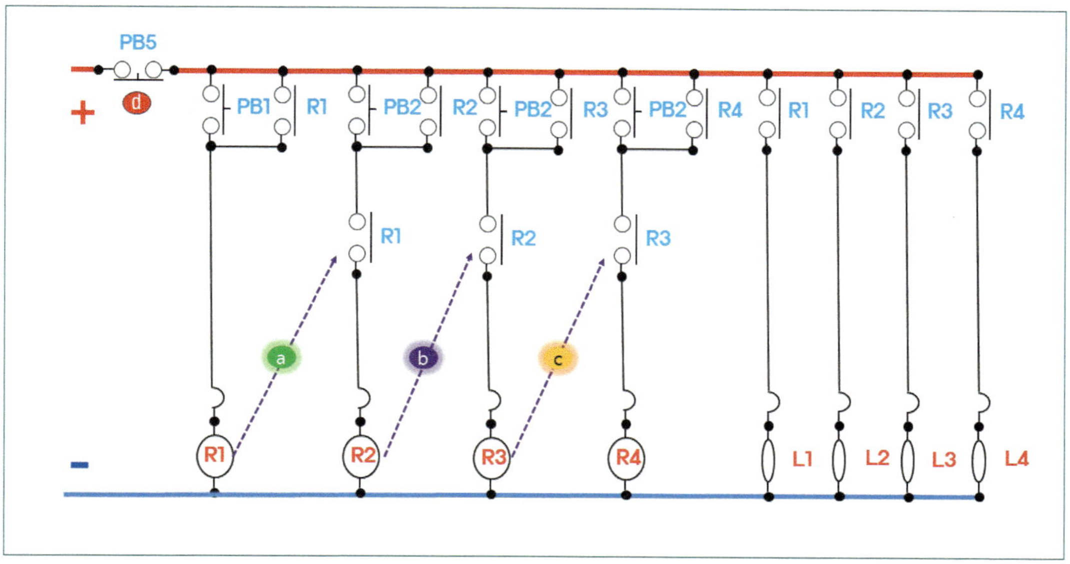

4.2 구성회로 및 동작상태 타임차트

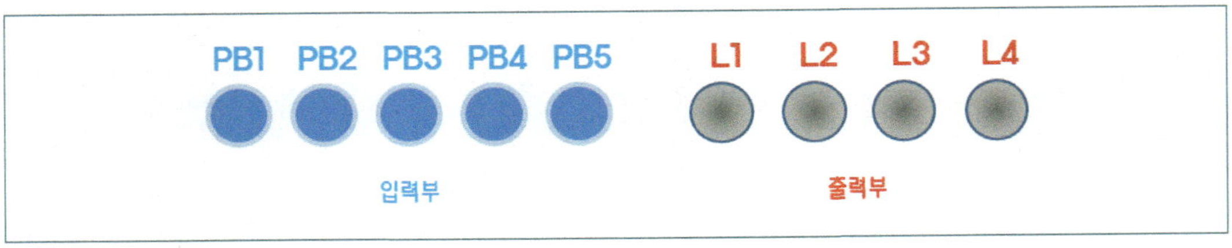

[그림 5-33] 입/출력부 구성

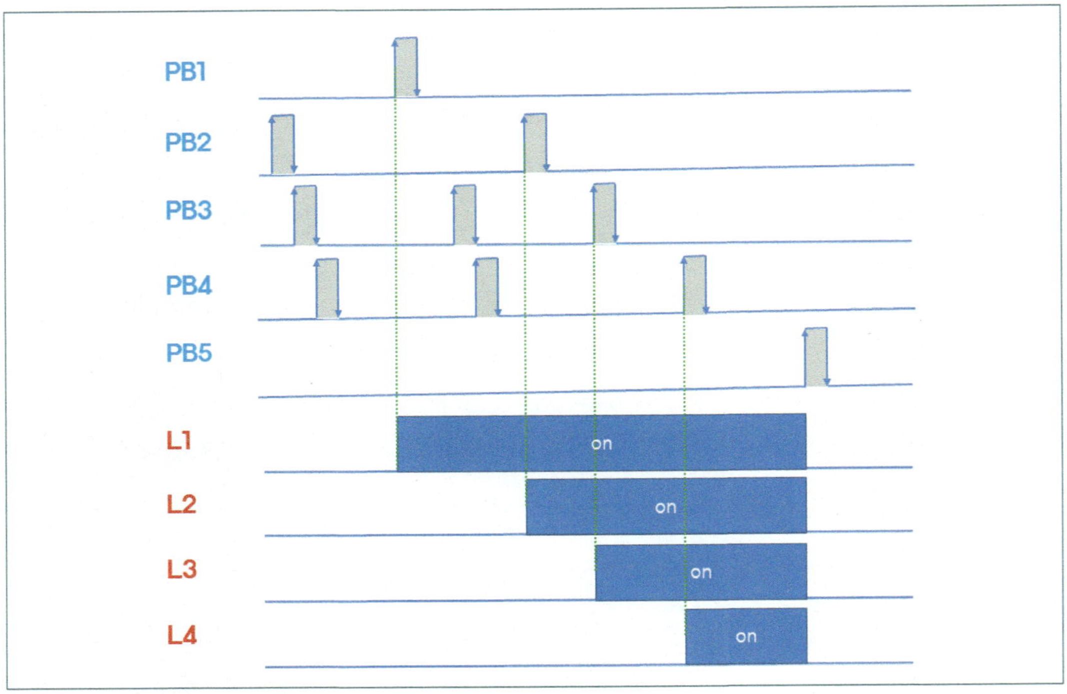

[그림 5-34] 선입력 우선 회로 동작상태 타임차트

4.3 실습 회로도 및 PLC 회로 결선

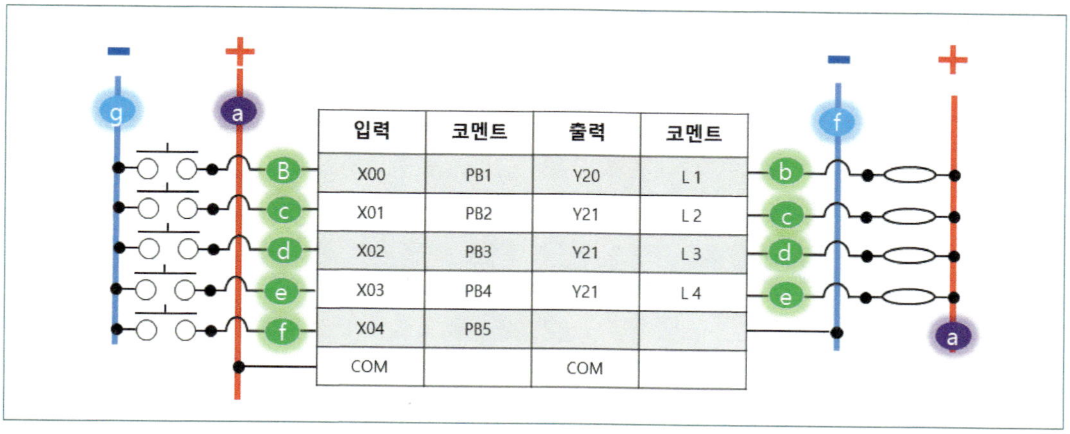

[그림 5-35] 실습4 I/O 배선도

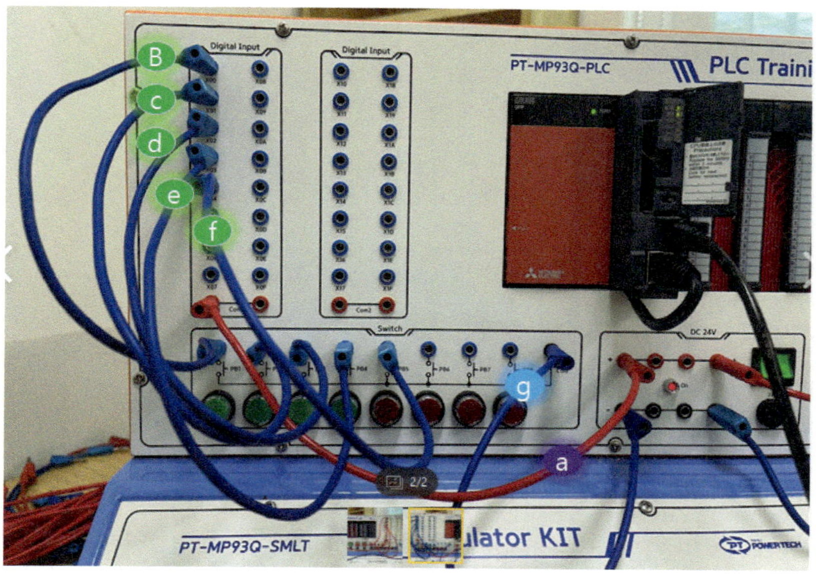

[그림 5-36] 실습4 PLC I/O 실제 배선도(입력부)

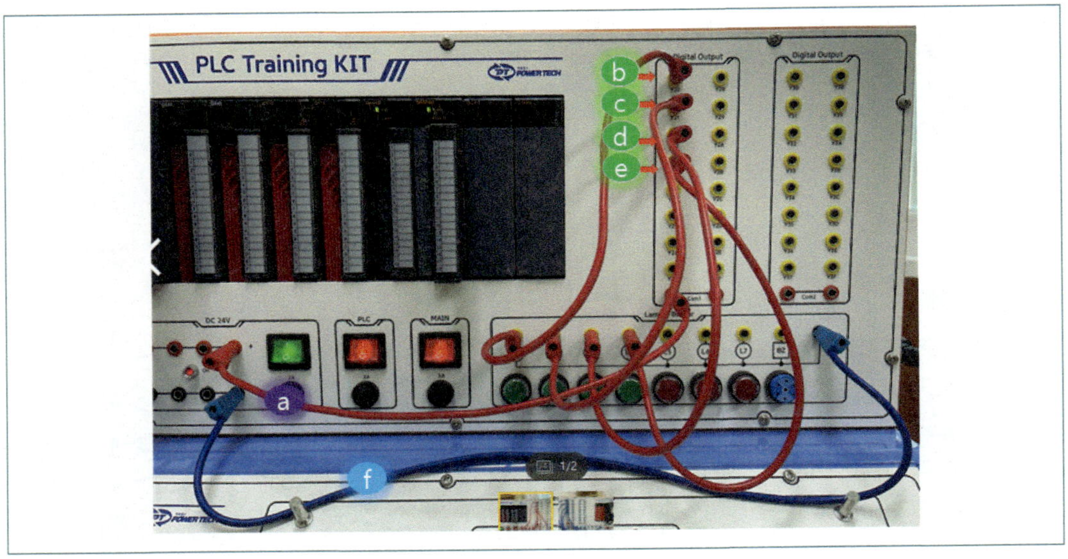

[그림 5-37] 실습4 PLC I/O 실제 배선도(입력부)

4.4 주요 시퀀스 명령어

분류	명령기호	심볼	처리내용
접점	LD		· 논리 연산 시작 (a 접점 논리 연산 시작)
	LDI		· 논리 부정 연산 시작 (b 접점 논리 연산 시작)
	AND		· 논리적 (a 접점 직렬 접속)
	OR		· 논리합 (a 접점 병렬 접속)
	OUT		디바이스 출력

4.5 실습4 : 선입력 우선 회로 프로그램 입력하기

☞ 이번 실습부터는 앞에서 배운 프로그램 입력 방법과 동일하게 작성한다.

① 새로운 프로젝트를 생성하기

② PLC 프로그램 입력하기

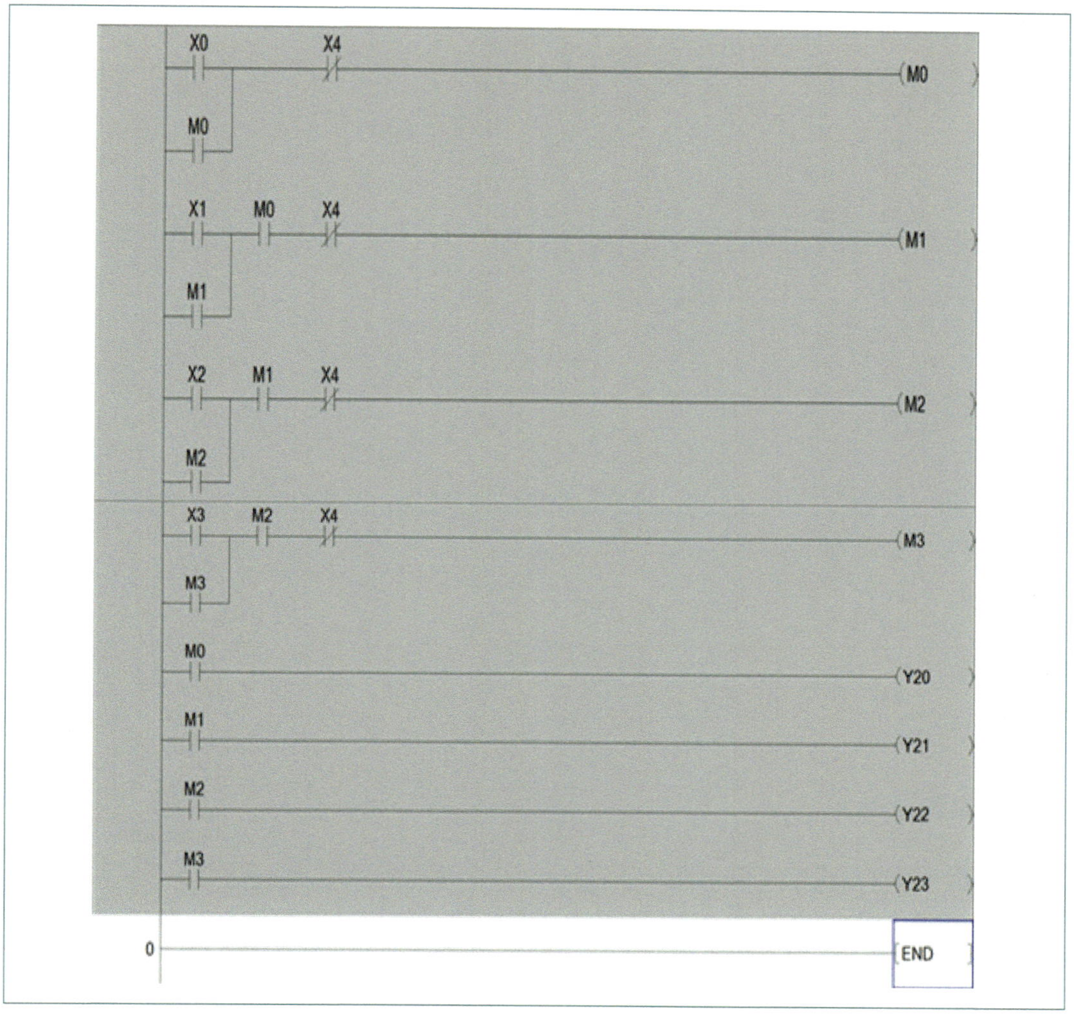

③ PLC 프로그램 작성이 완료되면, 작성된 프로그램을 반드시 PLC에 전송 가능한 파일로 변환하여야 한다.

ⓐ Compile 클릭 → ⓑ Build 클릭

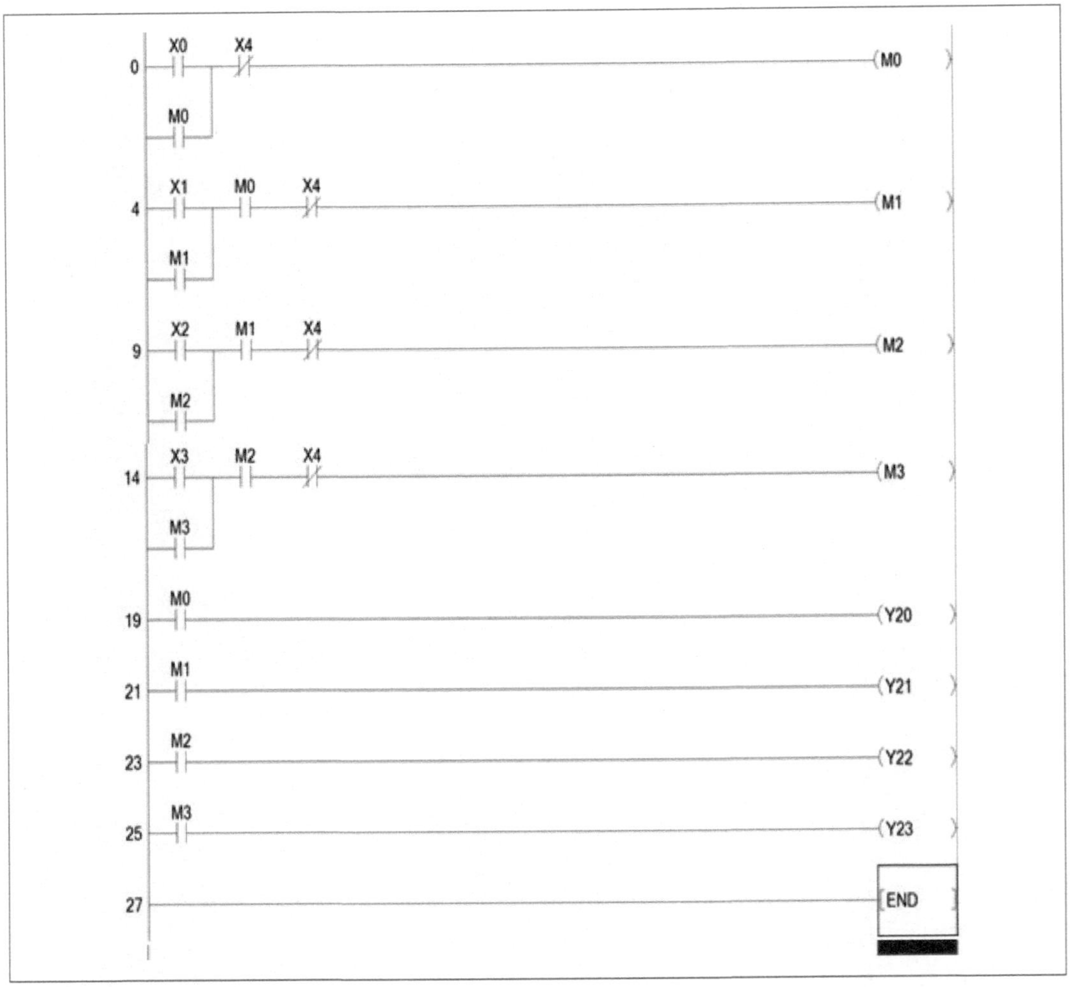

④ PLC 프로그램이 정상적으로 작성되어 컴파일(변환) 된 후 프로그램을 PLC에 전송하여야 한다.

ⓐ Online 클릭 → ⓑ Write to PLC 클릭 →

ⓒ Paramete + Program 버튼 클릭 → ⓓ Execute 버튼 클릭

⑤ PLC에 프로그램 전송이 완료되면 PLC는 작동상태가 된다. 이때 PLC의 입/출력이 정상적으로 동작되는지를 확인하기 위해 모니터링을 실시하게 된다.

ⓐ Online 클릭 → ⓑ Monitor 클릭 → ⓒ Monitor Mode 클릭

ⓓ 모니터링 기본 화면

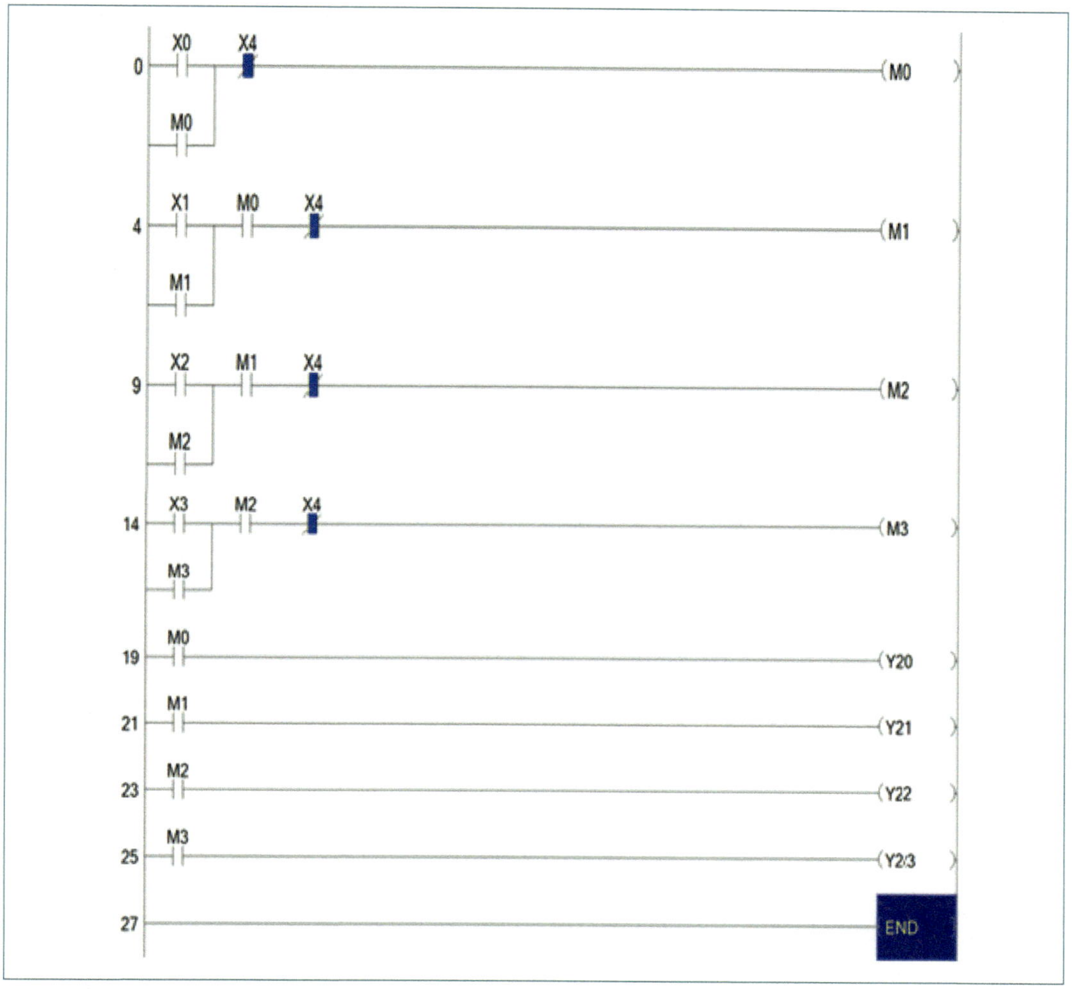

4.6 실습4 : 선입력 우선 회로 프로그램 동작 확인하기

ⓐ PB1 버튼을 ON하면 R1 릴레이가 ON되지만, 다른 버튼 PB2, PB3, PB4를 누르더라도 동작되지 않는다.

ⓑ PB2 버튼을 ON하면 R2 릴레이가 ON되지만, 다른 버튼 PB3, PB4를 누르더라도 동작되지 않는다.

ⓒ 위 동작과 동일하게 PB3 → PB4의 동작 순서로 작동된다.

ⓓ PB5 버튼을 ON하면 동작중인 릴레이 R1, R2, R3, R4 모두가 해제된다.

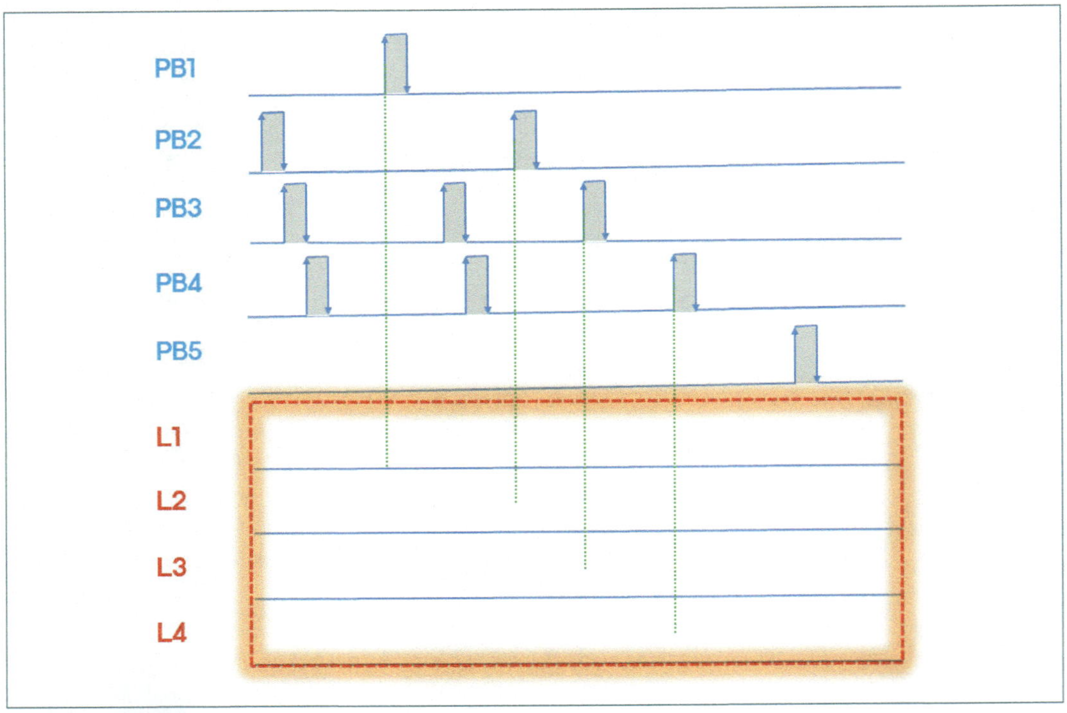

[그림 5-38] 선입력 우선 회로의 동작상태 타임차트 작성

실습 05 순차회로(후입력 우선) 실습하기

학습목표: 이번 실습에서는 앞에서 배운 선입력 우선회로와 반대로 마지막 버튼부터 뒤에서 앞으로 동작되도록 우선권이 주어지게 한다.

- 예시 1: 여러 개의 버튼이 우선순위 ① PB4 → ② PB3 → ③ PB2 → ④ PB1로 순차적으로 동작 되도록 회로를 구성한다.

5.1 후입력 우선 회로 동작 설명

① 후입력 우선 회로 : 전기회로 내에서 여러 개의 버튼에 우선순위를 뒤에서부터 앞으로 동작되도록 설정하고, 선두의 버튼이 눌러지더라도 동작을 금지하는 회로를 말한다.

ⓐ PB4 버튼을 ON하면 R4 릴레이가 ON되지만, 다른 버튼 PB1, PB2, PB3를 누르더라도 동작되지 않는다.

ⓑ PB3 버튼을 ON하면 R3 릴레이가 ON되지만, 다른 버튼 PB1, PB2를 누르더라도 동작되지 않는다.

ⓒ 위 동작과 동일하게 PB2 → PB1의 동작 순서로 작동된다.

ⓓ PB5 버튼을 ON하면 동작중인 릴레이 R4, R3, R2, R1 모두가 해제된다.

※ 이때 PB버튼을 누르면 릴레이는 동작되지만 자기유지는 되지 않는다.

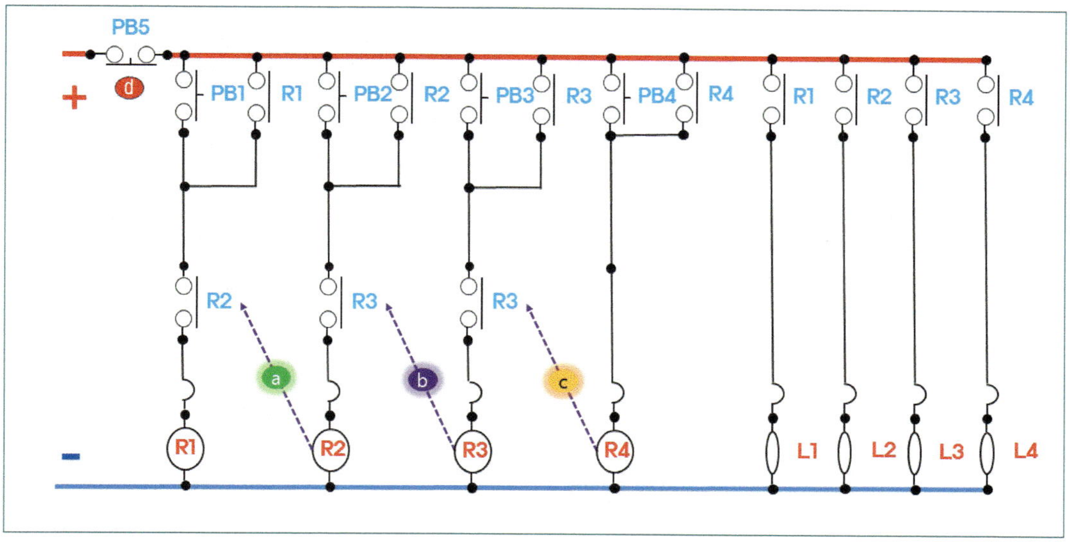

5.2 구성회로 및 동작상태 타임차트

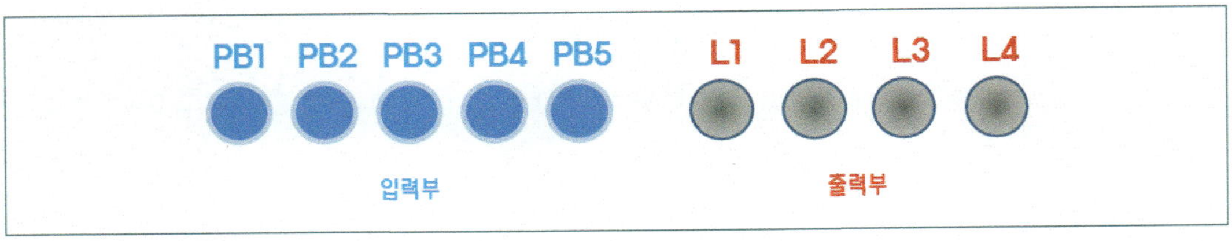

[그림 5-39] 입/출력부 구성

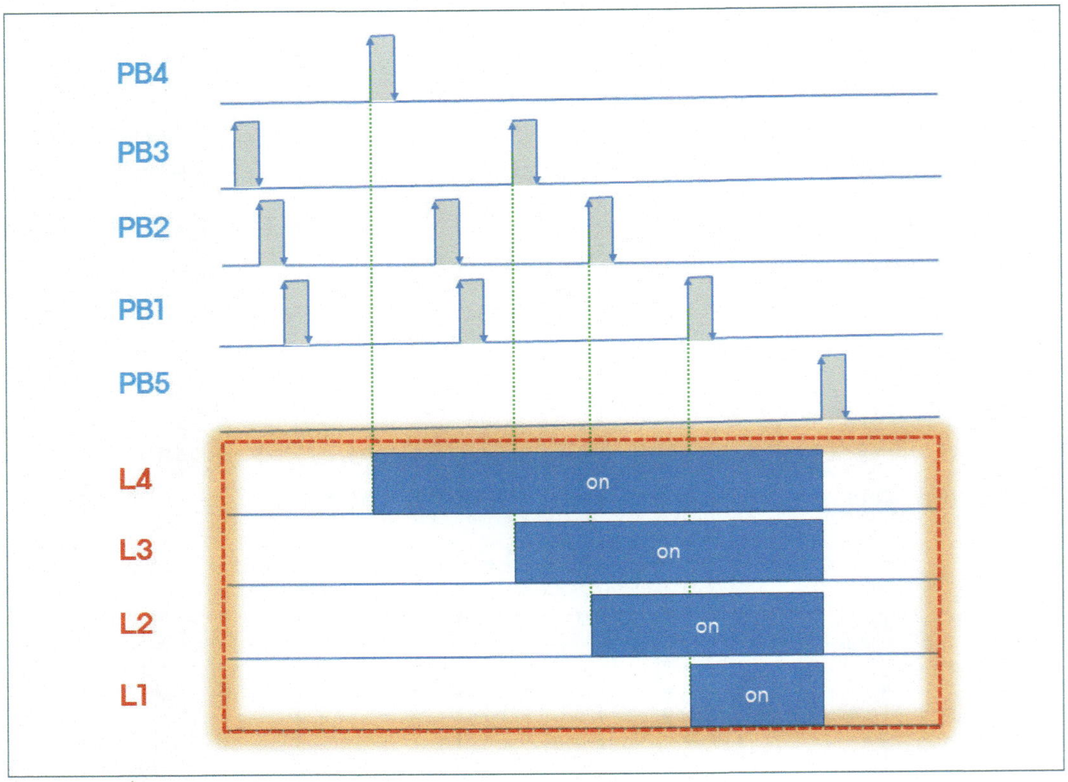

[그림 5-40] 후입력 우선 회로 동작상태 타임차트

5.3 실습 회로도 및 PLC 회로 결선

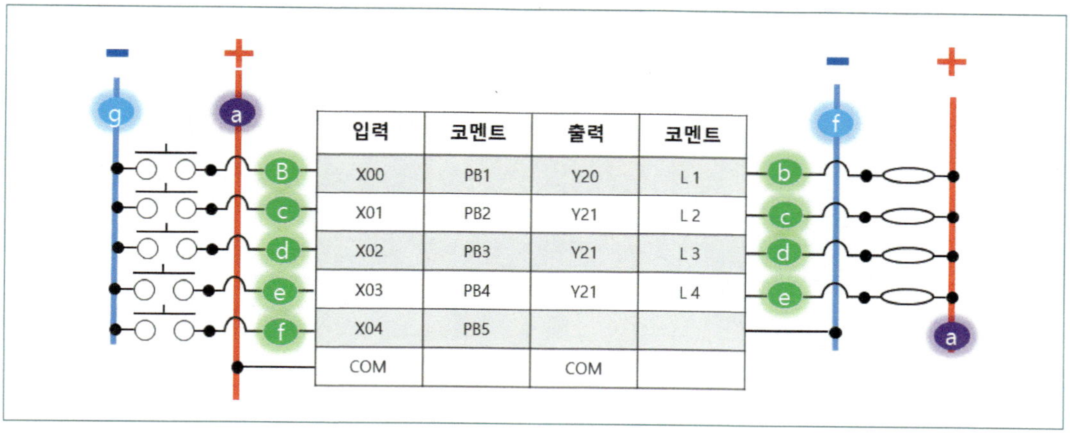

입력	코멘트	출력	코멘트
X00	PB1	Y20	L 1
X01	PB2	Y21	L 2
X02	PB3	Y21	L 3
X03	PB4	Y21	L 4
X04	PB5		
COM		COM	

[그림 5-41] 실습5 I/O 배선도

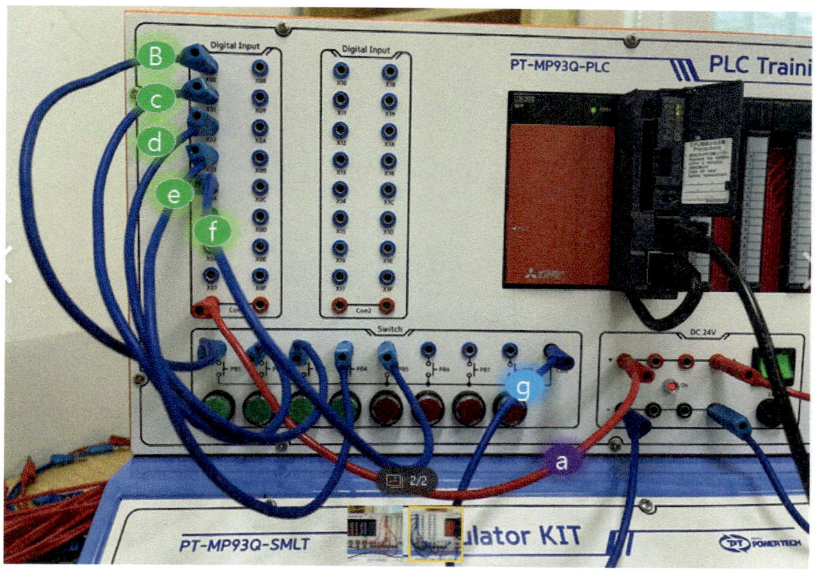

[그림 5-42] 실습5 PLC I/O 실제 배선도(입력부)

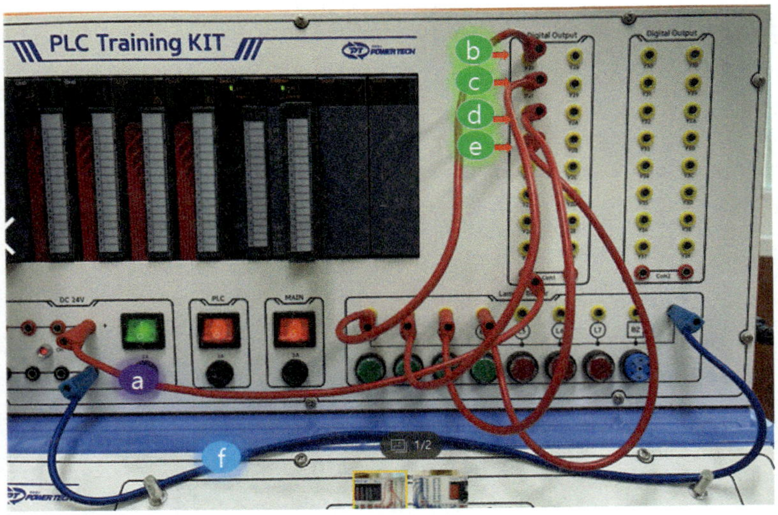

[그림 5-43] 실습5 PLC I/O 실제 배선도(입력부)

5.4 주요 시퀀스 명령어

분류	명령기호	심볼	처리내용
접점	LD	├┤ ├─	· 논리 연산 시작 (a 접점 논리 연산 시작)
	LDI	├┤/├─	· 논리 부정 연산 시작 (b 접점 논리 연산 시작)
	AND	─┤ ├─	· 논리적 (a 접점 직렬 접속)
	OR	└┤ ├┘	· 논리합 (a 접점 병렬 접속)
	OUT	─( )─┤	디바이스 출력

5.5 실습5: 후입력 우선 회로 프로그램 입력하기

☞ 이번 실습부터는 앞에서 배운 프로그램 입력 방법과 동일하게 작성한다.

① 새로운 프로젝트를 생성하기

② PLC 프로그램 입력하기

③ PLC 프로그램 작성이 완료되면, 작성된 프로그램을 반드시 PLC에 전송 가능한 파일로 변환하여야 한다.

ⓐ Compile 클릭 → ⓑ Build 클릭

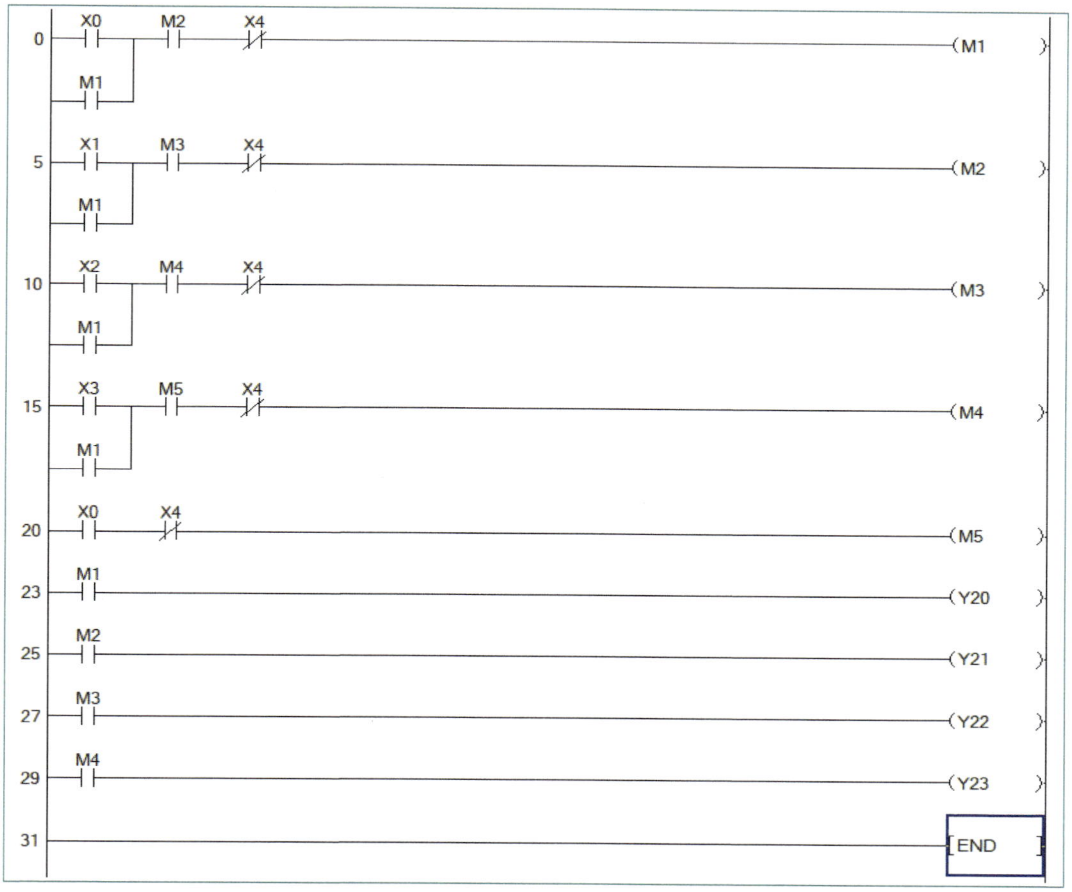

④ PLC 프로그램이 정상적으로 작성되어 컴파일(변환) 된 후 프로그램을 PLC에 전송하여야 한다.

ⓐ Online 클릭 → ⓑ Write to PLC 클릭 →

ⓒ Paramete + Program 버튼 클릭 → ⓓ Execute 버튼 클릭

⑤ PLC에 프로그램 전송이 완료되면 PLC는 작동상태가 된다. 이때 PLC의 입/출력이 정상적으로 동작되는지를 확인하기 위해 모니터링을 실시하게 된다.

ⓐ Online 클릭 → ⓑ Monitor 클릭 → ⓒ Monitor Mode 클릭

5.6 실습5: 후입력 우선 회로 프로그램 동작 확인하기

ⓐ PB4 버튼을 ON하면 R4 릴레이가 ON되지만, 다른 버튼 PB1, PB2, PB3를 누르더라도 동작되지 않는다

ⓑ PB3 버튼을 ON하면 R3 릴레이가 ON되지만, 다른 버튼 PB1, PB2를 누르더라도 동작되지 않는다

ⓒ 위 동작과 동일하게 PB2 → PB1의 동작 순서로 작동된다.

ⓓ PB5 버튼을 ON하면 동작중인 릴레이 R4, R3, R2, R1 모두가 해제된다.

※ 이때 PB버튼을 누르면 릴레이는 동작되지만 자기유지는 되지 않는다.

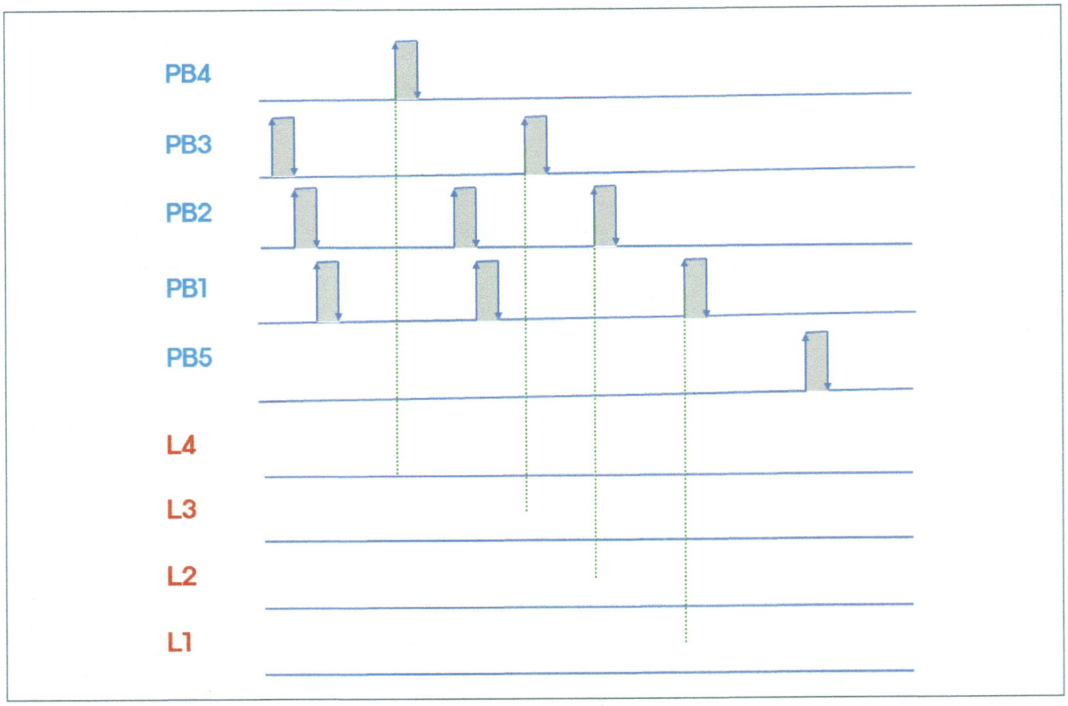

[그림 5-44] 후입력 우선 회로의 동작상태 타임차트 작성

실습 06

순차회로 응용 실습하기

학습목표: 이번 실습에서는 앞에서 배운 선입력 우선 회로와 후입력 우선 회로를 응용하여 동시에 작동하는 회로를 구성한다.

6.1 순서회로 응용 동작 설명

① 순서회로 응용 : 전기회로 내에서 동작순서(L1 → L2 → L3 → L4)를 작동하도록 하고, 순서 낮은 램프가 ON할때에는 상위 순위의 램프는 OFF되도록 동작을 금지하는 회로를 말한다.

ⓐ PB1 버튼을 ON하면 R1 릴레이가 ON되며, PB2 버튼을 누르면 동작 되도록 한다.

ⓑ PB2 버튼을 ON하면 R2 릴레이가 ON되면서, PB3 버튼을 누르면 동작 되도록 하고, 또한 릴레이 R1를 OFF 시킨다.

ⓒ 앞에서 설명한 것과 같이 ⓒ~ⓕ 또한 동일하게 동작된다.

ⓓ PB5 버튼을 ON하면 릴레이 R4가 해제된다.

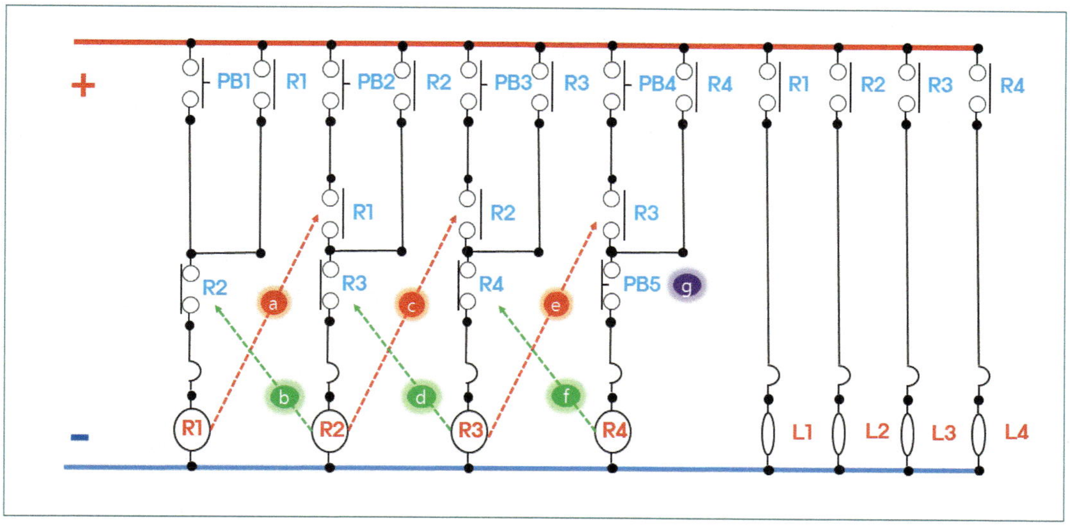

6.2 구성회로 및 동작상태 타임차트

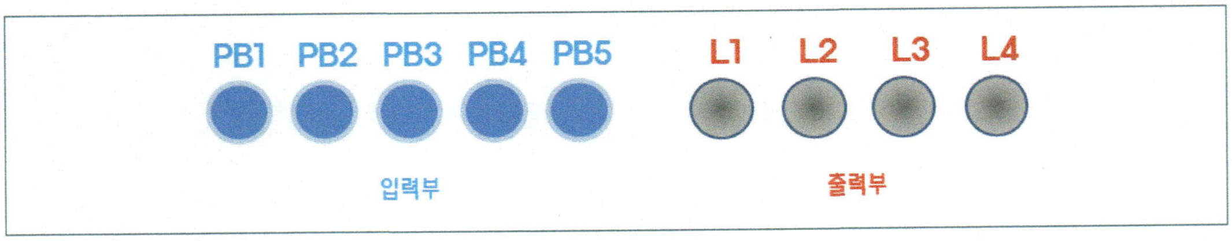

[그림 5-45] 입/출력부 구성

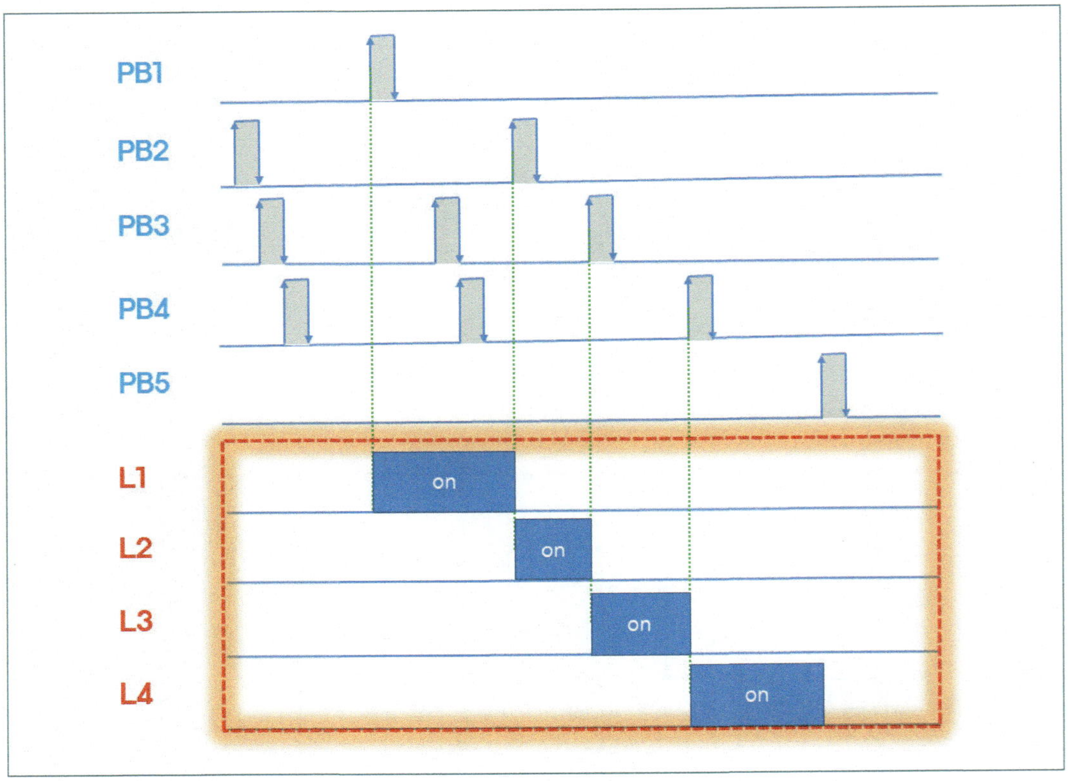

[그림 5-46] 순차회로 응용 동작상태 타임차트

6.3 실습 회로도 및 PLC 회로 결선

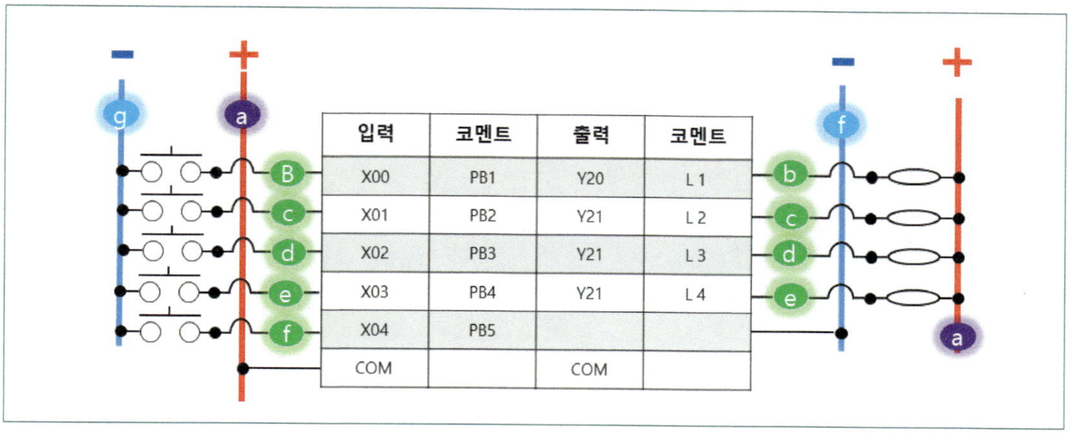

[그림 5-47] 실습6 I/O 배선도

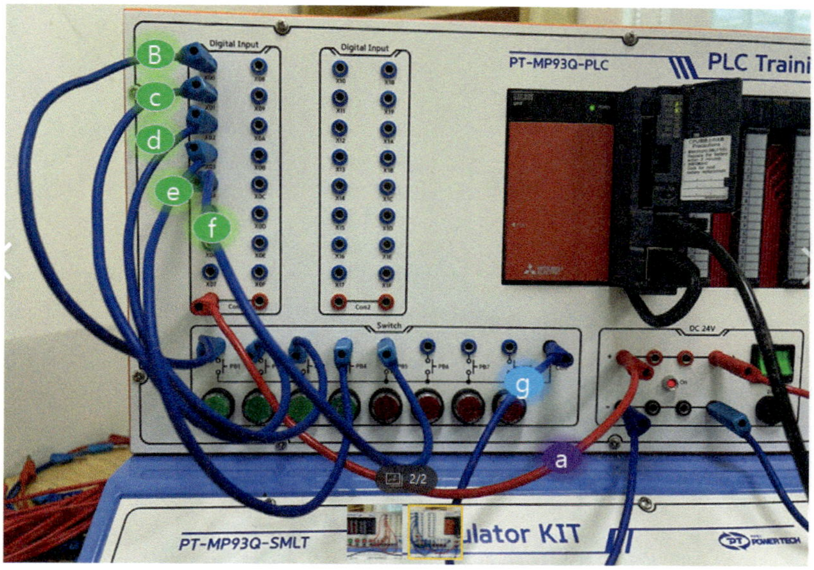

[그림 5-48] 실습6 PLC I/O 실제 배선도(입력부)

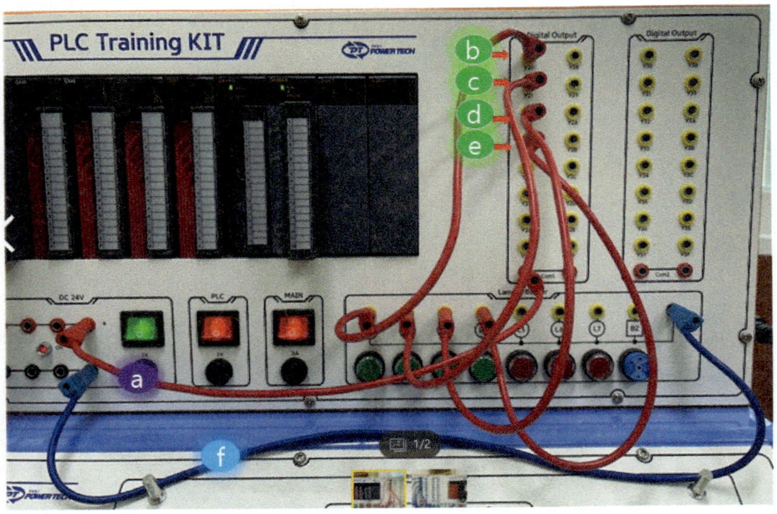

[그림 5-49] 실습6 PLC I/O 실제 배선도(입력부)

6.4 주요 시퀀스 명령어

분류	명령기호	심볼	처리내용
접점	LD	├┤ ├	· 논리 연산 시작 (a 접점 논리 연산 시작)
	LDI	├┤/├	· 논리 부정 연산 시작 (b 접점 논리 연산 시작)
	AND	┤ ├	· 논리적 (a 접점 직렬 접속)
	OR	└┤ ├┘	· 논리합 (a 접점 병렬 접속)
	OUT	─( )┤	디바이스 출력

6.5 실습6: 순서회로 응용동작 회로 프로그램 입력하기

☞ 이번 실습부터는 앞에서 배운 프로그램 입력 방법과 동일하게 작성한다.

① 새로운 프로젝트를 생성하기

② PLC 프로그램 입력하기

③ PLC 프로그램 작성이 완료되면, 작성된 프로그램을 반드시 PLC에 전송 가능한 파일로 변환하여야 한다.

ⓐ Compile 클릭 → ⓑ Build 클릭

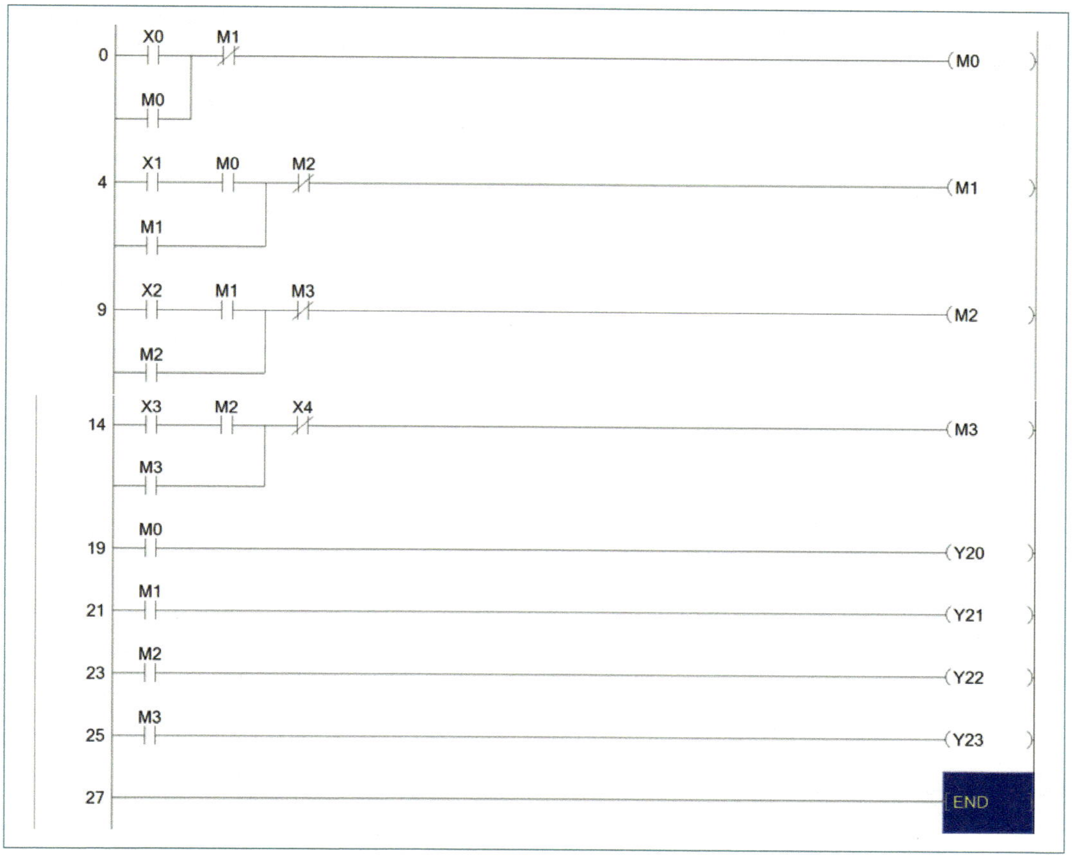

④ PLC 프로그램이 정상적으로 작성되어 컴파일(변환) 된 후 프로그램을 PLC에 전송하여야 한다.

ⓐ Online 클릭 → ⓑ Write to PLC 클릭 →

ⓒ Paramete + Program 버튼 클릭 → ⓓ Execute 버튼 클릭

⑤ PLC에 프로그램 전송이 완료되면 PLC는 작동상태가 된다. 이때 PLC의 입/출력이 정상적으로 동작되는지를 확인하기 위해 모니터링을 실시하게 된다.

ⓐ Online 클릭 → ⓑ Monitor 클릭 → ⓒ Monitor Mode 클릭

6.6 실습6 순차회로 응용 프로그램 동작 확인하기

ⓐ PB1 버튼을 ON하면 R1 릴레이가 ON되며, PB2 버튼을 누르면 동작되도록 한다.

ⓑ PB2 버튼을 ON하면 R2 릴레이가 ON되면서, PB3 버튼을 누르면 동작 되도록 하고, 또한 릴레이 R1를 OFF 시킨다.

ⓒ 앞에서 설명한 것과 같이 ⓒ~ⓕ 또한 동일하게 동작된다.

ⓓ PB5 버튼을 ON하면 릴레이 R4가 해제된다.

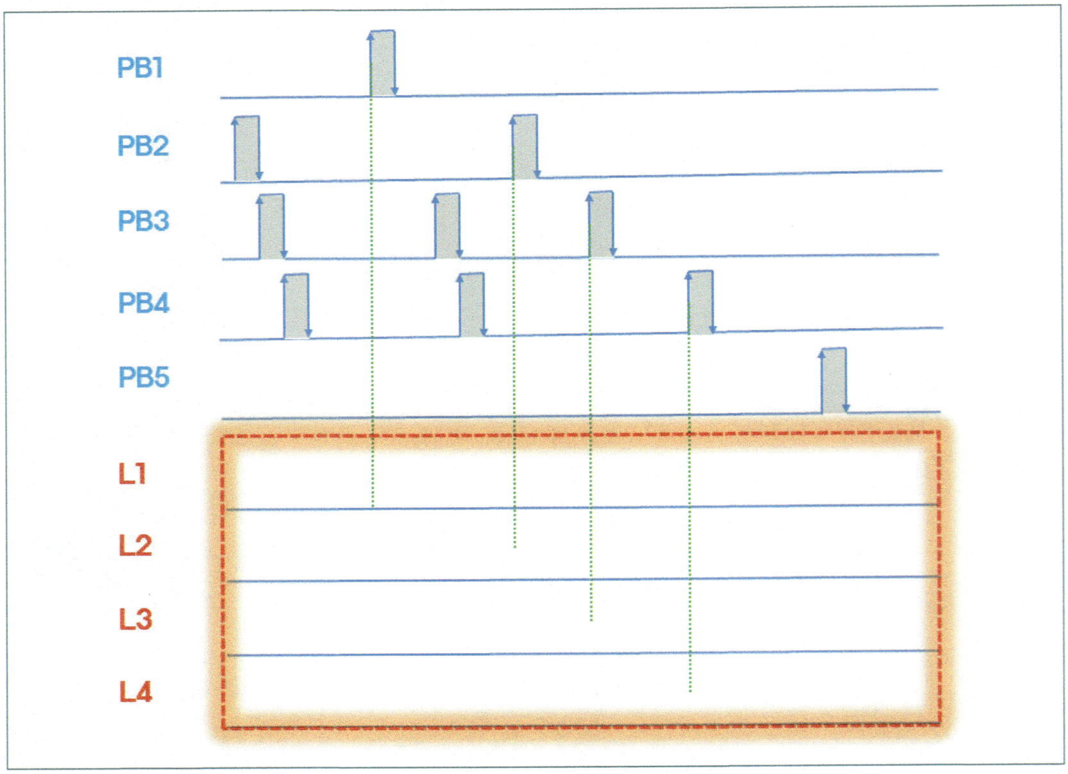

[그림 5-50] 순차회로 응용의 동작상태 타임차트 작성

실습 07

출력 접점 명령어 실습하기

학습목표: 이번 실습에서는 디바이스 출력(OUT)과 디바이스 세트/리셋 명령을 비교하여 학습한다.

7.1 메모리 회로 동작 설명

① 자기유지회로를 사용한 PLC 내부 메모리 M0을 On/Off 시키는 방법과 동작방법은 동일하나 디바이스 세트/리셋을 활용한 방법을 학습한다.

ⓐ PB1 버튼을 누르면 R1 릴레이가 ON되며, PB2 버튼을 누르면 R1 릴레이가 OFF 되도록 한다.

ⓑ 위와 동일한 동작을 디바이스 세트/리셋을 활용하여 구현한다.

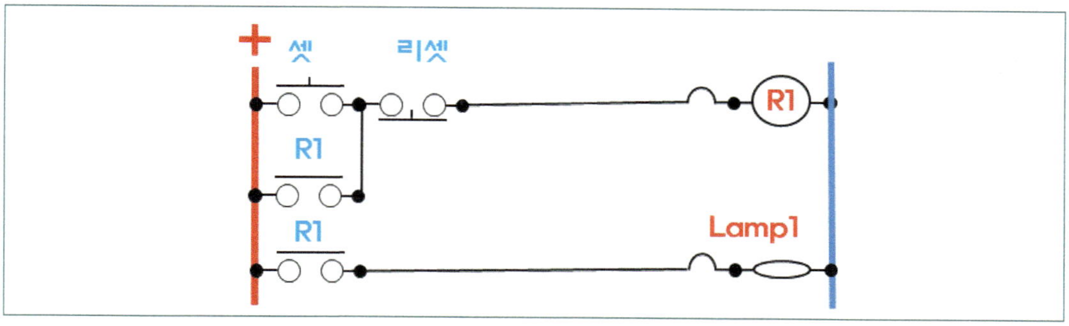

7.2 구성회로 및 동작상태 타임차트

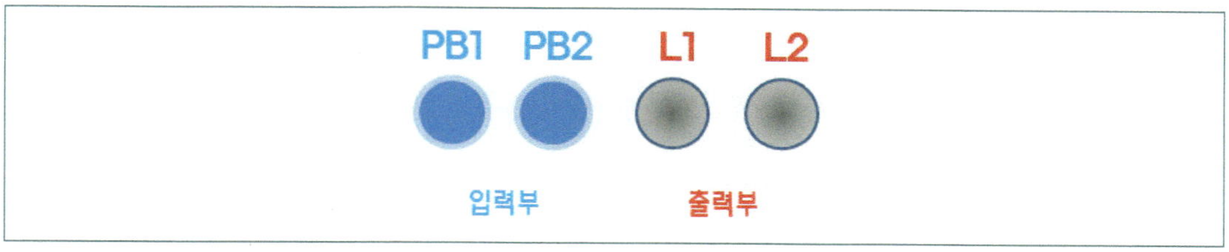

[그림 5-51] 입/출력부 구성

셋	리셋	R1
0	0	
1	0	
0	0	
0	1	

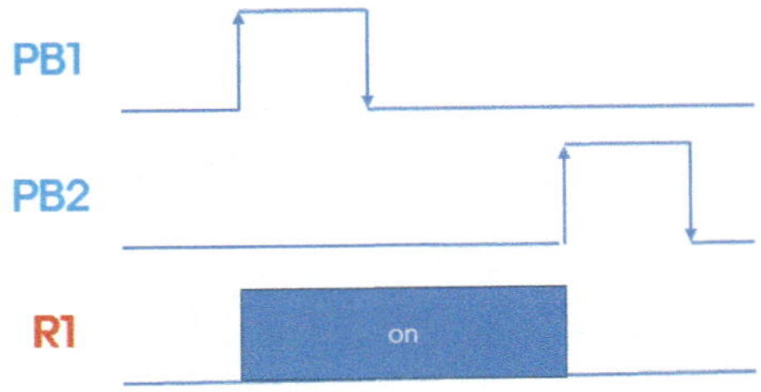

[그림 5-52] 메모리 회로 동작상태 타임차트

7.3 실습 회로도 및 PLC 회로 결선

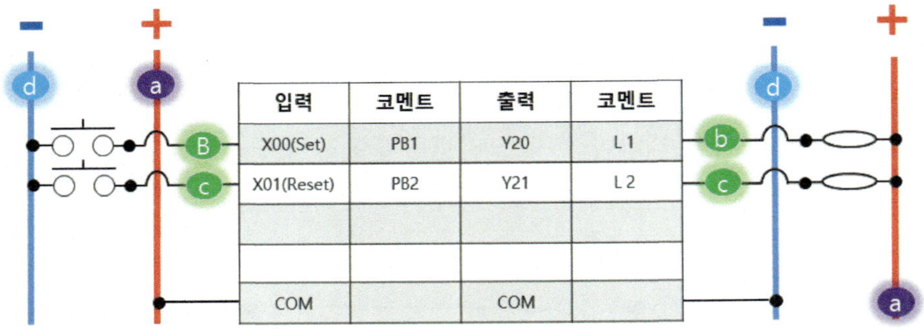

[그림 5-53] 실습 7 I/O 배선도

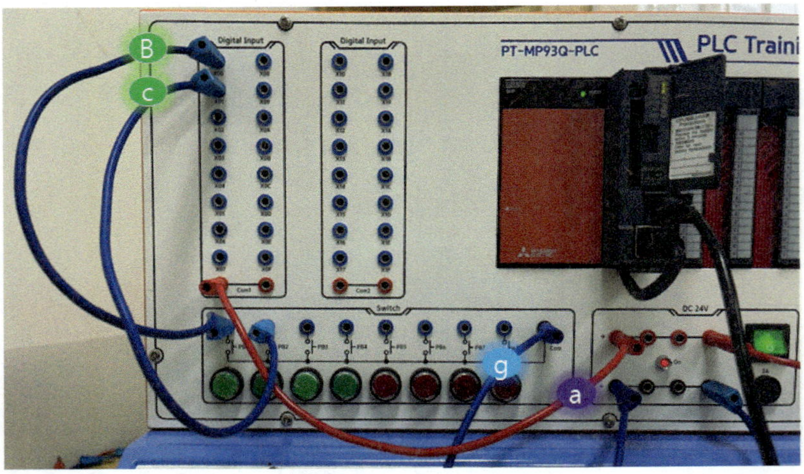

[그림 5-54] 실습 7 PLC I/O 실제 배선도(입력부)

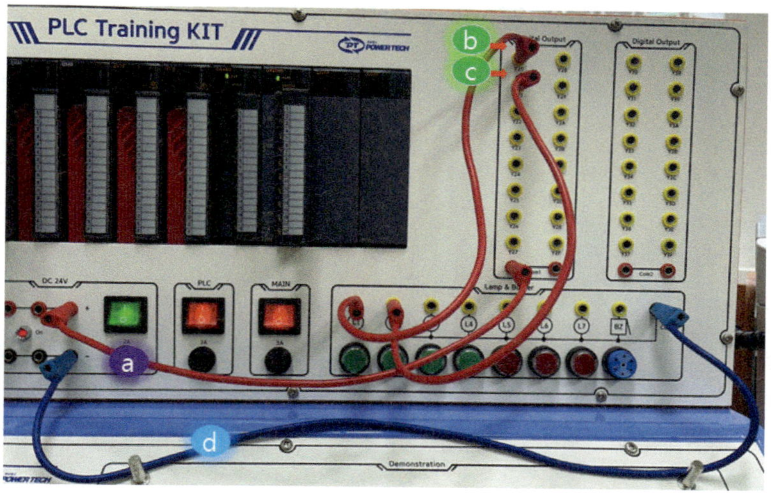

[그림 5-55] 실습 7 PLC I/O 실제 배선도(입력부)

7.4 주요 시퀀스 명령어

분류	명령기호	심볼	처리내용
접점	OUT	—( )—	디바이스 출력
	SET	—[SET D]—	디바이스 세트
	RST	—[RST D]—	디바이스 리셋

7.5 실습 7: 메모리 회로 프로그램 입력하기

☞ 이번 실습부터는 앞에서 배운 프로그램 입력 방법과 동일하게 작성한다.

① 새로운 프로젝트를 생성하기

② PLC 프로그램 입력하기

ⓐ 아래와 같이 먼저 프로그램 한다.

ⓑ 모니터 화면에서 키보드의 'F5'를 클릭하면 아래와 같이 팝업창이 나타난다. 동일한 방법으로 'X00' 텍스트를 입력 후 → ⓒ 'Ok'클릭

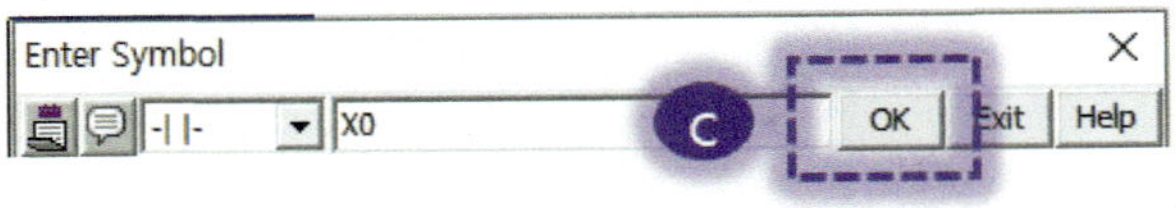

ⓓ 모니터 화면에서 [F8] 클릭하거나, 키보드의 'F8'를 클릭하면 아래와 같이 팝업창이 나타나는데 'SET M1'를 키보드로 입력한다.

※ 키보드 입력 시 SET 와 M1 사이는 반드시 스페이스바를 활용하여 한 칸을 비워 주어야 한다.

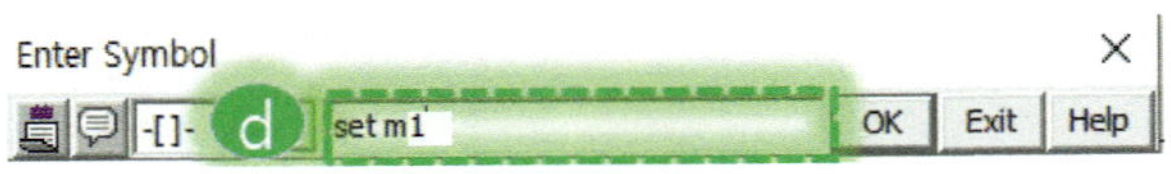

ⓔ 팝업창에서 'Ok' 클릭

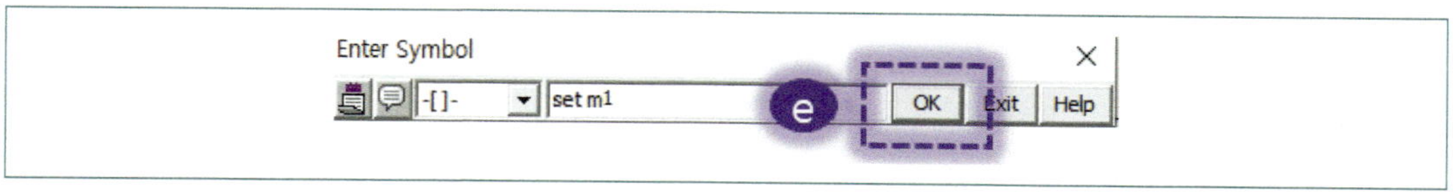

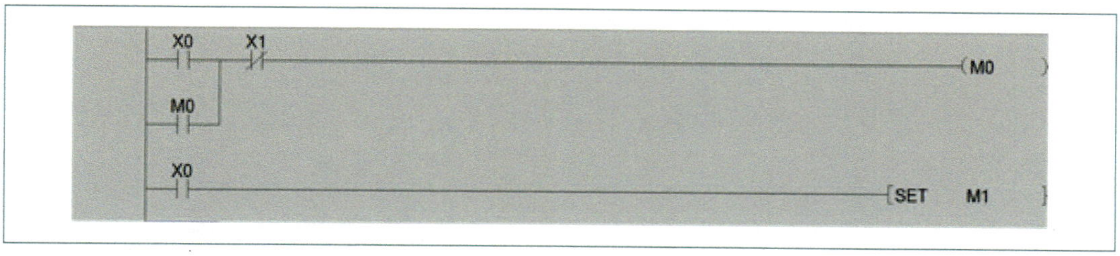

ⓕ 모니터 화면에서 키보드의 'F5'를 클릭하면 아래와 같이 팝업창이 나타난다. 동일한 방법으로 'X01' 텍스트를 입력 후 → ⓕ 'Ok' 클릭

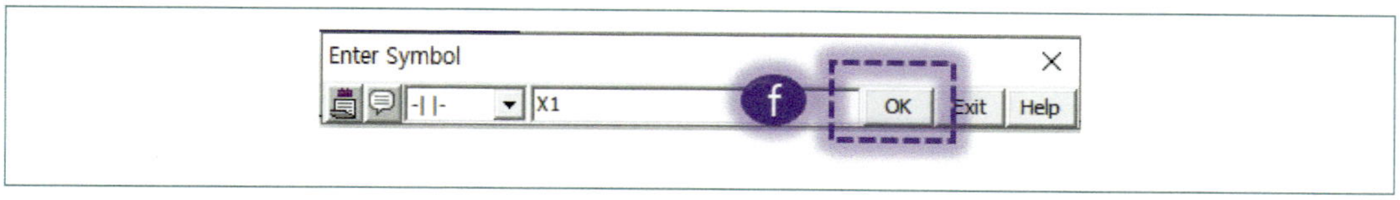

ⓖ 모니터 화면에서 [F8] 클릭하거나, 키보드의 'F8'를 클릭하면 아래와 같이 팝업창이 나타나는데 'RST M1'를 키보드로 입력한다.

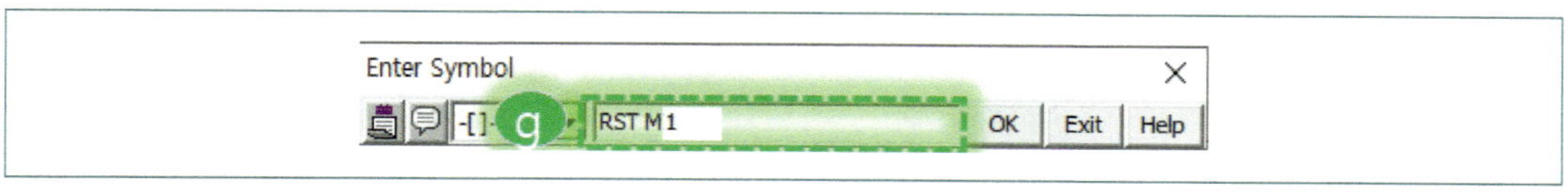

ⓗ 팝업창에서 'Ok' 클릭

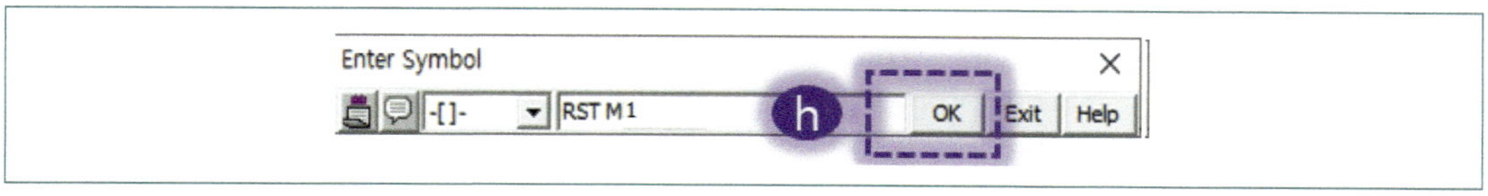

③ PLC 프로그램 작성이 완료되면, 작성된 프로그램을 반드시 PLC에 전송 가능한 파일로 변환하여야 한다.

ⓐ Compile 클릭 → ⓑ Build 클릭

④ PLC 프로그램이 정상적으로 작성되어 컴파일(변환) 된 후 프로그램을 PLC에 전송하여야 한다.

ⓐ Online 클릭 → ⓑ Write to PLC 클릭 →

ⓒ Paramete + Program 버튼 클릭 → ⓓ Execute 버튼 클릭

⑤ PLC에 프로그램 전송이 완료되면 PLC는 작동상태가 된다. 이때 PLC의 입/출력이 정상적으로 동작되는지를 확인하기 위해 모니터링을 실시하게 된다.

ⓐ Online 클릭 → ⓑ Monitor 클릭 → ⓒ Monitor Mode 클릭

ⓓ 모니터링 기본 화면

7.6 실습 7 메모리 회로 프로그램 동작 확인하기

ⓐ PB1 버튼을 누르면 R1 릴레이가 ON되며, PB2 버튼을 누르면 R1 릴레이가 OFF 되도록 한다.

ⓑ 위와 동일한 동작을 디바이스 세트/리셋을 활용하여 구현한다.

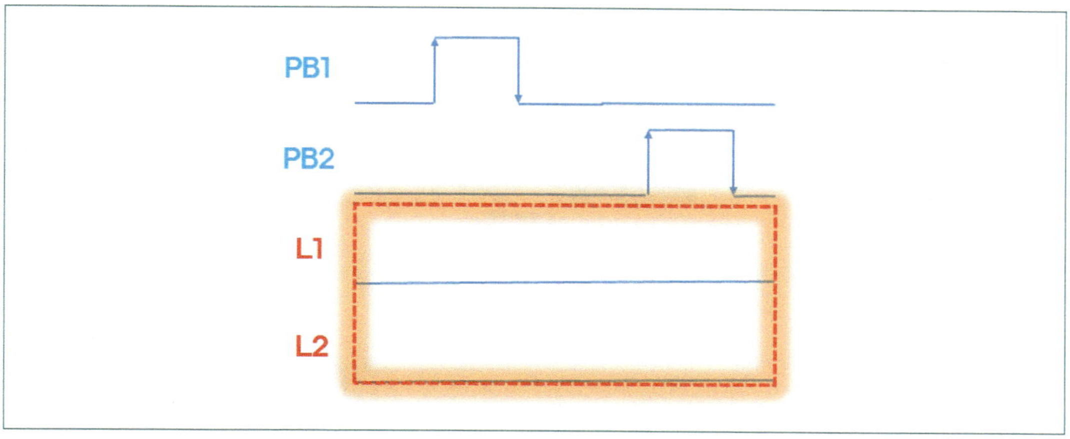

[그림 5-56] 메모리 회로의 동작상태 타임차트 작성

실습 08 SET/RST 회로 응용 동작 설명

학습목표: 이번 실습에서는 앞에서 SET, RST 명령어를 활용하여, 실습 6과 동일한 동작이 되도록 한다.

8.1 SET, RST 명령어 응용

① 아래 그림의 타임차트를 확인하여 실습 6번과 동일한 동작이 되도록 SET, RST 명령어를 활용하여 프로그램한다.

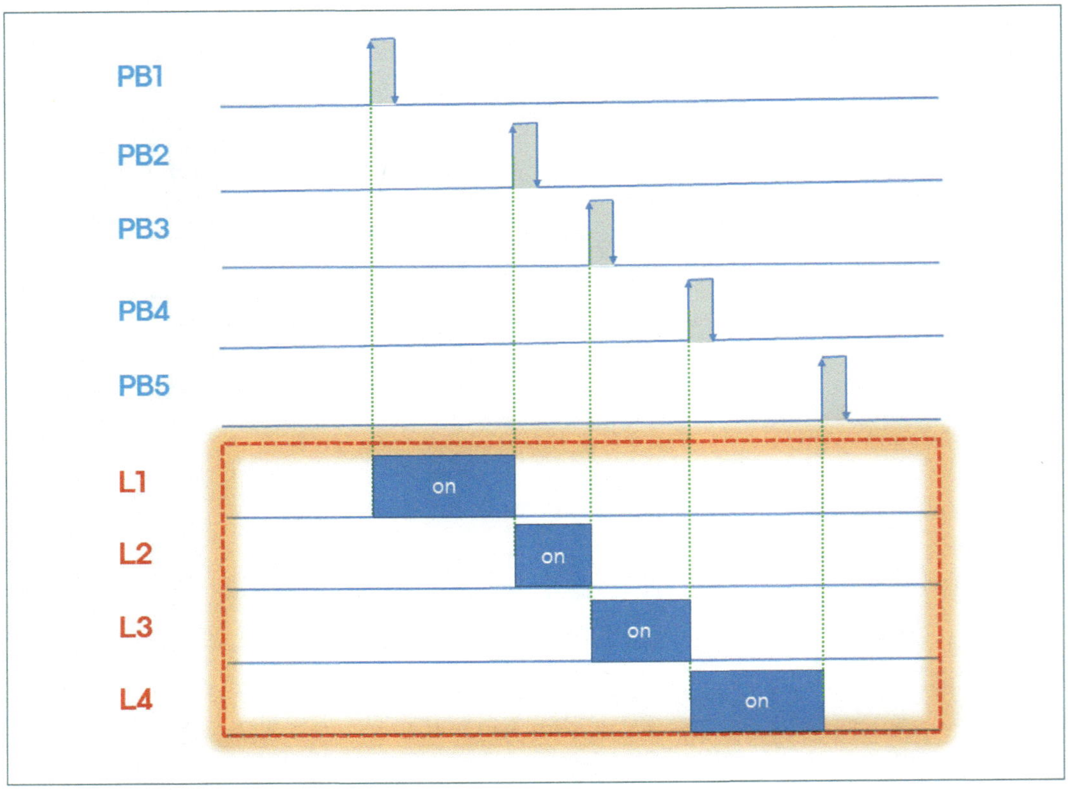

8.2 실습 회로도 및 PLC 회로 결선

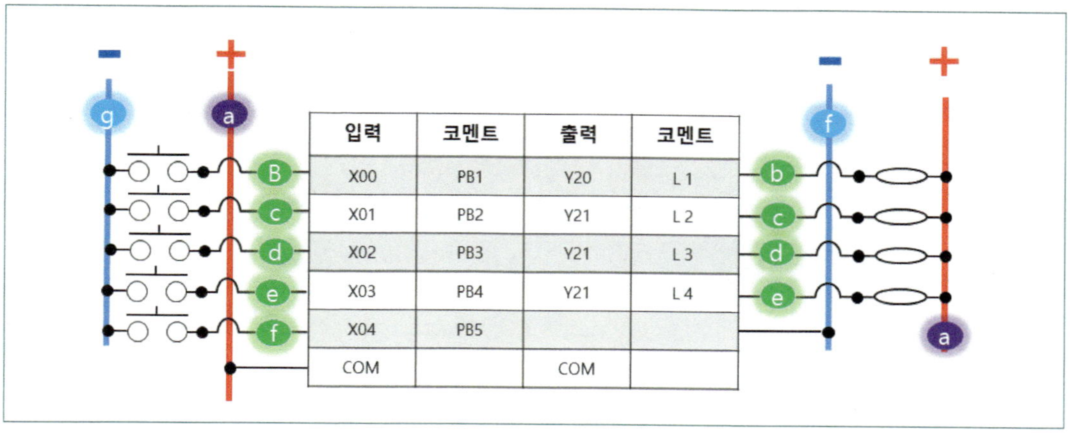

입력	코멘트	출력	코멘트
X00	PB1	Y20	L 1
X01	PB2	Y21	L 2
X02	PB3	Y21	L 3
X03	PB4	Y21	L 4
X04	PB5		
COM		COM	

[그림 5-57] 실습 8 I/O 배선도

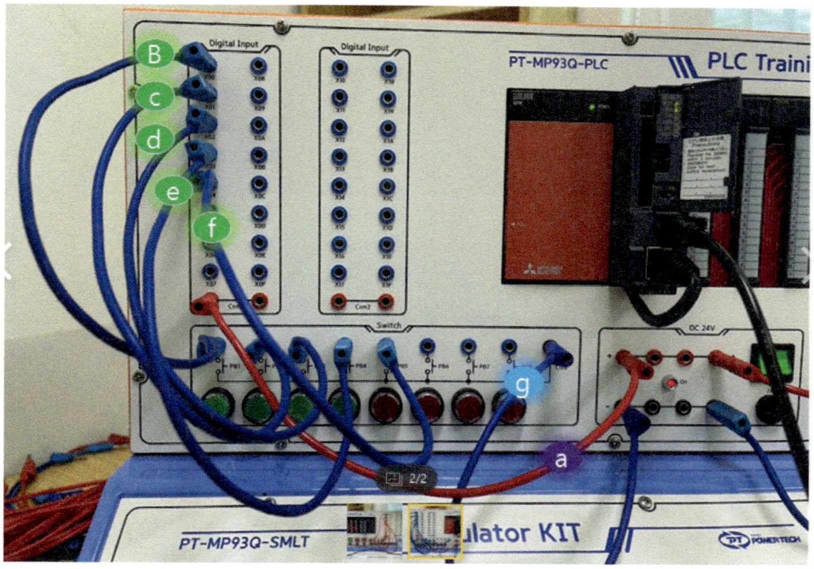

[그림 5-58] 실습 8 PLC I/O 실제 배선도(입력부)

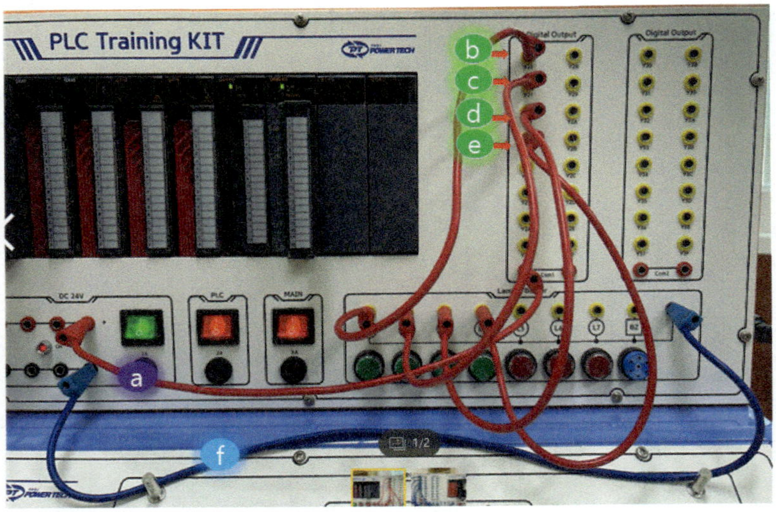

[그림 5-59] 실습 8 PLC I/O 실제 배선도(입력부)

8.3 주요 시퀀스 명령어

분류	명령기호	심볼	처리내용
접점	SET	-[SET D]-	디바이스 세트
	RST	-[RST D]-	디바이스 리셋

8.4 실습 8: SET, RST 명령어 응용 프로그램 입력하기

☞ 이번 실습부터는 앞에서 배운 프로그램 입력 방법과 동일하게 작성한다.

① 새로운 프로젝트를 생성하기

② PLC 프로그램 입력하기

③ PLC 프로그램 작성이 완료되면, 작성된 프로그램을 반드시 PLC에 전송 가능한 파일로 변환하여야 한다.

ⓐ Compile 클릭 → ⓑ Build 클릭

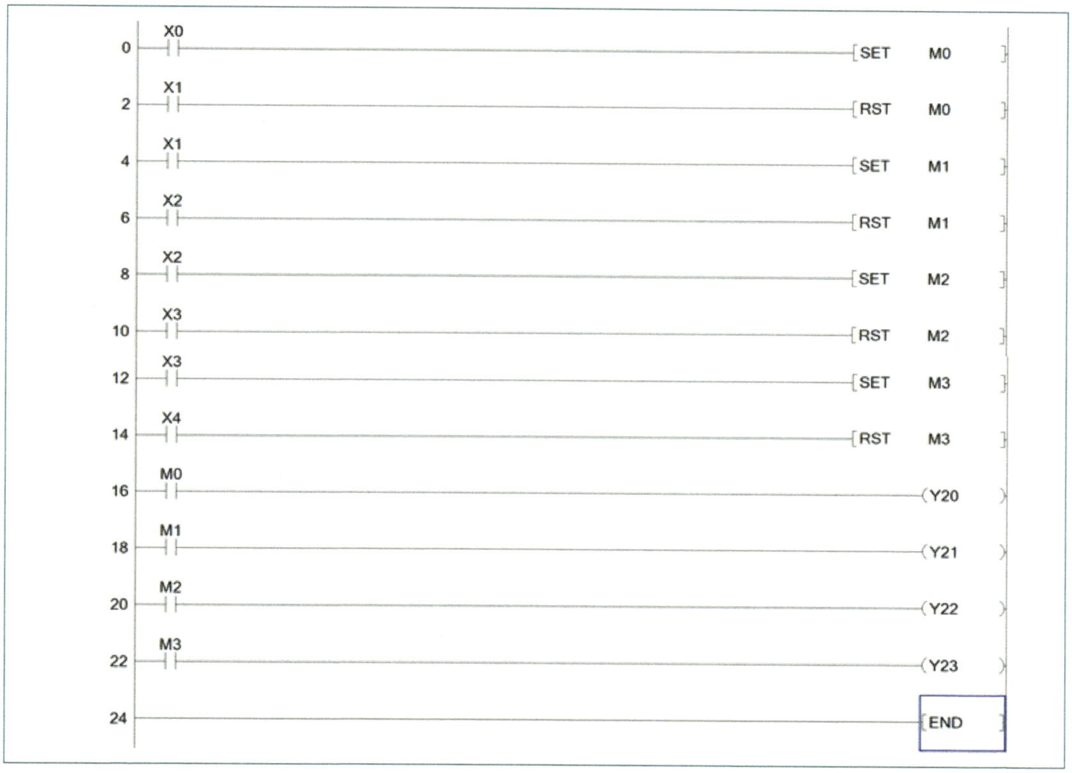

④ PLC 프로그램이 정상적으로 작성되어 컴파일(변환) 된 후 프로그램을 PLC에 전송하여야 한다.

ⓐ Online 클릭 → ⓑ Write to PLC 클릭 →

ⓒ Paramete + Program 버튼 클릭 → ⓓ Execute 버튼 클릭

⑤ PLC에 프로그램 전송이 완료되면 PLC는 작동상태가 된다. 이때 PLC의 입/출력이 정상적으로 동작되는지를 확인하기 위해 모니터링을 실시하게 된다.

ⓐ Online 클릭 → ⓑ Monitor 클릭 → ⓒ Monitor Mode 클릭

8.5 실습 8 SET, RST 명령어 응용 프로그램 동작 확인하기

① 아래 그림의 타임차트를 확인하여 실습 6번과 동일한 동작이 되는지 확인하고 타임차트를 작성하시오.

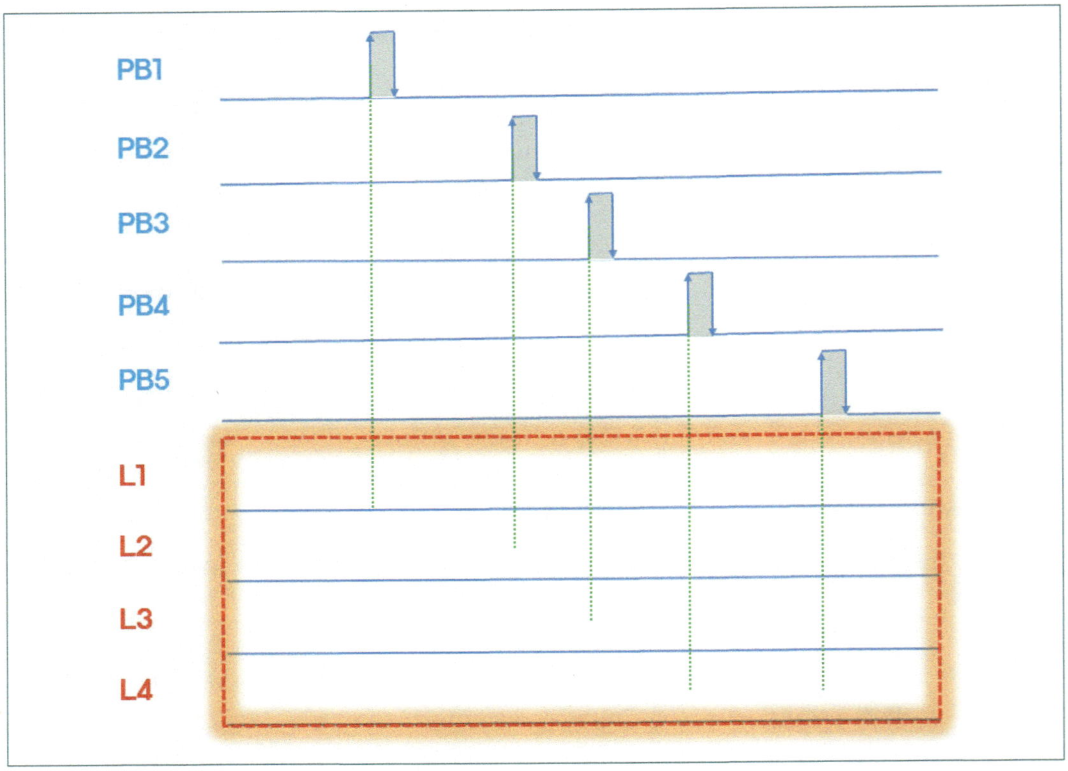

[그림 5-60] SET, RST 명령어 응용 회로의 동작상태 타임차트 작성

타이머, 카운터 명령어의 이해

(1) 전기 타이머의 이해

① 타이머Timer : 타이머는 전기회로에서 시간의 지연이나, 특정 시간에 동작이 필요한 경우 사용한다.

ⓐ 동작 형태로 본 타이머의 종류

- 온 딜레이On Delay : 전원을 인가하였을 때 한시동작(설정된 시간 후 동작)을 하고 전원이 Off되면, 즉시 복귀하는 타이머로 가장 널리 사용되는 타이머이다.

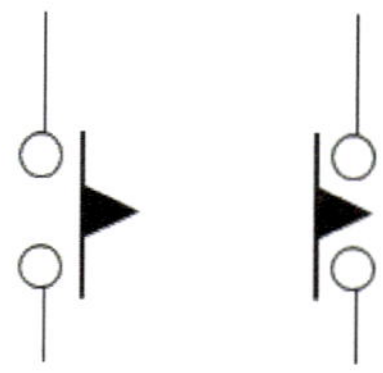

[그림 5-61] On Delay 타이머 기호

- 오프 딜레이Off Delay : 전원을 인가하였을 때 즉시동작하고 전원이 Off되면 한시복귀(설정된 시간 후 복귀)를 하는 타이머이다.

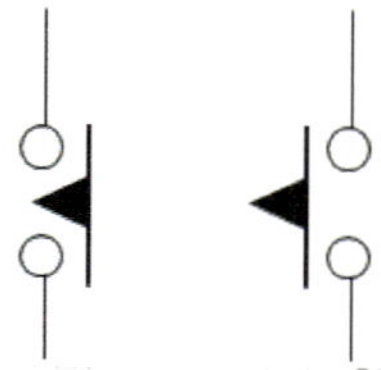

[그림 5-62] Off Delay 타이머 기호

- 온/오프 릴레이On/Off Delay : 온, 오프 딜레이를 조합한 것으로 전원을 인가하였을 때 한시동작하고, 전원이 Off되면 한시 복귀하는 타이머이다.

ⓑ 타이머 릴레이의 구조

시중에 판매되는 일반적 타이머는 초, 분, 시단 단위까지 다양하게 시간을 설정할 수 있도록 제작되고 있다. 타이머 릴레이는 원형의 8핀 배열이 되어 있으면 릴레이와 동일한 베이스를 사용하고 있다.

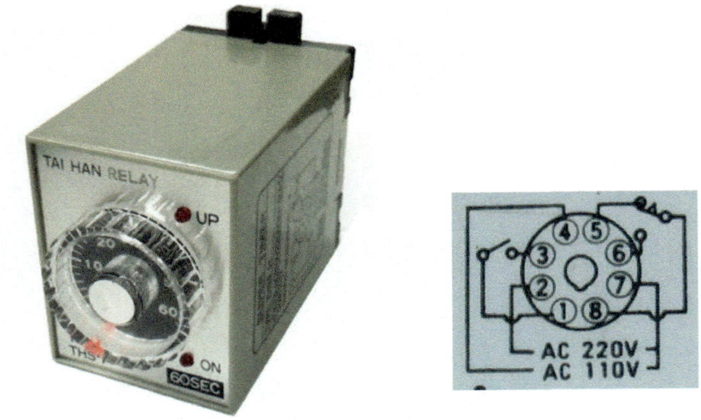

ⓒ 타이머 기본 회로

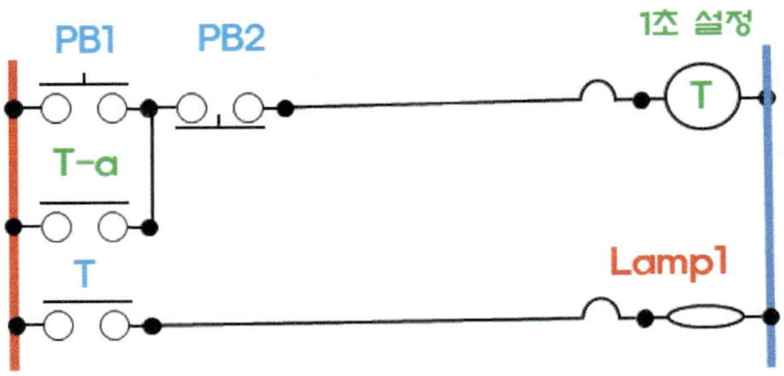

❶ PB1을 누르면 T(타이머)와 T-a접점은 바로 동작된다.

❷ 타이머가 동작된 후 1초의 시간지연이 발생된다.

❸ 1초 시간지연 후 램프 1이 동작된다.

❹ PB2를 누르면 리셋되어 타이머, 램프가 모두 해제된다.

(2) 전기 카운터의 이해

① 카운터Counter : 전기회로에서 동작신호의 횟수를 표시하거나, 설정된 수에 도달하였을 때 출력신호를 발생하는 기기를 말한다.

ⓐ 카운터의 구조

- 시중에 판매되는 일반적 카운터는 일반적으로

❶ 신호 입력받는 입력기능(핀 4번)

❷ 설정된 값에 도달했을 때 출력하는 출력기능(핀 6번)

❸ 입력된 값을 표시하는 표시기능

❹ 설정값을 세팅하는 설정기능

❺ 모든 값을 초기화하는 리셋기능(핀 3번)을 포함하고 있다.

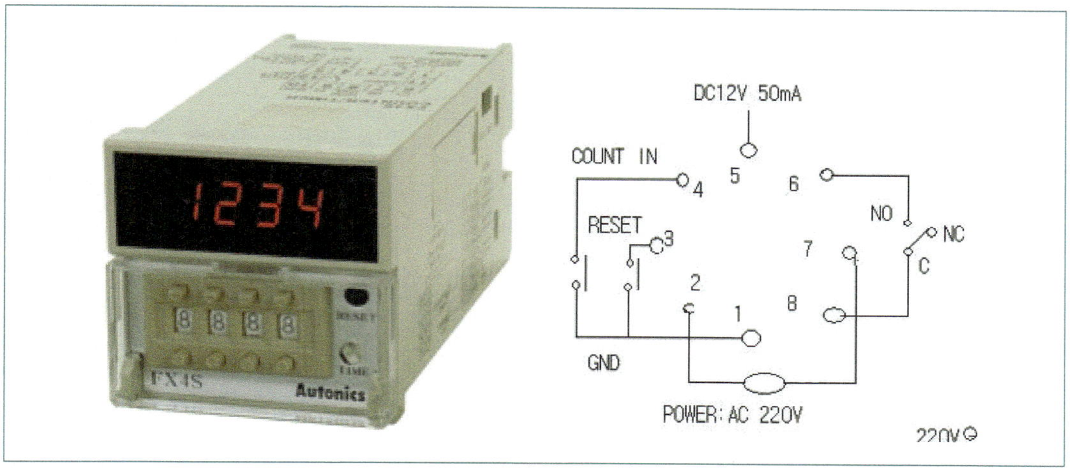

ⓑ 카운터 기본회로

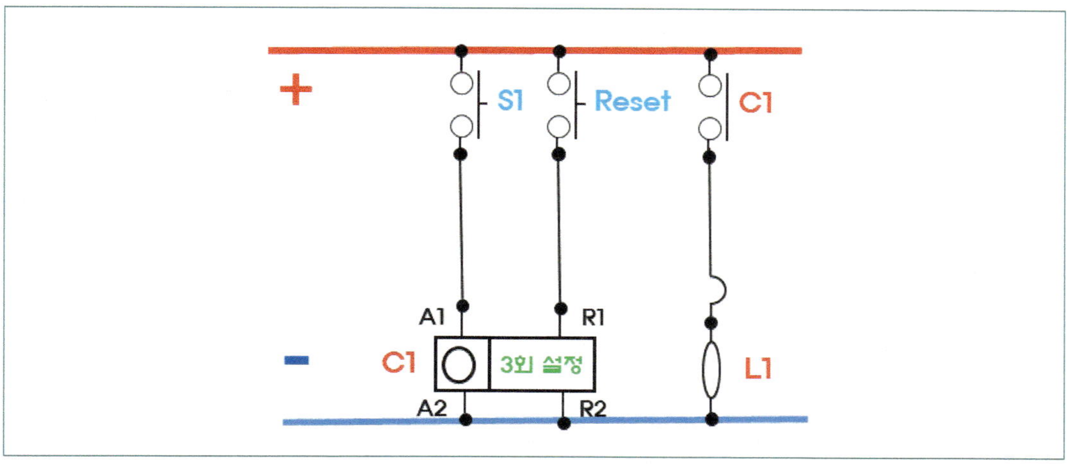

❶ 카운터(C1)의 설정값을 3회로 설정한다.

❷ S1을 버튼을 누르면 동작되지 않지만, 3회를 누른다.

❸ S1 버튼이 3회 눌러지면, 카운터 릴레이 a접점(C1)이 On된다.

❹ Reset 버튼을 누르면 리셋되어 카운터와 램프가 모두 해지된다.

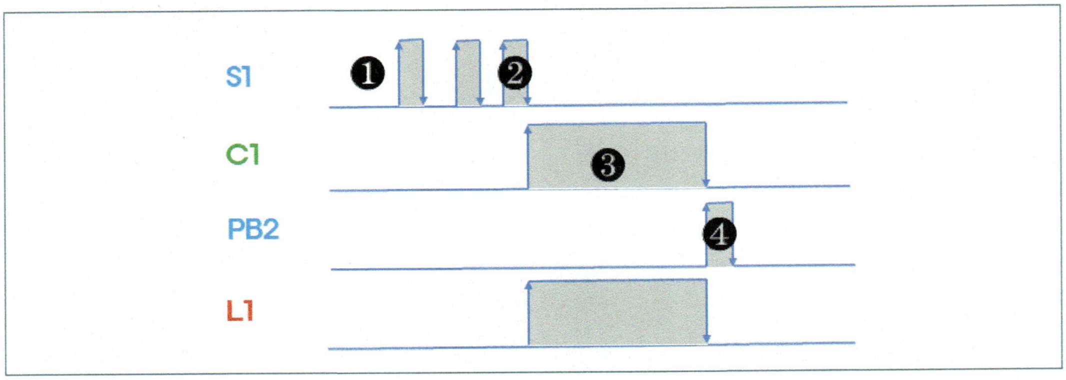

실습 09 타이머 명령어 실습하기

학습목표: 이번 실습에서는 타이머 명령어를 활용하여, 사용자가 설정한 시간에 따라 출력을 발생하도록 한다.

9.1 타이머 명령어 동작 설명

① On Delay 타이머 : PB1 버튼을 누르면 설정된 시간(1초) 후에 램프가 동작되고, PB2 버튼을 누르면 램프가 소등된다.

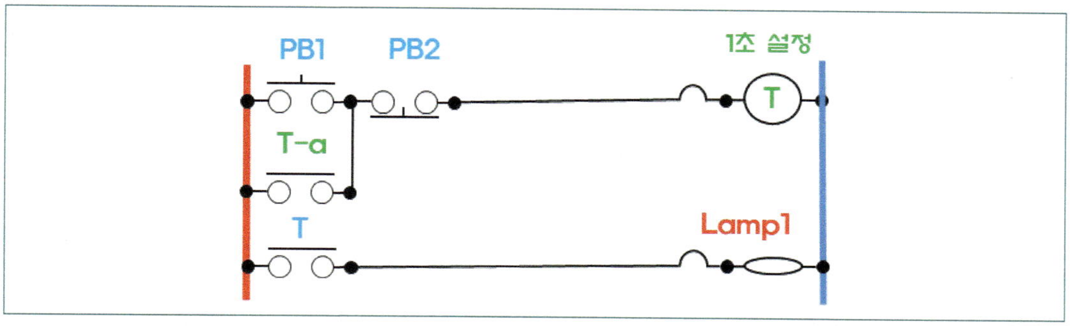

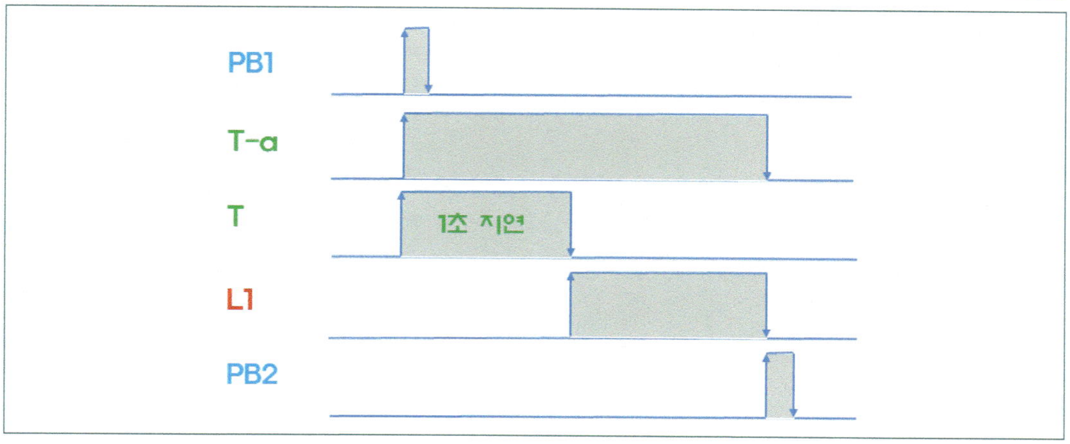

② Off Delay 타이머 : PB1 버튼을 누르면 램프가 바로 동작되고, 설정된 시간(1초) 후에 자동으로 램프가 소등된다.

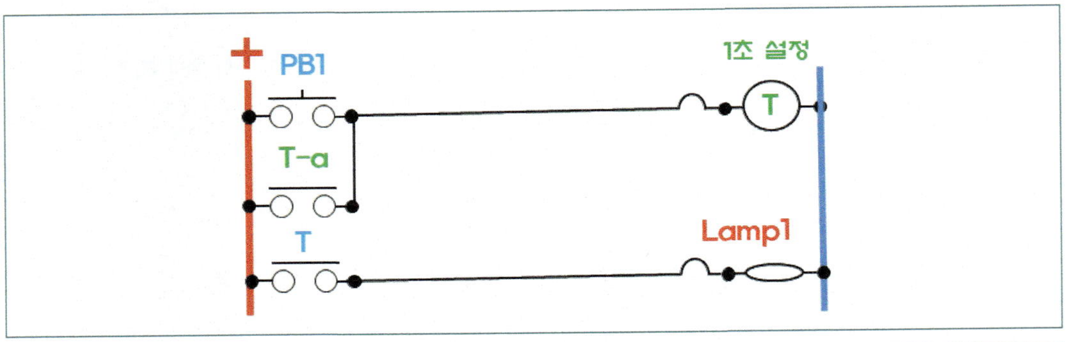

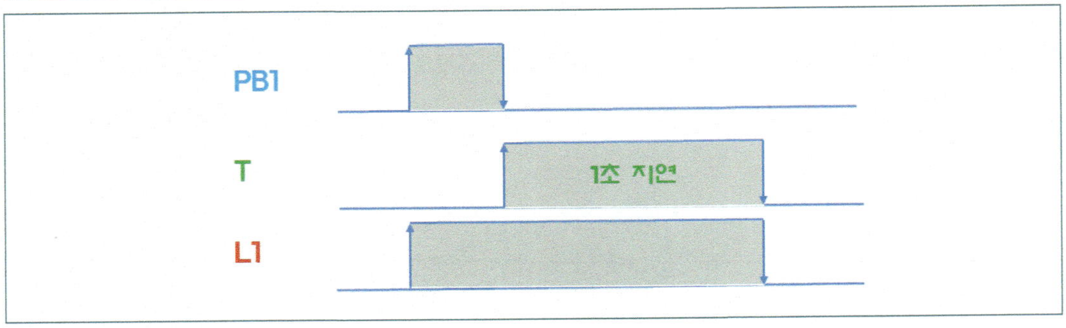

③ 플리커Flicker 타이머 : 자동차의 방향 지시등과 같이 일정시간(1초 On, 2초 Off)을 반복하여 점멸하는 회로이다.

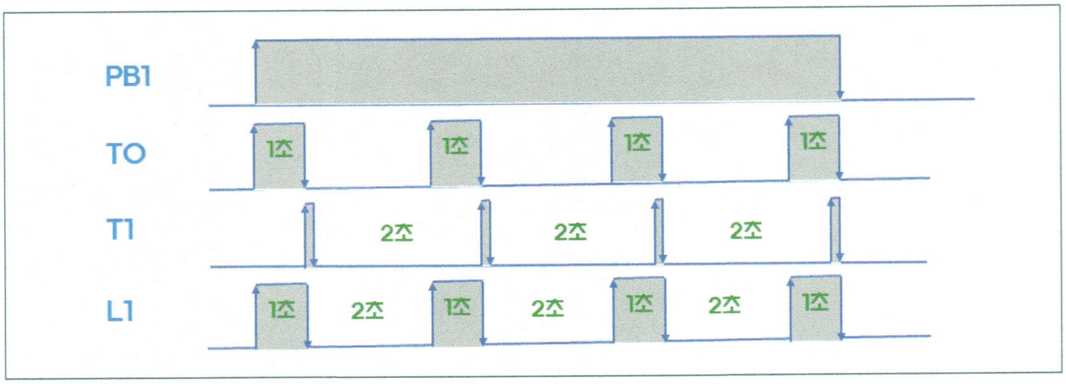

9.2 실습 회로도 및 PLC 회로 결선

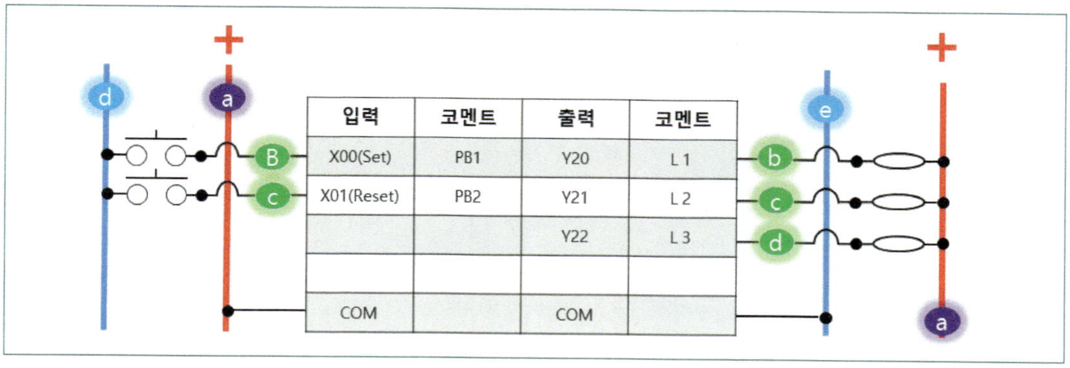

[그림 5-63] 실습 8 I/O 배선도

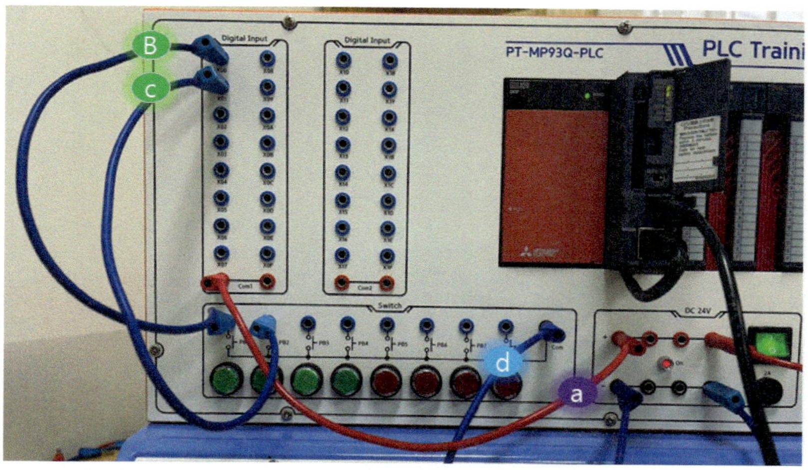

[그림 5-64] 실습 8 PLC I/O 실제 배선도(입력부)

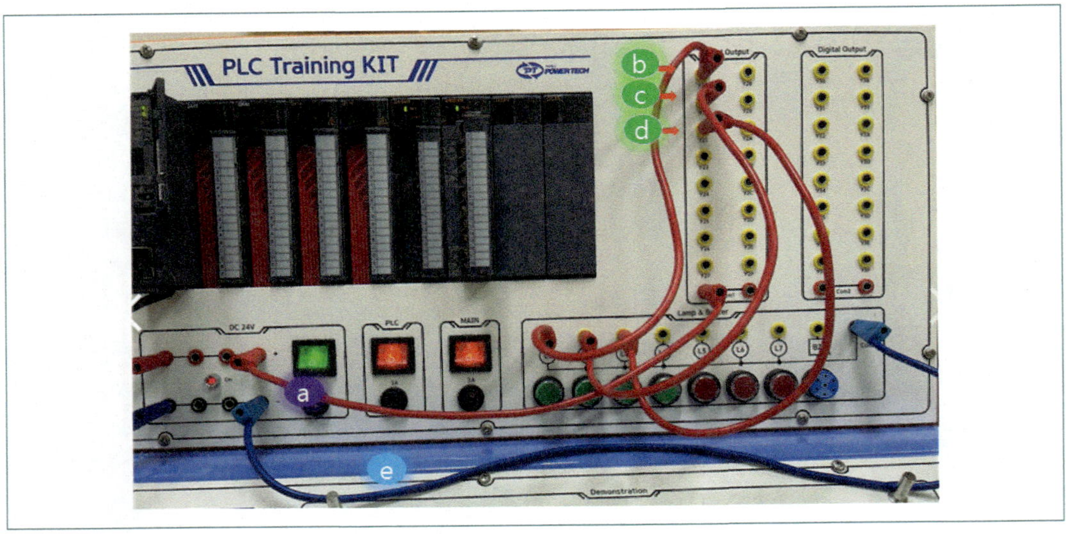

[그림 5-65] 실습 8 PLC I/O 실제 배선도(입력부)

9.3 주요 시퀀스 명령어

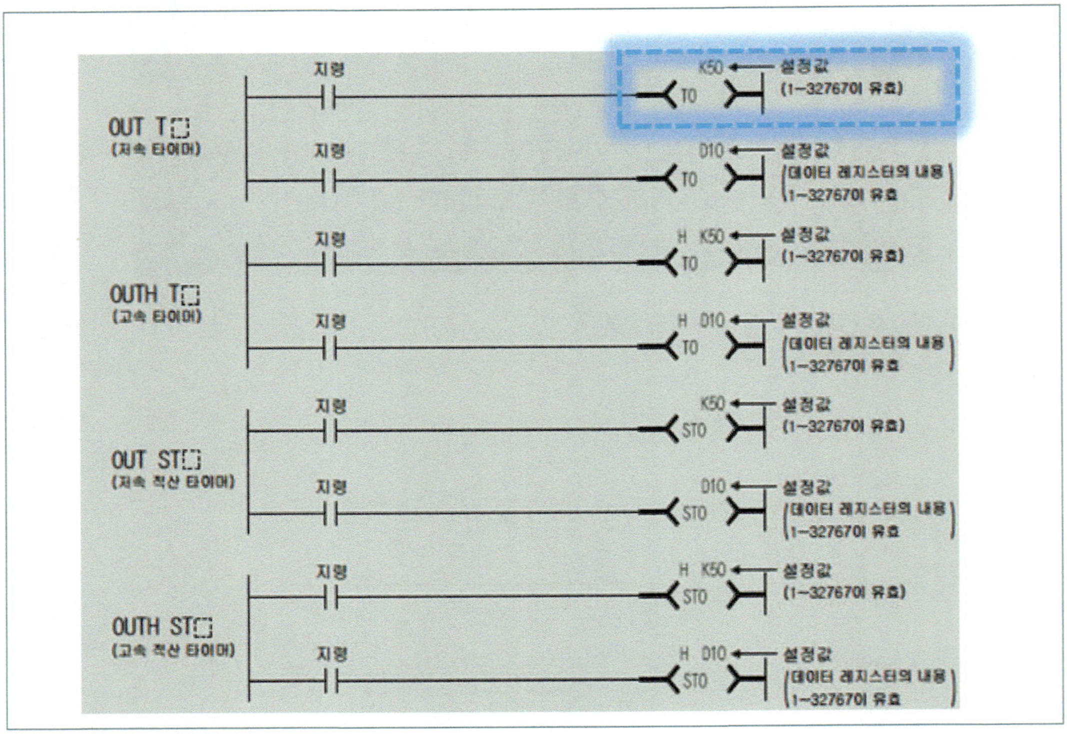

9.4 실습 9: 타이머 명령어 프로그램 입력하기

☞ 이번 실습부터는 앞에서 배운 프로그램 입력 방법과 동일하게 작성한다.

① 새로운 프로젝트를 생성하기

② PLC 프로그램 입력하기

③ PLC 프로그램 작성이 완료되면, 작성된 프로그램을 반드시 PLC에 전송 가능한 파일로 변환하여야 한다.

ⓐ Compile 클릭 → ⓑ Build 클릭

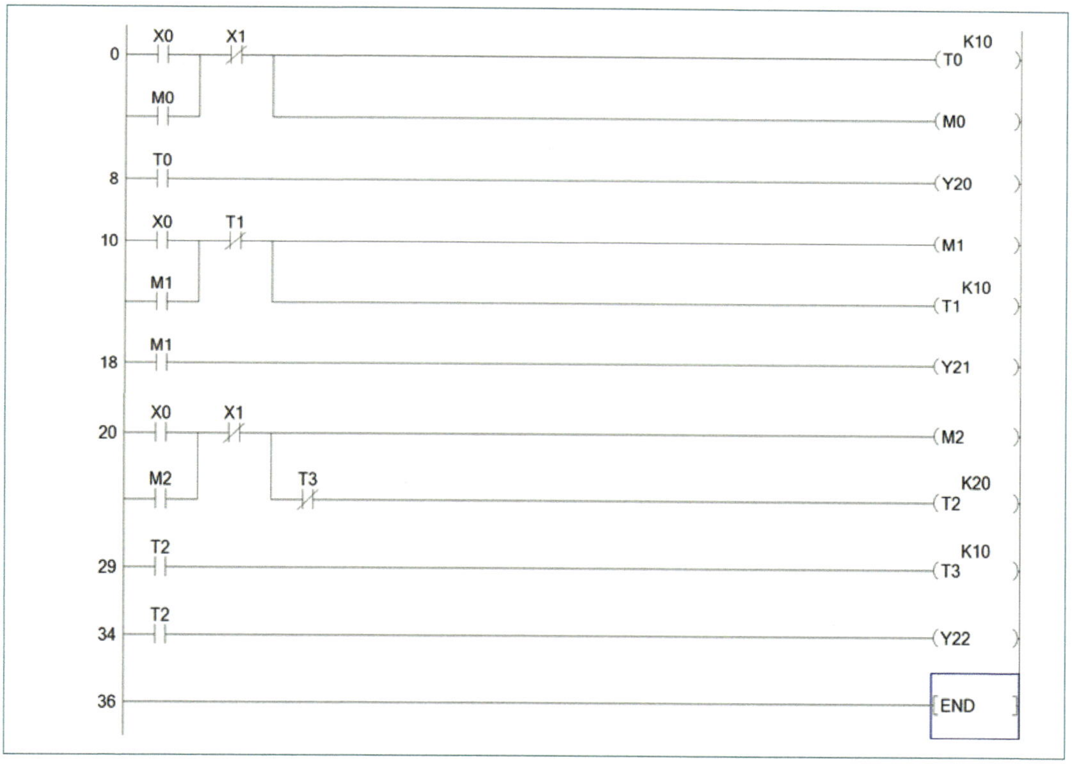

④ PLC 프로그램이 정상적으로 작성되어 컴파일(변환) 된 후 프로그램을 PLC에 전송하여야 한다.

ⓐ Online 클릭 → ⓑ Write to PLC 클릭 →

ⓒ Paramete + Program 버튼 클릭 → ⓓ Execute 버튼 클릭

⑤ PLC에 프로그램 전송이 완료되면 PLC는 작동상태가 된다. 이때 PLC의 입/출력이 정상적으로 동작되는지를 확인하기 위해 모니터링을 실시하게 된다.

ⓐ Online 클릭 → ⓑ Monitor 클릭 → ⓒ Monitor Mode 클릭

9.5 실습 9 타이머 명령어 프로그램 동작 확인하기

① PB1과 PB2를 이용하여 On Delay 타이머 동작에 대한 타임차트를 작성하세요.

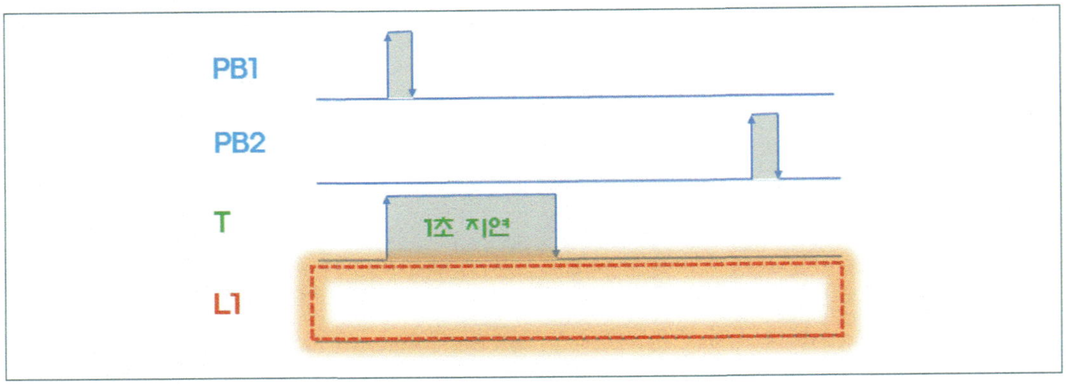

② PB1을 이용하여 Off Delay 타이머 동작에 대한 타임차트를 작성하세요.

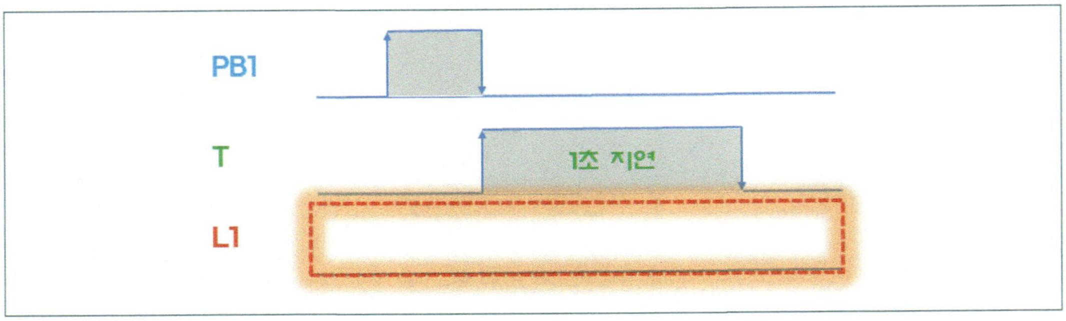

③ PB1을 이용하여 플리커 타이머 동작에 대한 타임차트를 작성하세요.

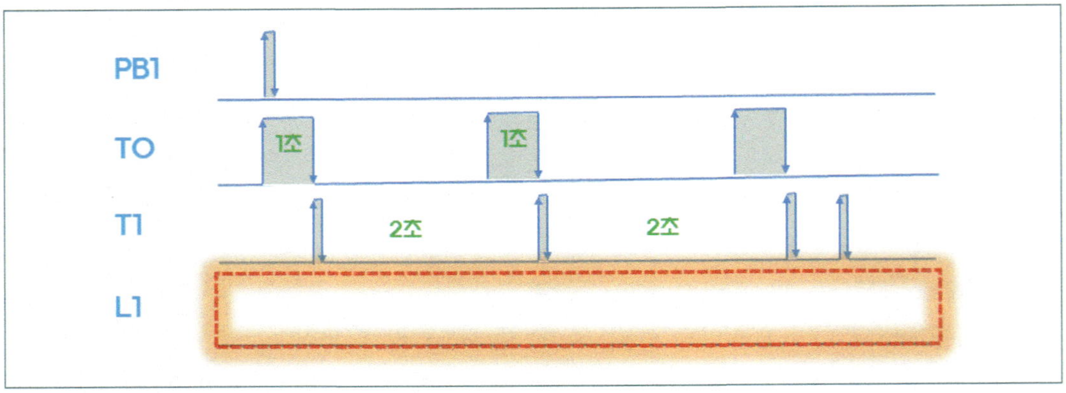

실습 10 보행자 신호등 제어(타이머)하기

학습목표: 이번 실습에서는 타이머 명령어를 활용하여, 신호등의 보행자 신호와 동일하게 동작되도록 프로그램한다.

10.1 보행자 신호등 동작 설명

① 우리가 사람이 없는 경우의 일반적으로 접하게 되는 보행자 신호등(적색등, 녹색등)의 경우

ⓐ 평상시에는 보행자 신호등(적색등 On, 녹색등 Off) 차량용 신호등(녹색등 On, 적색등 Off, 주황색등 Off) 되어 있다.

ⓑ 사용자가 횡단보도를 건너기 위해 버튼(PB1)을 누르면,

ⓒ 차량용 신호등의 주황색등이 5회(1초) 점멸 후

ⓓ 보행자 신호등(적색 Off, 녹색등 ON), 차량용 신호등(적색등 On, 주황색등 Off, 녹색등 Off) 된다.

ⓔ 15초가 지난 후(시간지연)

ⓕ 보행자 신호등의 녹색등이 5회(1초) 점멸 후

ⓖ 보행자 신호등(적색 On, 녹색등 Off), 차량용 신호등(적색등 Off, 주황색등 Off, 녹색등 On) 된다.

ⓗ 이후 동작은 ⓐ~ⓖ 동작을 반복한다.

10.2 신호등 및 사용자 버튼의 구성

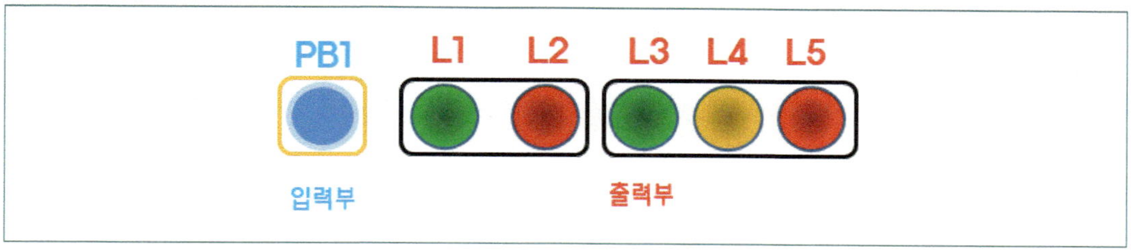

[그림 5-66] 입/출력부 구성

10.3 실습 회로도 및 PLC 회로 결선

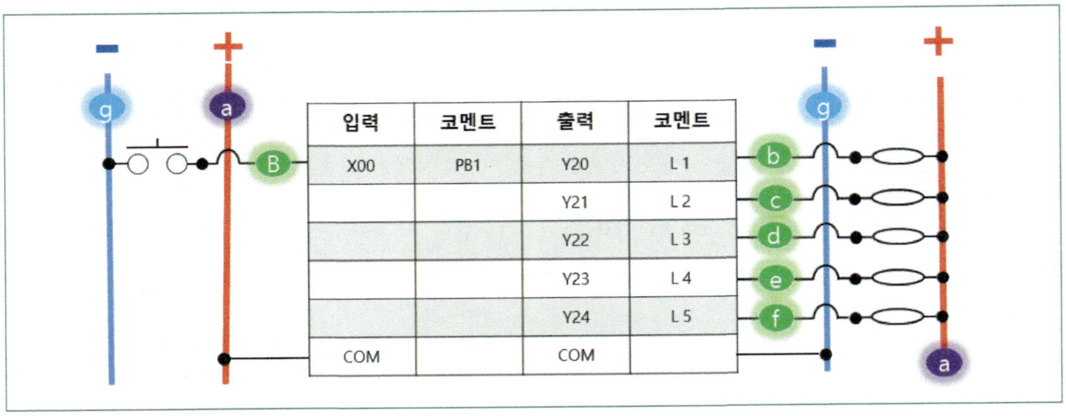

[그림 5-67] 실습 10 I/O 배선도

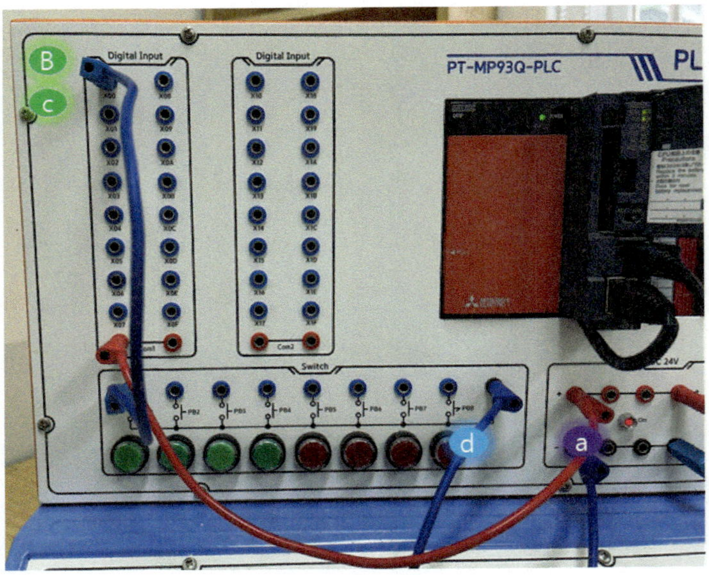

[그림 5-68] 실습 10 PLC I/O 실제 배선도(입력부)

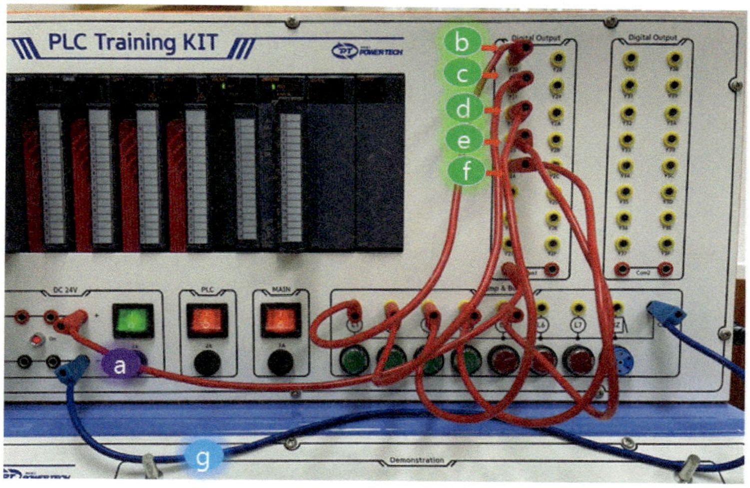

[그림 5-69] 실습 10 PLC I/O 실제 배선도(입력부)

10.4 주요 시퀀스 명령어

번호	명칭	주요 내용
SM400	상시 ON	항상 ON한다
SM401	상시 OFF	항상 OFF한다
SM402	Run 후 1회만 ON	Run 후 1스캔만 ON한다. 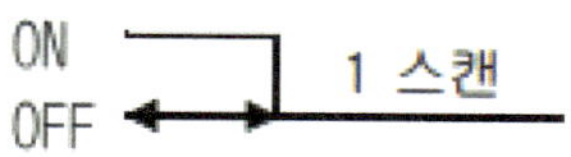
SM412	1초 클럭	일정시간(0.5초 간격) On/Off를 반복한다 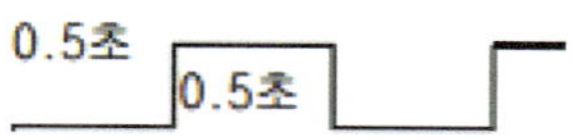
SM413	2초 클럭	일정시간(1초 간격) On/Off를 반복한다. 

10.5 실습 10: 보행자 신호등 명령어 프로그램 입력하기

☞ 이번 실습부터는 앞에서 배운 프로그램 입력 방법과 동일하게 작성한다.

① 새로운 프로젝트를 생성하기

② PLC 프로그램 입력하기

③ PLC 프로그램 작성이 완료되면, 작성된 프로그램을 반드시 PLC에 전송 가능한 파일로 변환하여야 한다.

ⓐ Compile 클릭 → ⓑ Build 클릭

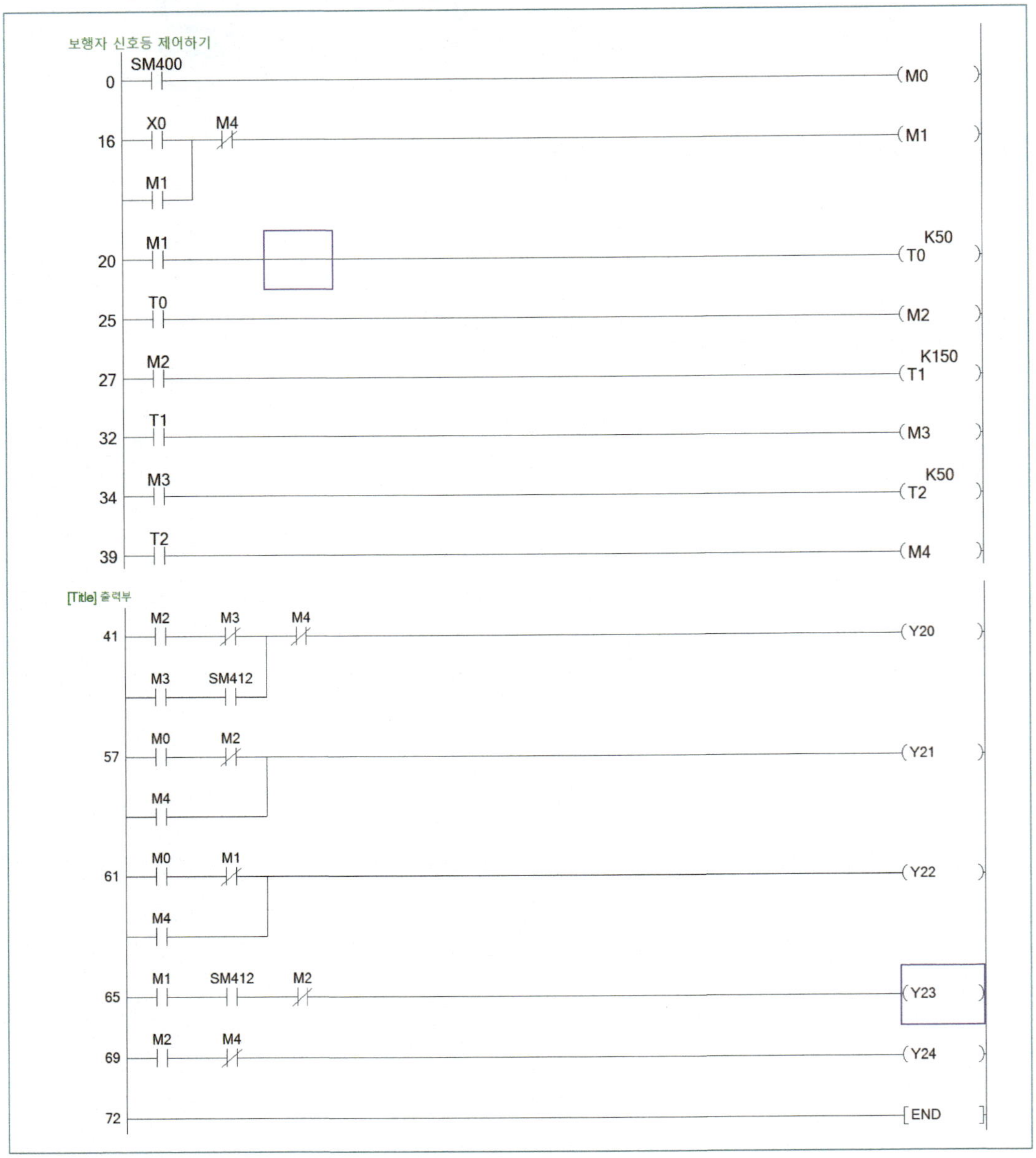

④ PLC 프로그램이 정상적으로 작성되어 컴파일(변환) 된 후 프로그램을 PLC에 전송하여야 한다.

ⓐ Online 클릭 → ⓑ Write to PLC 클릭 →

ⓒ Paramete + Program 버튼 클릭 → ⓓ Execute 버튼 클릭

⑤ PLC에 프로그램 전송이 완료되면 PLC는 작동상태가 된다. 이때 PLC의 입/출력이 정상적으로 동작되는지를 확인하기 위해 모니터링을 실시하게 된다.

ⓐ Online 클릭 → ⓑ Monitor 클릭 → ⓒ Monitor Mode 클릭

10.6 보행자 신호등 제어 프로그램 이해하기

① 평상시에는 보행자 신호등(적색등 On, 녹색등 Off) 차량용 신호등(녹색등 On, 적색등 Off, 주황색등 Off) 되어 있다.

ⓐ PLC에 전원이 켜지면, 상시 On 접점(SM400)이 On된다.

ⓑ SM400이 On되면 → 메모리 접점 M0가 ON 된다.

ⓒ M0가 ON되면 → ⓓ 보행자 적색등과 차량용 녹색등이 모두 ON된다.

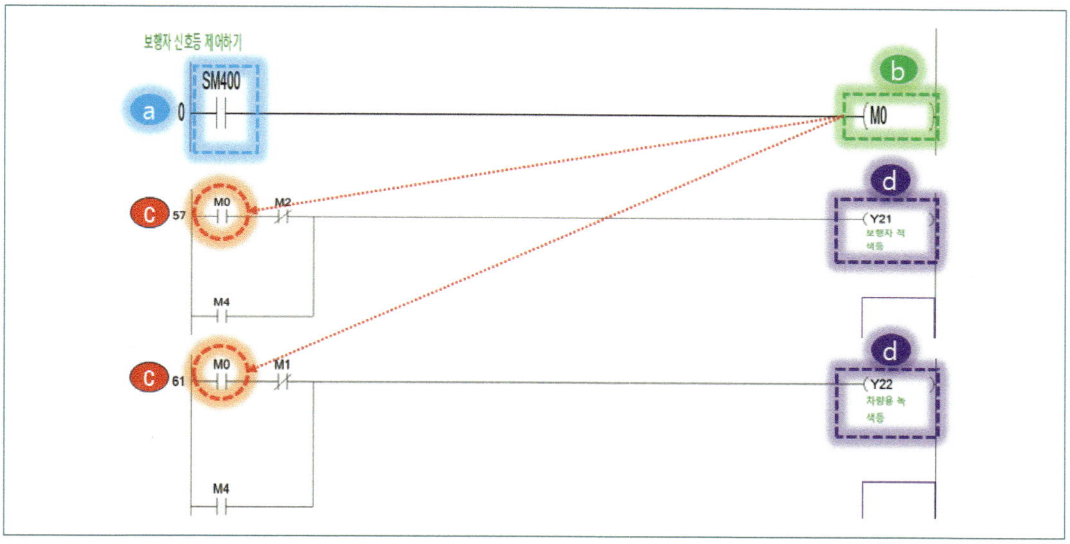

② 사용자가 횡단보도를 건너기 위해

ⓐ 버튼(PB1)을 누르면, 이를 M1 메모리 접점에 자기유지한다.

ⓑ 보행자가 건너는 시간 15초가 지난 후 M4 b접점에 의해 모든 동작이 초기화된다.

③ 차량용 신호등의 주황색등이 5회(1초) 점멸 후

ⓐ 주황색등이 5초 동안 지연하기 위해 타이머(T0, k50)를 사용한다.

ⓑ PB1이 동작되고, 주황색등이 1초 간격으로 점멸을 5회 반복하기 위해 SM412 접점을 사용한다.

④ 차량용 신호등의 주황색등이 5회(1초) 점멸 후 보행자 신호등(적색 Off, 녹색등 ON), 차량용 신호등(적색등 On, 주황색등 Off, 녹색등 Off) 된다.

ⓐ PB1 동작 5초 후 M2 메모리가 On되면,

ⓑ M2 접점에 의해 보행자 신호등(적색 Off, 녹색등 ON), 차량용 신호등(적색등 On, 주황색등 Off, 녹색등 Off) 된다.

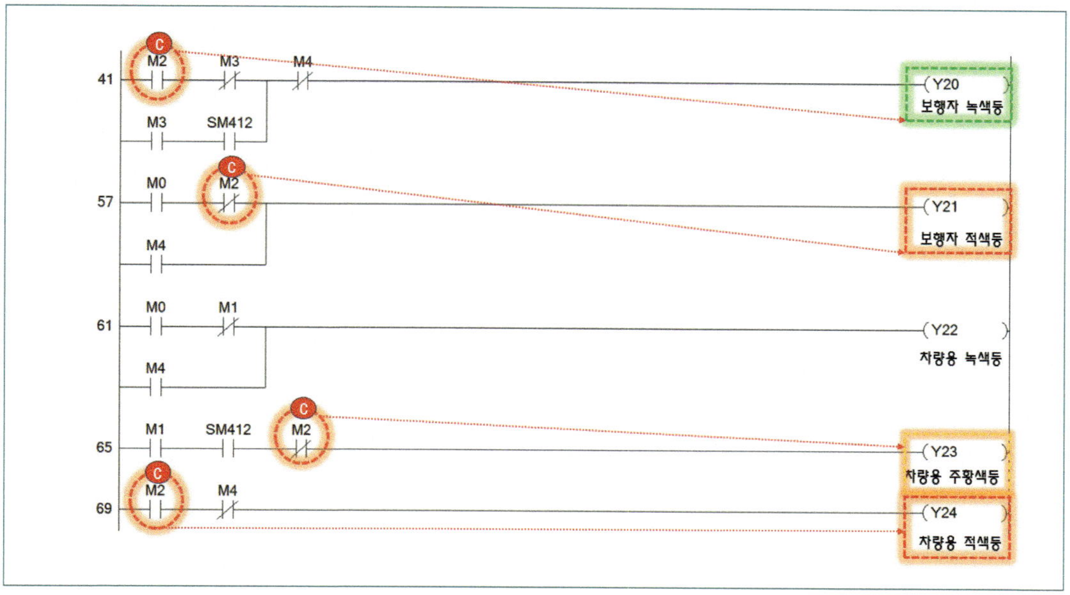

⑤ 15초 경과

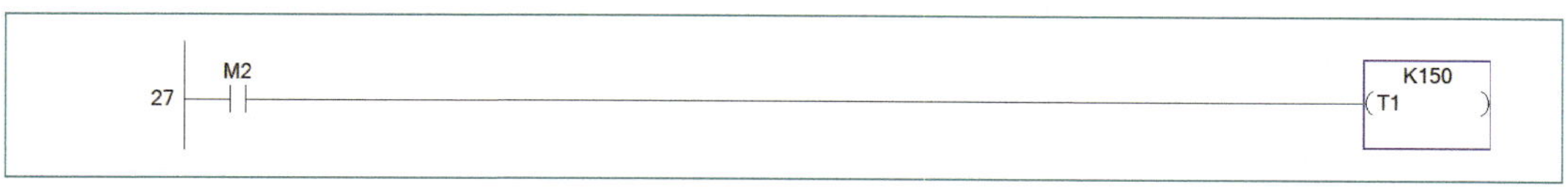

⑥ 15초가 지난(시간지연) 후

ⓐ 15초가 지난 후 보행자 신호등의 ⓑ 녹색등이 5회(1초) 점멸

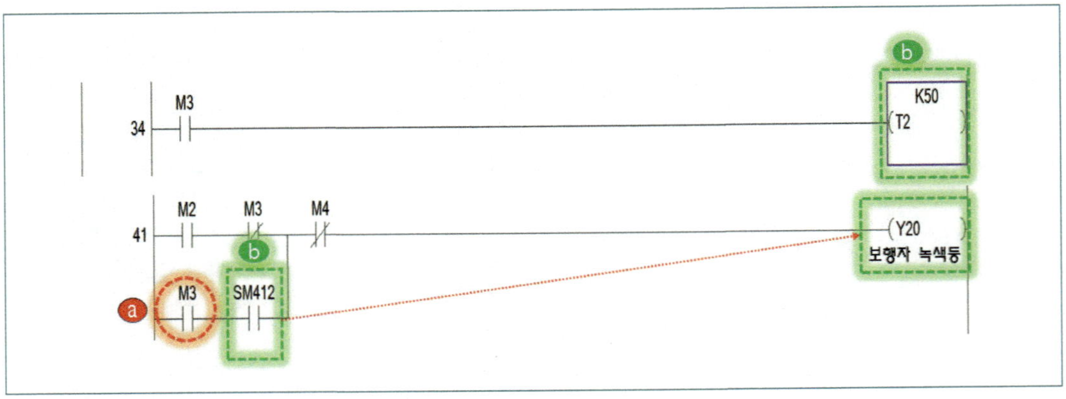

⑦ 녹색등이 5회(1초) 점멸 후

ⓐ 녹색등이 5회(1초) 점멸 후 M4 메모리가 On되면,

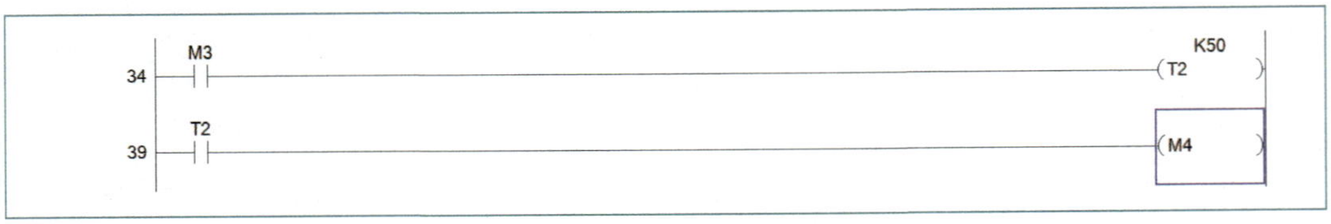

ⓑ 보행자 신호등(적색 On, 녹색등 Off), 차량용 신호등(적색등 Off, 주황색등 Off, 녹색등 On) 된다.

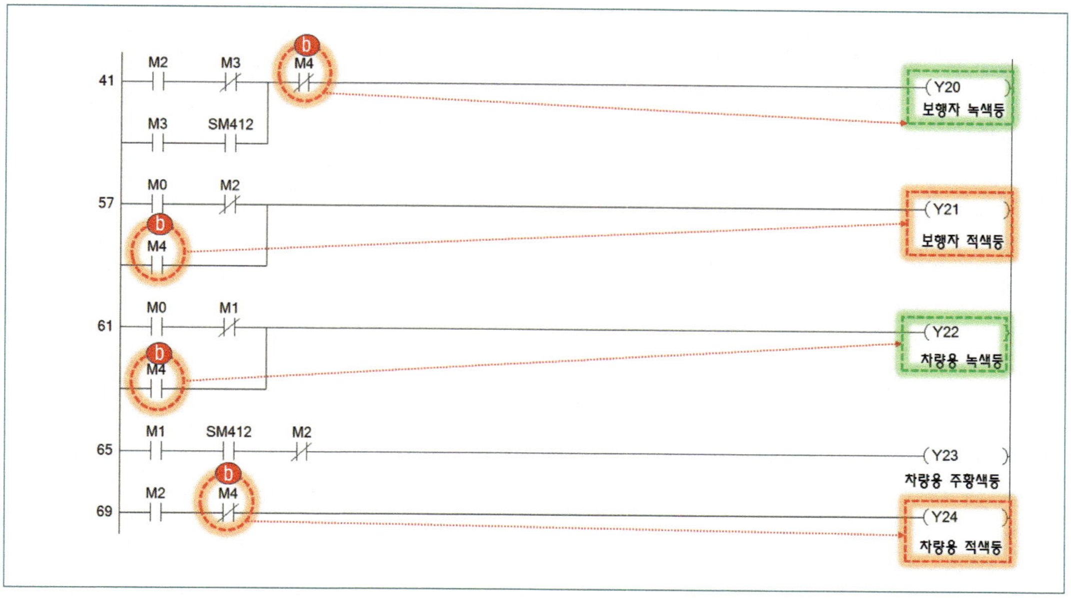

⑧ 모든 동작이 완료되면 M4 b접점에 의해 모든 동작을 초기화된다.

실습 11 카운터 명령어 실습하기

학습목표: 이번 실습에서는 카운터 명령어를 활용하여, 사용자가 설정한 횟수에 따라 출력이 발생하도록 한다.

11.1 카운터 명령어 동작 설명

❶ 카운터(C)의 설정값을 3회로 설정한다.
❷ S1을 버튼을 누르면 동작되지 않지만, 3회를 누른다.
❸ S1 버튼이 3회 눌러지면, 카운터 릴레이 a접점(C1)이 On된다.
❹ Reset 버튼을 누르면 리셋되어 카운터와 램프가 모두 해제된다.

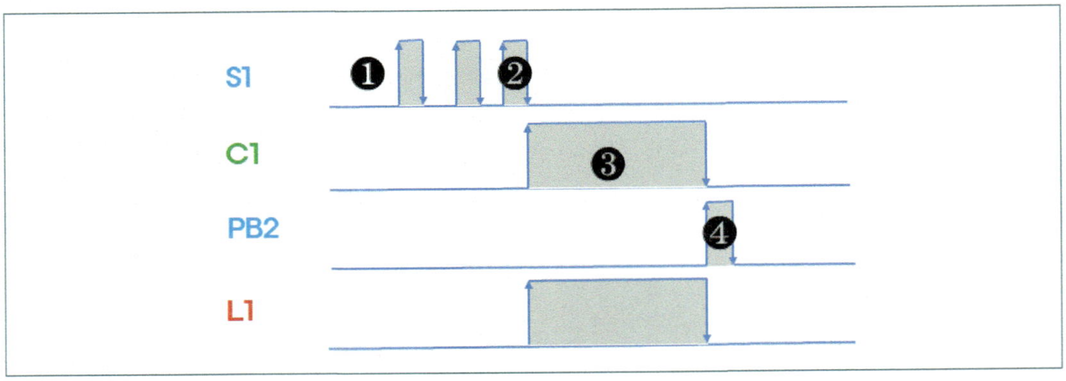

11.2 실습 회로도 및 PLC 회로 결선

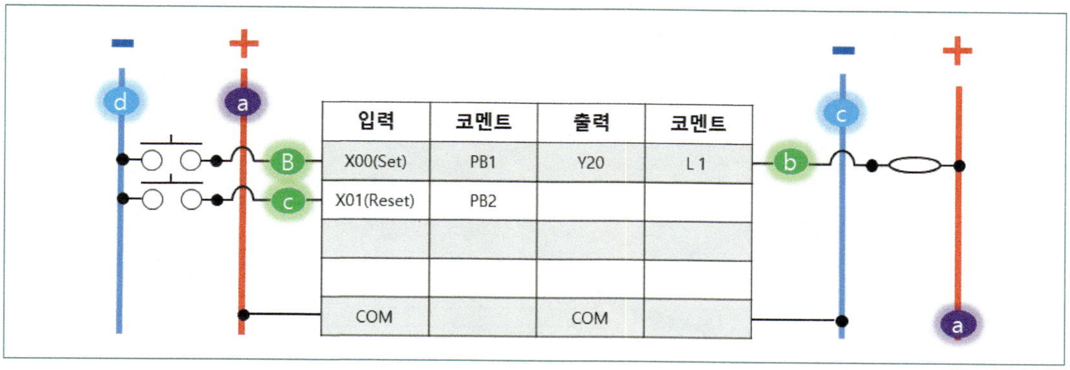

[그림 5-70] 실습 11 I/O 배선도

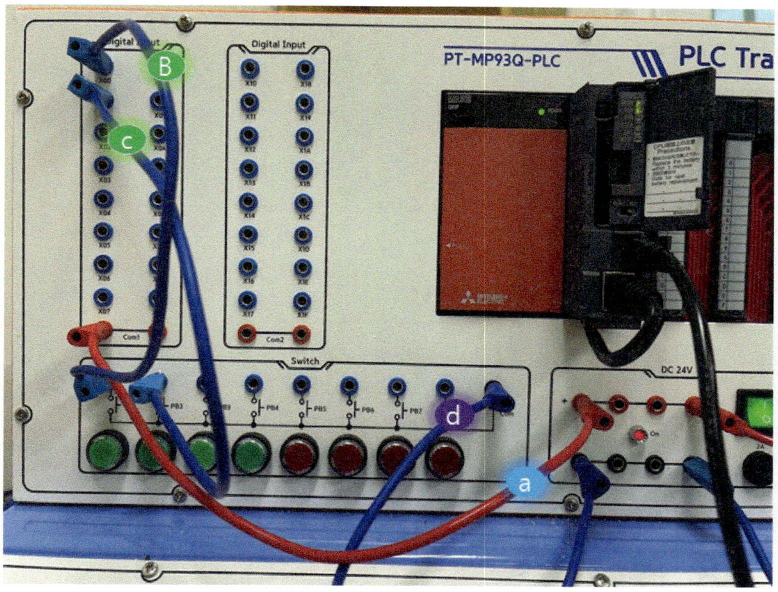

[그림 5-71] 실습 11 PLC I/O 실제 배선도(입력부)

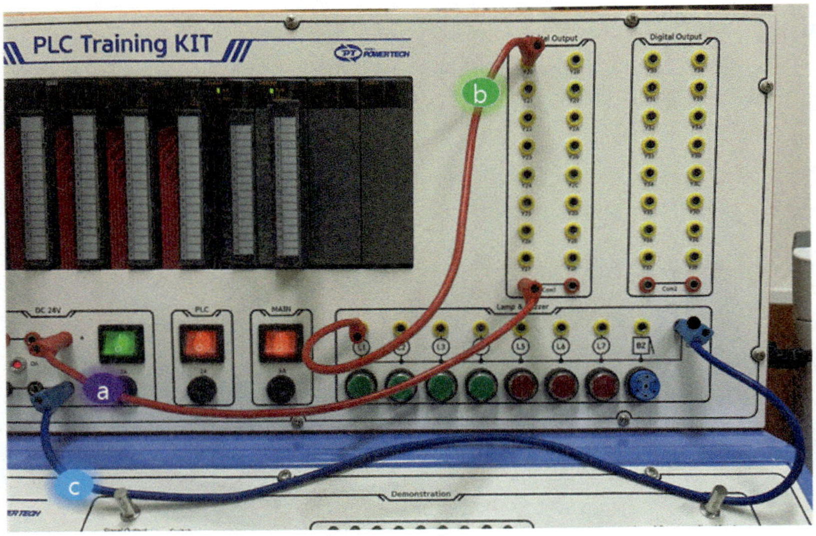

[그림 5-72] 실습1 PLC I/O 실제 배선도(입력부)

11.3 주요 시퀀스 명령어

11.4 실습 카운터 명령어 프로그램 입력하기

☞ 이번 실습부터는 앞에서 배운 프로그램 입력 방법과 동일하게 작성한다.

① 새로운 프로젝트를 생성하기

② PLC 프로그램 입력하기

③ PLC 프로그램 작성이 완료되면, 작성된 프로그램을 반드시 PLC에 전송 가능한 파일로 변환하여야 한다.

ⓐ Compile 클릭 → ⓑ Build 클릭

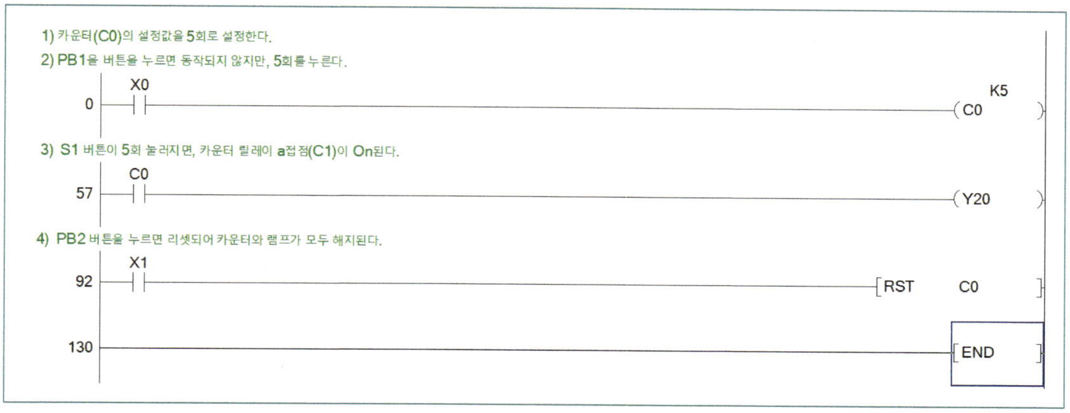

④ PLC 프로그램이 정상적으로 작성되어 컴파일(변환) 된 후 프로그램을 PLC에 전송하여야 한다.

ⓐ Online 클릭 → ⓑ Write to PLC 클릭 →

ⓒ Paramete + Program 버튼 클릭 → ⓓ Execute 버튼 클릭

⑤ PLC에 프로그램 전송이 완료되면 PLC는 작동상태가 된다. 이때 PLC의 입/출력이 정상적으로 동작되는지를 확인하기 위해 모니터링을 실시하게 된다.

ⓐ Online 클릭 → ⓑ Monitor 클릭 → ⓒ Monitor Mode 클릭

11.5 실습 카운터 명령어 프로그램 동작 확인하기

❶ 카운터(C0)의 설정값을 5회로 설정한다.

❷ PB1 버튼을 누르면 동작되지 않지만, 5회를 누른다.

❸ PB1 버튼이 5회 눌러지면, 카운터 릴레이 a접점(C1)이 On된다.

❹ PB2(Reset) 버튼을 누르면 리셋되어 카운터와 램프가 모두 해지된다.

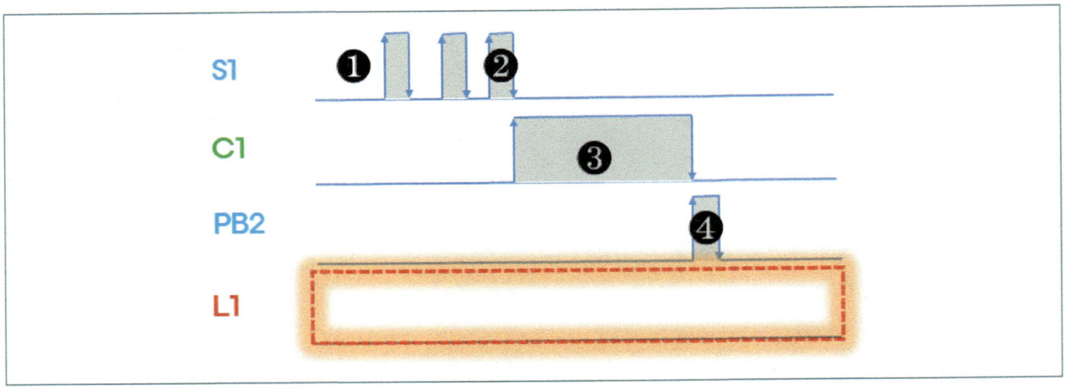

[그림 5-73] 카운터 회로 동작상태 타임차트 작성

실습 12 타이머/카운터 응용 실습하기

학습목표: 이번 실습에서는 타이머와 카운터 명령어를 활용하여, 사용자가 설정한 횟수에 따라 출력이 발생하도록 한다.

12.1 타이머/카운터 응용 명령어 동작 설명

① PB1을 누르면 점멸 타이머(0.7초 On, 0.3초 Off)가 동작한다.
② PB1을 누르면 램프(L1) 타이머에 의해 3회 점멸 동작하고 정지된다.
③ PB1을 누르면 램프(L2) 타이머에 의해 6회 점멸 동작하고 정지된다.
④ PB1을 누르면 램프(L3) 타이머에 의해 9회 점멸 동작하고 정지된다.
⑤ PB2(Reset) 버튼을 2회 누르면 모든 램프와 카운터는 리셋된다.
※ 이때 램프(L4)는 PB2와 동일하게 동작한다.

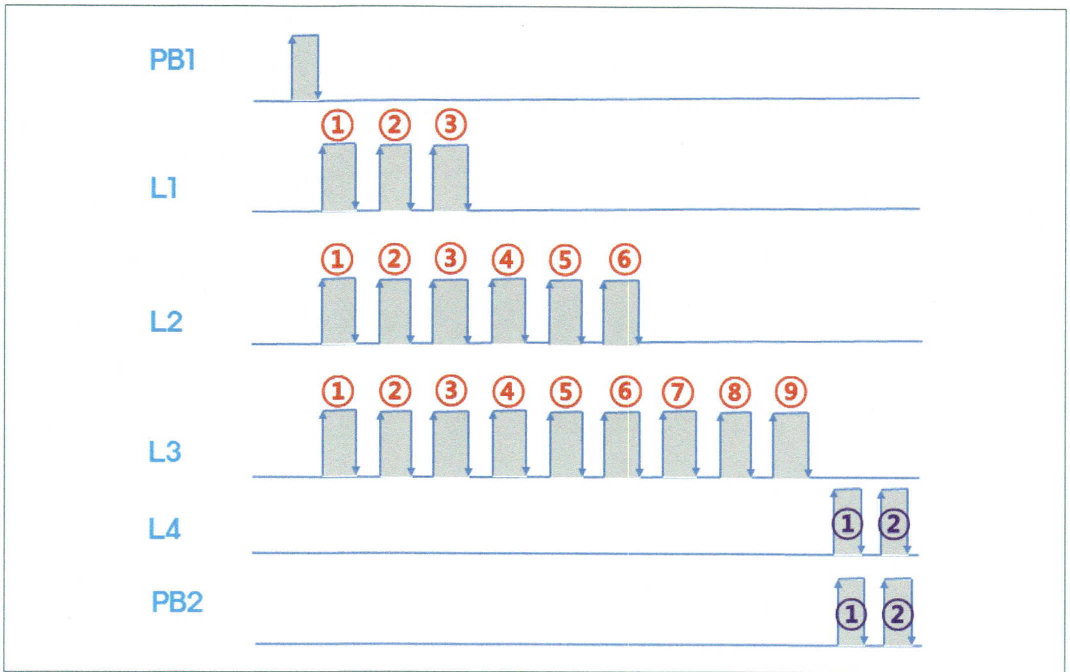

12.2 실습 회로도 및 PLC 회로 결선

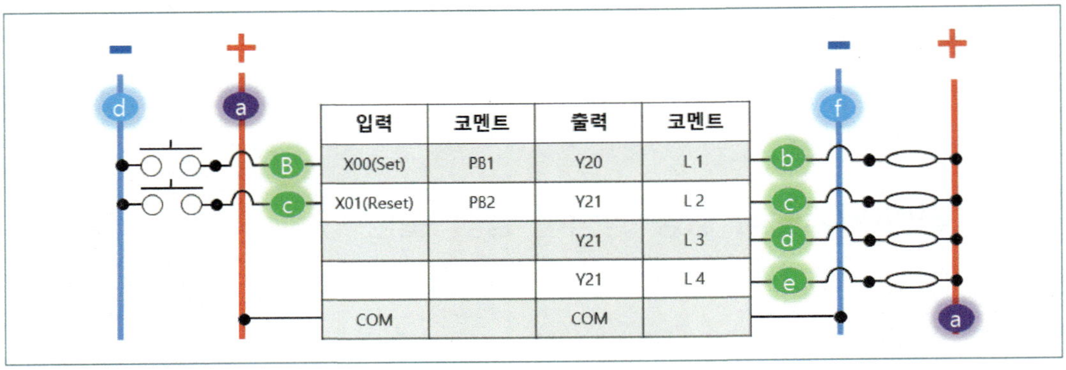

[그림 5-74] 실습 12 I/O 배선도

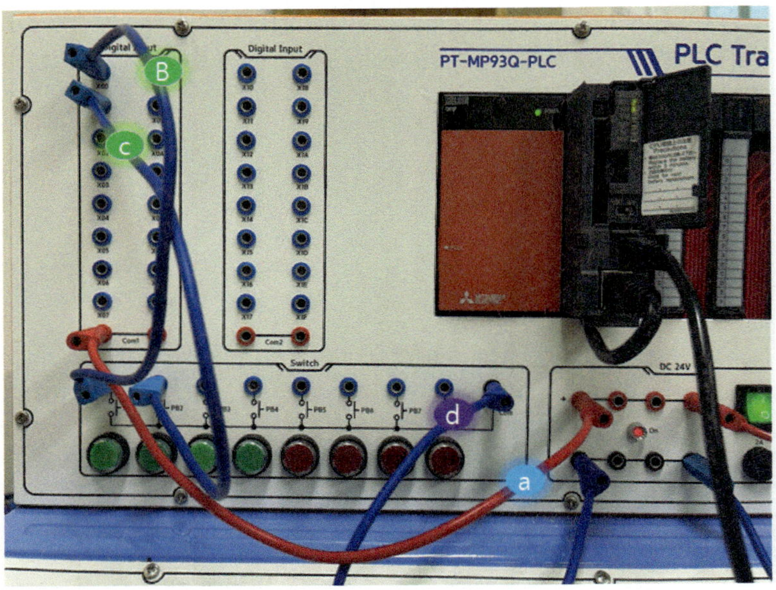

[그림 5-75] 실습 12 PLC I/O 실제 배선도(입력부)

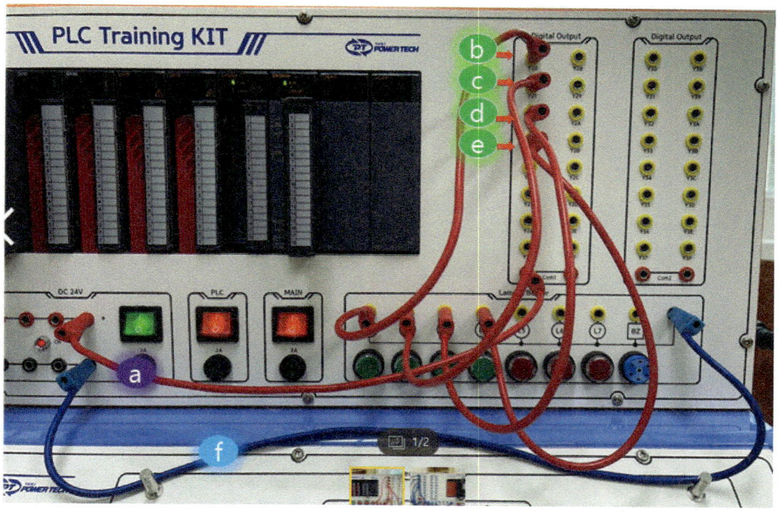

[그림 5-76] 실습12 PLC I/O 실제 배선도(입력부)

12.3 주요 시퀀스 명령어

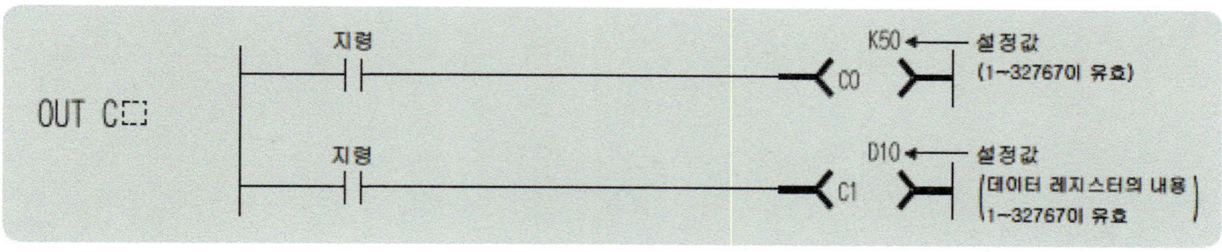

12.4 실습 타이머/카운터 응용 명령어 프로그램 입력하기

☞ 이번 실습부터는 앞에서 배운 프로그램 입력 방법과 동일하게 작성한다.

① 새로운 프로젝트를 생성하기

② PLC 프로그램 입력하기

③ PLC 프로그램 작성이 완료되면, 작성된 프로그램을 반드시 PLC에 전송 가능한 파일로 변환하여야 한다.

ⓐ Compile 클릭 → ⓑ Build 클릭

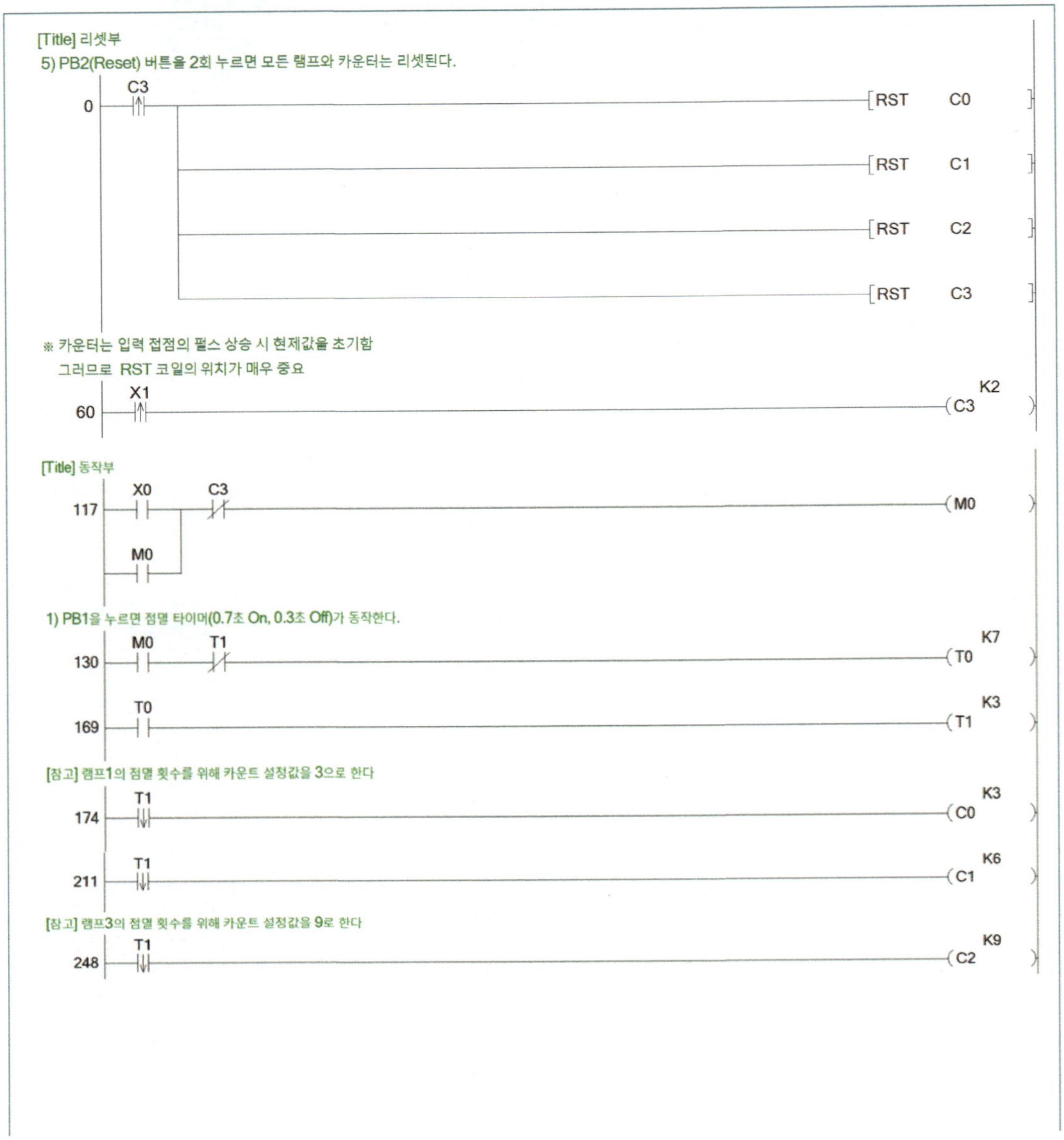

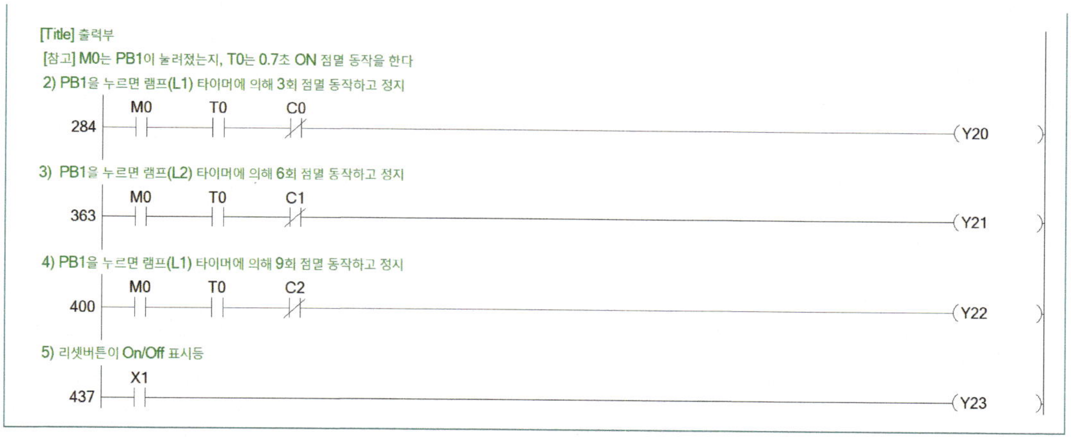

④ PLC 프로그램이 정상적으로 작성되어 컴파일(변환) 된 후 프로그램을 PLC에 전송하여야 한다.

ⓐ Online 클릭 → ⓑ Write to PLC 클릭 →

ⓒ Paramete + Program 버튼 클릭 → ⓓ Execute 버튼 클릭

⑤ PLC에 프로그램 전송이 완료되면 PLC는 작동상태가 된다. 이때 PLC의 입/출력이 정상적으로 동작되는지를 확인하기 위해 모니터링을 실시하게 된다.

ⓐ Online 클릭 → ⓑ Monitor 클릭 → ⓒ Monitor Mode 클릭

12.5 실습 타이머/카운터 응용 명령어 프로그램 동작 확인하기

① PB1을 누르면 점멸 타이머(0.7초 On, 0.3초 Off)가 동작한다.

② PB1을 누르면 램프(L1) 타이머에 의해 3회 점멸 동작하고 정지된다.

③ PB1을 누르면 램프(L2) 타이머에 의해 6회 점멸 동작하고 정지된다.

④ PB1을 누르면 램프(L3) 타이머에 의해 9회 점멸 동작하고 정지된다.

⑤ PB2(Reset) 버튼을 2회 누르면 모든 램프와 카운터는 리셋된다.

※ 이때 램프(L4)는 PB2와 동일하게 동작한다.

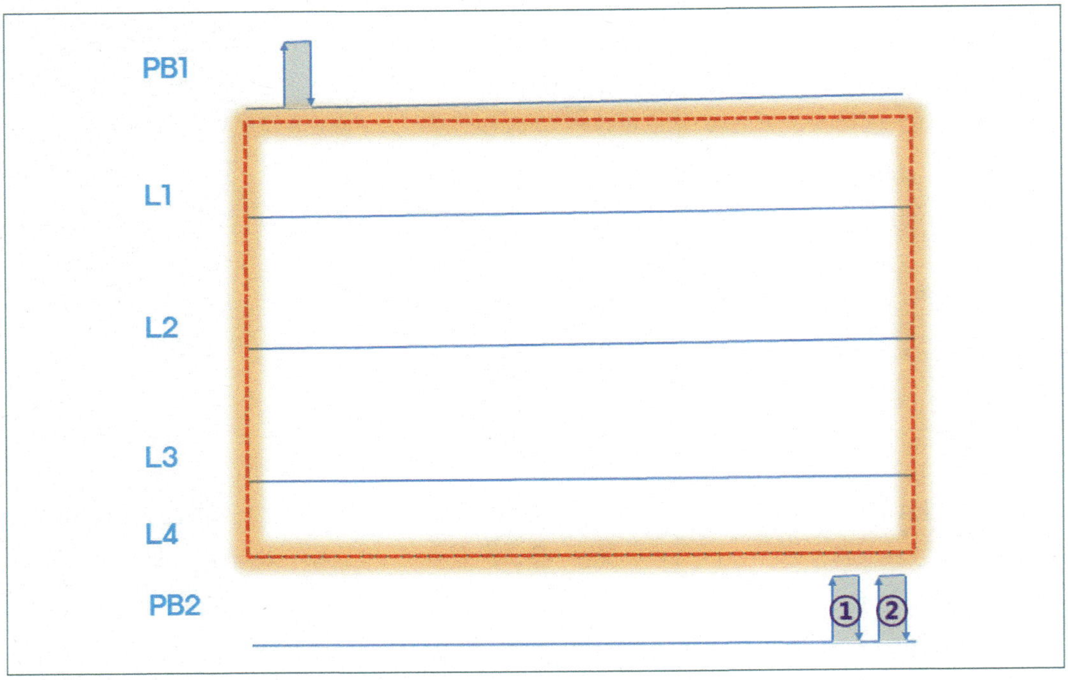

[그림 5-77] 타이머/카운터 응용 동작상태 타임차트 작성

6 연산명령어 제어실습

3 이론 데이터의 체계

(1) 데이터의 표현

PLC에서 데이터를 처리하는 경우, 데이터는 PLC 내부 메모리에 저장되거나 각각의 외부 모듈에 전송되어야 하므로 이에 적합한 형태로 표현되어야 한다. 데이터에는 수치 데이터(2진수, 10진수, 16진수), 문자 데이터 등 다양하므로 각각의 특성에 맞게 표현되어야 한다. 컴퓨터 내부에서는 모든 데이터의 표현을 2진수 상태(0 또는 1)로 나타내며 이들의 조합을 부호화하는데 이것을 Code라고 한다.

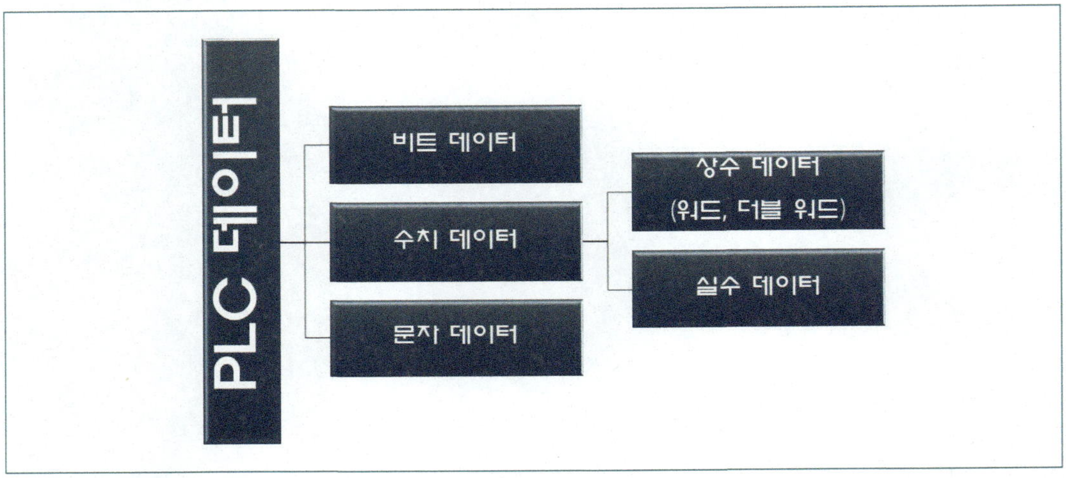

[그림 6-1] Melsec PLC의 데이터 종류

① 비트 데이터

비트 데이터는 PLC의 입력 접점, 출력 코일 등 1비트 단위로 취급하는 데이터를 말한다. 흔히 2진수binary digit를 비트bit라고 말한다.

※ 컴퓨터에서는 2진수로 정보를 표현하는 것을 디지털이라 말한다.

▌PLC에서 메모리 영역은 0 또는 1의 값을 저장하는 비트 디바이스를 말한다. Melsec PLC에서 사용되는 비트 디바이스는 입력 디바이스 X, 출력 디바이스 Y, 내부 비트 릴레이 M 등이 대표적이다.

ⓐ 입력 접점 디바이스(X0)

ⓑ 출력 접점 디바이스(Y20)

ⓒ 내부 비트 릴레이(M0)

[그림 6-2] 대표적 비트 디바이스

② PLC 비트 디바이스 메모리를 워드 데이터의 단위로 전송 가능

비트 디바이스를 4비트 단위로 묶어 "Kn비트번지"로 사용할 수 있다.

예시 1) K1X0: X0~X3의 4Bit 데이터를 워드 데이터로 전송

예시 2) K2Y0: Y0~Y7의 8Bit 데이터를 워드 데이터로 전송

예시 3) K3M0: M0~MB의 12Bit 데이터를 워드 데이터로 전송

예시 4) K4M0: M0~MF의 16Bit 데이터를 워드 데이터로 전송

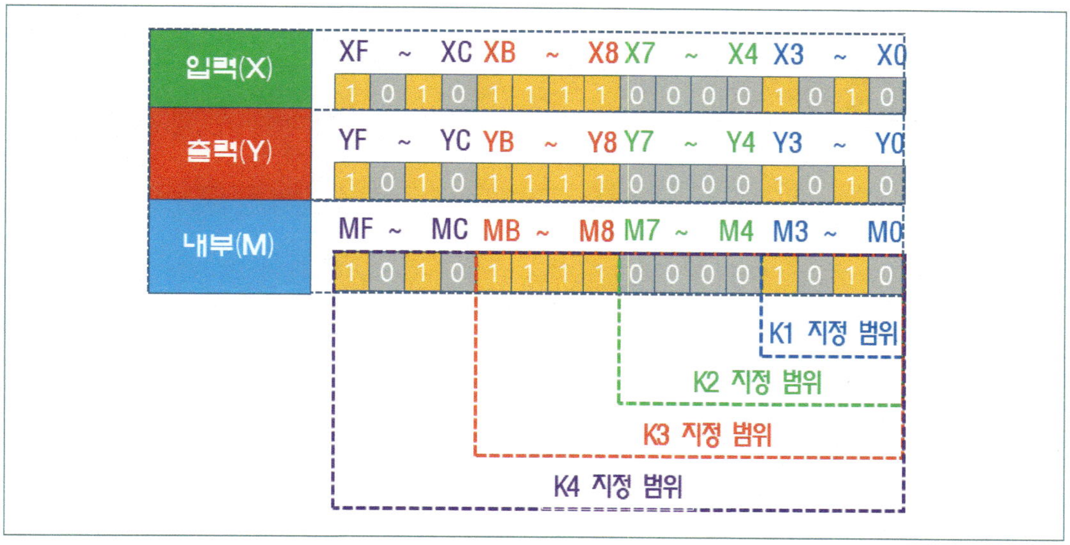

[그림 6-3] 비트 디바이스 메모리 → 워드 데이터 단위로 전송

ⓐ 예시 1) K1X0: X0~X3의 4Bit 데이터를 워드 데이터로 전송

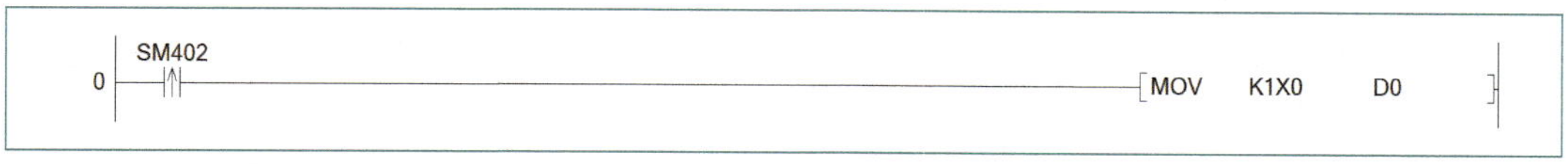

[그림 6-4] PLC MOVE 명령 처리

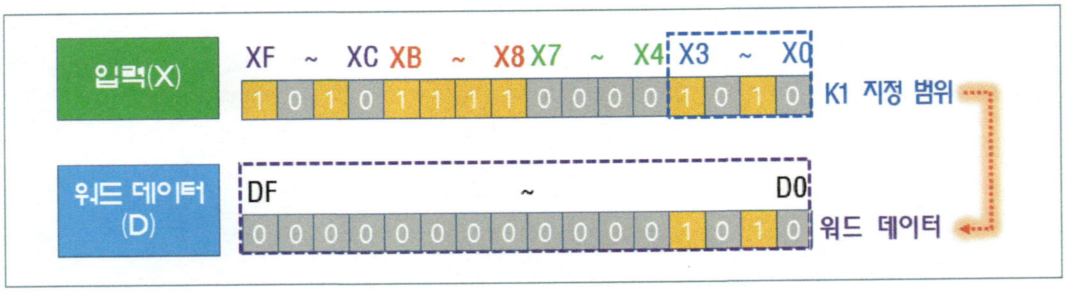

[그림 6-5] PLC MOVE 명령 처리 결과

ⓑ 예시 2) K2Y0: Y0~Y7의 8Bit 데이터를 워드 데이터로 전송

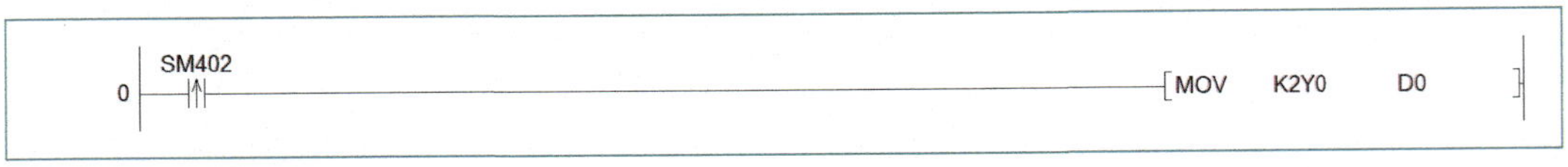

[그림 6-6] PLC MOVE 명령 처리

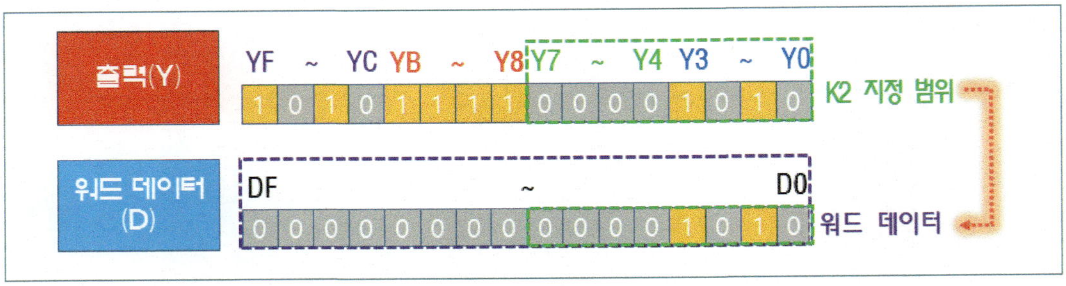

[그림 6-7] PLC MOVE 명령 처리 결과

ⓒ 예시 3) K3M0: M0~MB의 12Bit 데이터를 워드 데이터로 전송

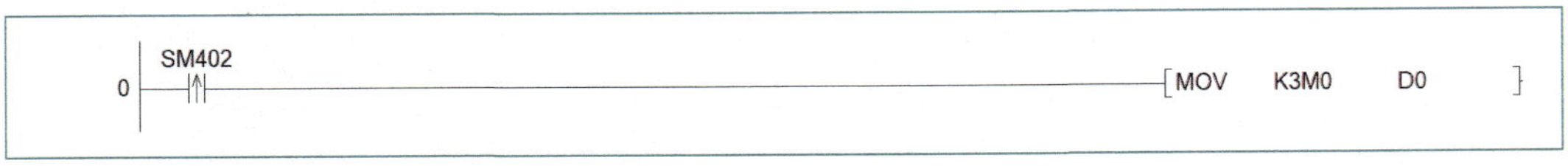

[그림 6-8] PLC MOVE 명령 처리

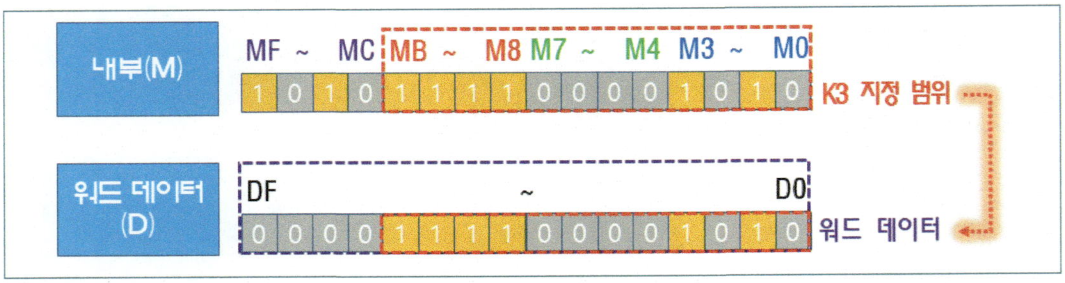

[그림 6-9] PLC MOVE 명령 처리 결과

ⓓ 예시 4) K4M0: M0~MF의 16Bit 데이터를 워드 데이터로 전송

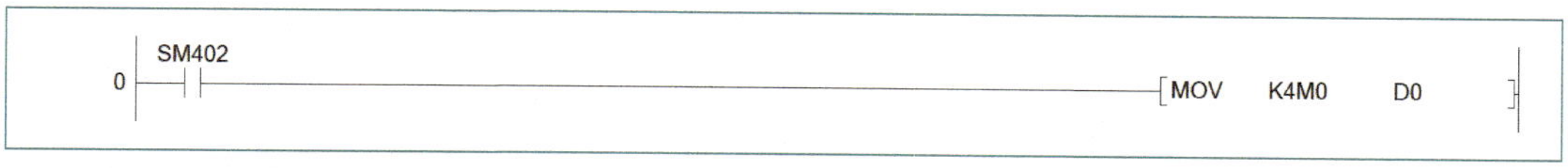

[그림 6-10] PLC MOVE 명령 처리

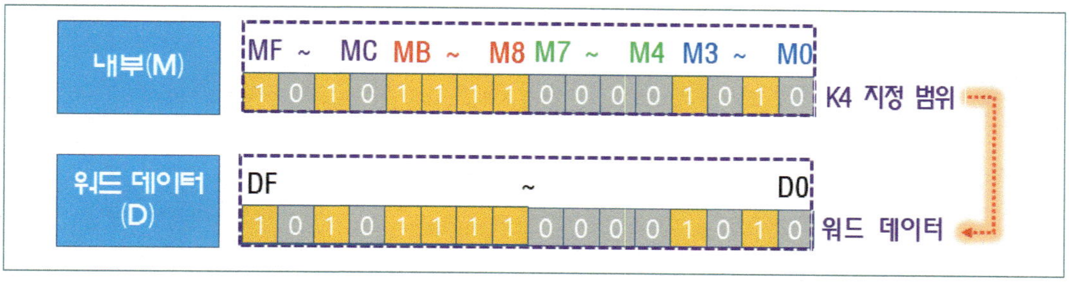

[그림 6-11] PLC MOVE 명령 처리 결과

ⓔ 예시 6) PLC 입력 접점 하나를 내부 D0의 특정 비트에 전송

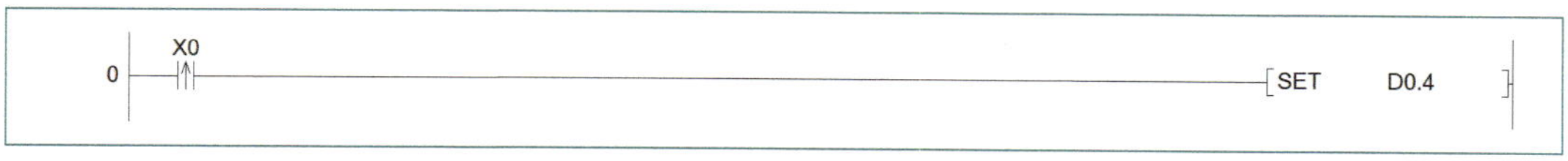

[그림 6-12] PLC MOVE 명령 처리

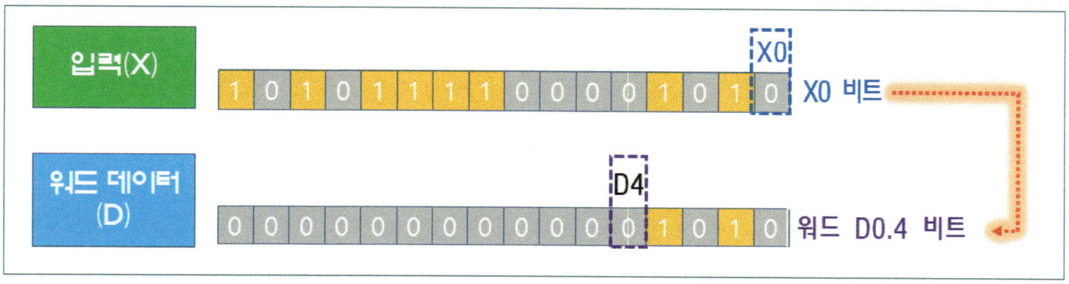

[그림 6-13] PLC MOVE 명령 처리 결과

③ Melsec PLC의 수치데이터는 상수, 변수 데이터로 구분할 수 있다.

- 상수 데이터 : 사용자가 프로그램 작성 시 상수를 설정값으로 입력할 경우 사용한다.
- 변수 데이터 : 프로그램 실행 도중에 연산 결과에 따라 지속적으로 메모리값이 변경되는 상수를 의미하며 일반적으로 변수는 워드, 더블워드 데이터 디바이스 영역에 저장된다.

ⓐ 상수 수치 데이터

PLC에서 사용하는 상수 수치 데이터는 우리가 일반적으로 사용하는 10진수와, 2진수의 조합형태인 16진수 상수를 사용한다. 이때

- 10진수 상수는 K로 입력
- 16진수 상수는 H로 입력

구분	16비트	32비트
10진수 상수	K–32768~K32767	K–214783648 ~K214783647
16진수 상수	H0000~HFFFF	H00000000~HFFFFFFFF

예시 5) PLC에 사용자가 원하는 상수(16진수 1248)를 D0에 전송

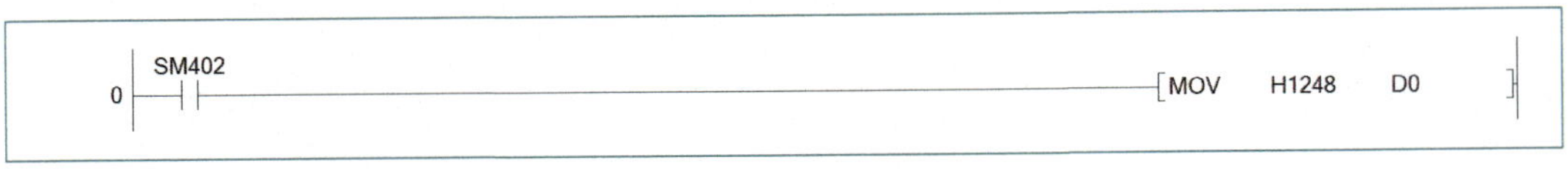

[그림 6–14] PLC MOVE 명령 처리

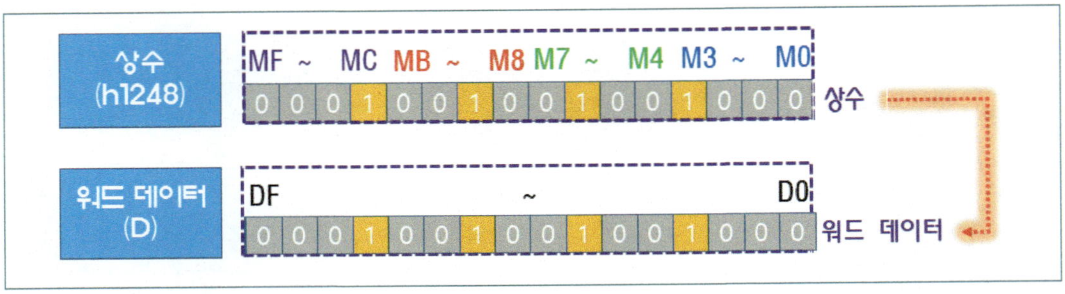

[그림 6–15] PLC MOVE 명령 처리 결과

ⓑ 변수 수치 데이터 : Melsec PLC에서는 디바이스 메모리, 파일레지스터 등이 변수 수치 데이터를 저장할 수 있는 메모리에 해당한다.

④ 데이터의 단위 : Melsec PLC에서 일반적으로 사용되는 데이터의 단위는

ⓐ 비트Bit : 1과 0으로 표현되는 1비트 단위로 (참, 거짓), (Yes, No)와 같다.

ⓑ 바이트Byte : 하나의 바이트는 8개의 비트로 이루어져 있으며, 0에서 255까지 표현 가능

ⓒ 워드Word : 하나의 워드는 2개의 바이트가 결합, 16개의 비트로 이루어져 있으며, 0에서 65535 또는 -32768 ~ +32767 표현 가능

ⓓ 더블워드Double Word : 두 개의 워드가 결합, 4개의 바이트가 결합, 32개의 비트로 이루어져 있다.

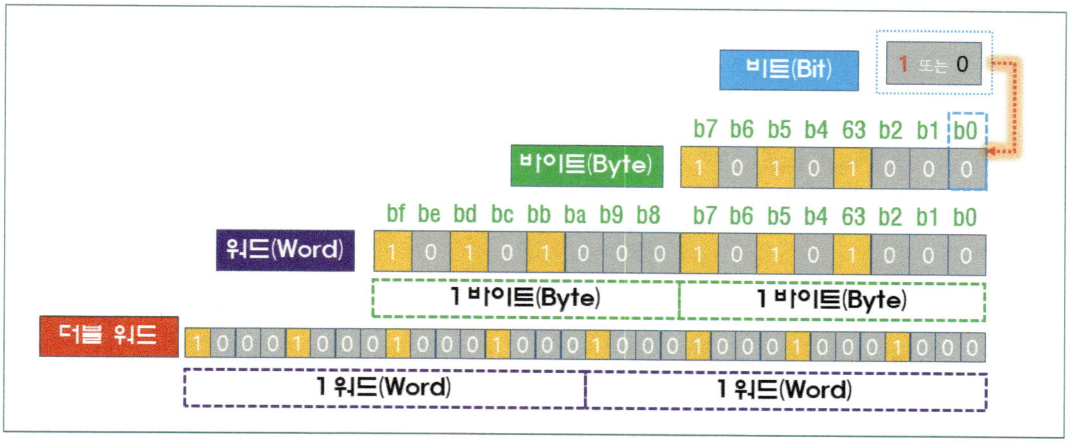

[그림 6-16] 데이터의 단위

(2) 수의 체계

우리는 일반적으로 10진수 형태의 숫자를 사용하고 있다. 하지만 PLC제어에서는 2진수, 10진수, 16진수, BCD등 다양한 형태의 진수를 사용하고 있어 이것을 이해하는 것이 매우 중요하다.

① 10진수

10진수는 인간이 일상생활에서 널리 사용하는 10가지의 수 (0, 1, 2, 3, 4, 5, 6, 7, 8, 9)이다. 10진수의 자리수는 10개의 수로써 나타내며 자리 값weight은 10의 거듭제곱(10^n)으로 나타낸다.

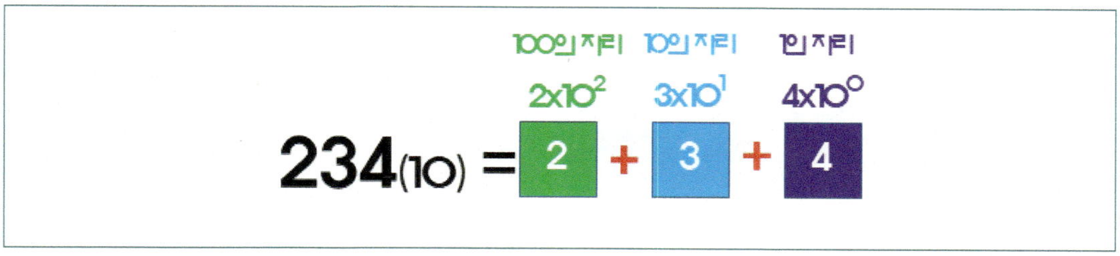

② 2진수

2진 숫자binary digit를 흔히 비트bit라고 말한다. 디지털이라 표현되는 컴퓨터 내부에서 사용되는 숫자의 형식으로,

- 10진수와 유사하게 0, 1 다음에는 자리올림이 발생하여 다음수는 10, 11, 자리올림 발생 100과 같이 표현된다. 2진수는 2의 승수(2n)로 표현하면 이해할 수 있다.

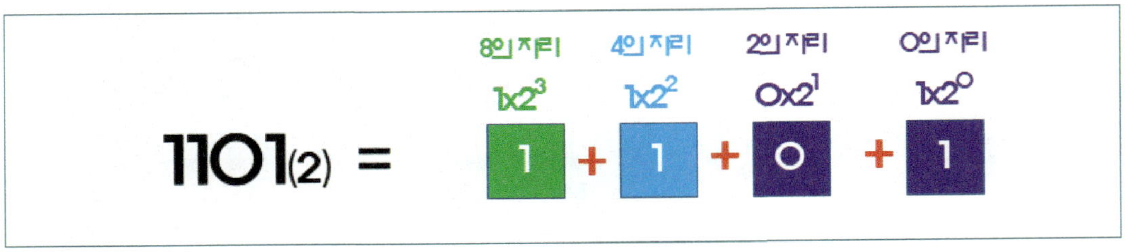

③ 16진수

2진수를 조합하여 1비트, 4비트, 8비트, 16비트, 32비트 단위로 처리하게 된다. 하지만

- 2진수 11101010(2)의 숫자의 크기를 쉽게 이해하기는 쉽지 않다.

  ※ 10진수 234(10), 16진수 EA(16)와 수의 크기는 같다

- 이러한 어려움을 보완하기 위해 PLC제어에서는 16진수(4Bit) 단위로 숫자를 읽게 된다.
- 16진수의 표현은 10진수의 0~9까지와 영문자 A, B, C, D, E, F를 사용하여 10진수의 0~15까지의 수를 16진수에서는 0~F로 표현한다.
- 10진수에서는 9다음에 자리올림이 발생되었다면 16진수는 F 다음에 자리올림이 발생하여 10이 된다. 16진수는 16의 승수(16^n)로 표현하면 이해할 수 있다.

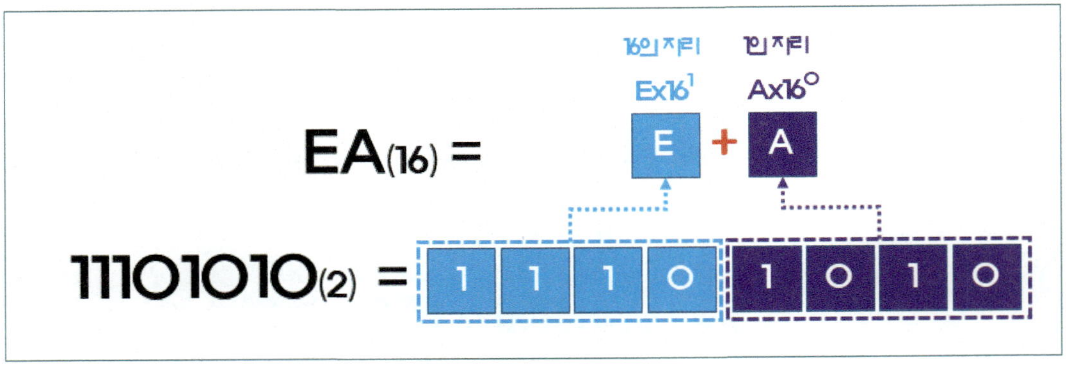

(3) 진법의 변환

PLC 프로그램을 작성하다 보면 일반적으로 사용하는 10진수를 2진수 또는 16진수로 변화하여 사용할 경우가 있다. 이를 위해 10진수를 → 2진수 → 16진수로 변환하는 방법을 배워보자

① 10진수 → 2진수로 변환

진수의 변환에는 여러 가지 방법이 있을 수 있으나 대표적인 2가지 방법을 사용해 보도록 하자.

ⓐ 10진수를 2로 연속해서 나눗셈하여 값을 얻는 방법으로, 10진수 45(10)는 2진수 101101(2)로 변환된다.

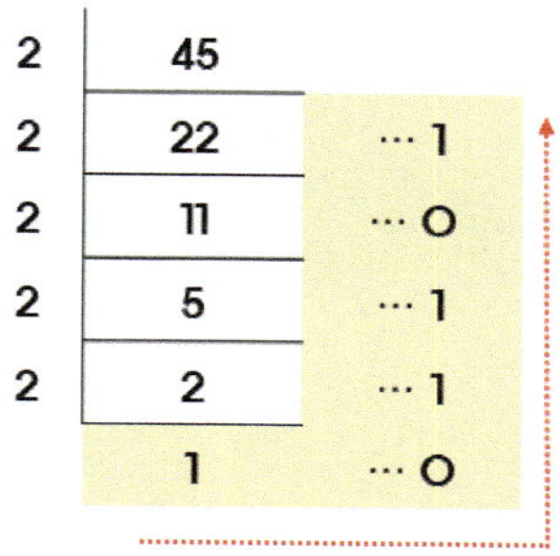

ⓑ 2의 자리수에서 빼기가 가능하면 1로 하고, 그 값을 뺀 나머지를 2진수의 자리수로 계속 빼기하는 방법으로 변환한다.

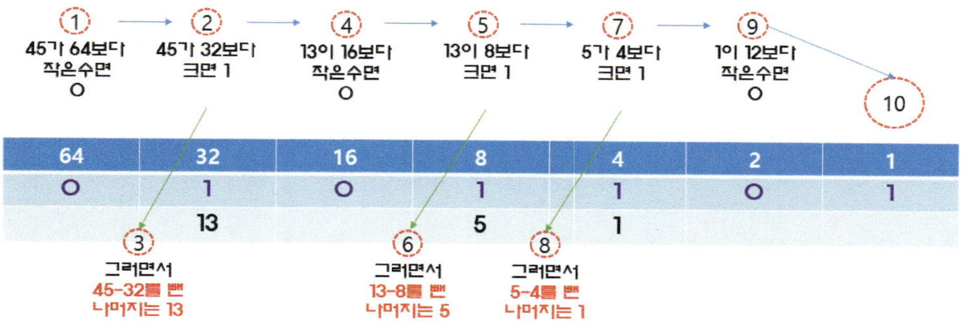

② 2진수 → 10진수로 변환

2진수를 10진수로 변환하기 위해서는 그림과 같이 2진수의 자리수의 값이 1이면 승수로 곱하고 이를 모두 더하면 된다.

2의 승수	32	16	8	4	2	1
2진수	1	0	1	1	0	1

101101(2) = 32+8+4+1=45(10)

③ 10진수 → 16진수로 변환

ⓐ 먼저 10진수를 2진수로 변환한다.

ⓑ 2진수를 16진수로 변환한다.

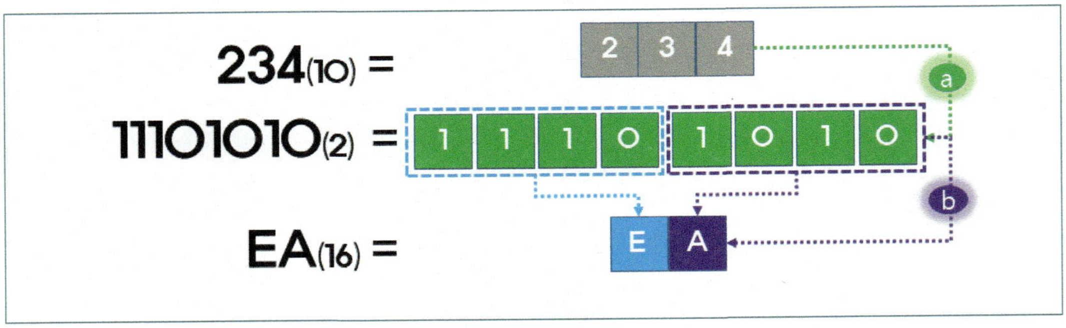

[표 6-1] 10진수, 2진수, 16진수의 관계

10진수	2진수	16진수
0	0	0
1	1	1
2	01	2
3	11	3
4	100	4
5	101	5
6	110	6
7	111	7
8	1000	8
9	1001	9
10	1010	A
11	1011	B
12	1100	C
13	1101	D
14	1110	E
15	1111	F
16	1 0000	10
…	…	…
255	1111 1111	FF

4 이론 기본명령어의 이해

(1) 데이터 전송 명령어

데이터 전송 명령어는 내부 메모리의 상호 데이터 교환, 외부의 데이터를 입력받아 PLC 내부 메모리에 저장, 내부 메모리의 값을 외부에 출력하는 등 데이터를 전송할 때 사용된다.

[표 6-2] 주요 데이터 전송 명령어

분류	명령기호	심볼	처리내용	실행 조건
16비트 데이터 전송	MOV	MOV S D	· Source(16Bit) → 데이터 메모리(D?)	
	MOVP	MOVP S D		
32비트 데이터 전송	DMOV	DMOV S D	· (S+1, S) → (D+1,D)	
	DMOVP	DMOVP S D		
문자열 데이터 전송	$MOV	$MOV S D	· (S)로 지정된 문자열을 (D)로 지정된 디바이스 이후에 전송한다.	
	$MOVP	$MOVP S D		
16비트 데이터 부정 전송	CML	CML S D	. $\overline{(S)}$ → (D)	
	CMLP	CMLP S D		
16비트 데이터 교환	XCH	XCH S D	. (D1) ↔ (D2)	
	XCHP	XCHP S D		
상하 바이트 교환	SWP	SWAP S D	(S) b15 ~ b8 b7 ~ b0 [8비트 | 8비트] → (D) b15 ~ b8 b7 ~ b0 [8비트 | 8비트] (상하 바이트 교차)	
	SWAPP	SWPAP S D		

(2) 데이터 변환 명령어

데이터 변환 명령어는 PLC 내부에서 연산 처리된 데이터가 사용자가 이해하기 어려운 2진수, 16진수 등으로 표현되므로, 인간이 이해하기 쉬운 10진수 형태로 변환할 때 필요하다.

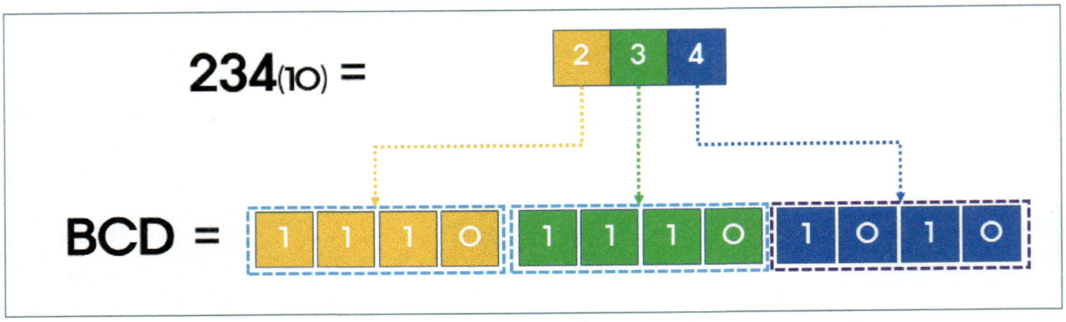

[표 6-3] 주요 데이터 전송 명령어

분류	명령기호	심볼	처리내용	실행 조건
BCD 변환	BCD	BCD | S | D	(S) —BCD 변환→ (D) BIN(0~9999)	
	BCDP	BCDP | S | D		
BIN 변환	BIN	BIN | S | D	(S) —BIN 변환→ (D) BCD(0~9999)	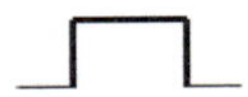
	BINP	BINP | S | D		
부동 소주점 → BIN 변환	INT	INT | S | D	(S+1, S) —BIN으로의 변환→ (D) 실수(−32768~32767)	
	INTP	INTP | S | D		

(3) 비교연산 명령어

Melsec PLC에서는 우리가 사용하고 있는 숫자의 크기를 비교하기 위해 6개의 비교연산 [(〉, 크다), (〈, 작다), (〉=, 크거나 같다), (〈=, 작거나 같다), (=, 같다) (〈〉, 같지 않다)] 명령어를 사용할 수 있다.

비교연산 명령어는 지정된 두 개의 상수(K1, K2) 또는 메모리에 저장된 값을 비교하여,

- 결과값이 참이면 출력에 "1"이 되고(비교 명령어의 우측 명령어 실행)
- 결과값이 거짓이면 출력은 "0"이 된다.(우측 명령어를 실행하지 않음)

[표 6-4] 주요 데이터 비교 명령어

분류	명령기호	심볼	처리내용
16비트 데이터 비교	LD=		· (S1)=(S2)일 때 ON 상태 · (S1)=(S2)일 때 OFF 상태
	AND=	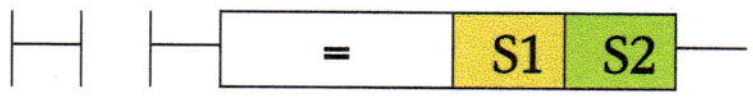	
	OR=	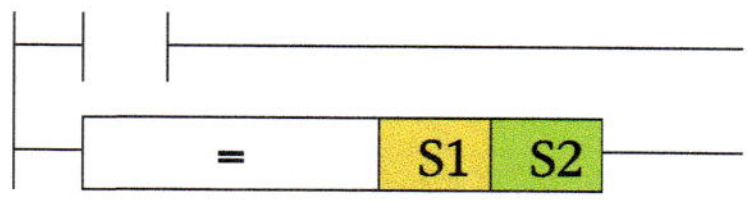	
	〈〉		· (S1〈〉(S2)일 때 ON 상태 · (S1)〈〉(S2)일 때 OFF 상태
	〉		· (S1)〉(S2)일 때 ON 상태 · (S1)〉(S2)일 때 OFF 상태
	〉=		· (S1)〉=(S2)일 때 ON 상태 · (S1)〉=(S2)일 때 OFF 상태
	〈		· (S1)〈(S2)일 때 ON 상태 · (S1)〈(S2)일 때 OFF 상태
	〈=		· (S1)〈=(S2)일 때 ON 상태 · (S1)〈=(S2)일 때 OFF 상태

(4) 산술 연산 명령어

Melsec PLC에서는 2진수 연산명령어, BCD 연산명령어 두 가지로 구분하고 있으며, 2진수 연산명령어는 정수 연산 명령어, 실수 연산 명령어로 구분된다. 대표적인 산술연산 명령어는 사칙연산(+, 더하기), (-, 빼기), (*, 곱하기), (/, 나누기)이다. 산술 연산 명령어 사용시 주의사항은 16비트 산술 연산 명령어에 사용할 수 있는 크기는 -32778~+32767이다. 따라서 연산을 위해 사용하는 값이나 산술 연산한 결과 값은 반드시 이 범위 내에 존재해야 한다.

만약, 연산의 결과가 16비트(-32778~+32767)보다 크다고 판단되면 32비트(-2,147,483,648~+2,147,483,647)산술 연산 명령어를 사용하여야 한다. 위와 같이 사용자가 연산 전 결과값의 크기의 범위를 예측하여 16비트 또는 32비트의 명령어를 결정하여야 한다.

[표 6-5] 주요 데이터 비교 명령어

분류	명령 기호	심볼	처리내용	실행 조건
BIN 16비트 데이터 덧셈 / 뺄셈	+	+ | S | D	· (D)+(S)→(D)	
	+P	+P | S | D		
	+	+ | S1 | S2 | D	· (S1)+(S2)→(D)	
	+P	+P | S1 | S2 | D		
	−	- | S | D	· (D)−(S)→(D)	
	−P	-P | S | D		
	−	- | S1 | S2 | D	· (S1)−(S2)→(D)	
	−P	-P | S1 | S2 | D		
BIN 16비트 데이터 곱하기 / 나누기	*	* | S1 | S2 | D	· (D)*(S)→(D)	
	*P	*P | S1 | S2 | D		
	/	/ | S1 | S2 | D	· (S1)/(S2)→(D)	
	/P	/P | S1 | S2 | D		

BCD 4자리 덧셈 / 뺄셈	B+	B+ | S | D	· (D)+(S)→(D)	
	B+P	B+P | S | D		
	B+	B+ | S1 | S2 | D	· (S1)+(S2)→(D)	
	B+P	B+P | S1 | S2 | D		
	B–	B- | S | D	· (D)–(S)→(D)	
	B–P	B-P | S | D		
	B–	B- | S1 | S2 | D	· (S1)–(S2)→(D)	
	B–P	B-P | S1 | S2 | D		
BCD 4자리 곱하기 / 나누기	B*	B+ | S | D	· (D)*(S)→(D)	
	B*P	B+P | S | D		
	B*	B+ | S1 | S2 | D	· (S1)*(S2)→(D)	
	B*P	B+P | S1 | S2 | D		
	B/	B/ | S | D	· (D)/(S)→(D)	
	B/P	B/P | S | D		
	B/	B/ | S1 | S2 | D	· (S1)/(S2)→(D)	
	B/P	B/P | S1 | S2 | D		

※ 32비트 산술연산의 경우 Melsec PLC 공통명령어 교재를 활용

실습 13 **데이터 전송 명령어 실습하기**

데이터 전송 명령어 실습하기

학습목표: 이번 실습에서는 Bit 단위의 제어(시퀀스 제어)가 아닌 Word(16Bit), Double Word(32Bit) 단위의 데이터 전송에 대해 알아보자.

13.1 주요 동작 설명

① PB1(X10)을 누르면 디지털 스위치 X0~X3의 4Bit 데이터를 워드 데이터(D0)로 전송

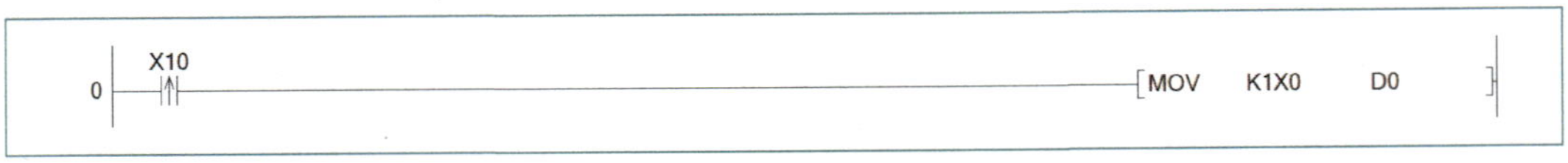

[그림 6-17] PLC MOVE 명령 처리

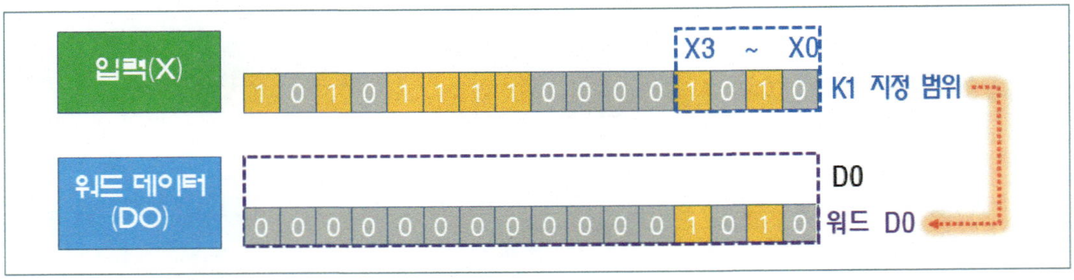

[그림 6-18] PLC MOVE 명령 처리 결과

② PB1(X10)을 누르면 디지털 스위치 X4~X7의 4Bit 데이터를 워드 데이터(D1)로 전송

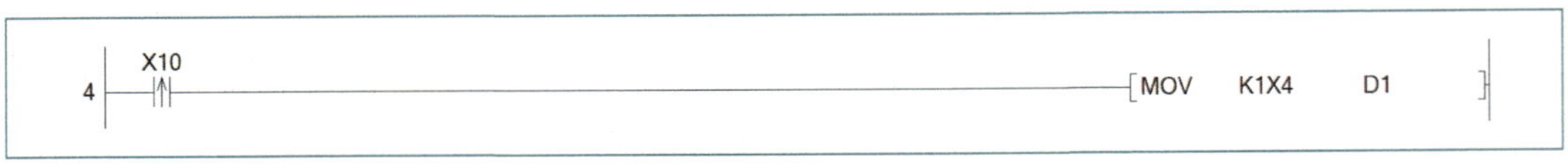

[그림 6-19] PLC MOVE 명령 처리

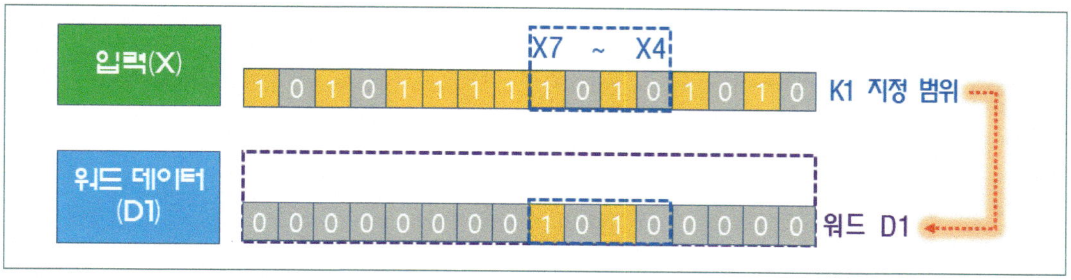

[그림 6-20] PLC MOVE 명령 처리 결과

③ PB2(X11)을 누르면 디지털 스위치 X0~X7의 8Bit 데이터를 워드 데이터(D2)로 전송

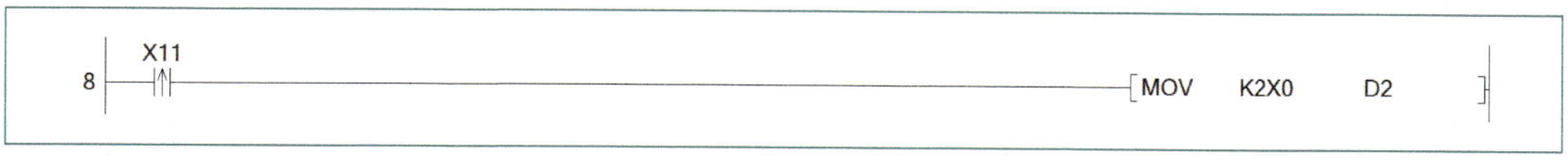

[그림 6-21] PLC MOVE 명령 처리

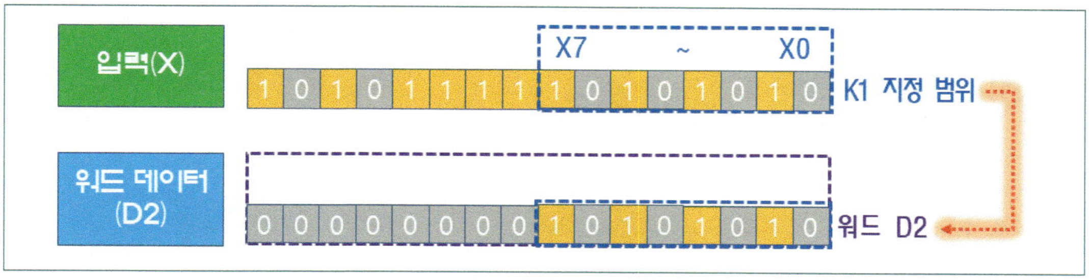

[그림 6-21] PLC MOVE 명령 처리 결과

④ PB2(X11)을 누르면 디지털 스위치 XF~X8의 8Bit 데이터를 워드 데이터(D3)로 전송

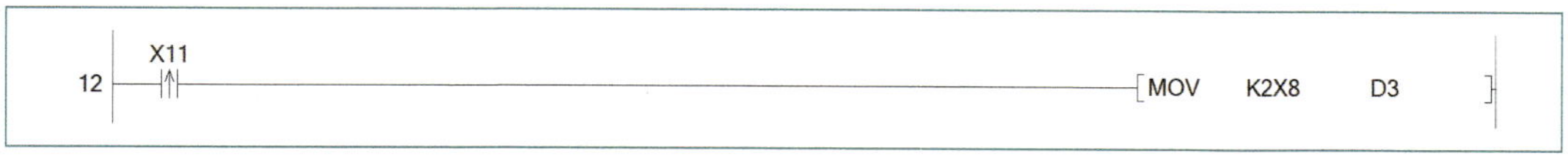

[그림 6-22] PLC MOVE 명령 처리

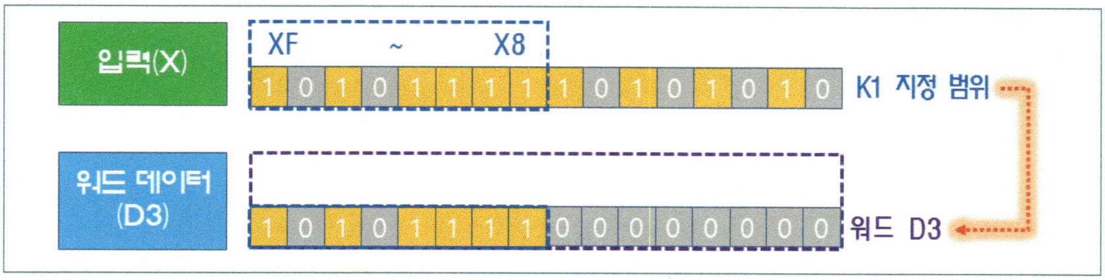

[그림 6-23] PLC MOVE 명령 처리 결과

⑤ PB3(X12)을 누르면 디지털 스위치 X0~Xf의 16Bit 데이터를 워드 데이터(D4)로 전송

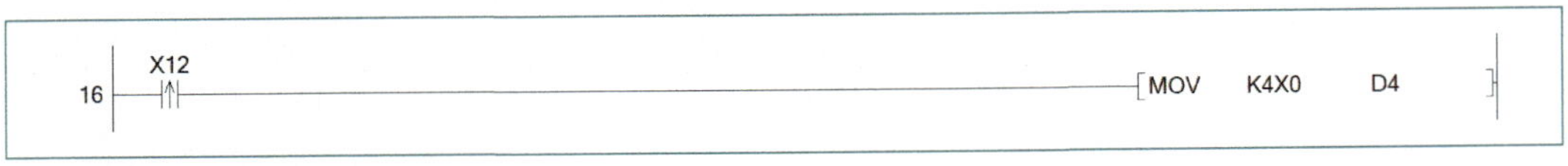

[그림 6-24] PLC MOVE 명령 처리

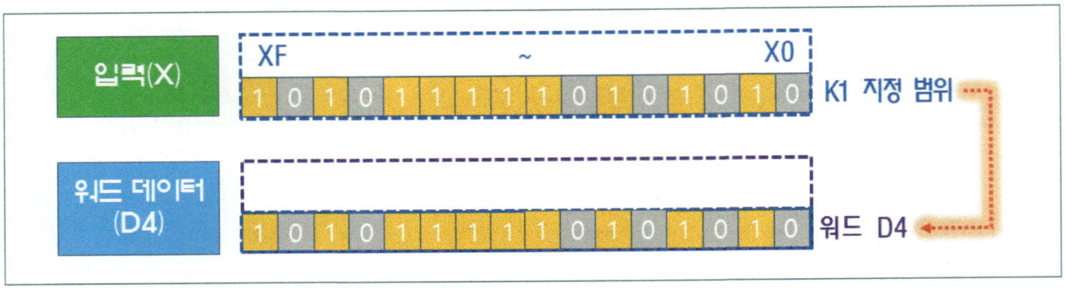

[그림 6-25] PLC MOVE 명령 처리 결과

⑥ PB4(X13)을 누르면 그 값을 내부 D5의 특정 비트(5번째 비트)를 SET 또는 RESET(PB5, X14) 시키는 전송

※ 전송명령어와는 다르나 특정 비트를 변경하고자 할 경우 자주 사용한다.

[그림 6-26] PLC MOVE 명령 처리

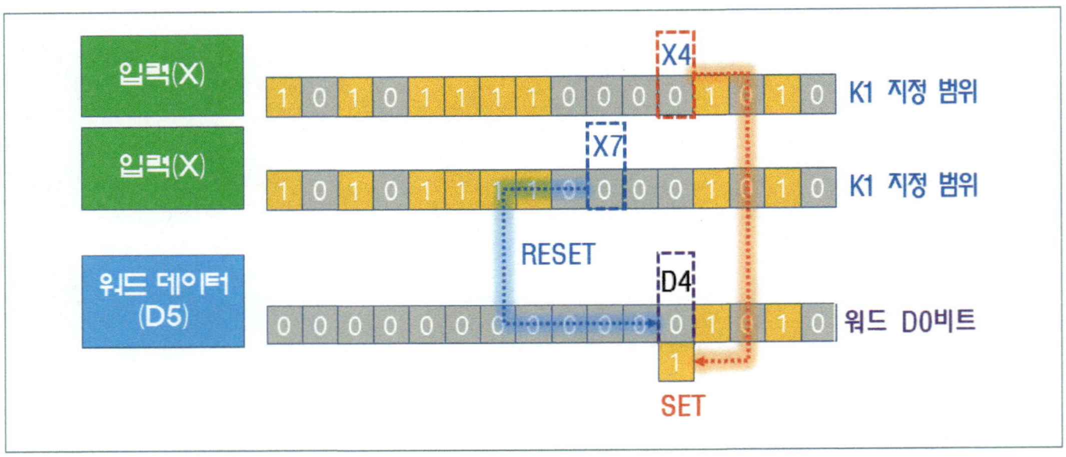

[그림 6-27] PLC SET, RST 명령 처리 결과

⑦ 전원이 On 되면 정수(K1234→ D6), 16진수(H1234 → D7)를 메모리에 전송

ⓐ 정수(K1234→ D6)

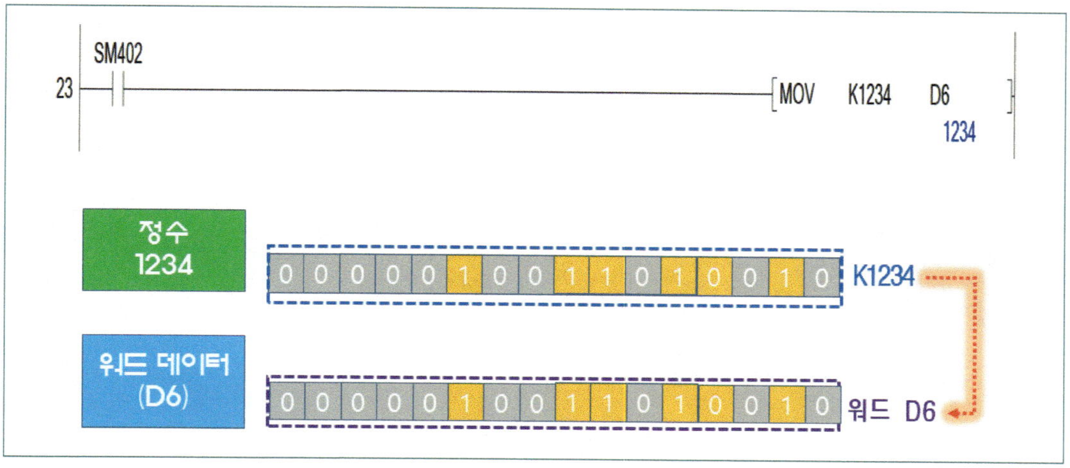

[그림 6-28] PLC MOVE 명령 처리

ⓑ 16진수(H1234 → D7)

※ 16진수(H1234)는 10진수(K4660)과 같은 수이며, Melsec PLC의 경우 모니터링 상태에서는 D7 메모리의 값을 정수로 표현한다.

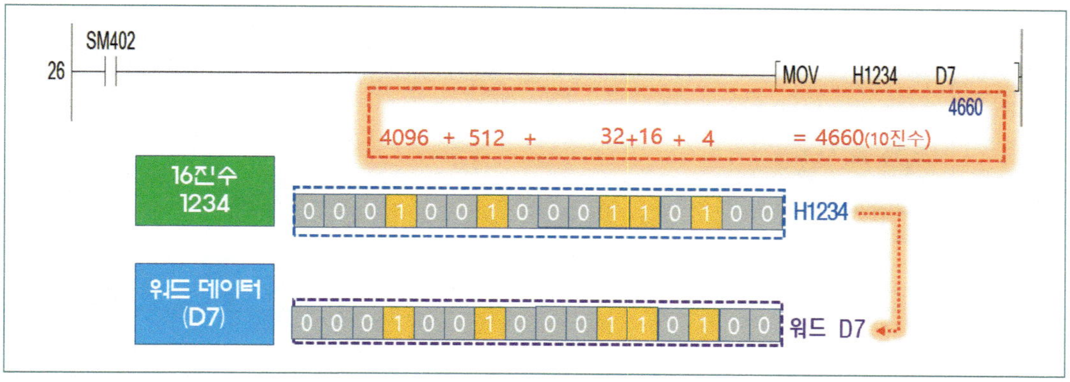

[그림 6-29] PLC MOVE 명령 처리

⑧ PB5(X14)을 누르면 디지털 스위치 X0~XF 값을 D8에 저장하고, 저장된 D8의 값을 디지털 숫자표시기 Y30~Y3F로 전송

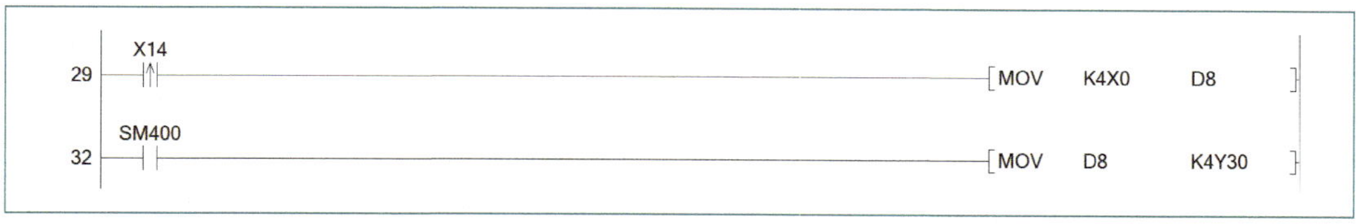

[그림 6-30] PLC MOVE 명령 처리

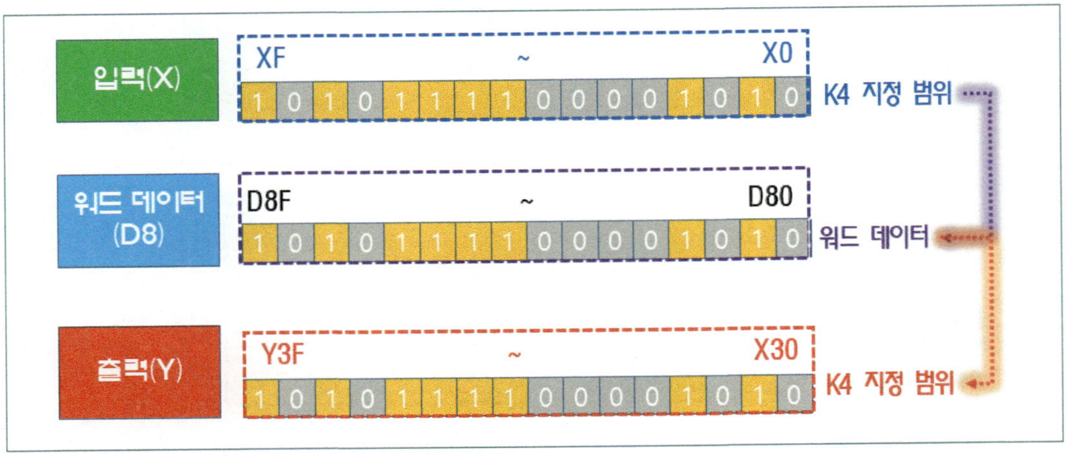

[그림 6-31] PLC MOVE 명령 처리 결과

13.2 구성 회로

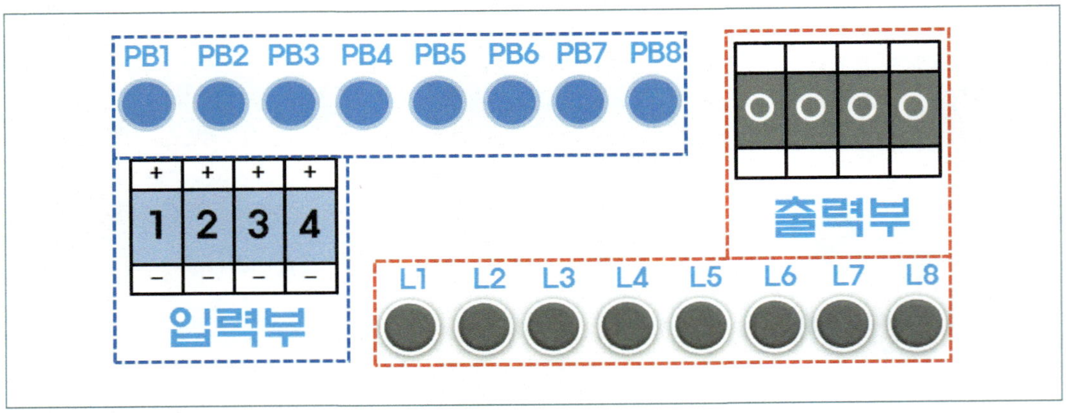

[그림 6-32] 입/출력부 구성

13.3 실습 회로도 및 PLC 회로 결선

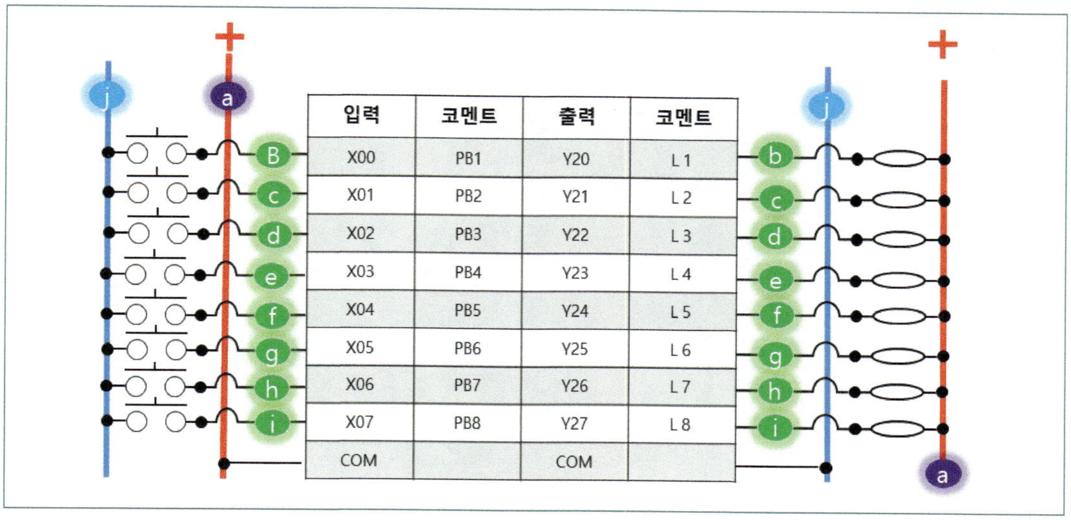

[그림 6-33] 실습1 I/O 배선도

[그림 6-34] 실습1 I/O 배선도(디지털 입력/출력)

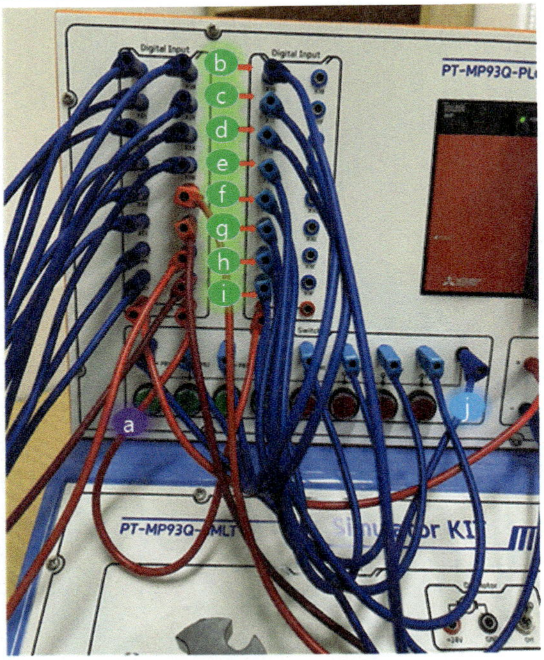

[그림 6-35] 실습13 PLC I/O 실제 배선도(입력부)

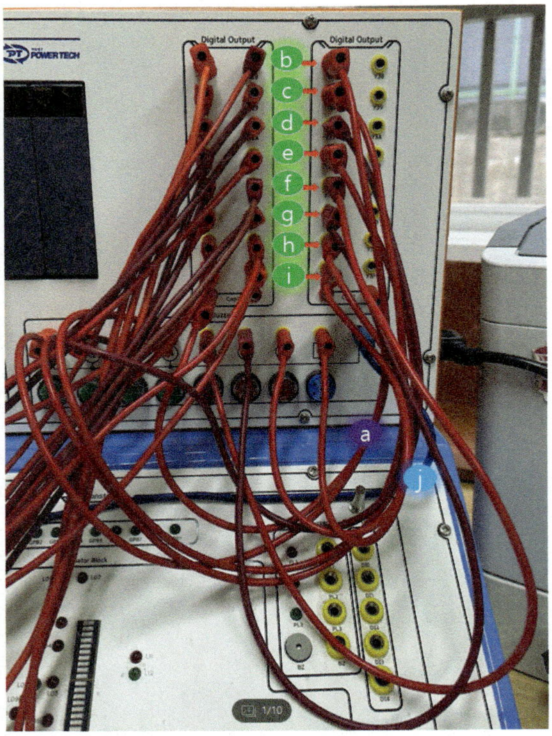

[그림 6-36] 실습13 PLC I/O 실제 배선도(출력부)

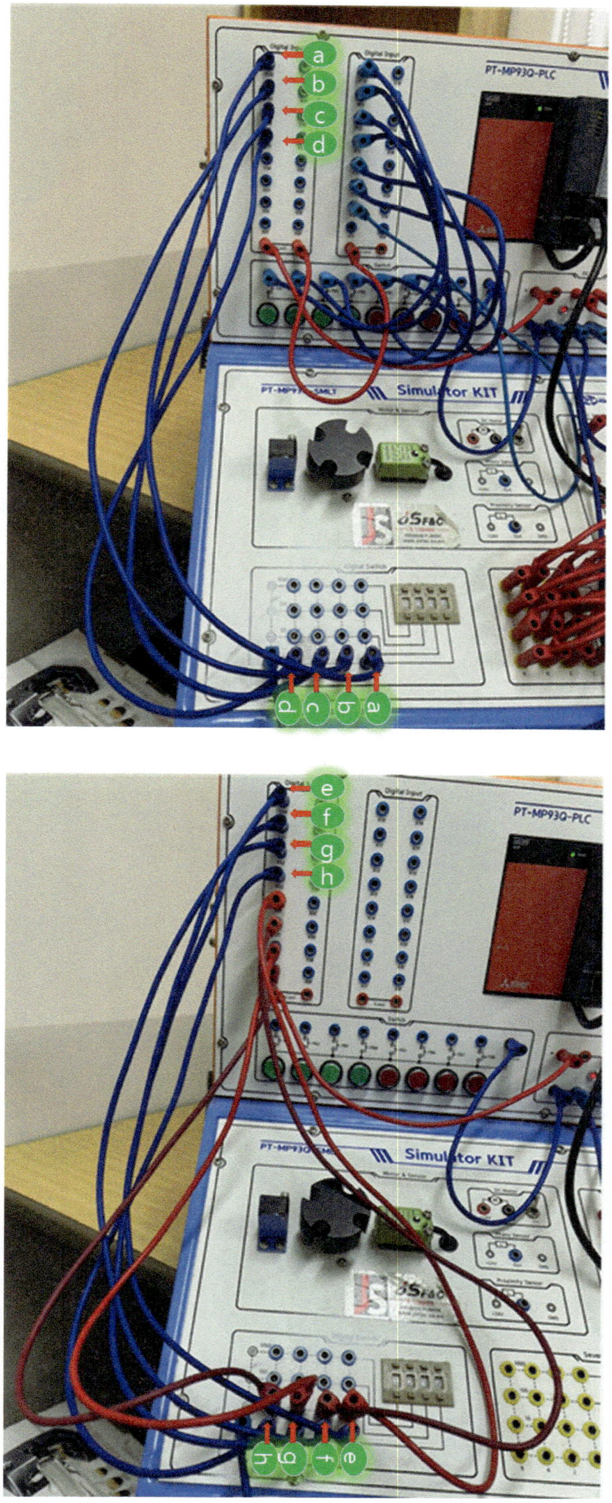

[그림 6-37] 실습13 PLC BCD 입력장치 실제 배선도(입력부)

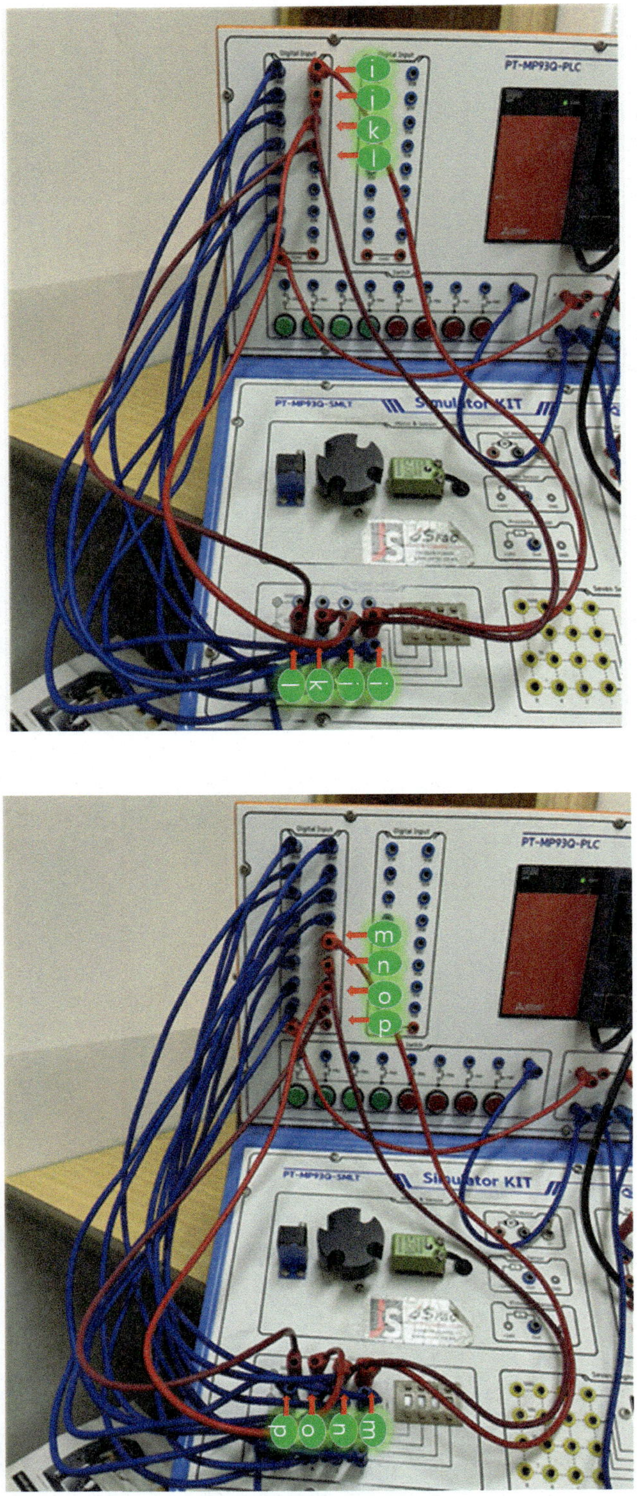

[그림 6-38] 실습13 PLC BCD 입력장치 실제 배선도(입력부)

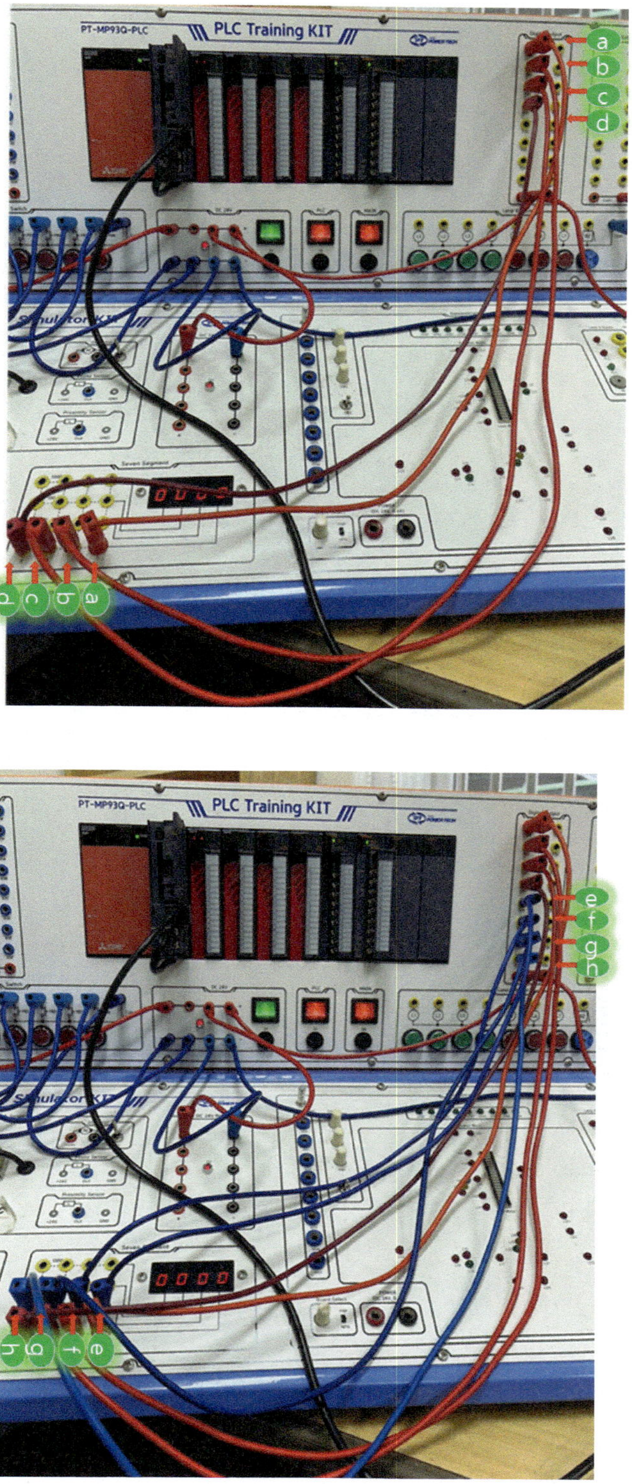

[그림 6-39] 실습13 PLC FND 출력장치 실제 배선도(출력부)

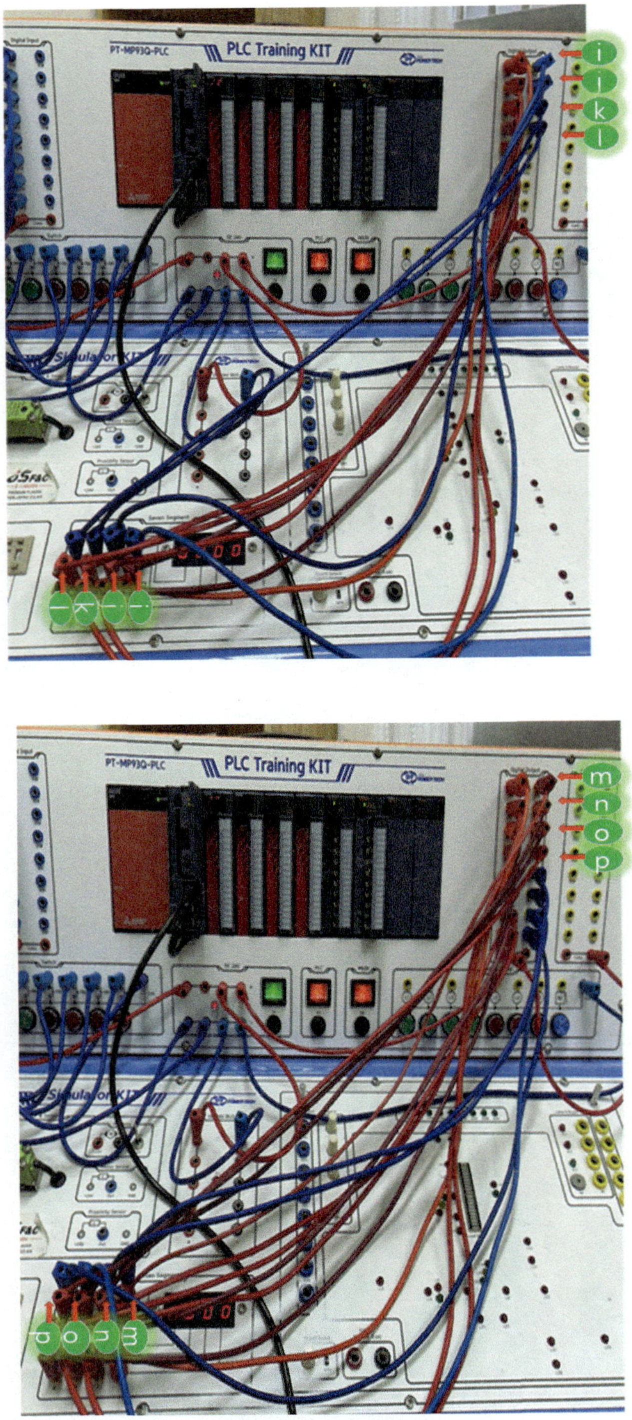

[그림 6-40] 실습13 PLC FND 출력장치 실제 배선도(출력부)

13.4 주요 전송 명령어

분류	명령기호	심볼	처리내용	실행 조건
16비트 데이터 전송	MOV	MOV S D	· Source(16Bit) → 데이터 메모리(D?)	
	MOVP	MOVP S D		
32비트 데이터 전송	DMOV	DMOV S D	· (S+1, S) → (D+1.D)	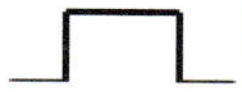
	DMOVP	DMOVP S D		
문자열 데이터 전송	$MOV	$MOV S D	· (S)로 지정된 문자열을 (D)로 지정된 디바이스 이후에 전송한다.	
	$MOVP	$MOVP S D		
16비트 데이터 부정 전송	CML	CML S D	. $(\overline{S})$ ──→ (D)	
	CMLP	CMLP S D		
16비트 데이터 교환	XCH	XCH S D	. (D1) ←──→ (D2)	
	XCHP	XCHP S D		
상하 바이트 교환	SWP	SWAP S D	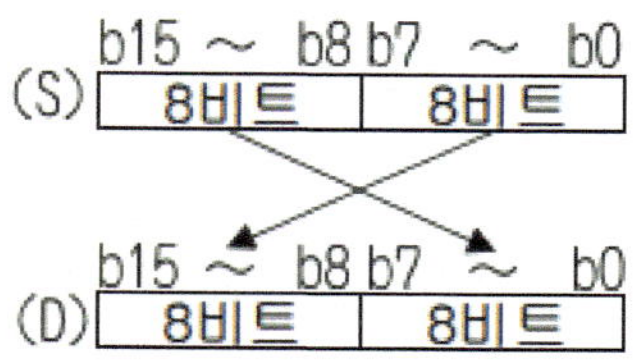	
	SWAPP	SWPAP S D		

13.5 실습 데이터 전송 명령어 프로그램 입력하기

☞ 이번 실습부터는 앞에서 배운 프로그램 입력 방법과 동일하게 작성한다.

① 새로운 프로젝트를 생성하기
② PLC 프로그램 입력하기
③ PLC 프로그램 작성이 완료되면, 작성된 프로그램을 반드시 PLC에 전송 가능한 파일로 변환하여야 한다.
   ⓐ Compile 클릭 → ⓑ Build 클릭

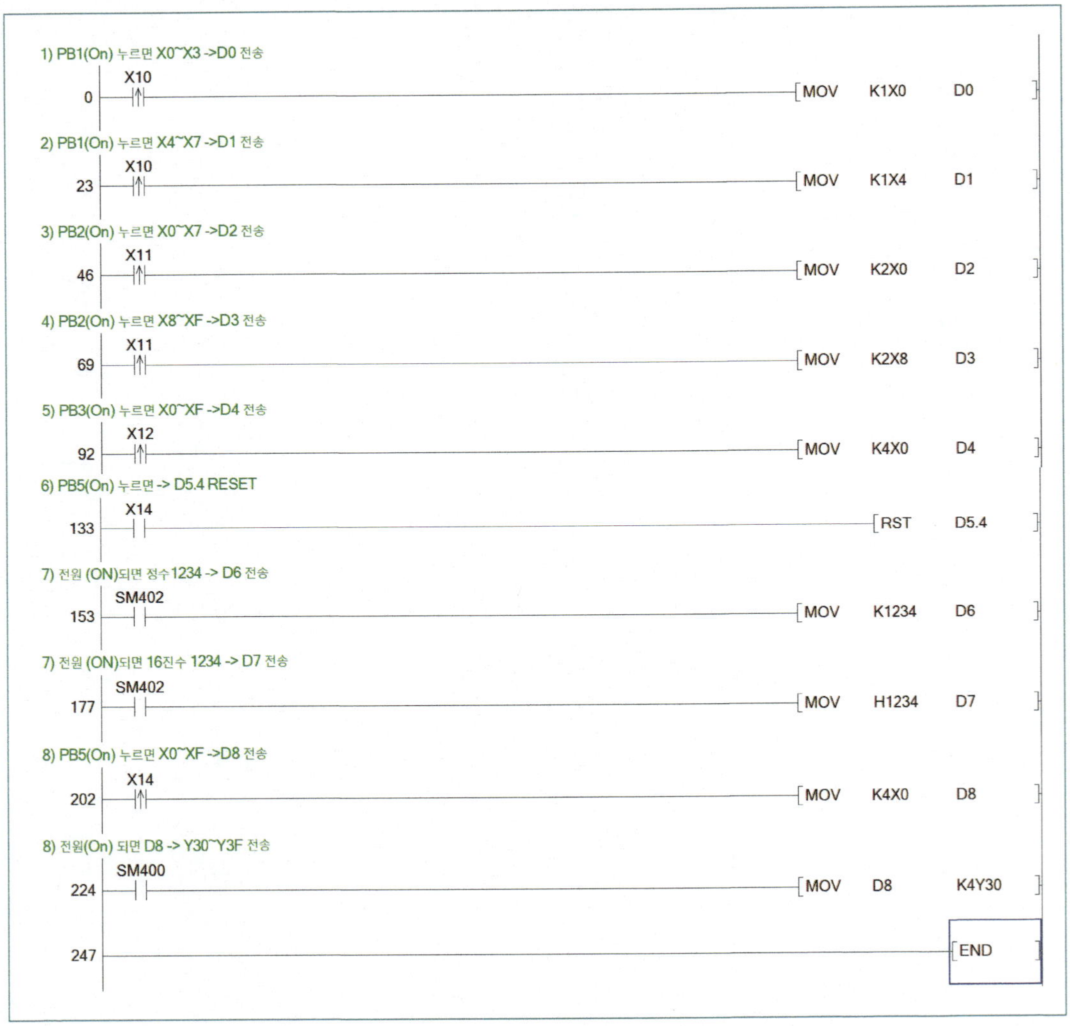

④ PLC 프로그램이 정상적으로 작성되어 컴파일(변환) 된 후 프로그램을 PLC에 전송하여야 한다.

ⓐ Online 클릭 → ⓑ Write to PLC 클릭 →

ⓒ Parameter + Program 버튼 클릭 → ⓓ Execute 버튼 클릭

⑤ PLC에 프로그램 전송이 완료되면 PLC는 작동상태가 된다. 이때 PLC의 입/출력이 정상적으로 동작되는지를 확인하기 위해 모니터링을 실시하게 된다.

ⓐ Online 클릭 → ⓑ Monitor 클릭 → ⓒ Monitor Mode 클릭

13.6 데이터 전송 명령어 프로그램 동작 확인하기

① PB1(X10)을 누르면 디지털 스위치 X0~X3의 4Bit 데이터를 워드 데이터(D0)로 전송

디지털 스위치값	GX-Works
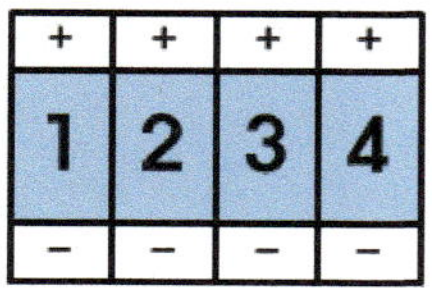	

② PB1(X10)을 누르면 디지털 스위치 X4~X7의 4Bit 데이터를 워드 데이터(D1)로 전송

디지털 스위치값	GX-Works
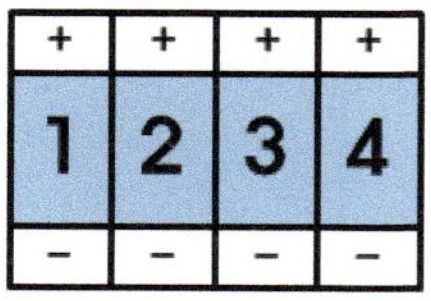	

③ PB2(X11)을 누르면 디지털 스위치 X0~X7의 8Bit 데이터를 워드 데이터(D2)로 전송

디지털 스위치값	GX-Works
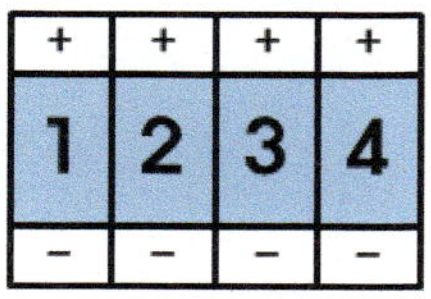	

※ X0~X7은 16진수(34), 2진수(0011 0100)이므로 10진수는 52(32+16+4)이다.

④ PB2(X11)을 누르면 디지털 스위치 XF~X8의 8Bit 데이터를 워드 데이터(D3)로 전송

디지털 스위치값	GX-Works
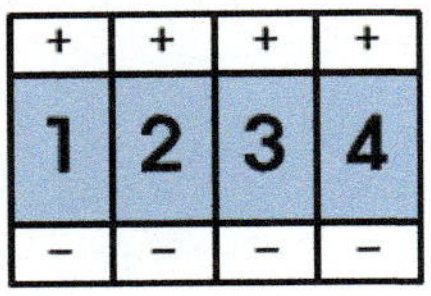	

※ XF~X8은 16진수(12), 2진수(0001 0010)이므로 10진수는 18(16+2)이다.

⑤ PB3(X12)을 누르면 디지털 스위치 X0~Xf의 16Bit 데이터를 워드 데이터(D4)로 전송

디지털 스위치값	GX-Works
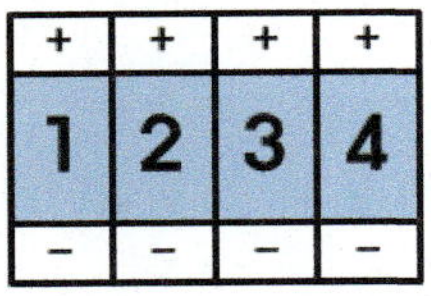	

※ XF~X0은 16진수(1234), 2진수(0001 0010 0011 0100)이므로 10진수는 4660(4096+512+32+16+4)이다.

⑥ PB4(X13)을 누르면 그 값이 내부 D5의 특정 비트(5번째 비트)를 SET 또는 RESET(PB5, X14) 시키는 전송

※ 전송명령어와는 다르나 특정 비트를 변경하고자 할 경우 자주 사용한다.

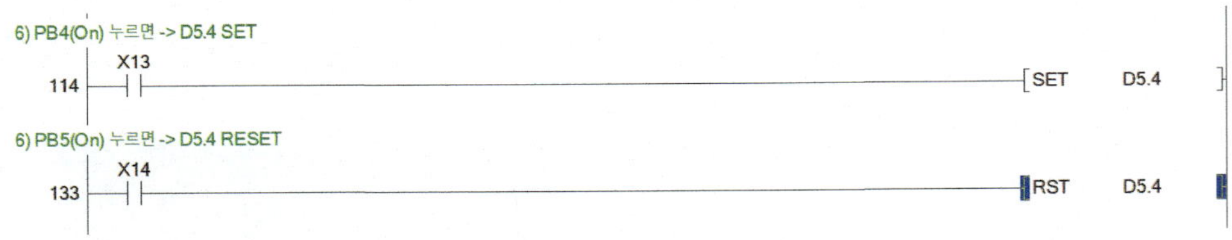

⑦ 전원이 On 되면 정수(K1234 → D6), 16진수(H1234 → D7)를 메모리에 전송

ⓐ 정수(K1234→ D6)

정수	GX-Works
K1234	

※ Melsec PLC에서 정수 K1234를 입력하면 D6에 정수 K1234가 전송

ⓑ 16진수(H1234 → D7)

16진수	GX-Works
H1234	

※ Melsec PLC에서는 16진수(1234) → 2진수(0001 0010 0011 0100)이므로 10진수는 4660(4096+512+32+16+4)이다.

⑧ PB5(X14)을 누르면 디지털 스위치 X0~XF 값을 D8에 저장하고, 저장된 D8의 값이 디지털 숫자표시기 Y30~Y3F로 전송

ⓐ Melsec PLC에서는 X0~XF값 16진수(1234) → 2진수(0001 0010 0011 0100)이므로 10진수는 4660로 읽어 들인다.

정수	GX-Works
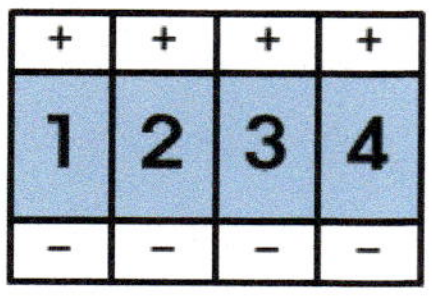	

ⓑ Melsec PLC에서는 정수인 10진수 4660을 Y30~Y3F로 출력하기 위해 내부에서 10진수(4660) → 16진수(1234)로 변경하여 전송한다.

정수	GX-Works
	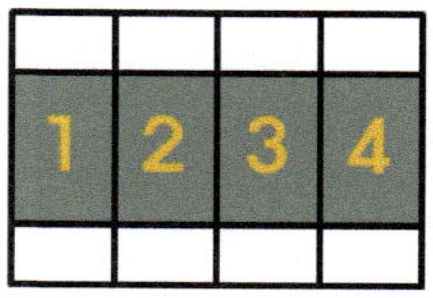

실습 14 데이터 변환 명령어 실습하기

학습목표: 이번 실습에서는 외부의 BCD 입력/출력 장치를 이용하여 Melsec PLC에 BCD → 정수(K)로 입력 받거나 출력 하는 방법에 대해 알아보자.

14.1 주요 동작 설명

① PB1(X10)을 누르면 디지털 스위치 X0~XF의 16Bit 데이터를 BIN(2진수)로 입력받아 데이터(D0)로 전송

※ 이때 D0 데이터에는 K18이 아닌 K12가 저장된다.

② PB2(X11)을 누르면 D0의 값을 BCD로 Y30~Y3F에 출력

※ D0의 K12를 BCD로 출력하면 K18이 출력되어 사용자가 디지털 표시기에서 12로 읽을 수 있다.

③ PB3(X12)을 누르면 D0의 값을 MOV로 Y30~Y3F에 출력

※ 하지만 D0의 K12를 MOV로 출력하면 K12가 출력되어, 16진수의 'C'가 디지털 표시기에 'C'로 표시되어야 하나 표시기에 따라 표시가 어려울 수 있다.

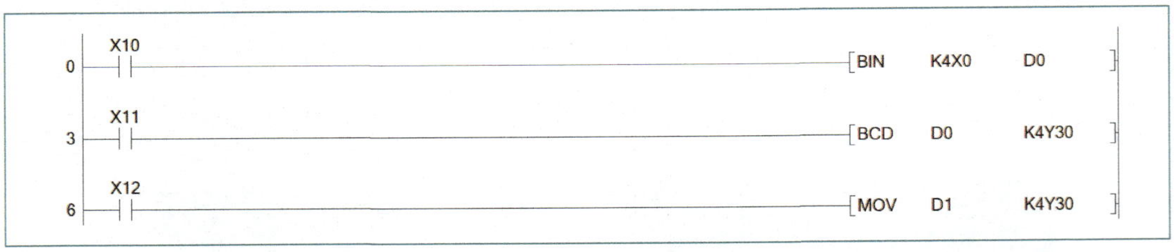

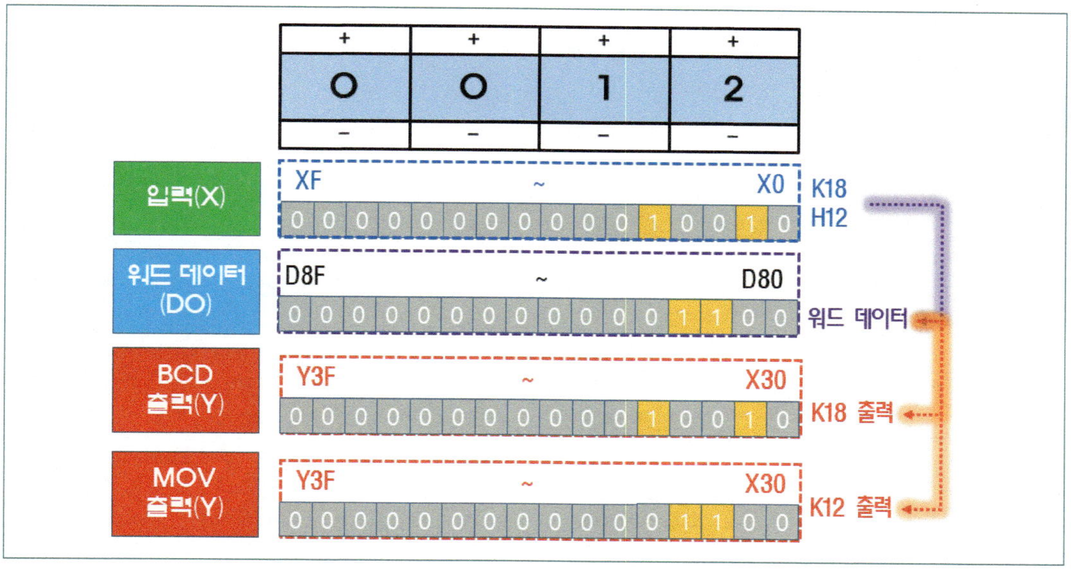

14.2 구성회로

"실습 13과 동일한 구성회로"

14.3 실습 회로도 및 PLC 회로 결선

"실습 13과 동일한 구성회로"

14.4 주요 데이터 변환 명령어

분류	명령기호	심볼	처리내용	실행 조건
BCD 변환	BCD	BCD | S | D	(S) —BCD 변환→ (D) BIN(0~9999)	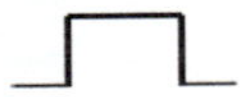
	BCDP	BCDP | S | D		
BIN 변환	BIN	BIN | S | D	(S) —BIN 변환→ (D) BCD(0~9999)	
	BINP	BINP | S | D		
부동 소주점 → BIN 변환	INT	INT | S | D	(S+1, S) —BIN으로의 변환→ (D) 실수(−32768~32767)	
	INTP	INTF | S | D		

14.5 실습 데이터 변환 명령어 프로그램 입력하기

☞ 이번 실습부터는 앞에서 배운 프로그램 입력 방법과 동일하게 작성한다.

① 새로운 프로젝트를 생성하기

② PLC 프로그램 입력하기

③ PLC 프로그램 작성이 완료되면, 작성된 프로그램을 반드시 PLC에 전송 가능한 파일로 변환하여야 한다.

ⓐ Compile 클릭 → ⓑ Build 클릭

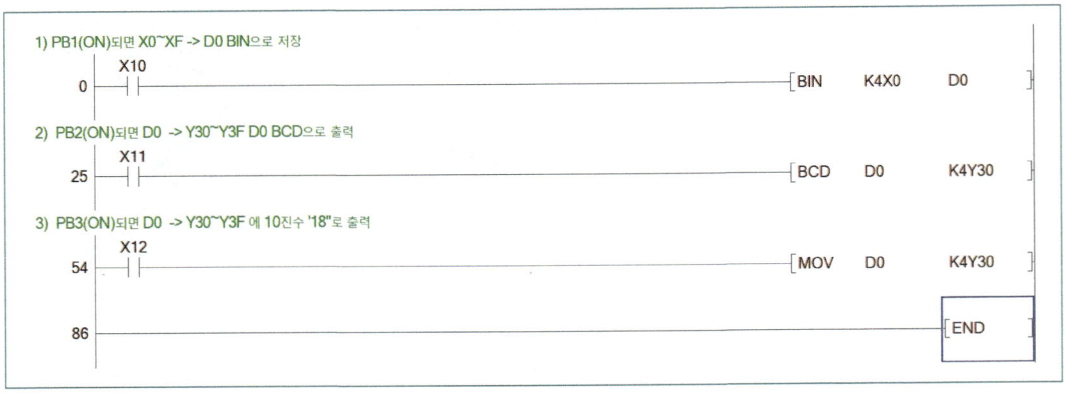

④ PLC 프로그램이 정상적으로 작성되어 컴파일(변환) 된 후 프로그램을 PLC에 전송하여야 한다.

ⓐ Online 클릭 → ⓑ Write to PLC 클릭 →

ⓒ Paramete + Program 버튼 클릭 → ⓓ Execute 버튼 클릭

⑤ PLC에 프로그램 전송이 완료되면 PLC는 작동상태가 된다. 이때 PLC의 입/출력이 정상적으로 동작되는지를 확인하기 위해 모니터링을 실시하게 된다.

ⓐ Online 클릭 → ⓑ Monitor 클릭 → ⓒ Monitor Mode 클릭

14.6 데이터 변환 명령어 프로그램 동작 확인하기

① PB1(X10)을 누르면 디지털 스위치 X0~XF의 16Bit 데이터를 BIN (2진수)로 입력받아 데이터(D0)로 전송

※ 이때 D0 데이터에는 K18이 아닌 K12가 저장된다.

디지털 스위치값	GX-Works

② PB2(X11)을 누르면 D0의 값을 BCD로 Y30~Y3F에 출력

※ D0의 K12를 BCD로 출력하면 K18이 출력되어 사용자가 디지털 표시기에서 12로 읽을 수 있다.

디지털 스위치값	GX-Works
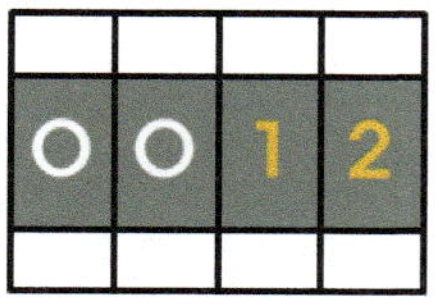	

③ PB3(X12)을 누르면 D0의 값을 MOV로 Y30~Y3F에 출력

※ 하지만 D0의 K12를 MOV로 출력하면 K12가 출력되어, 16진수의 'C'가 디지털 표시기에 'C'로 표시되어야 하나 표시기에 따라 표시가 어려울 수 있다.

디지털 표시값	GX-Works
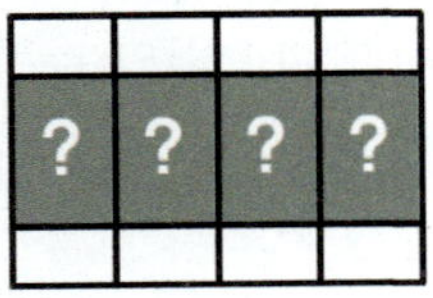	

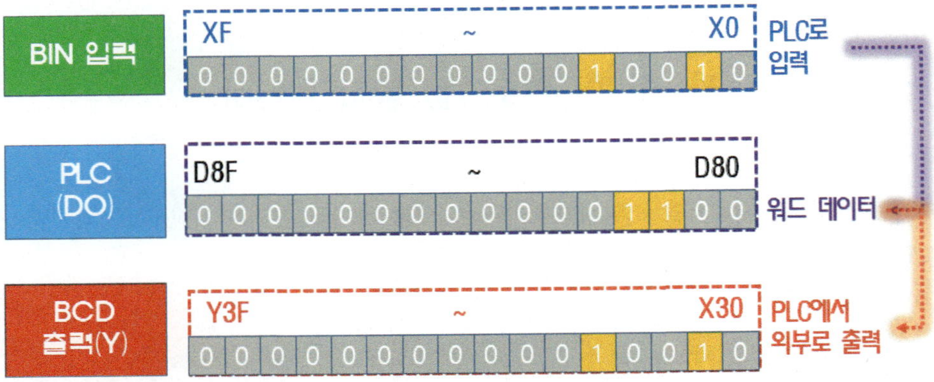

[그림 6-41] 입력장치(BIN) → PLC → 출력장치(BCD)

실습 15 데이터 비교 명령어 실습하기

학습목표: 이번 실습에서는 외부의 BCD 입력장치에서 숫자를 입력받아 그 값을 설정값 또는 비교데이터와 비교하여 크다(>), 크거나 같다(>=), 같다(=), 작거나 같다(<=), 작다(<), 같지 않다(<>)의 출력값을 얻을 수 있다. 이를 램프를 통해서 확인할 수 있다.

15.1 주요 동작 설명

① 전원을 켜면 BCD 입력장치의 하위 숫자 2개를 10진수로 읽어 데이터(D0)에 저장한다.

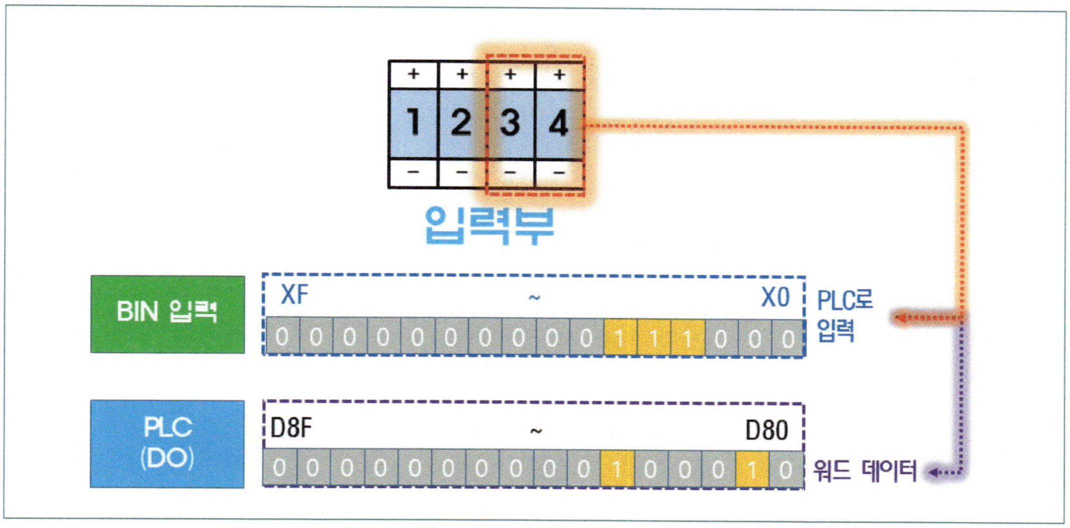

ⓐ SM400은 상시 ON 접점으로 전원이 부가되어 있는 동안에는 항상 하위 숫자 2개를 읽을 수 있다.

ⓑ Melsec PLC에서는 X0~X7값 16진수(34) → 2진수(0011 0100)이므로 10진수로는 52로 읽어 들인다.

ⓒ BCD 입력장치의 숫자를 정수로 읽기 위해 BIN명령어(변환)를 사용한다. 2진수(52)로 읽어 BIN 명령어에 의해 10진수(34)로 변환한다.

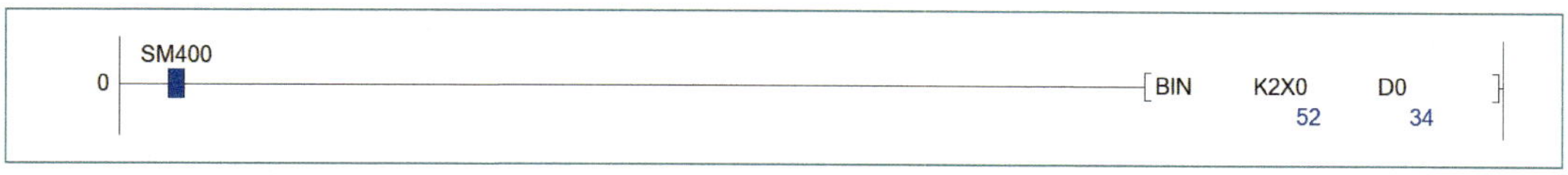

② 전원을 켜면 BCD 입력장치의 상위 숫자 2개를 10진수로 읽어 데이터(D1)에 저장한다.

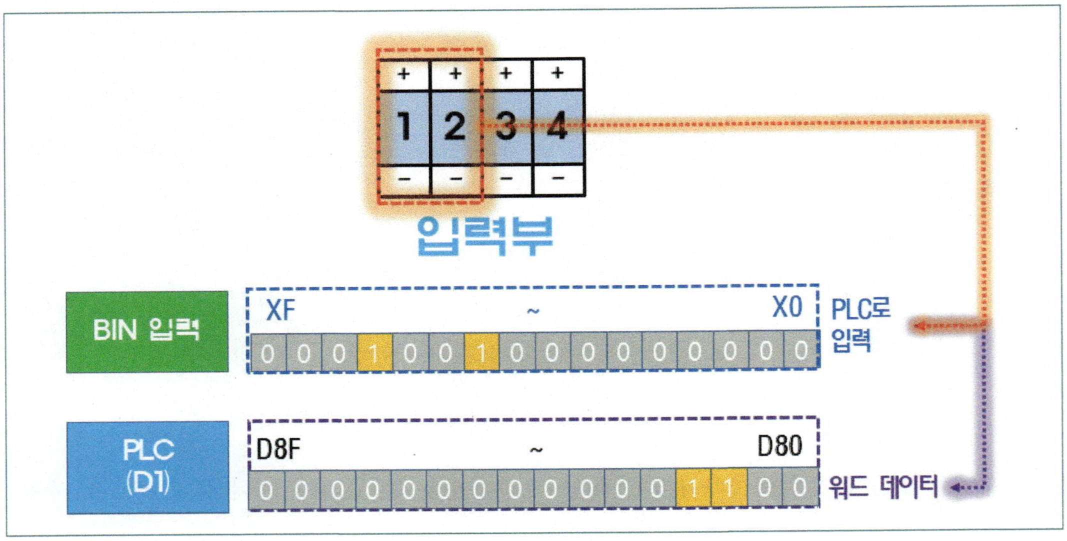

ⓐ SM400은 상시 ON 접점으로 전원이 부가되어 있는 동안에는 항상 상위 숫자 2개를 읽을 수 있다.

ⓑ Melsec PLC에서는 XF~X8값 16진수(12) → 2진수(0001 0011)이므로 10진수로는 18로 읽어 들인다.

ⓒ BCD 입력장치의 숫자를 정수로 읽기 위해 BIN명령어(변환)를 사용한다. 2진수(18)로 읽어 BIN 명령어에 의해 10진수(12)로 변환한다.

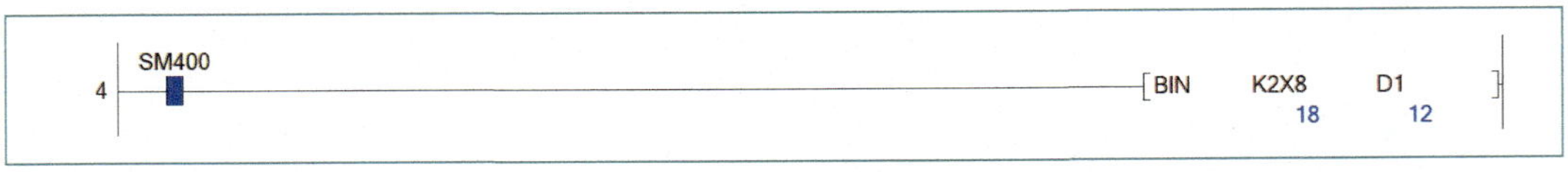

③ 상위 숫자 2개(A)와 하위 숫자 2개(B)를 비교하여

ⓐ PB1을 누르면, A값이 B보다 크면(>) 램프1 ON, 나머지 상태는 OFF

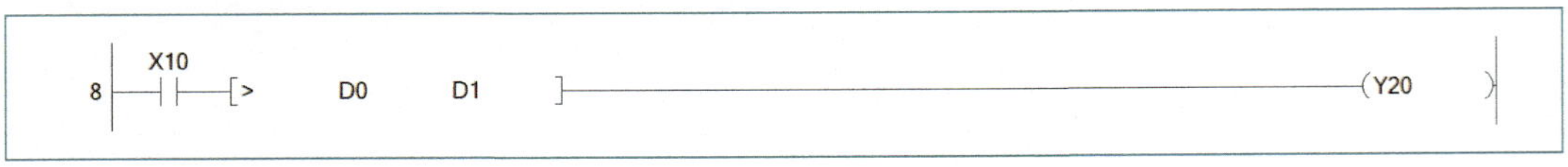

ⓑ PB1을 누르면, A값이 B보다 크거나 같으며(>=) 램프2 ON, 나머지 상태는 OFF

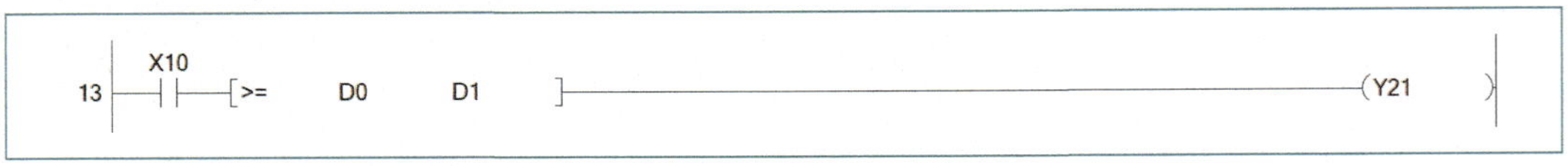

ⓒ PB1을 누르면, A값이 B보다 같으면(=) 램프3 ON, 나머지 상태는 OFF

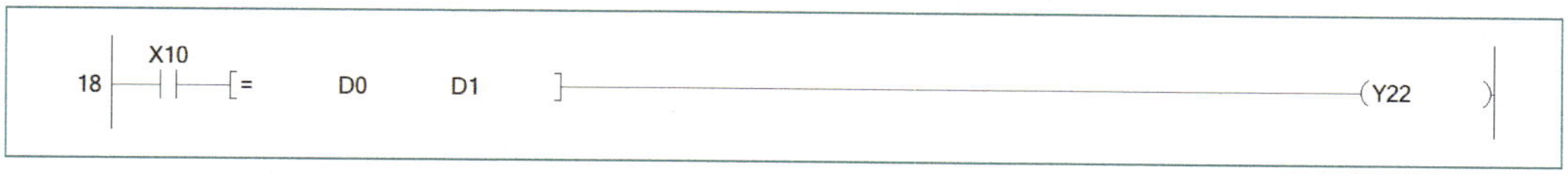

ⓓ PB1을 누르면, A값이 B보다 작거나 같으면(〈=) 램프4 ON, 나머지 상태는 OFF

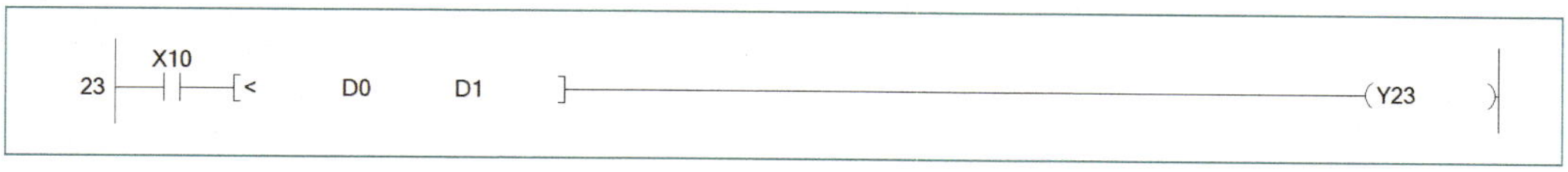

ⓔ PB1을 누르면, A값이 B보다 작으면(〈) 램프5 ON, 나머지 상태는 OFF

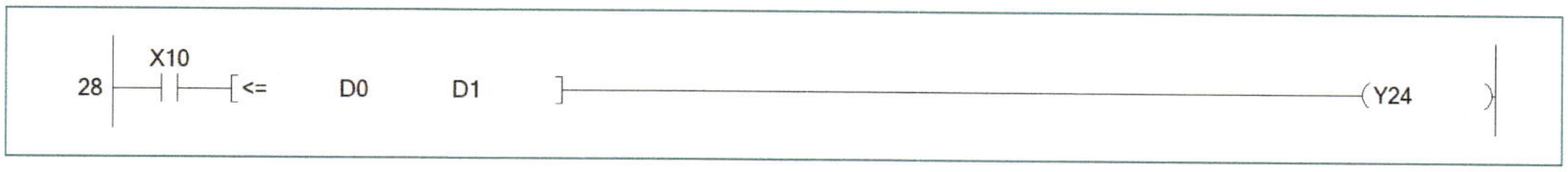

ⓕ PB1을 누르면, A값이 B보다 같지않으면(〈〉) 램프6 ON, 나머지 상태는 OFF

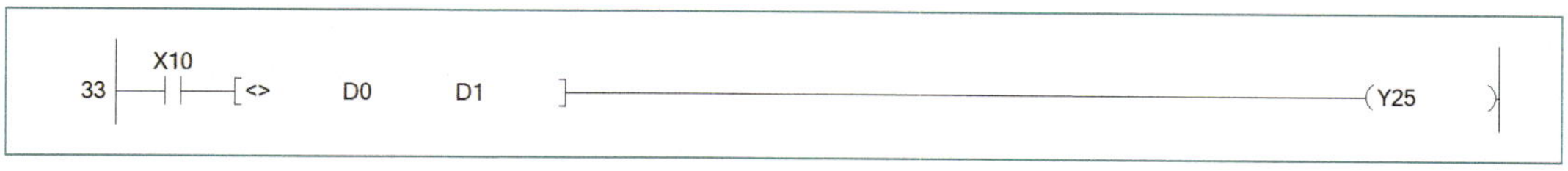

15.2 구성 회로

"실습 13과 동일한 구성회로"

15.3 실습 회로도 및 PLC 회로 결선

"실습 13과 동일한 구성회로"

15.4 주요 데이터 비교 명령어

분류	명령기호	심볼	처리내용
16비트 데이터 비교	LD=	= S1 S2	· (S1)=(S2)일 때 ON 상태 · (S1)=(S2)일 때 OFF 상태
	AND=	= S1 S2	
	OR=	= S1 S2	
	〈〉	<> S1 S2	· (S1〈〉(S2)일 때 ON 상태 · (S1)〈〉(S2)일 때 OFF 상태
	〉	> S1 S2	· (S1)〉(S2)일 때 ON 상태 · (S1)〉(S2)일 때 OFF 상태
	〉=	>= S1 S2	· (S1)〉=(S2)일 때 ON 상태 · (S1)〉=(S2)일 때 OFF 상태
	〈	< S1 S2	· (S1)〈(S2)일 때 ON 상태 · (S1)〈(S2)일 때 OFF 상태
	〈=	<= S1 S2	· (S1)〈=(S2)일 때 ON 상태 · (S1)〈=(S2)일 때 OFF 상태

15.5 실습 데이터 비교 명령어 프로그램 입력하기

☞ 이번 실습부터는 앞에서 배운 프로그램 입력 방법과 동일하게 작성한다.

① 새로운 프로젝트를 생성하기

② PLC 프로그램 입력하기

③ PLC 프로그램 작성이 완료되면, 작성된 프로그램을 반드시 PLC에 전송 가능한 파일로 변환하여야 한다.

ⓐ Compile 클릭 → ⓑ Build 클릭

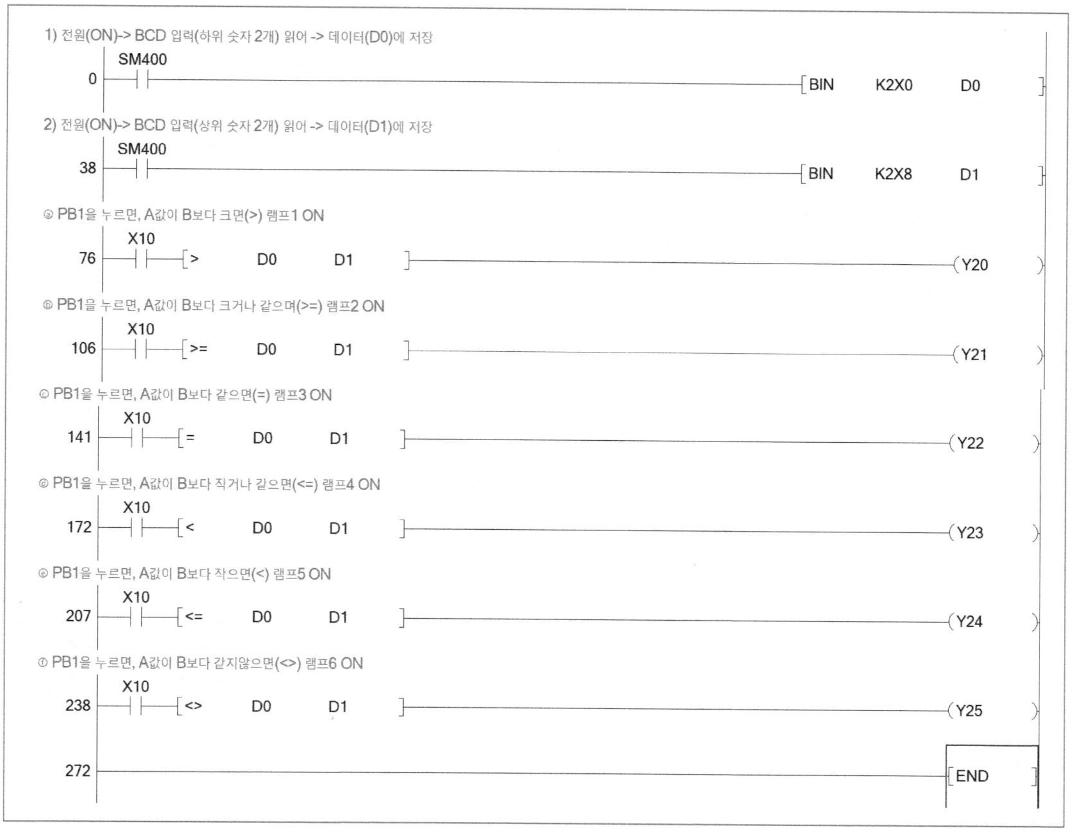

④ PLC 프로그램이 정상적으로 작성되어 컴파일(변환) 된 후 프로그램을 PLC에 전송하여야 한다.

ⓐ Online 클릭 → ⓑ Write to PLC 클릭 →

ⓒ Paramete + Program 버튼 클릭 → ⓓ Execute 버튼 클릭

⑤ PLC에 프로그램 전송이 완료되면 PLC는 작동상태가 된다. 이때 PLC의 입/출력이 정상적으로 동작되는지를 확인하기 위해 모니터링을 실시하게 된다.

ⓐ Online 클릭 → ⓑ Monitor 클릭 → ⓒ Monitor Mode 클릭

15.6 데이터 비교 명령어 프로그램 동작 확인하기

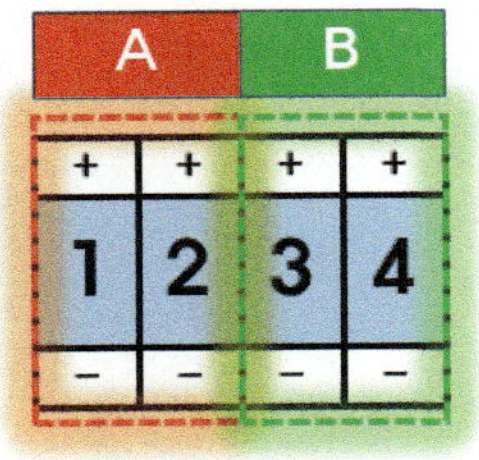

- 상위 숫자 2개(A)와 하위 숫자 2개(B)를 비교하여
  - L1: $A \geq B$ 램프 ON
  - L2: $A > B$ 램프 ON
  - L3: $A = B$ 램프 ON
  - L4: $A \leq B$ 램프 ON
  - L5: $A < B$ 램프 ON
  - L6: $A \neq B$ 램프 ON

① 아래와 같이 디지털 스위치값을 설정한 후 PB1(X10)을 눌렀을 때, 램프 1~6까지의 ON/OFF 상태를 작성하시오.

디지털 스위치값
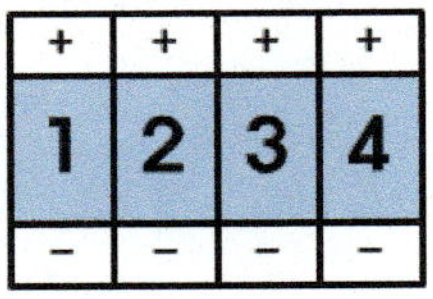

구분	L1(>)	L2(>=)	L3(=)	L4(<)	L5(<=)	L6(<>)
ON/OFF	ON	ON	OFF	OFF	OFF	ON

② 아래와 같이 디지털 스위치값을 설정한 후 PB1(X10)을 눌렀을 때, 램프 1~6까지의 ON/OFF 상태를 작성하시오.

디지털 스위치값
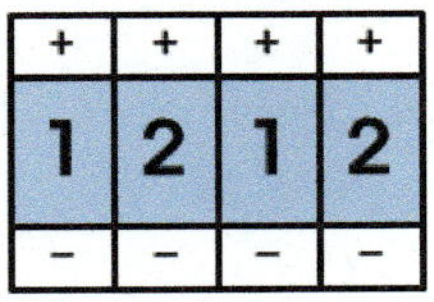

구분	L1(>)	L2(>=)	L3(=)	L4(<)	L5(<=)	L6(<>)
ON/OFF	OFF	ON	ON	OFF	ON	OFF

③ 아래와 같이 디지털 스위치값을 설정한 후 PB1(X10)을 눌렀을 때, 램프 1~6까지의 ON/OFF 상태를 작성하시오.

디지털 스위치값
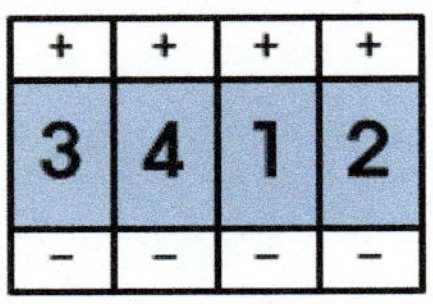

구분	L1(>=)	L2(>)	L3(=)	L4(<=)	L5(<)	L6(<>)
ON/OFF	OFF	OFF	OFF	ON	ON	ON

실습 16 산술연산 명령어 실습하기

학습목표: 이번 실습에서는 외부의 BCD 입력장치에 숫자를 입력받아 상위 숫자 2개(A)와 하위 숫자 2개(B)를 더하기(+), 빼기(−), 곱하기(*), 나누기(/)하여 그 값을 FND출력 장치를 통해 표시하는 방법을 알아보자.

16.1 주요 동작 설명

① 전원을 켜면 BCD 입력장치의 하위 숫자 2개를 10진수로 읽어 데이터(D0)에 저장한다.

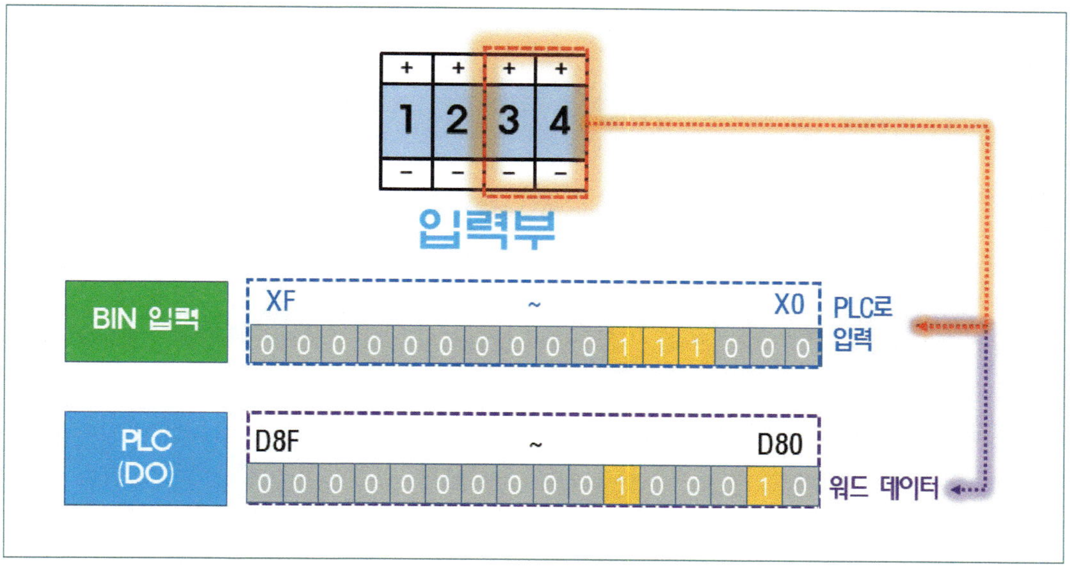

ⓐ SM400은 상시 ON 접점으로 전원이 부가되어 있는 동안에는 항상 하위 숫자 2개를 읽을 수 있다.

ⓑ Melsec PLC에서는 X0~X7값 16진수(34) → 2진수(0011 0100)이므로 10진수로는 52로 읽어 들인다.

ⓒ BCD 입력장치의 숫자를 정수로 읽기 위해 BIN명령어(변환)를 사용한다. 2진수(52)로 읽어 BIN 명령어에 의해 10진수(34)로 변환한다.

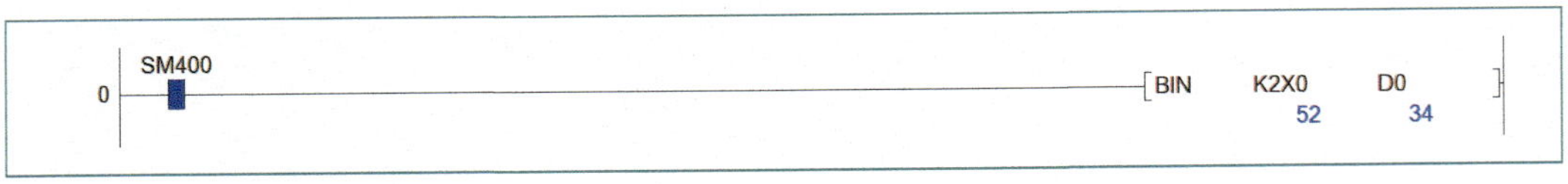

② 전원을 켜면 BCD 입력장치의 상위 숫자 2개를 10진수로 읽어 데이터(D1)에 저장한다.

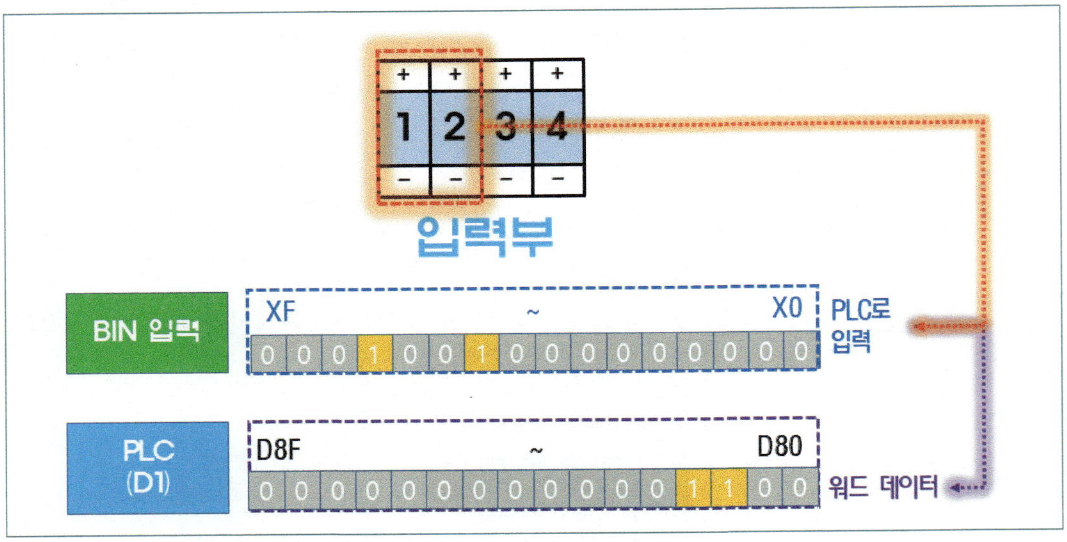

ⓐ SM400은 상시 ON 접점으로 전원이 부가되어 있는 동안에는 항상 상위 숫자 2개를 읽을 수 있다.

ⓑ Melsec PLC에서는 XF~X8값 16진수(12) → 2진수(0001 0011)이므로 10진수로는 18로 읽어 들인다.

ⓒ BCD 입력장치의 숫자를 정수로 읽기 위해 BIN명령어(변환)를 사용한다. 2진수(18)로 읽어 BIN 명령어에 의해 10진수(12)로 변환한다.

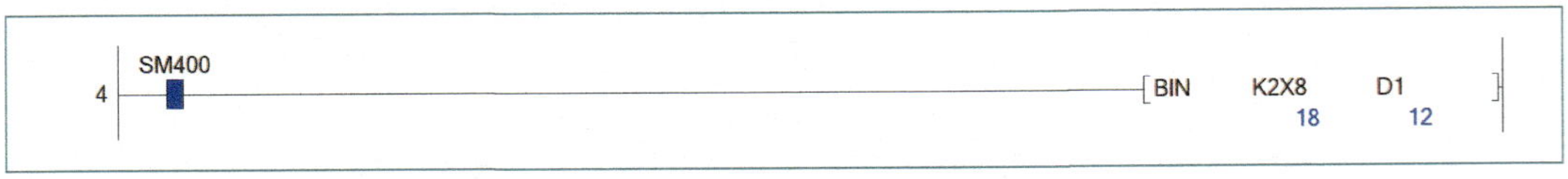

③ 상위 숫자 2개(A)와 하위 숫자 2개(B)를 연산한다.

ⓐ PB1을 누르면, B + A를 하여 값을 FND 표시기(Y20)에 출력한다.

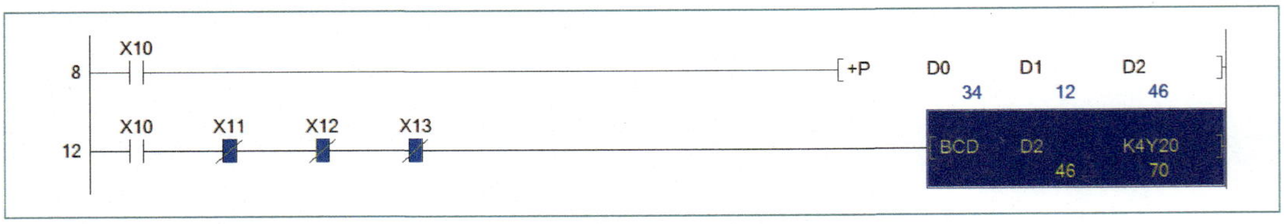

ⓑ PB2을 누르면, B - A를 하여 값을 FND 표시기(Y20)에 출력한다.

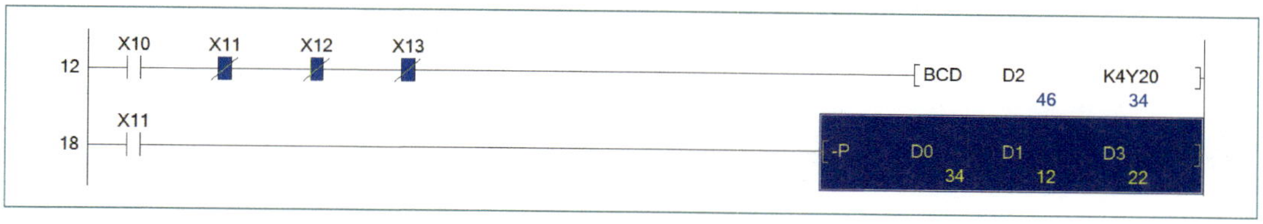

ⓒ PB3을 누르면, B × A를 하여 값을 FND 표시기(Y20)에 출력한다.

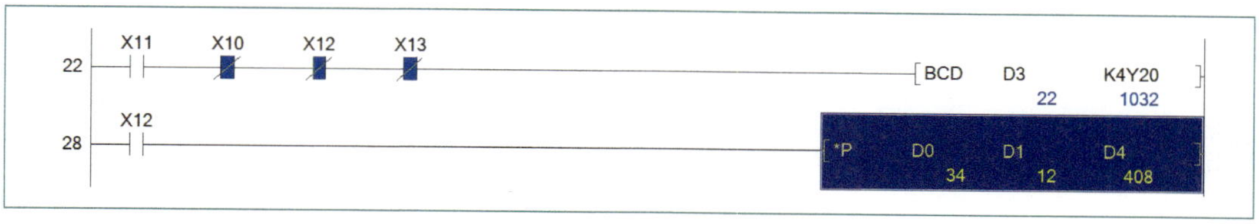

ⓓ PB4을 누르면, B ÷ A를 하여 값을 FND 표시기(Y20)에 출력한다.

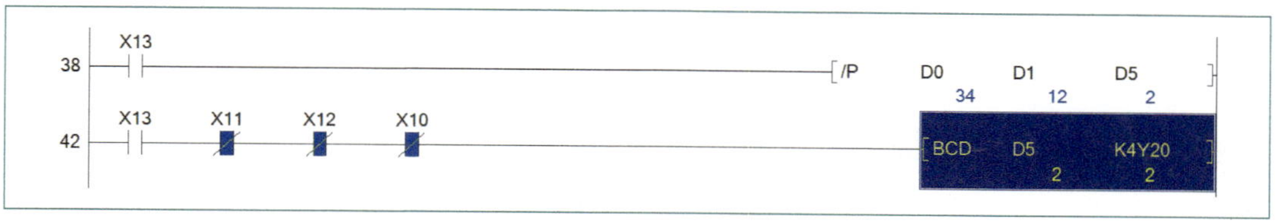

16.2 구성 회로

"실습 13과 동일한 구성회로"

16.3 실습 회로도 및 PLC 회로 결선

"실습 13과 동일한 구성회로"

16.4 주요 산술 연산 명령어

분류	명령 기호	심볼	처리내용	실행 조건
BIN 16비트 데이터 덧셈 / 뺄셈	+	+ | S | D	· (D)+(S)→(D)	
	+P	+P | S | D		
	+	+ | S1 | S2 | D	· (S1)+(S2)→(D)	
	+P	+P | S1 | S2 | D		
	−	- | S | D	· (D)−(S)→(D)	
	−P	-P | S | D		
	−	- | S1 | S2 | D	· (S1)−(S2)→(D)	
	−P	-P | S1 | S2 | D		
BIN 16비트 데이터 곱하기 / 나누기	*	* | S1 | S2 | D	· (D)*(S)→(D)	
	*P	*P | S1 | S2 | D		
	/	/ | S1 | S2 | D	· (S1)/(S2)→(D)	
	/P	/P | S1 | S2 | D		
BCD 4자리 덧셈 / 뺄셈	B+	B+ | S | D	· (D)+(S)→(D)	
	B+P	B+P | S | D		
	B+	B+ | S1 | S2 | D	· (S1)+(S2)→(D)	
	B+P	B+P | S1 | S2 | D		
	B−	B- | S | D	· (D)−(S)→(D)	
	B−P	B-P | S | D		
	B−	B- | S1 | S2 | D	· (S1)−(S2)→(D)	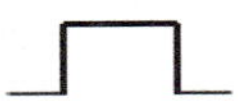
	B−P	B-P | S1 | S2 | D		

분류	명령 기호	심볼	처리내용	실행 조건
BCD 4자리 곱하기 / 나누기	B*	B+ S D	· (D)*(S)→(D)	
	B*P	B+P S D		
	B*	B+ S1 S2 D	· (S1)*(S2)→(D)	
	B*P	B+P S1 S2 D		
	B/	B- S D	· (D)/(S)→(D)	
	B/P	B-P S D		
	B/	B- S1 S2 D	· (S1)/(S2)→(D)	
	B/P	B-P S1 S2 D		

16.5 실습 산술 연산 명령어 프로그램 입력하기

☞ 이번 실습부터는 앞에서 배운 프로그램 입력 방법과 동일하게 작성한다.

① 새로운 프로젝트를 생성하기

② PLC 프로그램 입력하기

③ PLC 프로그램 작성이 완료되면, 작성된 프로그램을 반드시 PLC에 전송 가능한 파일로 변환하여야 한다.

ⓐ Compile 클릭 → ⓑ Build 클릭

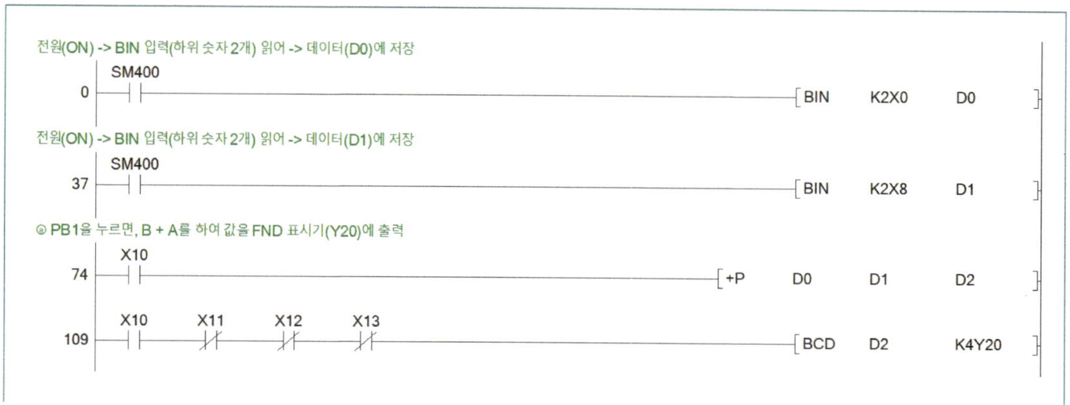

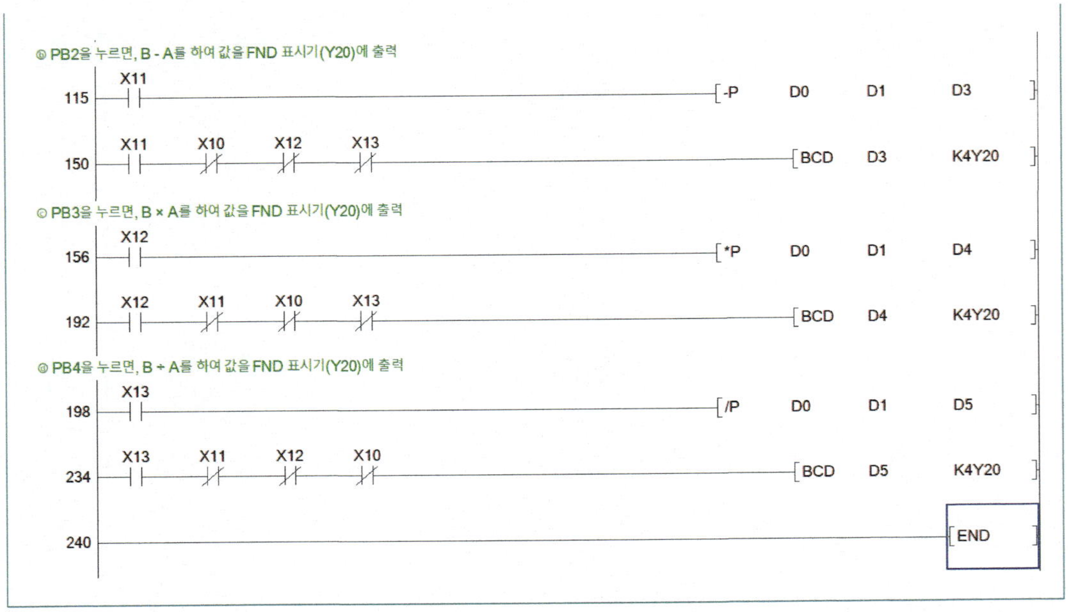

④ PLC 프로그램이 정상적으로 작성되어 컴파일(변환) 된 후 프로그램을 PLC에 전송하여야 한다.

ⓐ Online 클릭 → ⓑ Write to PLC 클릭 →

ⓒ Paramete + Program 버튼 클릭 → ⓓ Execute 버튼 클릭

⑤ PLC에 프로그램 전송이 완료되면 PLC는 작동상태가 된다. 이때 PLC의 입/출력이 정상적으로 동작되는지를 확인하기 위해 모니터링을 실시하게 된다.

ⓐ Online 클릭 → ⓑ Monitor 클릭 → ⓒ Monitor Mode 클릭

16.6 산술 연산 명령어 프로그램 동작 확인하기

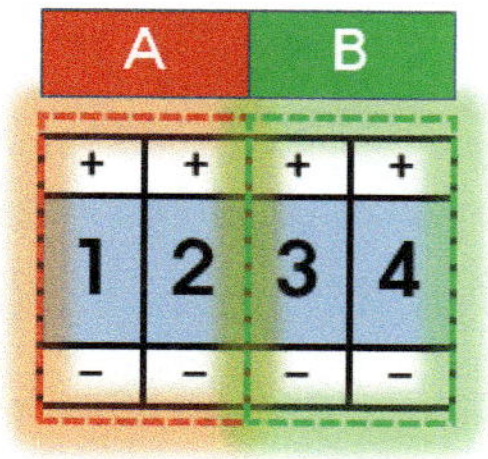

- 상위 숫자 2개(A)와 하위 숫자 2개(B)를 비교하여
  - PB1: B+A = FND(Y20)
  - PB2: B–A = FND(Y20)
  - PB3: B×A = FND(Y20)
  - PB4: B÷A = FND(Y20), 몫만 표시

① 아래와 같이 디지털 스위치값을 설정한 후,

디지털 스위치값

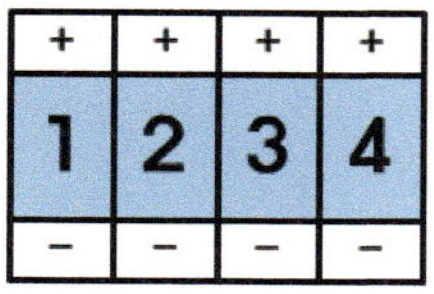

ⓐ PB1을 누르면, B + A를 하여 값을 FND 표시기(Y20)에 출력한다.

구분	A	B	B+A
ON/OFF	12	34	46

ⓑ PB2을 누르면, B - A를 하여 값을 FND 표시기(Y20)에 출력한다.

구분	A	B	B–A
ON/OFF	12	34	22

ⓒ PB3을 누르면, B × A를 하여 값을 FND 표시기(Y20)에 출력한다.

구분	A	B	B×A
ON/OFF	12	34	408

ⓓ PB4을 누르면, B ÷ A를 하여 값을 FND 표시기(Y20)에 출력한다.

구분	A	B	B×A
ON/OFF	12	34	2

5 이론 응용명령어의 이해

(1) 논리 연산 명령어

기본적으로 Melsec PLC의 논리 연산 명령어는 논리곱AND, 논리합OR, 배타적 논리합XOR, 부정 배타적 논리합XNOR이 있다. 모든 디지털 장비들과 마찬가지로 PLC는 2진수 수체계에 따라 동작되며, 사용자의 목적에 따라 내부 메모리의 특정 값을 변경하고자 할 경우 사용된다.

① 논리곱AND : 여러 개의 입력이 있을 때,

- 모든 입력이 '1'일 때만 '1'이고 나머지는 모두 '0'인 논리연산이다.

시퀀스 제어

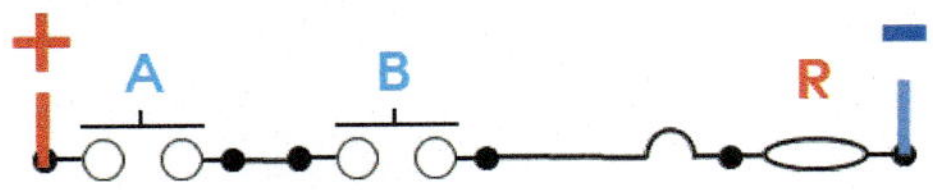

진리표 (A · B = R)

A	B	R
0	0	0
0	1	0
1	0	0
1	1	1

② 논리합OR : 여러 개의 입력이 있을 때,

- 모든 입력 중 어느 하나라도 '1'이면 '1'이고, 입력값이 모두 '0'일 때만 '0'인 논리연산이다.

시퀀스 제어

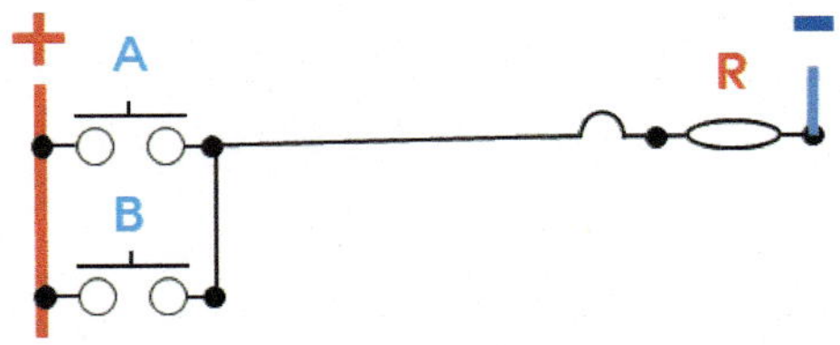

진리표 (A + B = R)

A	B	R
0	0	0
0	1	1
1	0	1
1	1	1

③ 배타적 논리합XOR : 여러 개의 입력이 있을 때,

- 입력값이 모두 동일하면 '0'이고, 서로 다르면 '1'인 논리연산이다.

시퀀스 제어

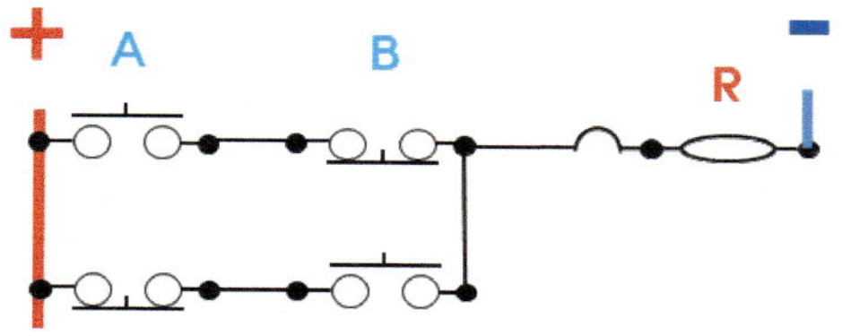

진리표($(\overline{A}\cdot B+A\cdot\overline{B})=R$)

A	B	R
0	0	0
0	1	1
1	0	1
1	1	0

④ 부정 배타적 논리합XNOR : 여러 개의 입력이 있을 때,

- 입력값이 모두 동일하면 '1'이고, 서로 다르면 '0'인 논리연산이다.

시퀀스 제어

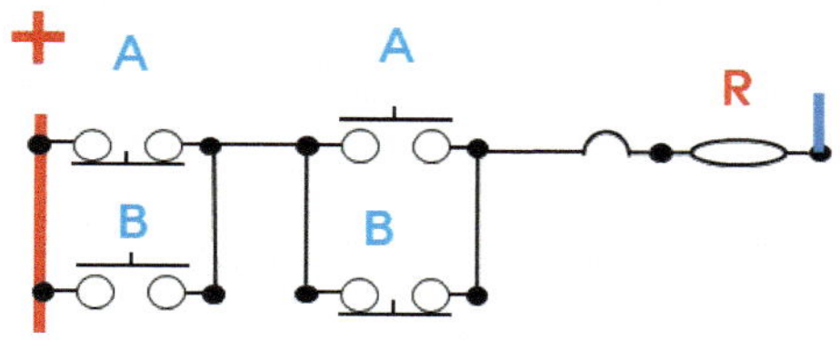

진리표($(\overline{A}+B)(A+\overline{B})=R$)

A	B	R
0	0	1
0	1	0
1	0	0
1	1	1

[표 6-6] 주요 논리연산 명령어

분류	명령 기호	심볼	처리내용	실행 조건
논리적	WAND	WAND | S | D	. $(D) \wedge (S) \rightarrow (D)$	
	WANDP	WANDP | S | D		
	WAND	WAND | S1 | S2 | D	. $(S1) \wedge (S2) \rightarrow (D)$	
	WANDP	WANDP | S1 | S2 | D		
논리합	WOR	WOR | S | D	. $(D) \vee (S) \rightarrow (D)$	
	WORP	WORP | S | D		
	WOR	WOR | S1 | S2 | D	. $(S1) \vee (S2) \rightarrow (D)$	
	WORP	WORP | S1 | S2 | D		
배타적 논리합	WXOR	WXOR | S | D	. $(D) \veebar (S) \rightarrow (D)$	
	WXORP	WXORP | S | D		
	WXOR	WXOR | S1 | S2 | D	. $(S1) \veebar (S2) \rightarrow (D)$	
	WXORP	WXORP | S1 | S2 | D		
배타적 논리합	WXNR	WXNR | S | D	. $\overline{(D) \veebar (S)} \rightarrow (D)$	
	WXNRP	WXNRP | S | D		
	WXNR	WXNR | S1 | S2 | D	. $\overline{(S1) \veebar (S2)} \rightarrow (D)$	
	WXNRP	WXNRP | S1 | S2 | D		

※ WORD(16비트), DOUBLE WORD(32비트), 블록 데이터 명령어로 구분되며, 사용방법은 워드와 유사하다.

(2) 로테이션 명령어

Melsec PLC의 로테이션 명령어는 지정된 데이터를 왼쪽 또는 오른쪽으로 지정된 비트 수만큼 회전시키는 명령어이다.

로테이션 명령어는 2가지 종류 명령어를 처리하게 되는데 캐리 플래그와 지정된 데이터 레지스터를 사용하여 로테이션하느냐, 아니면 지정된 데이터 레지스터만을 가지고 로테이션을 하는지에 따라 명령어가 다르다.

[표 6-7] 주요 로테이션 명령어

분류	명령기호	심볼	처리내용
오른쪽 로테이션	ROR	ROR D n	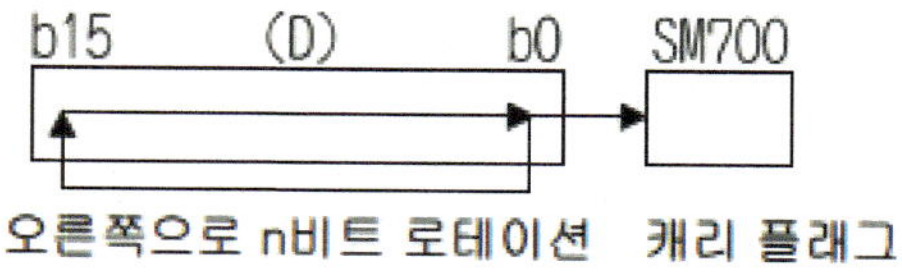
	RORP	RORP D n	
	RCR	RCR D n	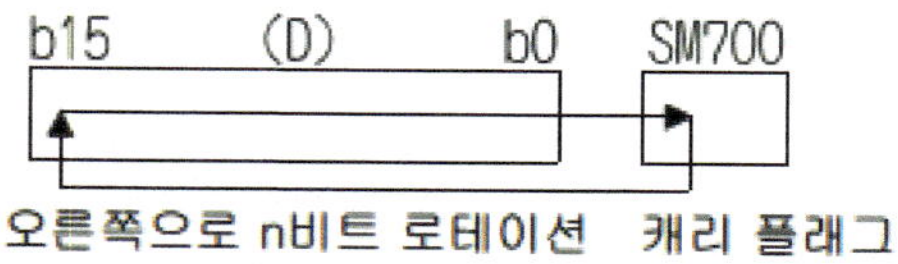
	RCRP	RCRP D n	
왼쪽 로테이션	ROL	ROL D n	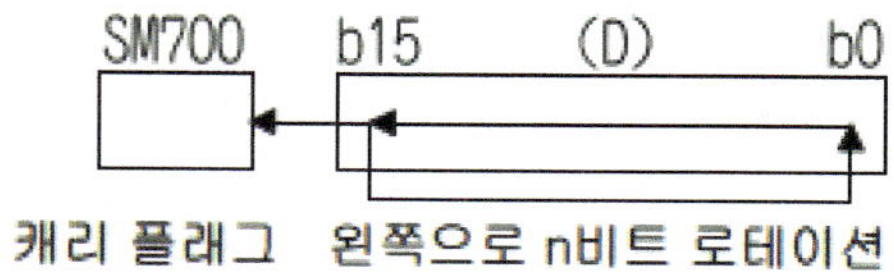
	ROLP	ROLP D n	
	RCL	RCL D n	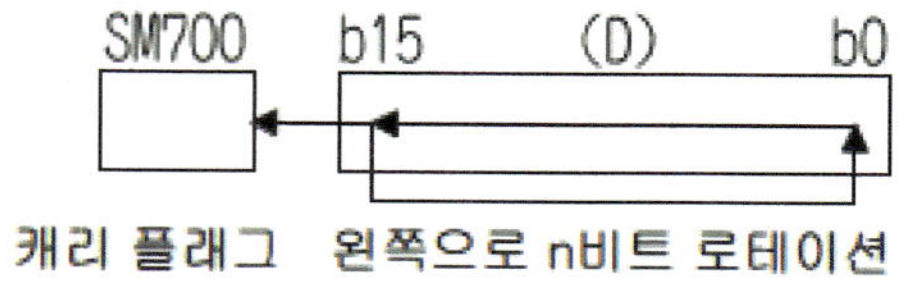
	RCLP	RCLP D n	

(3) 시프트 명령어

Melsec PLC의 시프트 명령어는 지정된 데이터를 왼쪽 또는 오른쪽으로 지정된 비트 수만큼 자리이동시키는 명령어이다.

로테이션 명령어는 정해진 메모리의 값을 회전 시킨다면, 시프트 명령어는 정해진 왼쪽 또는 오른쪽 방향으로 자리를 이동시키고 빈자리는 '0'을 채우는 명령어이다.

[표 6-8] 주요 시프트 명령어

분류	명령기호	심볼	처리내용
n비트 시프트	SFR		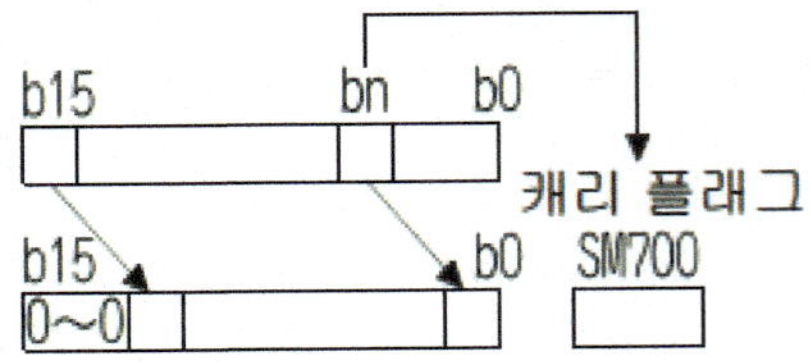
	SFRP	SFRP D n	
	SFL	SFL D n	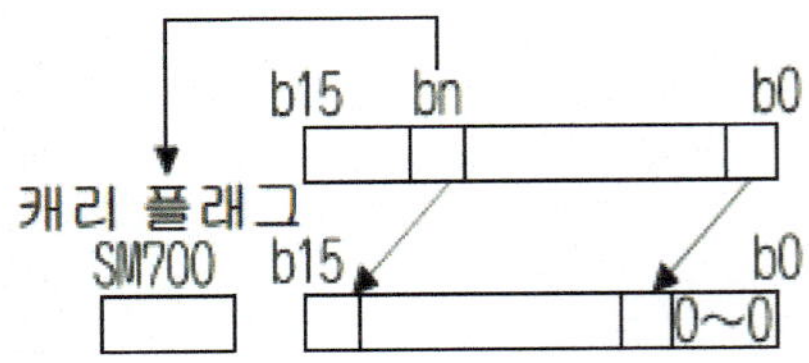
	SFLP	SFLP D n	
1비트 시프트	BSFR	BSFR D n	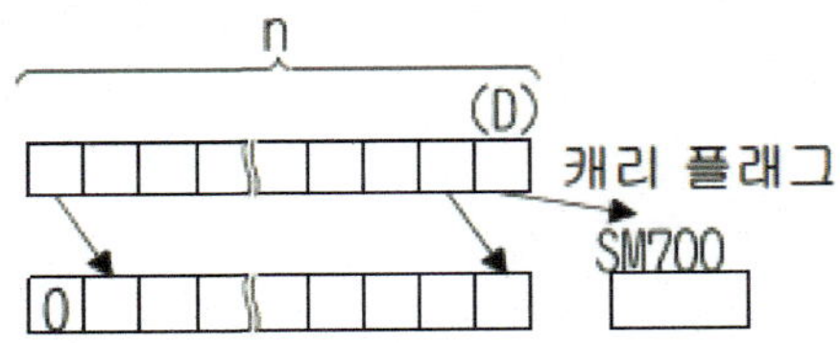
	BSFRP	BSFRP D n	
	BSFL	BSFL D n	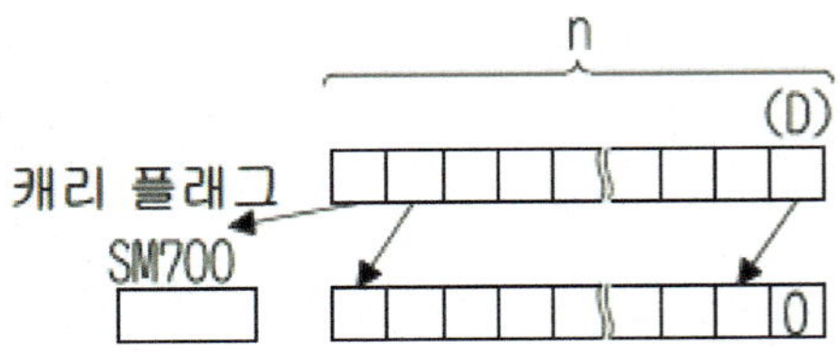
	BSFLP	BSFLP D n	

(4) 비트 처리 명령어

Melsec PLC의 비트 처리 명령어는 사용자가 특정 메모리의 특정 비트를 세트 또는 리셋 시킬 수 있는 명령어이다.

[표 6-9] 주요 비트 처리 명령어

분류	명령기호	심볼	처리내용
n비트 시프트	BSET	BSET D n	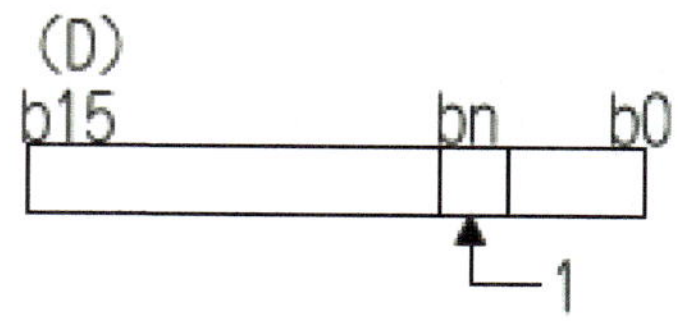
	BSETP	BSETP D n	
	BRST	BRST D n	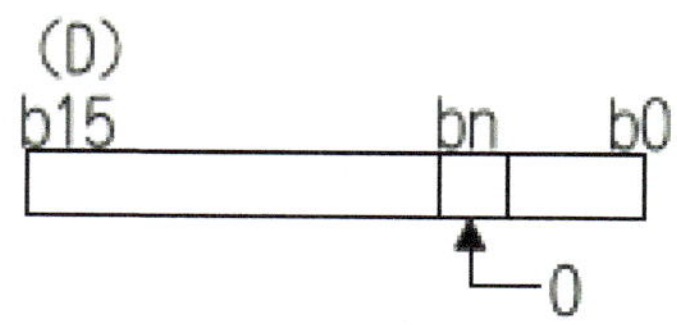
	BRSTP	BRSTP D n	

실습 17 논리연산 명령어 실습하기

학습목표: 이번 실습에서는 논리 연산을 통해 사용자가 특정 메모리의 데이터 값을 변경하거나 비교하는 것에 대해 알아보자.

17.1 주요 동작 설명

① PB1(X10)을 누르면 디지털 스위치 X0~XF의 16Bit 데이터를 워드 데이터(D0)로 전송한 후 상위 8bit를 모두 '0'으로 처리하여, 하위 8bit의 값만 FND표시기에 출력한다.

※ 메모리의 특정 비트를 0으로 처리할 수 있다

[그림 6-41] PLC WAND 명령 처리

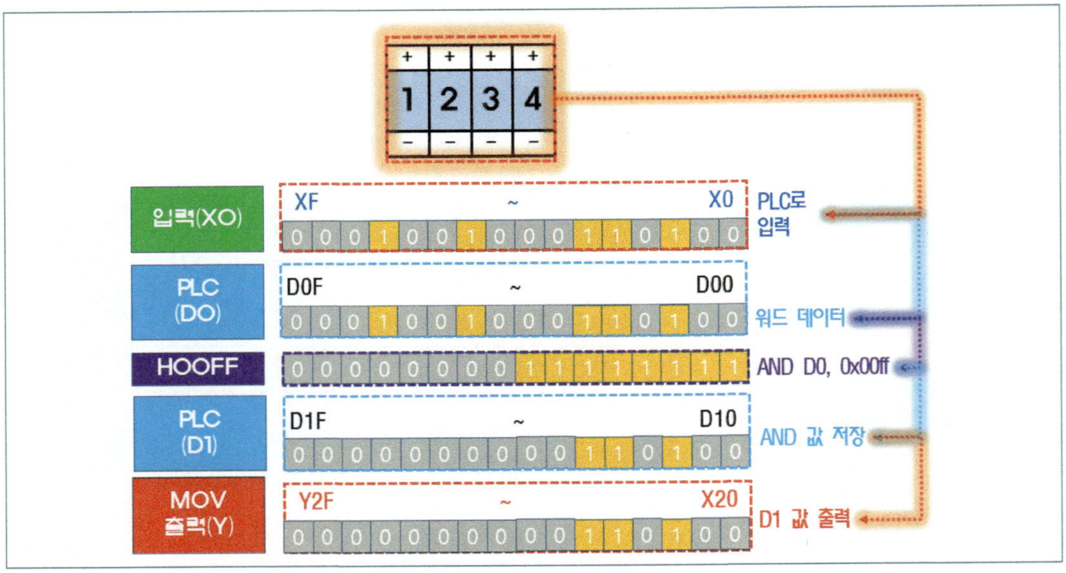

[그림 6-42] PLC WAND 명령 처리 결과

② PB2(X11)을 누르면 디지털 스위치 X0~XF의 16Bit 데이터를 워드 데이터(D0)로 전송한 후 하위 8bit를 모두 '1'으로 처리한다. 상위 8bit의 값은 입력값으로 하고, 모든 bit를 1로 처리한 하위 8bit를 출력한다.

※ 메모리의 특정 비트를 1로 처리할 수 있다.

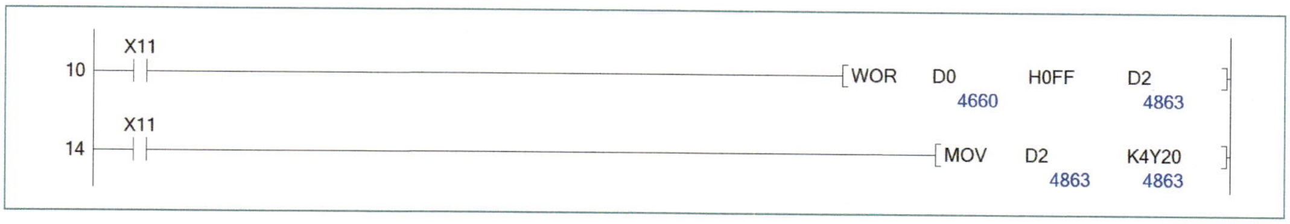

[그림 6-43] PLC WOR 명령 처리

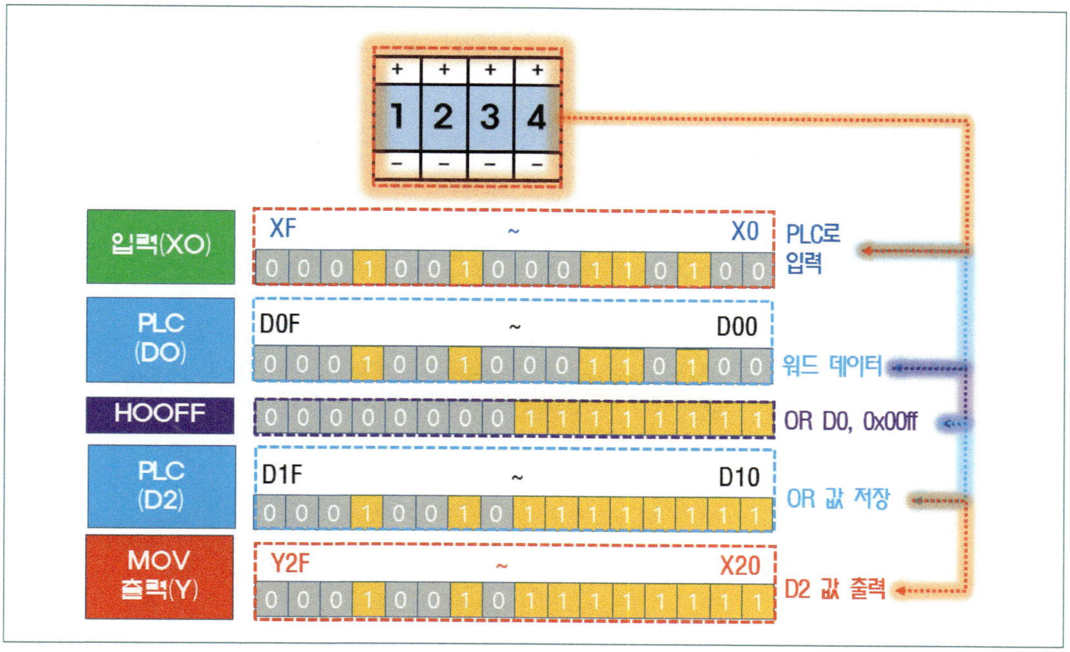

[그림 6-44] PLC WOR 명령 처리 결과

③ PB3(X12)을 누르면 디지털 스위치 X0~XF의 16Bit 데이터를 워드 데이터(D0)로 전송한 후 16bit의 값이 모두 같으면 '0'으로 처리되어 출력한다. 하지만 특정 비트의 값이 동일하지 않으면 그 비트의 값은 '1' 처리되어 저장된다.

※ 메모리의 특정 비트가 사용자의 지정값 또는 데이터값과 서로 같으면 0으로, 다르면 1로 저장할 수 있다.

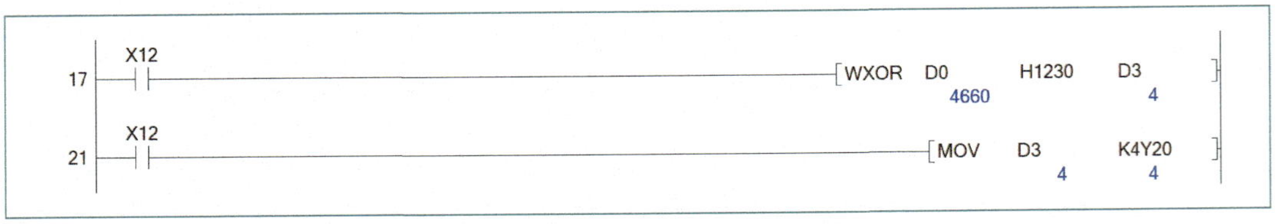

[그림 6-45] PLC WXOR 명령 처리

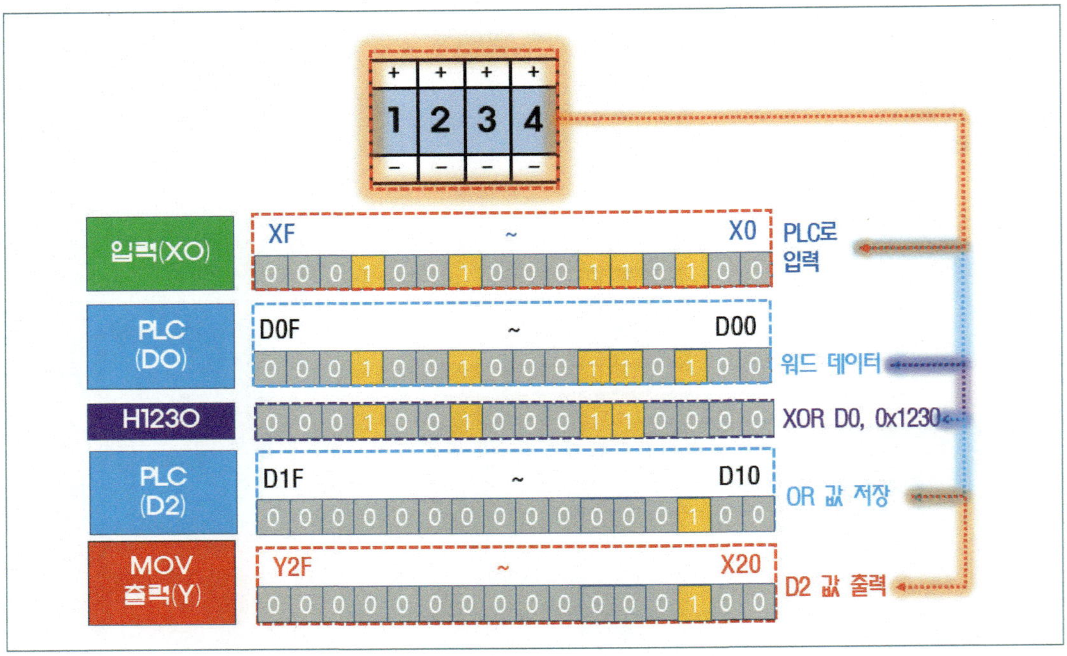

[그림 6-46] PLC WXOR 명령 처리 결과

17.2 구성 회로

"실습 13과 동일한 구성회로"

17.3 실습 회로도 및 PLC 회로 결선

"실습 13과 동일한 구성회로"

17.4 주요 논리연산 명령어

분류	명령 기호	심볼	처리내용	실행 조건
논리적	WAND	WAND | S | D	. (D)∧(S)→(D)	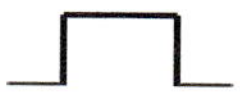
	WANDP	WANDP | S | D		
	WAND	WAND | S1 | S2 | D	. (S1)∧(S2)→(D)	
	WANDP	WANDP | S1 | S2 | D		
논리합	WOR	WOR | S | D	. (D)∨(S)→(D)	
	WORP	WORP | S | D		
	WOR	WOR | S1 | S2 | D	. (S1)∨(S2)→(D)	
	WORP	WORP | S1 | S2 | D		
배타적 논리합	WXOR	WXOR | S | D	. (D)⊻(S)→(D)	
	WXORP	WXORP | S | D		
	WXOR	WXOR | S1 | S2 | D	. (S1)⊻(S2)→(D)	
	WXORP	WXORP | S1 | S2 | D		

17.5 실습 논리연산 명령어 프로그램 입력하기

☞ 이번 실습부터는 앞에서 배운 프로그램 입력 방법과 동일하게 작성한다.

① 새로운 프로젝트를 생성하기

② PLC 프로그램 입력하기

③ PLC 프로그램 작성이 완료되면, 작성된 프로그램을 반드시 PLC에 전송 가능한 파일로 변환하여야 한다.

ⓐ Compile 클릭 → ⓑ Build 클릭

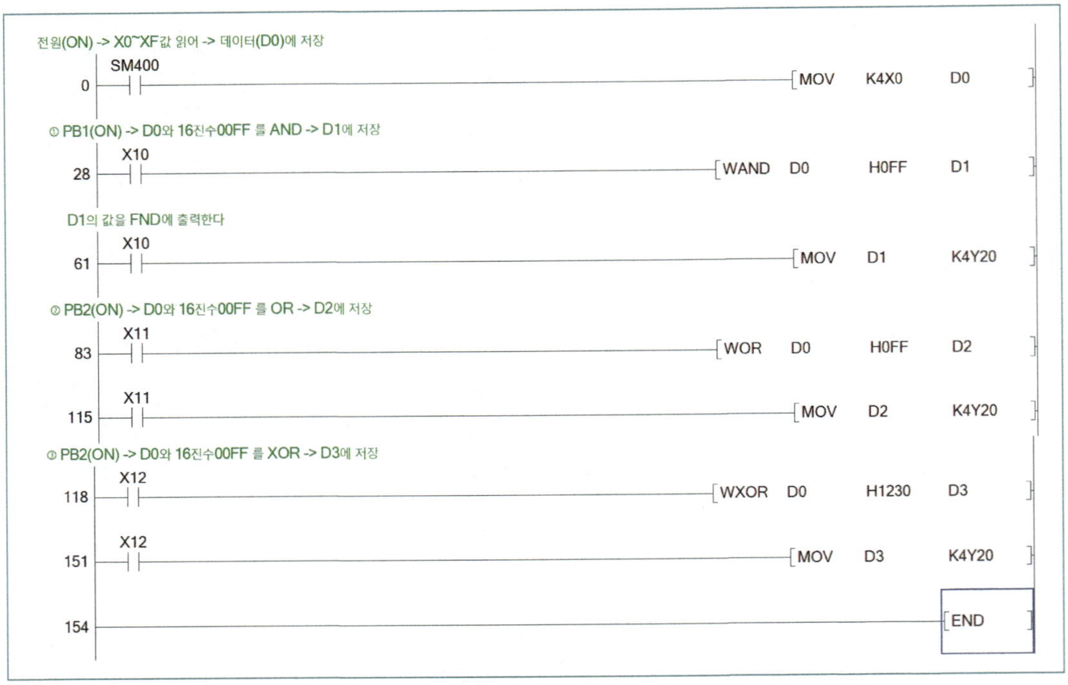

④ PLC 프로그램이 정상적으로 작성되어 컴파일(변환) 된 후 프로그램을 PLC에 전송하여야 한다.

ⓐ Online 클릭 → ⓑ Write to PLC 클릭 →

ⓒ Paramete + Program 버튼 클릭 → ⓓ Execute 버튼 클릭

⑤ PLC에 프로그램 전송이 완료되면 PLC는 작동상태가 된다. 이때 PLC의 입/출력이 정상적으로 동작되는지를 확인하기 위해 모니터링을 실시하게 된다.

ⓐ Online 클릭 → ⓑ Monitor 클릭 → ⓒ Monitor Mode 클릭

17.6 논리연산 명령어 프로그램 동작 확인하기

① 아래와 같이 디지털 스위치값을 설정한 후,

디지털 스위치값			
+	+	+	+
1	2	3	4
−	−	−	−

ⓐ PB1을 누르면, FND 표시기(Y20)에 출력한다.

FND값
0034

ⓑ PB2을 누르면, FND 표시기(Y20)에 출력한다.

FND값
12??

ⓒ PB3을 누르면, FND 표시기(Y20)에 출력한다.

FND값
0004

실습 18 로테이션 명령어 실습하기

학습목표: 이번 실습에서는 로테이션 명령어를 통해 사용자가 특정 메모리의 데이터 값을 회전시키는 방법에 대해 알아보자.

18.1 주요 동작 설명

① PB1(X10)을 누르면 D0에 0x0003을 저장하고 램프(Y30) 하위비트 2개에 램프가 ON 된다.

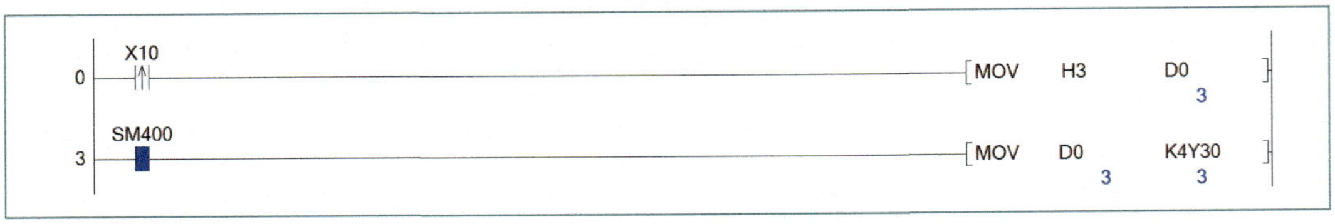

② PB2(X11)을 누르면, 0.5초 단위로 왼쪽으로 한 칸씩 램프가 2개가 ON되어 이동한다.
※ 이때 PB3 또는 PB4가 눌러지면 동작은 정지한다.

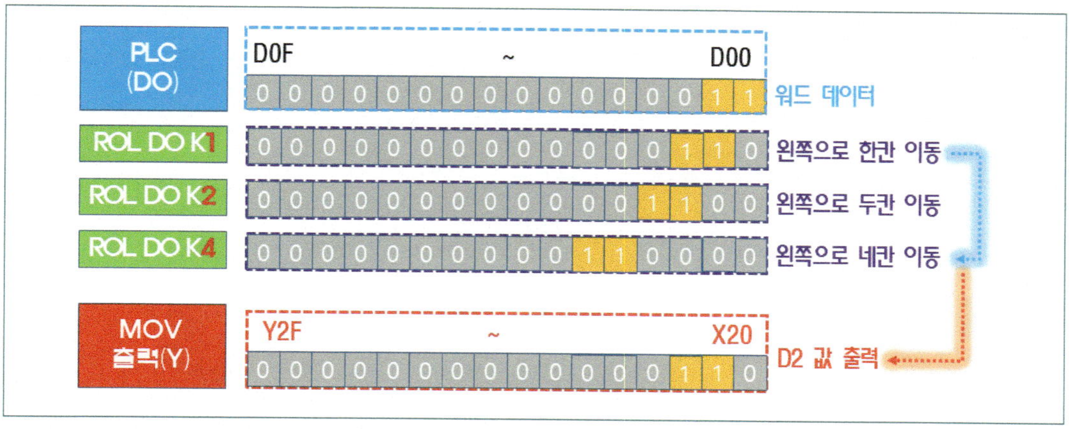

[그림 6-47] PLC ROL 명령 처리

③ PB3(X12)을 누르면, 0.5초 단위로 오른쪽으로 한칸씩 램프가 2개가 ON되어 이동한다.

※ 이때 PB2 또는 PB4가 눌러지면 동작은 정지한다.

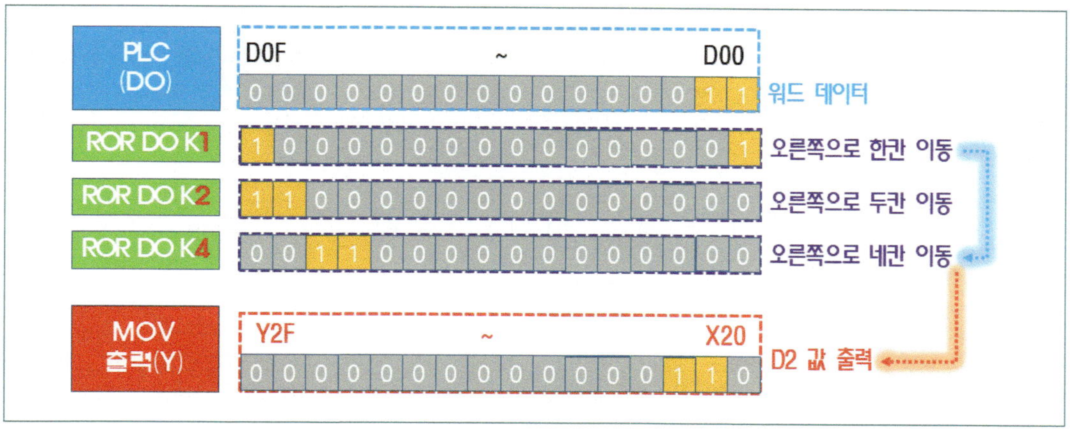

[그림 6-48] PLC ROR 명령 처리

18.2 구성회로

"실습 13과 동일한 구성회로"

18.3 실습 회로도 및 PLC 회로 결선

"실습 13과 동일한 구성회로"

18.4 주요 로테이션 명령어

<table>
<tr><th>분류</th><th>명령기호</th><th>심볼</th><th>처리내용</th></tr>
<tr><td rowspan="4">오른쪽 로테이션</td><td>ROR</td><td>ROR D n</td><td rowspan="2">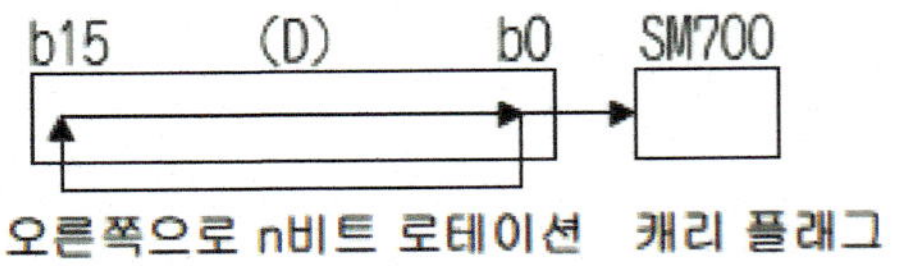</td></tr>
<tr><td>RORP</td><td>RORP D n</td></tr>
<tr><td>RCR</td><td>RCR D n</td><td rowspan="2">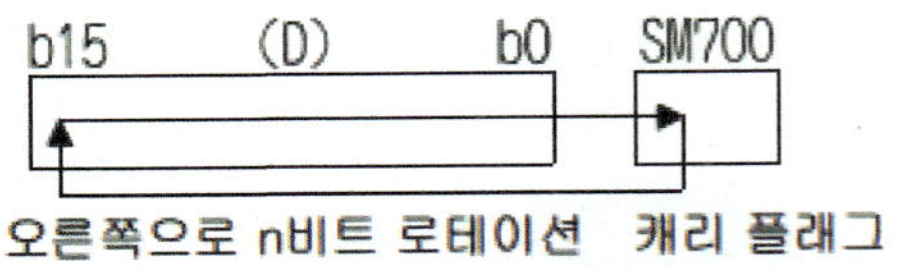</td></tr>
<tr><td>RCRP</td><td>RCRP D n</td></tr>
<tr><td rowspan="4">왼쪽 로테이션</td><td>ROL</td><td>ROL D n</td><td rowspan="2">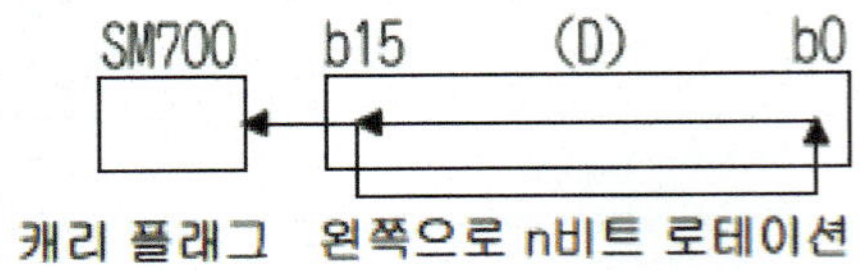</td></tr>
<tr><td>ROLP</td><td>ROLP D n</td></tr>
<tr><td>RCL</td><td>RCL D n</td><td rowspan="2">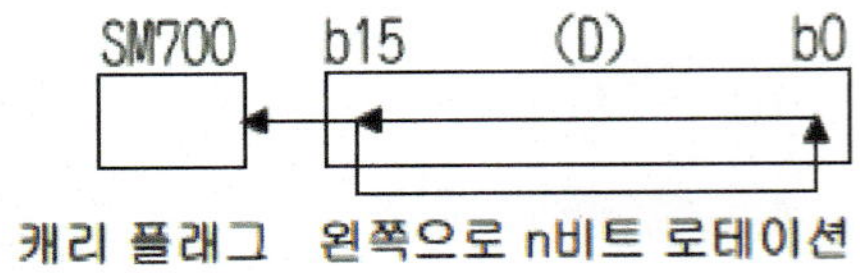</td></tr>
<tr><td>RCLP</td><td>RCLP D n</td></tr>
</table>

18.5 실습 로테이션 명령어 프로그램 입력하기

☞ 이번 실습부터는 앞에서 배운 프로그램 입력 방법과 동일하게 작성한다.

① 새로운 프로젝트를 생성하기

② PLC 프로그램 입력하기

③ PLC 프로그램 작성이 완료되면, 작성된 프로그램을 반드시 PLC에 전송 가능한 파일로 변환하여야 한다.

ⓐ Compile 클릭 → ⓑ Build 클릭

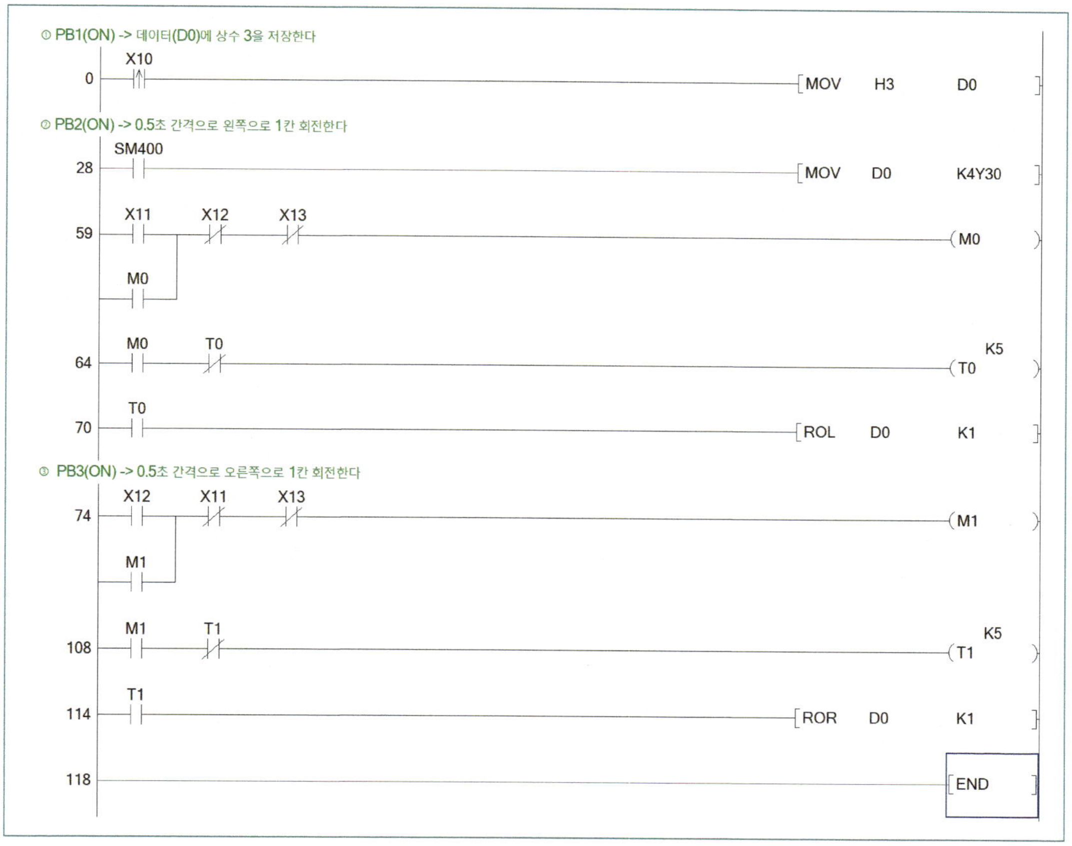

④ PLC 프로그램이 정상적으로 작성되어 컴파일(변환) 된 후 프로그램을 PLC에 전송하여야 한다.

ⓐ Online 클릭 → ⓑ Write to PLC 클릭 →

ⓒ Paramete + Program 버튼 클릭 → ⓓ Execute 버튼 클릭

⑤ PLC에 프로그램 전송이 완료되면 PLC는 작동상태가 된다. 이때 PLC의 입/출력이 정상적으로 동작되는지를 확인하기 위해 모니터링을 실시하게 된다.

ⓐ Online 클릭 → ⓑ Monitor 클릭 → ⓒ Monitor Mode 클릭

18.6 로테이션 명령어 프로그램 동작 확인하기

① PB1(X10)을 누르면 출력램프(Y30) 하위비트 2개에 램프가 ON 된다.

구분	L1	L2	L3	L4	L5	L6	L7	L8	L1	L2	L3	L4	L5	L6	L7	L8
ON/OFF	1	1	0	0	0	0	0	0	0	0	0	0	0	0	0	1

② PB2(X11)을 누르면, 0.5초 단위로 왼쪽으로 한 칸씩 램프가 2개가 ON되어 이동한다.(0.5초 후 한번 동작한 상태의 값을 작성)

※ 이때 PB3 또는 PB4가 눌러지면 동작은 정지한다.

구분	L1	L2	L3	L4	L5	L6	L7	L8	L1	L2	L3	L4	L5	L6	L7	L8
ON/OFF	1	0	0	0	0	0	0	0	0	0	0	0	0	0	0	1

③ PB3(X12)을 누르면, 0.5초 단위로 오른쪽으로 한칸씩 램프가 2개가 ON되어 이동한다.(0.5초 후 한번 동작한 상태의 값을 작성)

※ 이때 PB3 또는 PB4가 눌러지면 동작은 정지한다.

구분	L1	L2	L3	L4	L5	L6	L7	L8	L1	L2	L3	L4	L5	L6	L7	L8
ON/OFF	0	1	1	0	0	0	0	0	0	0	0	0	0	0	0	0

실습 19 시프트 명령어 실습하기

학습목표: 이번 실습에서는 시프트 명령어를 통해 사용자가 특정 메모리의 데이터 값을 시프트 시키는 방법에 대해 알아보자.

※ 로테이션 명령어는 데이터가 변경 없이 그 값이 회전되지만, 시프트 명령어는 회전시 비어있는 비트에 '0'을 채운다

19.1 주요 동작 설명

① PB1(X10)을 누르면 D0에 0x3333을 저장하고 램프(Y30)에 출력한다.

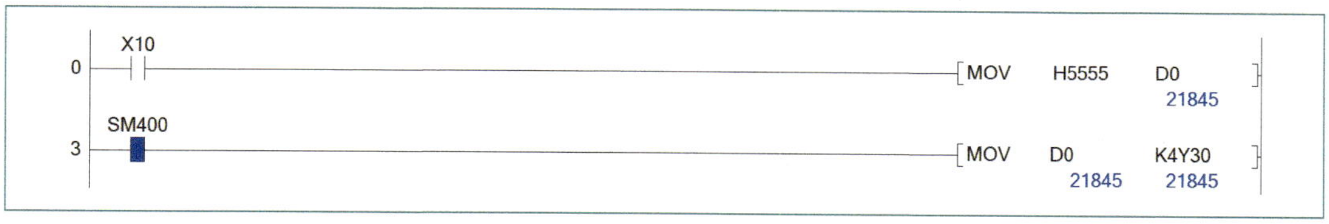

② PB2(X11)을 한번 누르면, 왼쪽으로 한 칸씩 이동한다.

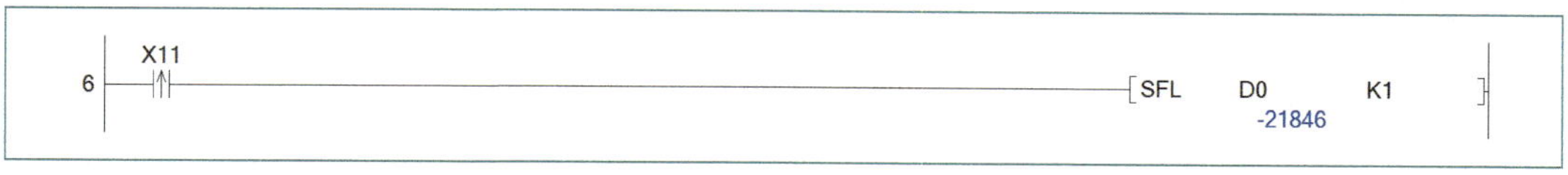

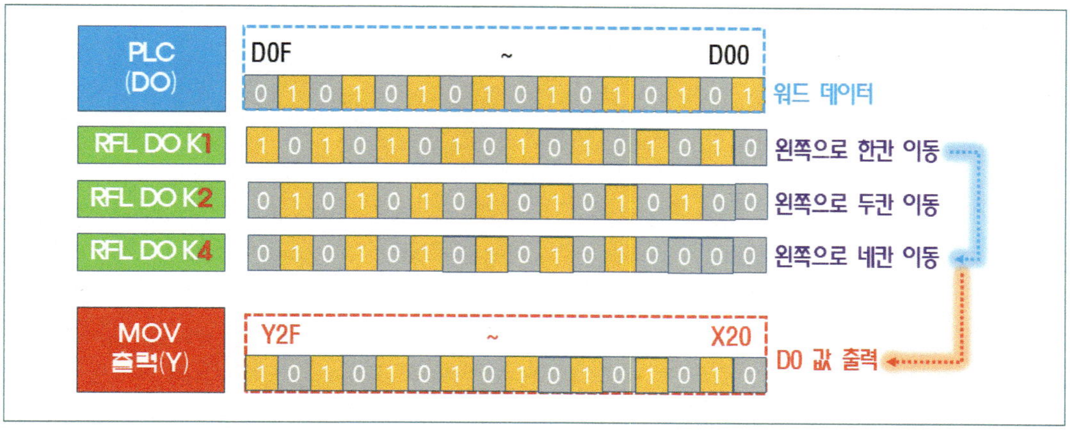

[그림 6-49] PLC SFL 명령 처리

③ PB3(X12)을 한번 누르면, 오른쪽으로 두 칸씩 이동한다.

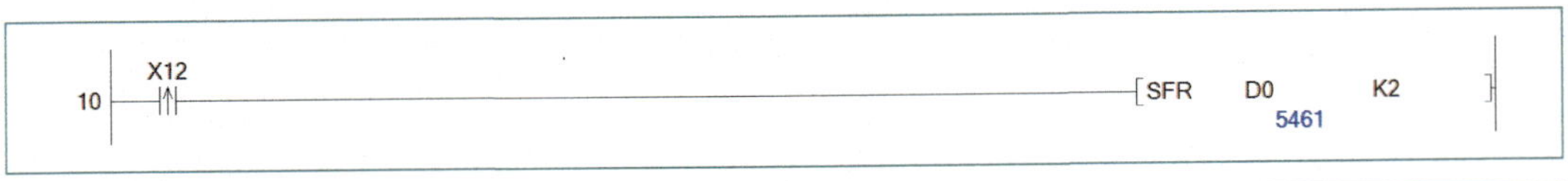

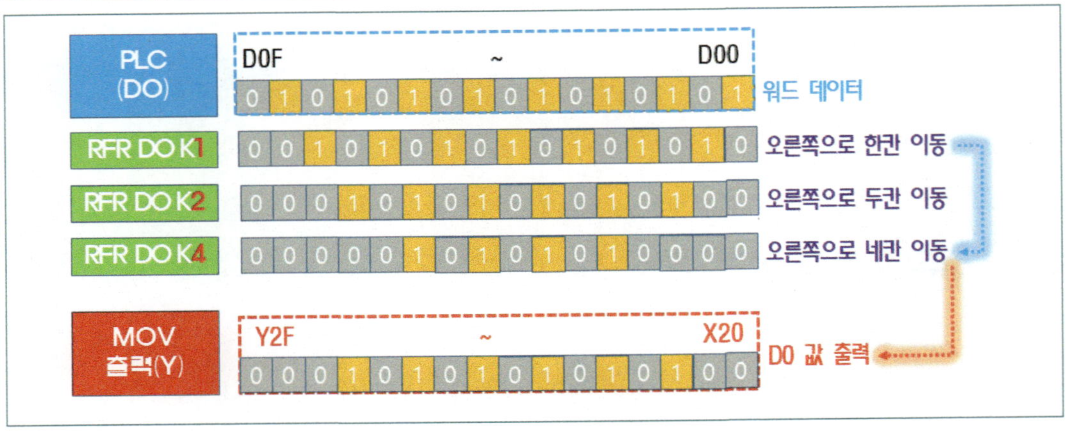

[그림 6-50] PLC SFR 명령 처리

19.2 구성회로

"실습 13과 동일한 구성회로"

19.3 실습 회로도 및 PLC 회로 결선

"실습 13과 동일한 구성회로"

19.4 주요 로테이션 명령어

<table>
<tr><th>분류</th><th>명령기호</th><th>심볼</th><th>처리내용</th></tr>
<tr><td rowspan="4">n비트 시프트</td><td>SFR</td><td></td><td rowspan="2">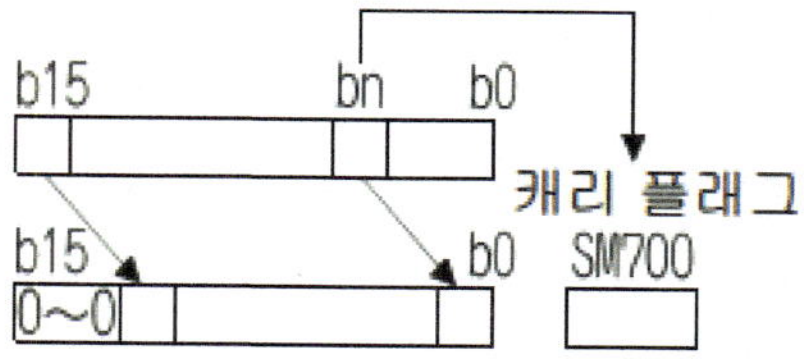</td></tr>
<tr><td>SFRP</td><td>SFRP D n</td></tr>
<tr><td>SFL</td><td>SFL D n</td><td rowspan="2">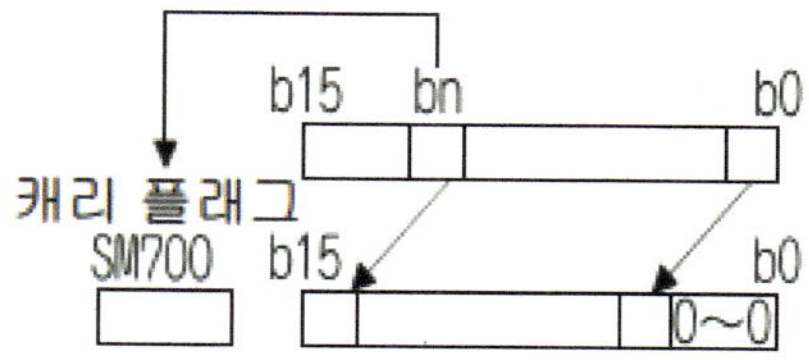</td></tr>
<tr><td>SFLP</td><td>SFLP D n</td></tr>
<tr><td rowspan="4">1비트 시프트</td><td>BSFR</td><td>BSFR D n</td><td rowspan="2">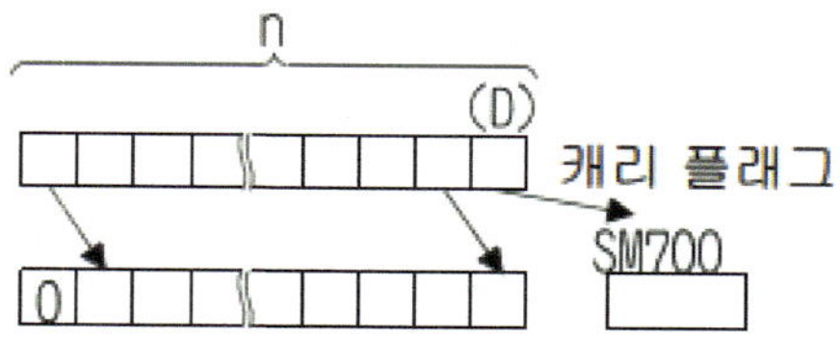</td></tr>
<tr><td>BSFRP</td><td>BSFRP D n</td></tr>
<tr><td>BSFL</td><td>BSFL D n</td><td rowspan="2">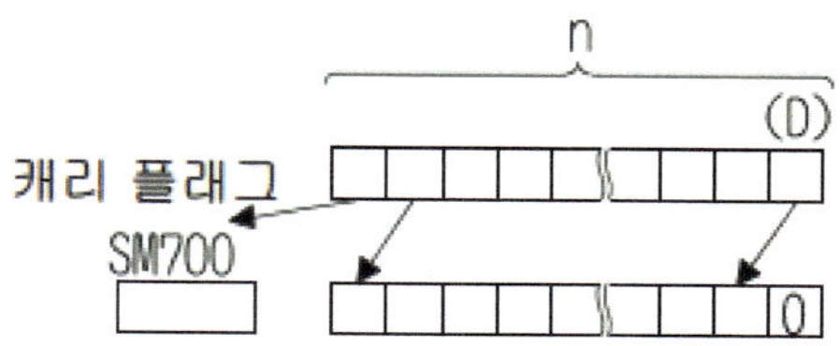</td></tr>
<tr><td>BSFLP</td><td>BSFLP D n</td></tr>
</table>

19.5 실습 시프트 명령어 프로그램 입력하기

☞ 이번 실습부터는 앞에서 배운 프로그램 입력 방법과 동일하게 작성한다.

① 새로운 프로젝트를 생성하기

② PLC 프로그램 입력하기

③ PLC 프로그램 작성이 완료되면, 작성된 프로그램을 반드시 PLC에 전송 가능한 파일로 변환하여야 한다.

ⓐ Compile 클릭 → ⓑ Build 클릭

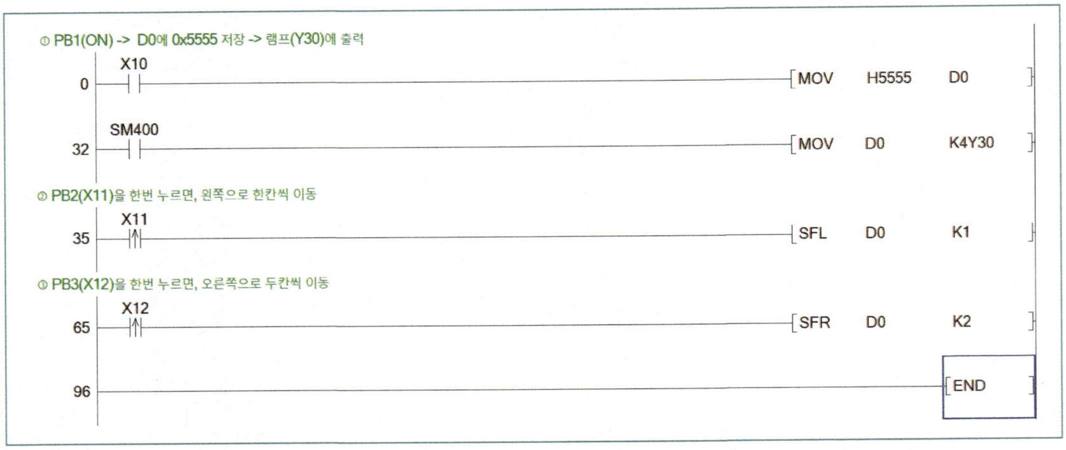

④ PLC 프로그램이 정상적으로 작성되어 컴파일(변환)된 후 프로그램을 PLC에 전송하여야 한다.

ⓐ Online 클릭 → ⓑ Write to PLC 클릭 →

ⓒ Paramete + Program 버튼 클릭 → ⓓ Execute 버튼 클릭

⑤ PLC에 프로그램 전송이 완료되면 PLC는 작동상태가 된다. 이때 PLC의 입/출력이 정상적으로 동작되는지를 확인하기 위해 모니터링을 실시하게 된다.

ⓐ Online 클릭 → ⓑ Monitor 클릭 → ⓒ Monitor Mode 클릭

19.6 시프트 명령어 프로그램 동작 확인하기

① PB1(X10)을 누르면 D0에 0x3333을 저장하고 램프(Y30)에 출력한다.

구분	L1	L2	L3	L4	L5	L6	L7	L8	L1	L2	L3	L4	L5	L6	L7	L8
ON/OFF	0	1	0	1	0	1	0	1	0	1	0	1	0	1	0	1

② PB2(X11)을 한번 누르면, 왼쪽으로 한 칸씩 이동한다.

구분	L1	L2	L3	L4	L5	L6	L7	L8	L1	L2	L3	L4	L5	L6	L7	L8
1회	1	0	1	0	1	0	1	0	1	0	1	0	1	0	1	0
2회																
3회																
4회																
5회																

③ PB3(X12)을 한번 누르면, 오른쪽으로 두 칸씩 이동한다.

구분	L1	L2	L3	L4	L5	L6	L7	L8	L1	L2	L3	L4	L5	L6	L7	L8
1회	0	0	1	0	1	0	1	0	1	0	1	0	1	0	1	0
2회																
3회																
4회																
5회																

실습 20 비트처리 명령어 실습하기

학습목표: 이번 실습에서는 비트 처리 명령어를 통해 사용자가 특정 메모리의 비트를 세트/리셋 시키는 방법에 대해 알아보자.

20.1 주요 동작 설명

① PB1(X10)을 누르면 D0에 0x0000을 저장하고 램프(Y30)에 출력한다.
② PB2(X11)을 한 번 누르면, D0의 하위 첫 번째 비트를 세트한다.
③ PB3(X12)을 한 번 누르면, D0의 하위 첫 번째 비트를 리셋한다.
④ PB4(X13)을 한 번 누르면, D0의 하위 두 번째 비트를 세트한다.
⑤ PB5(X14)을 한 번 누르면, D0의 하위 두 번째 비트를 리셋한다.
⑥ PB6(X15)을 한 번 누르면, D0의 하위 세 번째 비트를 세트한다.
⑦ PB7(X16)을 한 번 누르면, D0의 하위 세 번째 비트를 리셋한다.

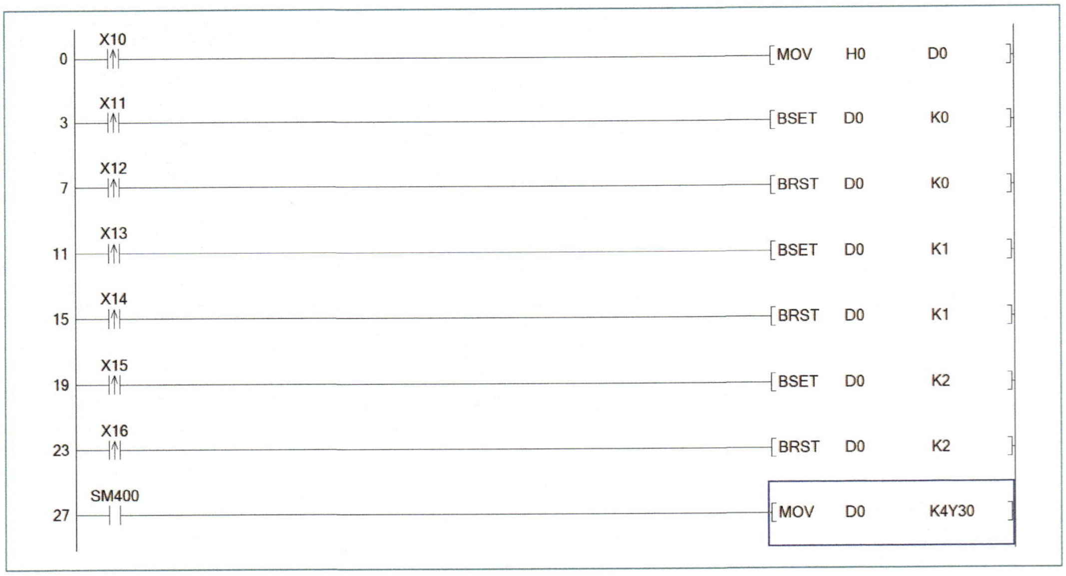

20.2 구성회로

"실습 13과 동일한 구성회로"

20.3 실습 회로도 및 PLC 회로 결선

"실습 13과 동일한 구성회로"

20.4 주요 비트 처리 명령어

분류	명령기호	심볼	처리내용
n비트 시프트	BSET	BSET D n	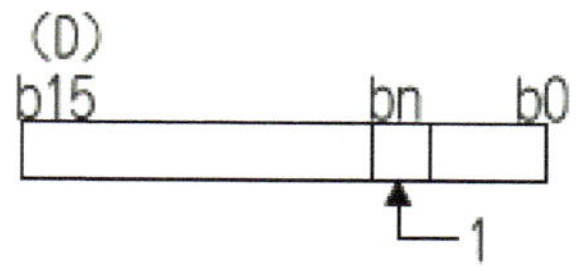
	BSETP	BSETP D n	
	BRST	BRST D n	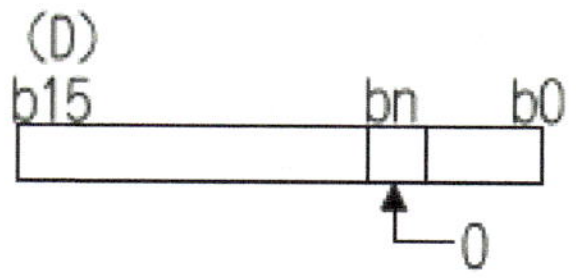
	BRSTP	BRSTP D n	

20.5 실습 비트처리 명령어 프로그램 입력하기

☞ 이번 실습부터는 앞에서 배운 프로그램 입력 방법과 동일하게 작성한다.

① 새로운 프로젝트를 생성하기

② PLC 프로그램 입력하기

③ PLC 프로그램 작성이 완료되면, 작성된 프로그램을 반드시 PLC에 전송 가능한 파일로 변환하여야 한다.

ⓐ Compile 클릭 → ⓑ Build 클릭

④ PLC 프로그램이 정상적으로 작성되어 컴파일(변환) 된 후 프로그램을 PLC에 전송하여야 한다.

ⓐ Online 클릭 → ⓑ Write to PLC 클릭 →

ⓒ Paramete + Program 버튼 클릭 → ⓓ Execute 버튼 클릭

⑤ PLC에 프로그램 전송이 완료되면 PLC는 작동상태가 된다. 이때 PLC의 입/출력이 정상적으로 동작되는지를 확인하기 위해 모니터링을 실시하게 된다.

ⓐ Online 클릭 → ⓑ Monitor 클릭 → ⓒ Monitor Mode 클릭

20.6 비트 처리 명령어 프로그램 동작 확인하기

① PB1(X10)을 누르면 D0에 0x0000를 저장한다.
② PB2(X11)을 한번 누르면, D0의 하위 첫 번째 비트를 세트한다.
③ PB3(X12)을 한번 누르면, D0의 하위 첫 번째 비트를 리셋한다.
④ PB4(X13)을 한번 누르면, D0의 하위 두 번째 비트를 세트한다.
⑤ PB5(X14)을 한번 누르면, D0의 하위 두 번째 비트를 리셋한다.
⑥ PB6(X15)을 한번 누르면, D0의 하위 세 번째 비트를 세트한다.
⑦ PB7(X16)을 한번 누르면, D0의 하위 세 번째 비트를 리셋한다.
⑧ 상시 D0의 값을 램프(Y30)에 출력한다.

구분	L1	L2	L3
① 값	0	0	0
② 값	1	0	0
③ 값	0	0	0
④ 값	0	1	0
⑤ 값	0	0	0
⑥ 값	0	0	1
⑦ 값	0	0	0

7 생산자동화 기능사(예시)

실습장비 설정

실습 21. 생산자동화 실습장비 및
실습 22. PLC 입/출력부 결선하기

실습 21

생산자동화 실습장비

학습목표: 이번 실습에서는 생산자동화기능사 자격시험에서 PLC작업을 위해, 실습장비를 이해하고 각종 입출력 장치를 결선하는 방법에 대해 알아보자.

21.1 실습장비 주요 명칭

① 생산자동화 실습장비의 입출력 장치는 아래의 그림과 같다.

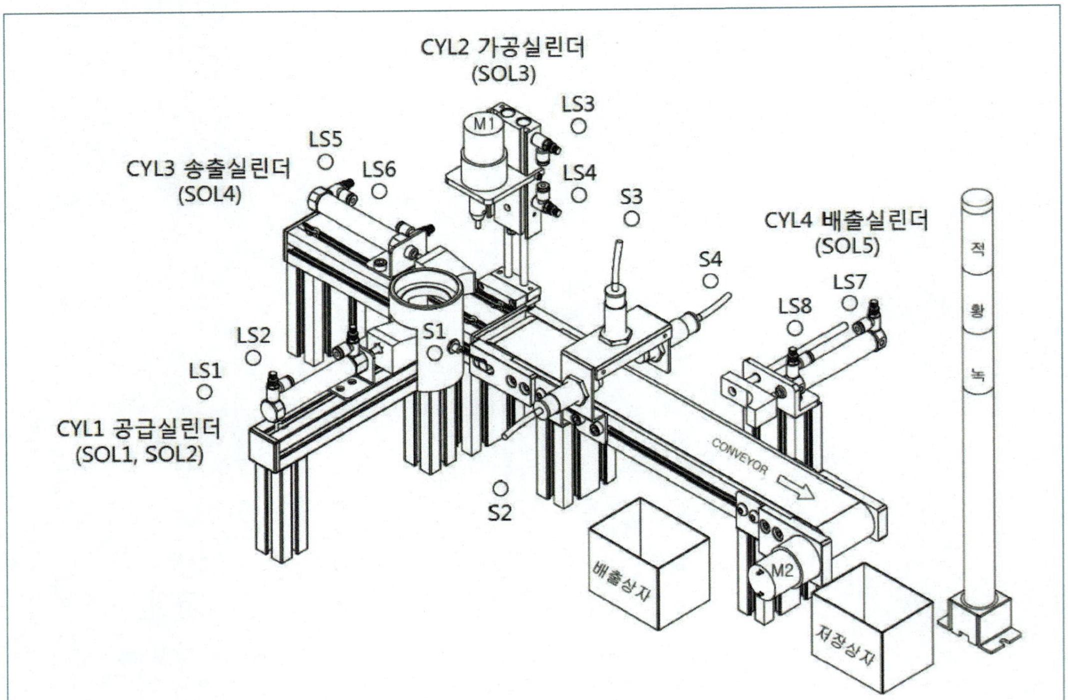

[그림 7.1] 생산자동화 실습장비 전체 구성도

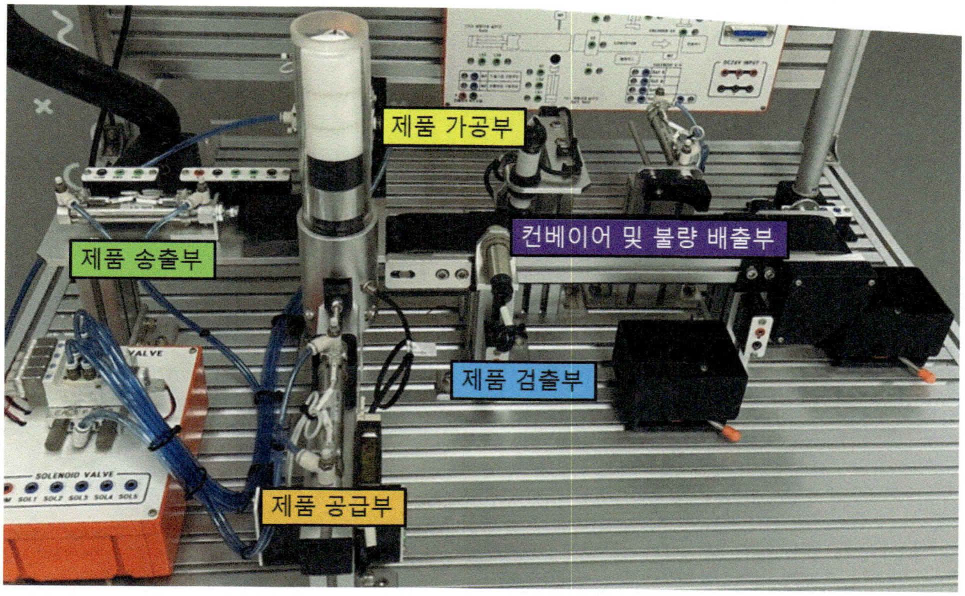

[그림 7.2] 생산자동화 실습장비 전체 구성도

ⓐ 제품 공급부

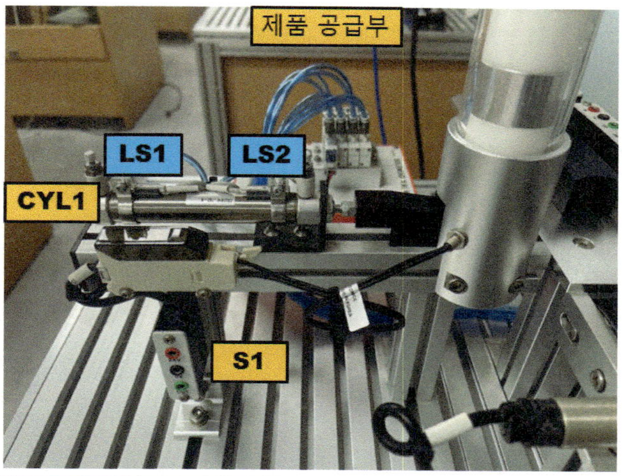

명칭	설 명
CYL1	매거진 재료공급 실린더
SOL1	매거진 재료공급 실린더 전진
SOL2	매거진 재료공급 실린더 후진
LS1	매거진 재료공급 실린더 후진 감지 스위치
LS2	매거진 재료공급 실린더 전진 감지 스위치
S1	매거진 재료 유무 검출센서(광화이버 센서)

ⓑ 제품 가공부

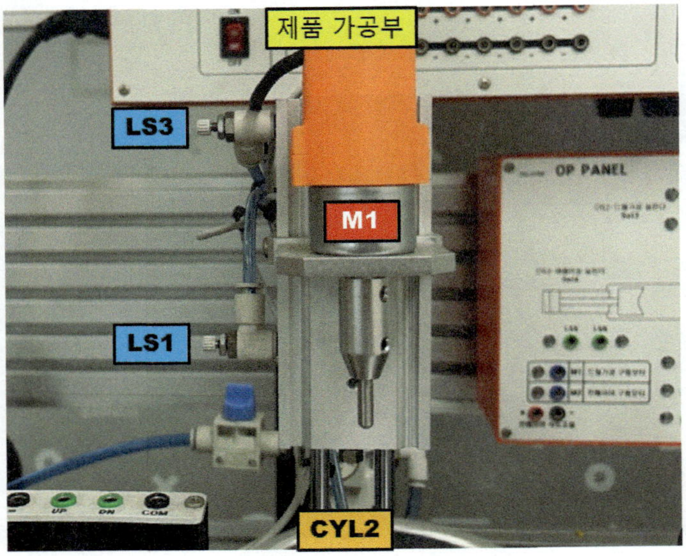

명 칭	설 명
CYL2	제품가공 실린더
SOL3	제품가공 실린더 전진(ON), 후진(OFF)
LS3	제품가공 실린더 후진 감지 스위치
LS4	제품가공 실린더 전진 감지 스위치
M1	제품가공 모터

ⓒ 제품 송출부

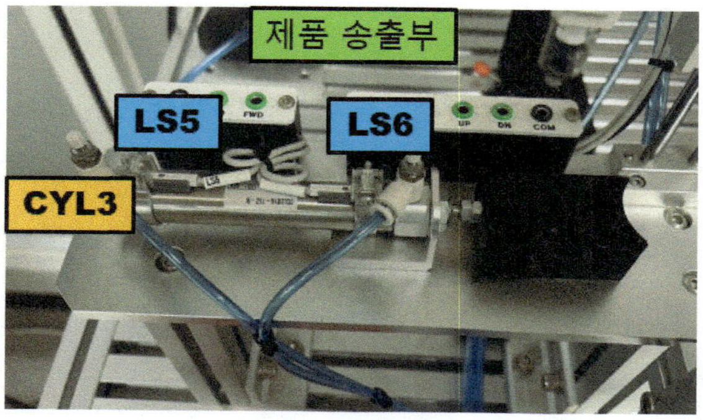

명 칭	설 명
CYL3	제품송출 실린더
SOL4	제품송출 실린더 전진(ON), 후진(OFF)
LS5	제품송출 실린더 후진 감지 스위치
LS6	제품송출 실린더 전진 감지 스위치

ⓓ 제품 검출부

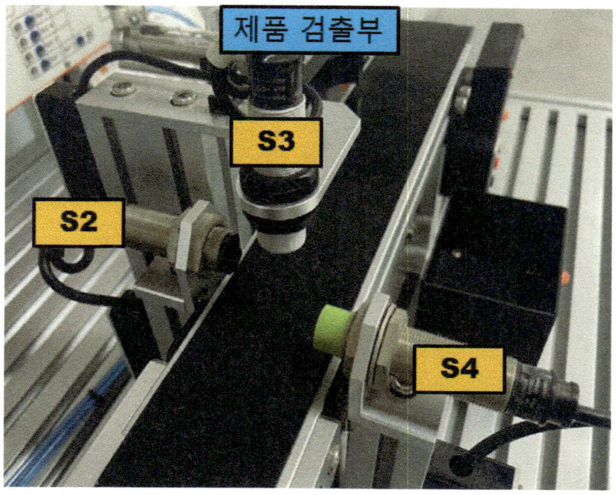

명 칭	설 명
S2	포토 센서(이송 감지)
S3	용량형 센서(비금속 감지)
S4	유도형 센서(금속 감지)

ⓔ 컨베이어 및 불량 배출부

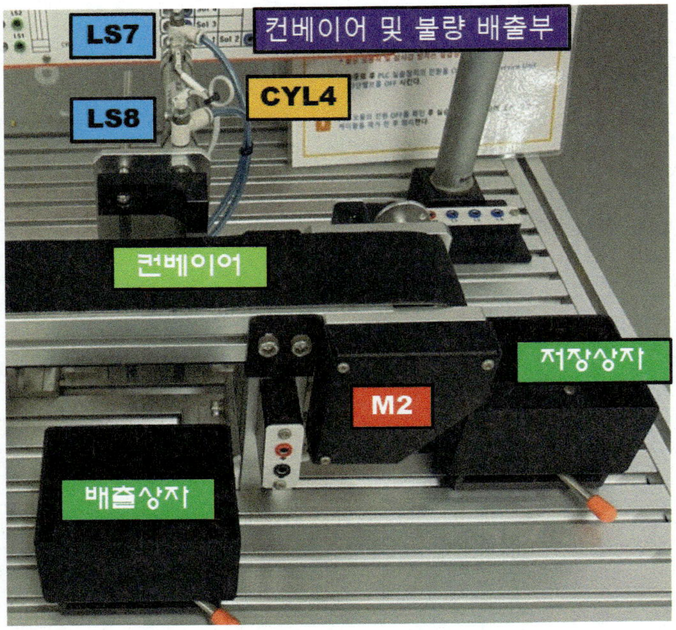

명 칭	설 명
CYL4	불량제품 배출 실린더
SOL5	불량제품 배출 실린더 전진(ON), 후진(OFF)
LS7	불량제품 배출 실린더 후진 감지 스위치
LS8	불량제품 배출 실린더 전진 감지 스위치
M2	컨베이어 모터
배출상자	불량제품 적재
저장상자	정상제품 적재

ⓕ 명령 입력부 및 상태 출력부

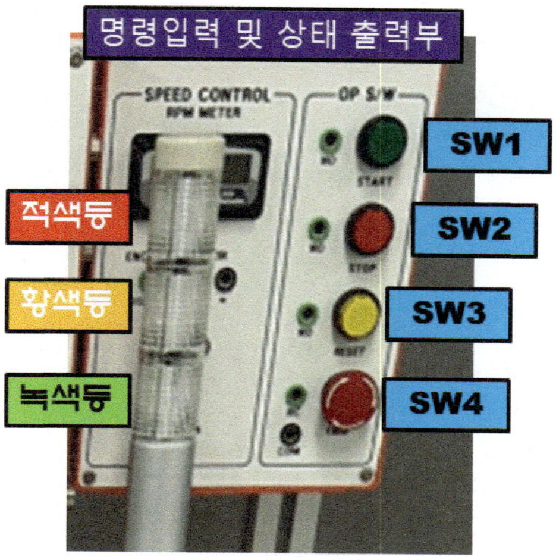

명 칭	설 명
SW1	스위치1
SW2	스위치2
SW3	스위치3
SW4	비상 스위치
PL1	적색 램프
PL2	황색 램프
PL3	녹색 램프
C1	카운터 표시(제품 숫자 FND 표시)

21.2 PLC 입력부 I/O 할당표

PLC 입력부 I/O 할당표				
번호	기능	변수명		I/O할당표
1	공급실린더 후진(LS1)	CY1_0	LS1	X0
2	공급실린더 전진(LS2)	CY1_1	LS2	X1
3	가공실린더 후진(LS3)	CY2_0	LS3	X2
4	가공실린더 전진(LS4)	CY2_1	LS4	X3
5	송출실린더 후진(LS5)	CY3_0	LS5	X4
6	송출실린더 전진(LS6)	CY3_1	LS6	X5
7	배출실린더 후진(LS7)	CY4_0	LS7	X6
8	배출실린더 전진(LS8)	CY4_1	LS8	X7
9	매거진 적재 감지	S1		X8
10	이송 감지	S2		X9
11	비금속 감지	S3		XA
12	금속 감지	S4		XB
13	PB1 스위치	SW1		XC
14	PB2 스위치	SW2		XD
15	PB3 스위치	SW3		XE
16	비상정지 스위치	SW4		XF

21.3 PLC 출력부 I/O 할당표

PLC 입력부 I/O 할당표			
번호	기능	변수명	I/O할당표
1	공급실린더 전진	SOL1_0	Y20
2	공급실린더 후진	SOL1_1	Y21
3	가공실린더 전/후진	SOL2	Y22
4	송출실린더 전/후진	SOL3	Y23
5	배출실린더 전/후진	SOL4	Y24
6	드릴 모터	M1	Y25
7	컨버이어 모터	M2	Y26
8	적색 램프	RL	Y27
9	황색 램프	YL	Y28
10	녹색 램프	GL	Y29
11	카운터 표시부	C1	Y30~Y3F

21.4 PLC 출력 공압부

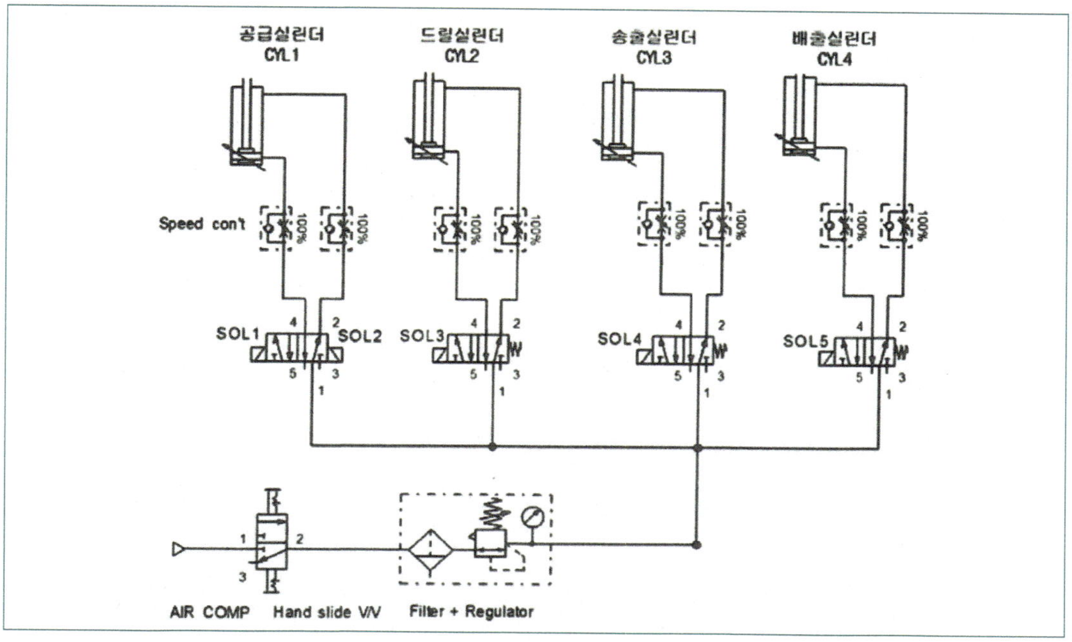

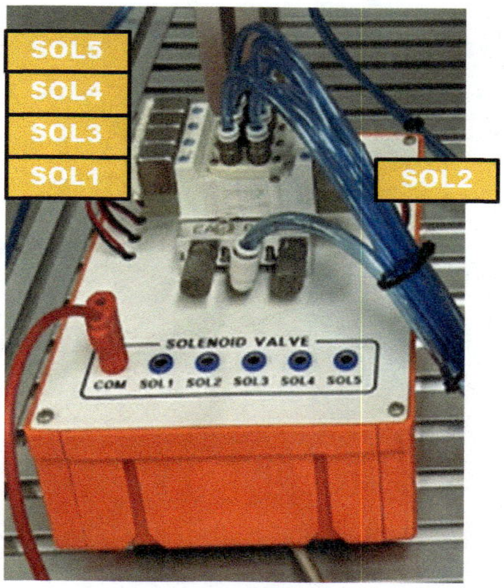

실습 22 PLC 입/출력부 결선하기

학습목표: 이번 실습에서는 생산자동화기능사 자격시험에서 PLC작업을 위해, 실습장비를 이해하고 각종 입출력 장치를 결선하는 방법에 대해 알아보자.

22.1 PLC 입력부 결선하기

① 입력부 전원 com(0V) 결선하기(실린더 리밋스위치)

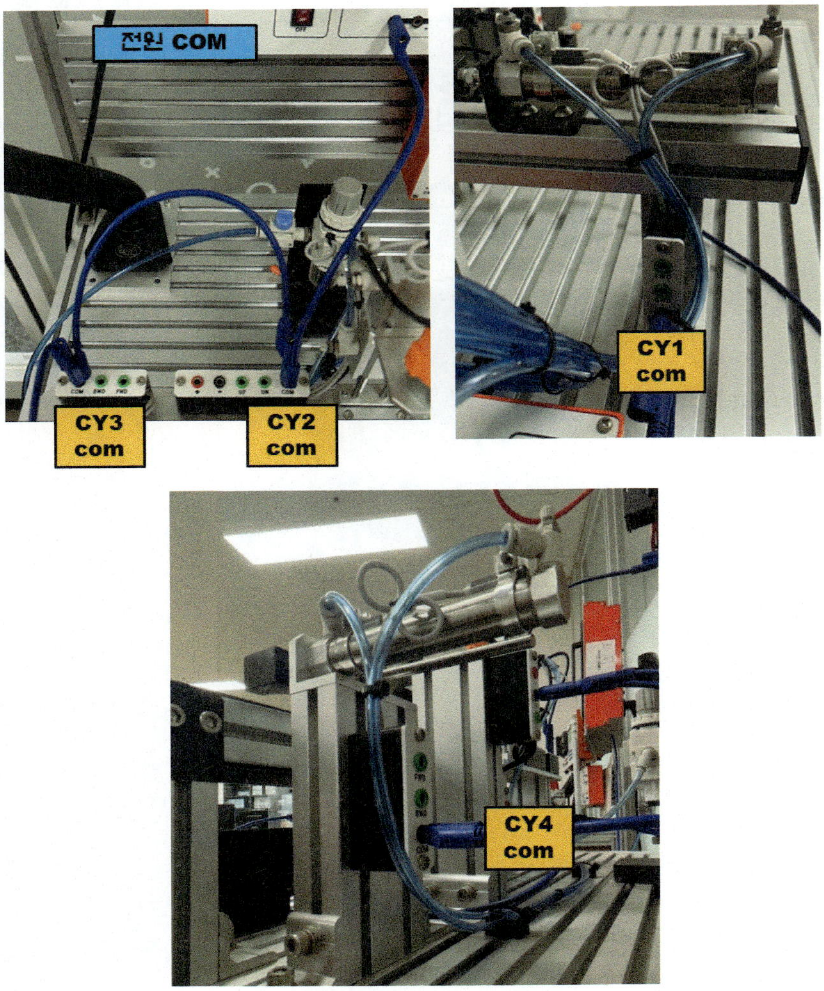

② 입력부 전원 결선하기(센서)

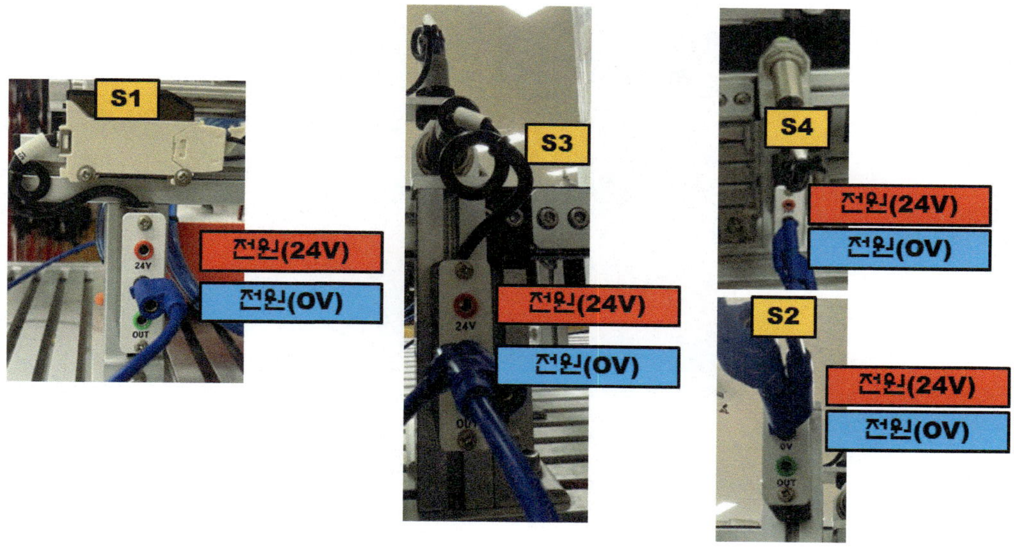

③ 입력부 전원 com(0V) 결선하기(스위치 입력)

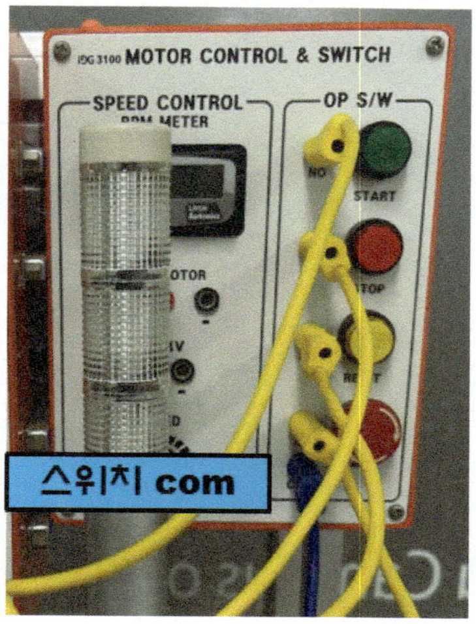

④ 입력부 전원 com(24V) 결선하기(PLC 입력)

⑤ 공급실린더 후진 감지(LS1), 전진 감지(LS2) 결선하기

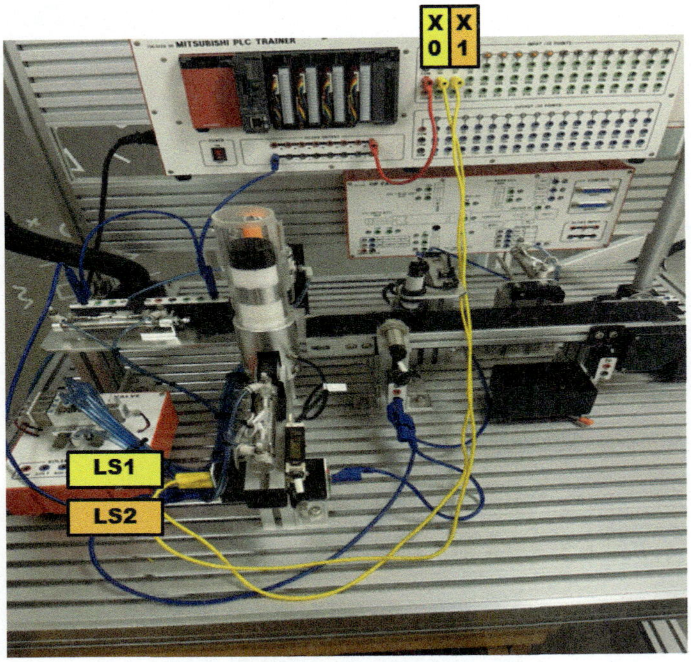

⑥ 가공실린더 후진 감지(LS3), 전진 감지(LS4) 결선하기

⑦ 송출실린더 후진 감지(LS5), 전진 감지(LS6) 결선하기

⑧ 배출실린더 후진 감지(LS7), 전진 감지(LS8) 결선하기

⑧ 매거진 적재 감지(S1), 포토센서(S2), 용량형센서(S3), 유도형센서(S4) 결선하기

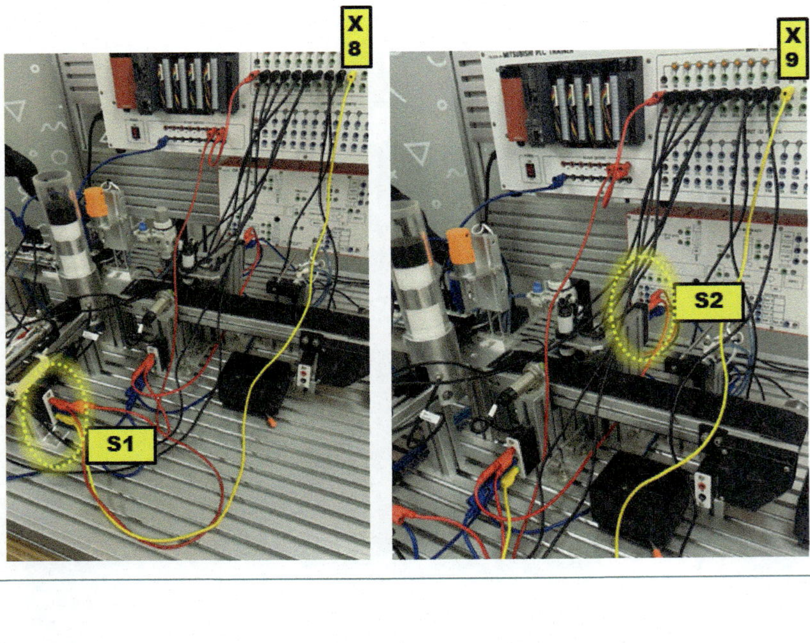

⑨ 스위치 입력부 결선하기

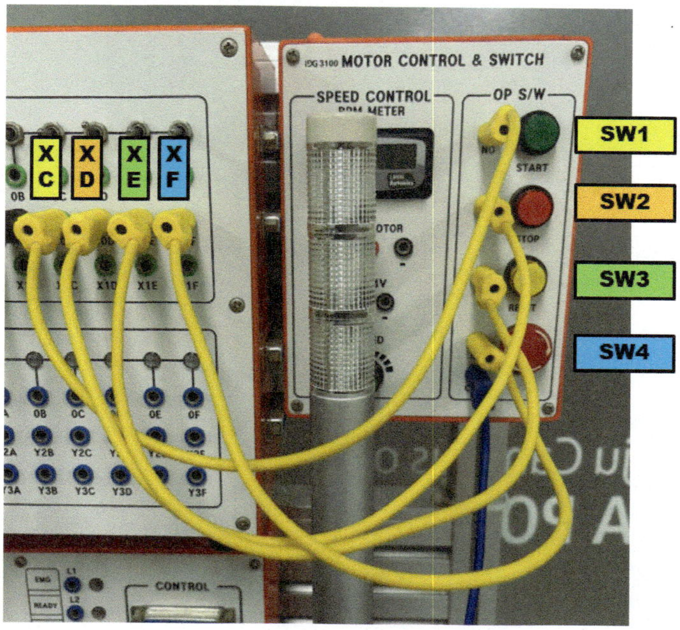

22.2 PLC 출력부 결선방법

① 출력부 전원 com(24V) 결선하기(실린더 SOL, PLC)

② 실린더 구동 솔레노이드 벨브 결선하기

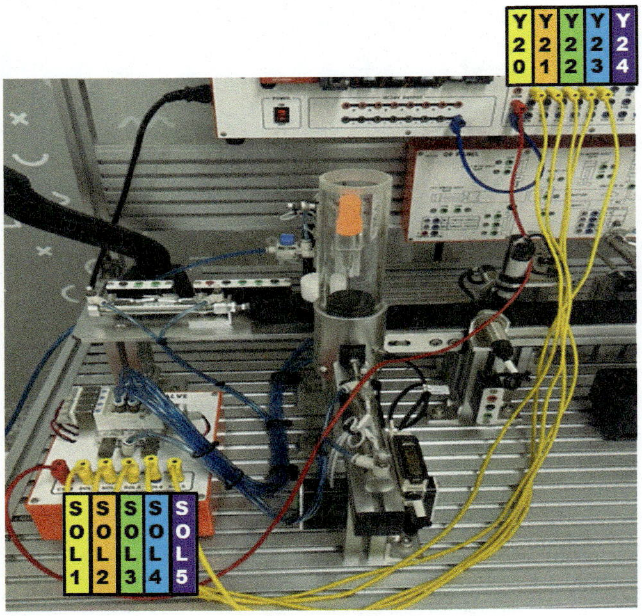

③ 드릴 모터(M1), 컨베이어 모터(M2) 결선하기

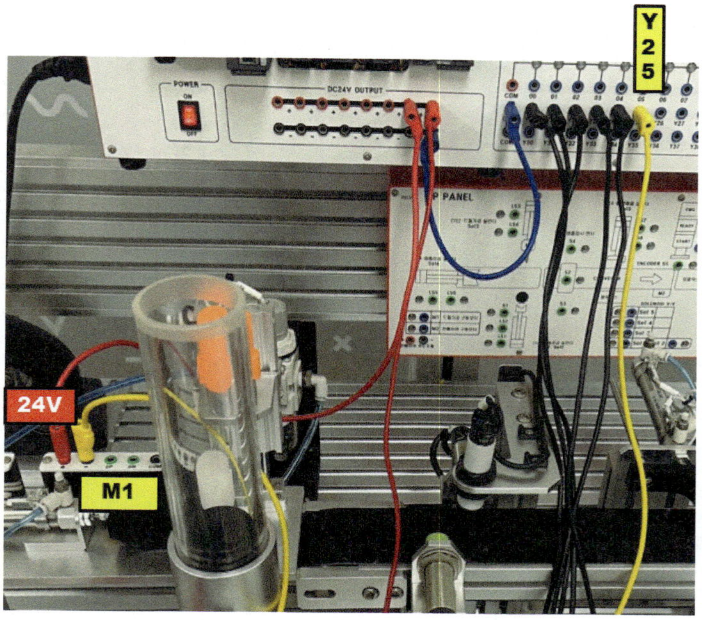

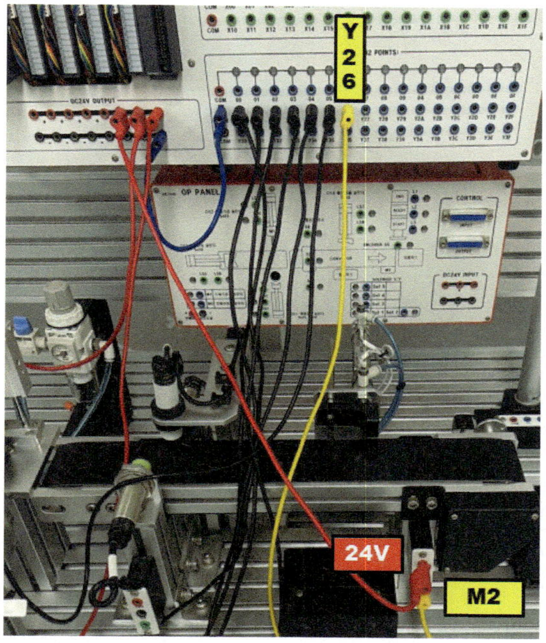

④ 적색램프, 황색램프, 녹색램프 결선하기

8 생산자동화 기능사(예시)

기본 동작

실습 23 기본동작 예시 1

학습목표: 이번 실습에서는 생산자동화기능사 자격시험에서 PLC작업의 기본 동작인 입/출력, 타이머 명령어를 통해 문제에서 제시된 요구조건에 따라 사용자가 프로그램하여 각종 실린더, 램프를 제어하는 방법에 대해 알아보자.

23.1 주요 동작 설명

① PB1을 누르면 아래 변위단위선도와 같이 동작이 수행하도록 프로그램을 작성하시오.

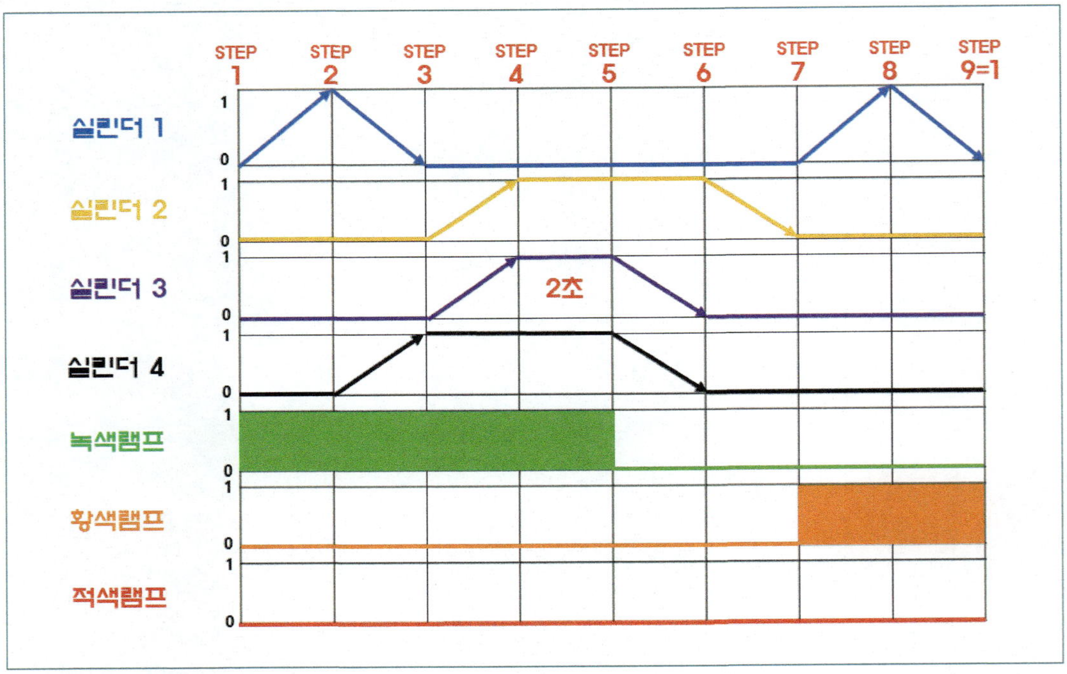

[그림 8.1] 기본동작 변위단위선도

② 기본동작 프로그램을 작성하기 위해서는 주어진 그림의 STEP표를 잘 이해하여야 한다.

ⓐ 실린더 1은 STEP1일 때 전진, STEP2일 때 후진한다. 또한 STEP7일 때 전진, STEP8일 때 후진한다.

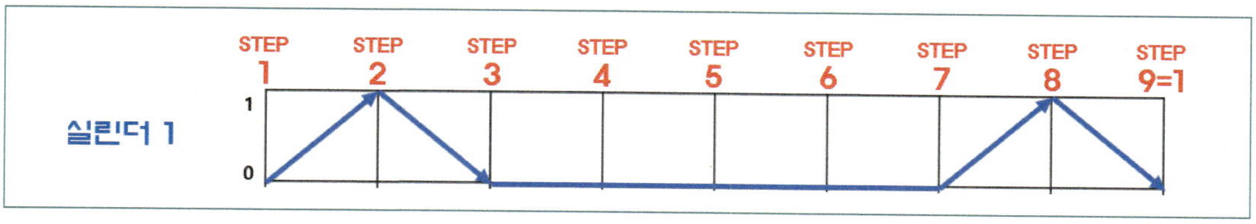

ⓑ 실린더 2는 STEP3일 때 전진, STEP6일 때 후진한다.

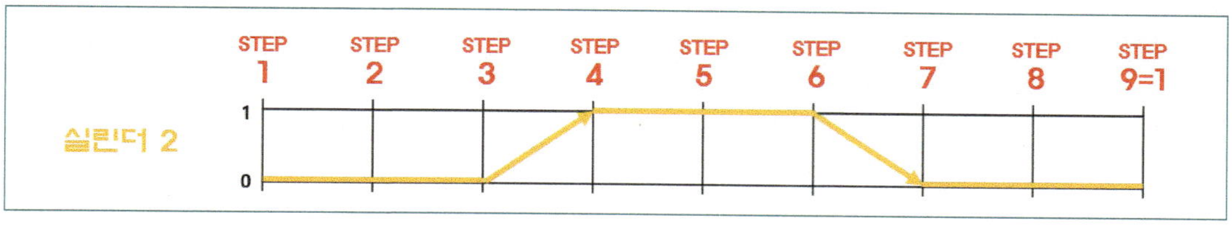

ⓒ 실린더 3은 STEP3일 때 전진, STEP5일 때 후진한다.

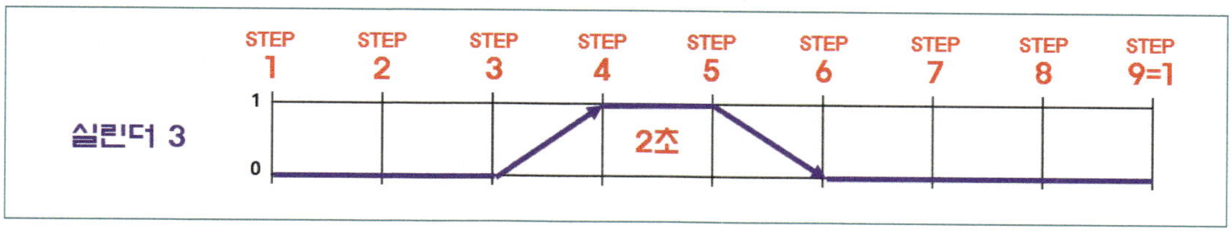

ⓓ 실린더 4는 STEP2일 때 전진, STEP5일 때 후진한다.

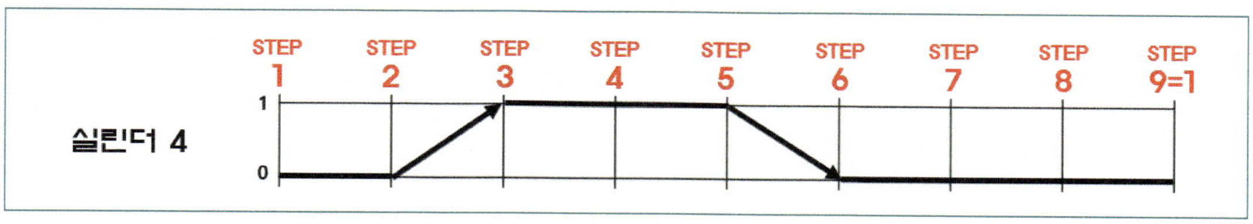

ⓔ 각종 램프의 동작 순서는,

⇒ 녹색램프는 STEP1일 때 ON, STEP5일 때 OFF 한다.

⇒ 황색램프는 STEP7일 때 ON, STEP9일 때 OFF 한다.

⇒ 적색램프는 상시 OFF 한다.

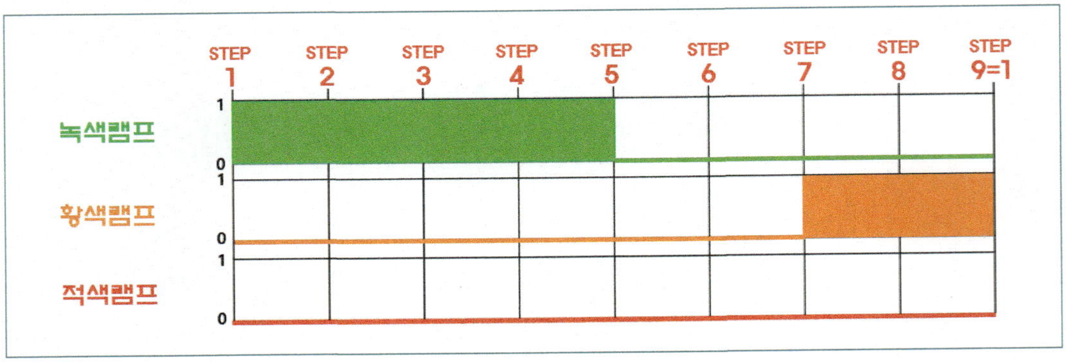

③ 위 동작순서를 확인하였다면, STEP에 따라 각종 실린더와 램프가 동작되는 것을 알 수 있다.

⇒ 그렇다면, 과연 STEP은 어떻게 순차적으로 만들어지는지 생각해 보아야 한다.

ⓐ STEP1: (입력) PB1을 ON하면 ⇒ 이를 M0에 저장(자기유지) ⇒ (출력) 실린더1 전진(SOL1 ON), 녹색램프 ON 된다.

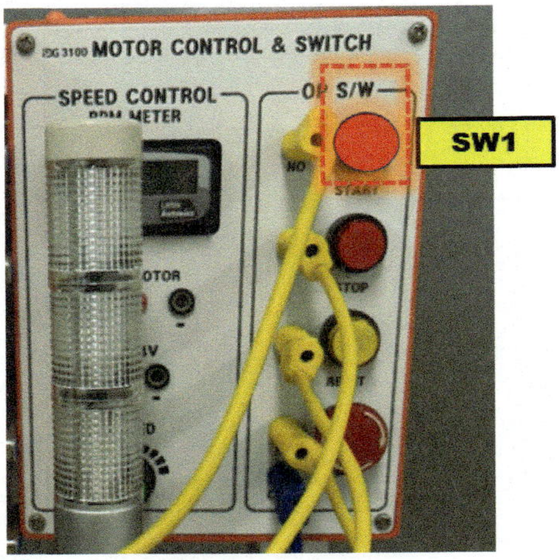

ⓑ STEP2: 실린더1이 전진 완료되면, (입력) LS2가 ON된다 ⇒ 이를 M1에 저장(자기유지) ⇒ (출력) 실린더1 후진(SOL2 ON, SOL1 OFF), 실린더4 전진(SOL5 ON) 완료된다.

※ 이때, 공급실린더는 양측 솔레노이드이므로 전진 SOL은 OFF, 후진 SOL은 ON 하여야 한다.

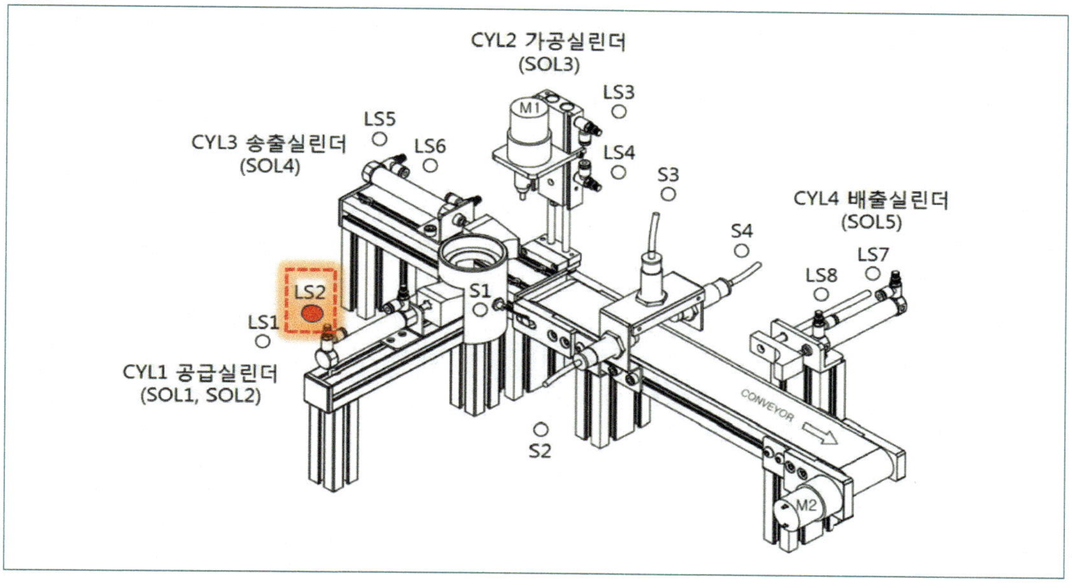

ⓒ STEP3: 실린더1 후진 완료, 실린더4 전진 완료되면, (입력) LS1이 ON, LS8이 ON 된다 ⇒ 이를 M2에 저장(자기유지) ⇒ (출력) 실린더2, 실린더3 전진(SOL3 ON, SOL4 ON) 완료된다.

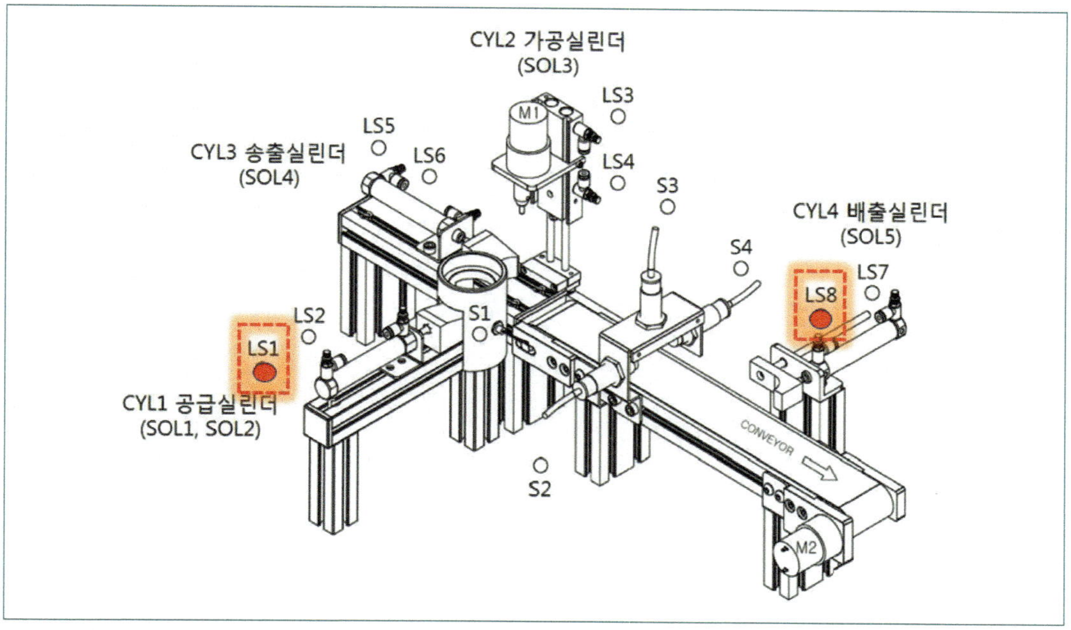

ⓓ STEP4: 실린더2, 실린더3 전진 완료되면, (입력) LS4, LS6이 ON된다 ⇒ 이를 M3에 저장(자기유지) ⇒ 출력은 없으며, 시간지연 2초 부여

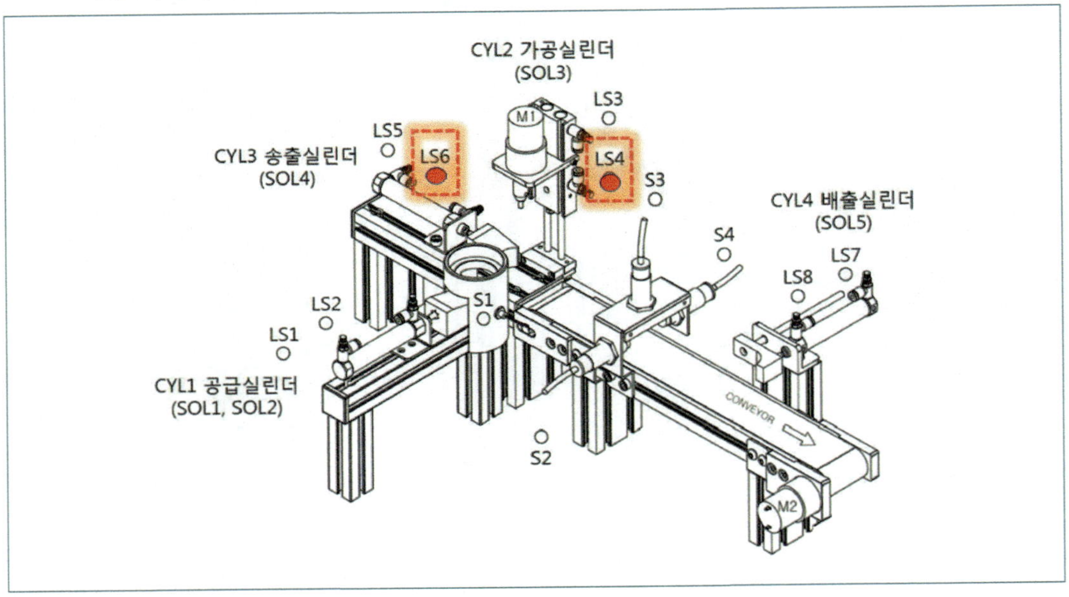

ⓔ STEP5: 이때, 출력에 따른 입력이 없어 시간지연(2초) 타이머의 출력값을 사용한다. ⇒ 이를 T1에 유지(자기유지)⇒ (출력) 실린더3, 실린더4 후진(SOL4 OFF, SOL5 OFF), 녹색램프 OFF 완료된다.

ⓕ STEP6: 실린더3, 실린더4 후진 완료되면, (입력) LS5이 ON, LS7이 ON 된다. ⇒ 이를 M4에 저장(자기유지) ⇒ (출력) 실린더2 후진(SOL3 OFF) 완료된다.

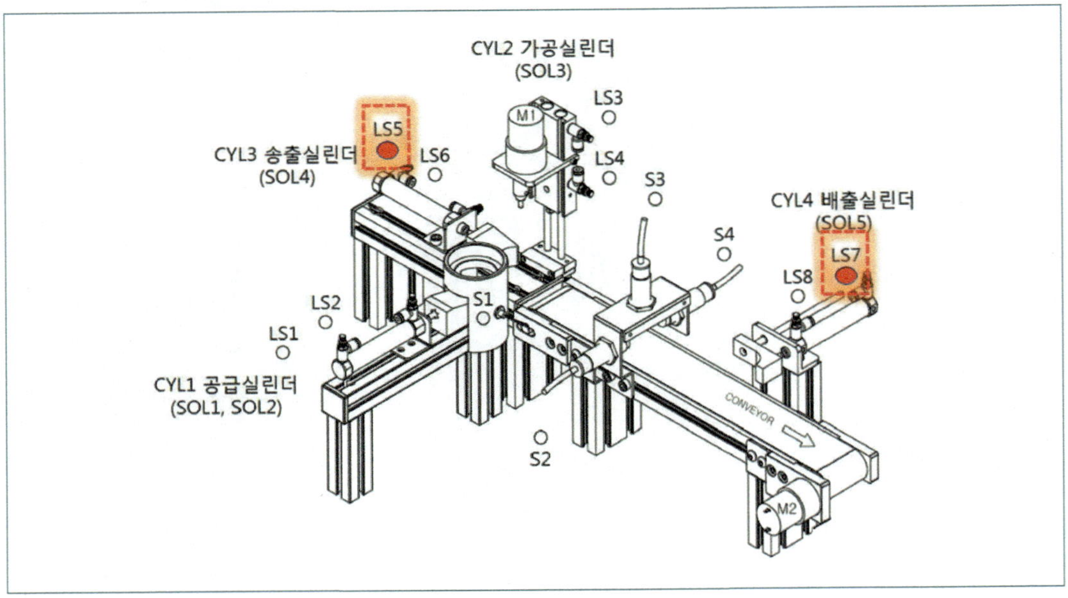

ⓖ STEP7: 실린더2 후진 완료되면, (입력) LS3가 ON 된다 ⇒ 이를 M5에 저장(자기유지) ⇒ (출력) 실린더1 전진(SOL1 ON), 황색램프 ON 완료된다.

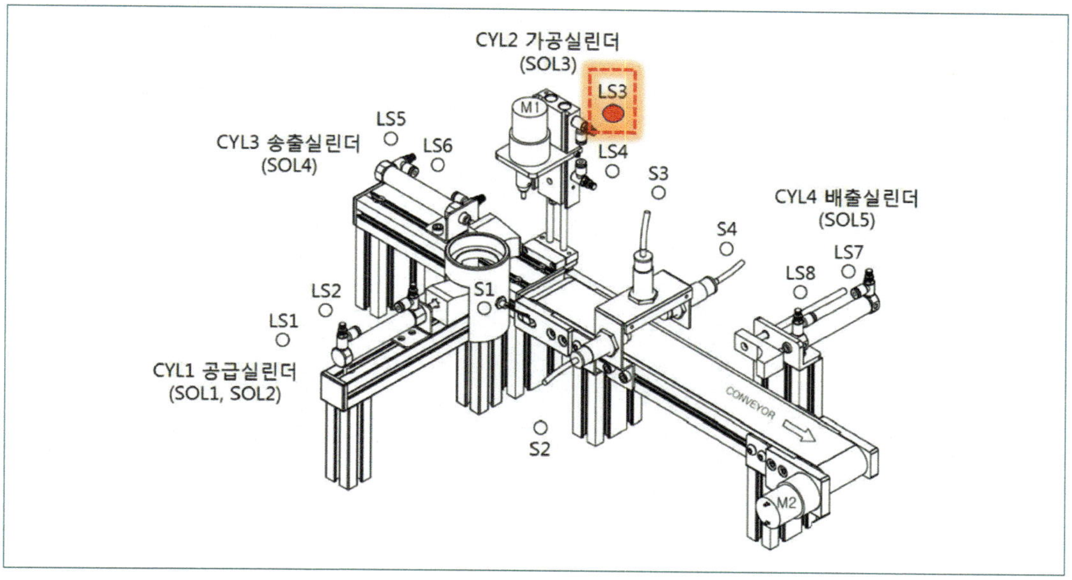

ⓗ STEP8: 실린더1 전진 완료되면, (입력) LS2가 ON 된다 ⇒ 이를 M6에 저장(자기유지) ⇒ (출력) 실린더1 후진(SOL2 ON, SOL1 OFF) 완료된다.

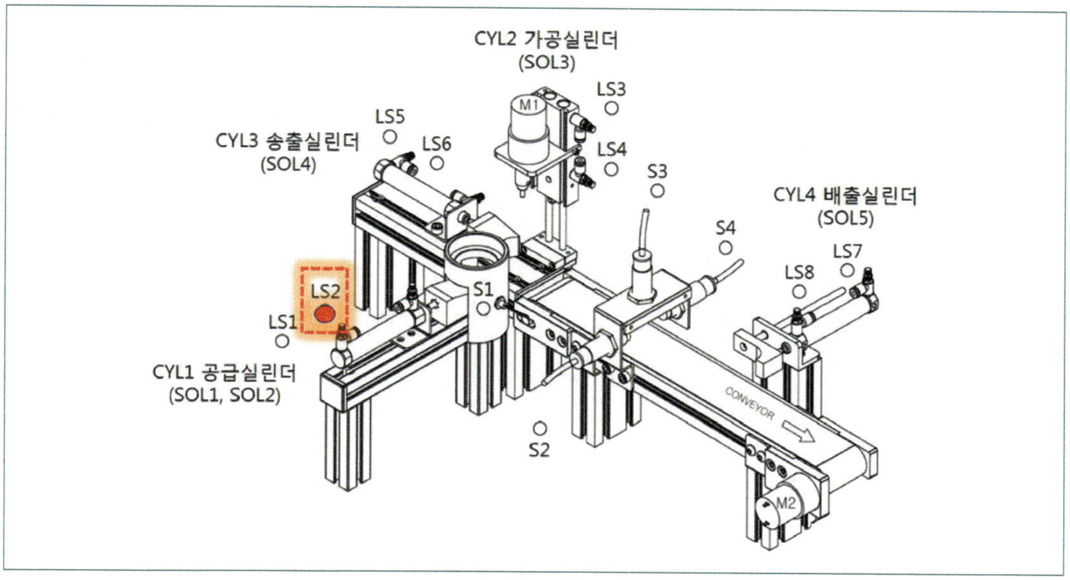

ⓘ STEP9: 실린더1 후진 완료되면, (입력) LS1가 ON 된다 ⇒ 이를 M7에 저장(자기유지) ⇒ (출력) 없음 ⇒ 시스템 전체 리셋

※ 이때, M7의 경우 마지막 동작으로 자기유지가 필요하지 않다.

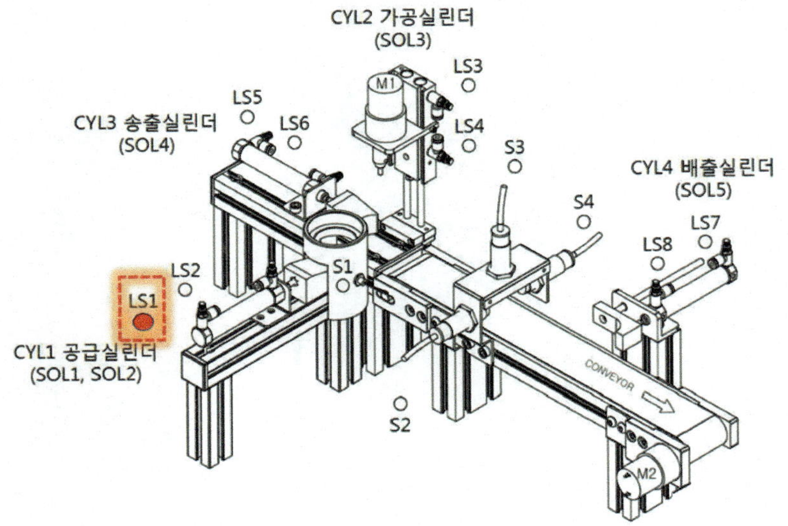

시작스위치(PB1) 입력 후 STEP에 따른 순서는 아래 표와 같다.

※ 처음 PLC프로그램을 하는 경우 STEP에 따른 순차제어를 이해하기 어려우므로, 아래의 표를 작성하여 프로그램 하는 것을 추천한다.

STEP	STEP1		
입력	PB1(XC)		
메모리		M0	
출력			SOL1 ON GL ON

⇨

STEP	STEP2		
입력	LS2(X1)		
메모리		M1	
출력			SOL2 ON SOL5 ON SOL1 OFF

STEP	STEP3		
입력	LS1(X0) LS8(X7)		
메모리		M2	
출력			SOL3 ON SOL4 ON

⇨

STEP	STEP4		
입력	LS4(X3) LS6(X5)		
메모리		M3	
출력			T1(2초)

STEP	STEP5		
입력	T1(2초) 후		
메모리		T1	
출력			SOL4 OFF SOL5 OFF GL OFF

⇨

STEP	STEP6		
입력	LS5(X4) LS7(X6)		
메모리		M4	
출력			SOL3 OFF

STEP	STEP7		
입력	LS3(X2)		
메모리		M5	
출력			SOL1 ON SOL2 OFF YL ON

⇨

STEP	STEP8		
입력	LS2(X1)		
메모리		M6	
출력			SOL2 ON SOL1 OFF

STEP	STEP9		
입력	LS1(X0)		
메모리		M7	
출력			RESET

23.2 프로그램 하기

① 프로그램을 입력하기 전에 입력/출력부의 디바이스 코멘트를 작성하여 사용하는 것이 매우 편리하다. 아래 순서에 따라 디바이스 코멘트를 작성하여 보자.

▌사용자가 여러 개의 프로그램을 사용하고자 할 경우 공통의 디바이스 코멘트 데이터를 사용할 수 있다.

- Main 프로그램에 디바이스 코멘트를 붙이고자 할 경우에도 가능

ⓐ 글로벌 디바이스 코멘트 설정을 위해 Global Device Comment 더블클릭

ⓑ 그림과 같이 코멘트를 입력할 수 있는 팝업창이 나타난다.

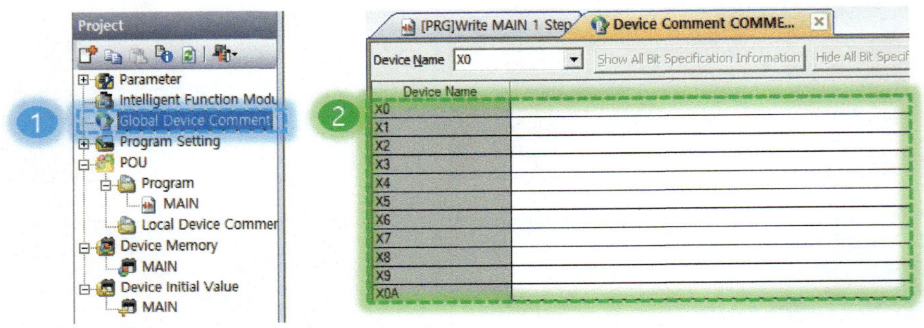

ⓒ 그림과 같이 입력부의 코멘트를 작성한다.

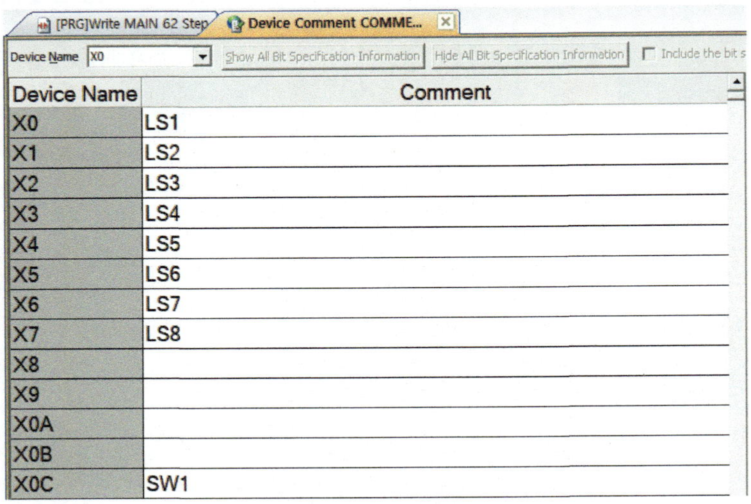

ⓓ 그림과 같이 Device Name에 Y20을 입력 후 엔터키를 클릭한다.

ⓔ 그림과 같이 출력부의 코멘트를 작성한다.

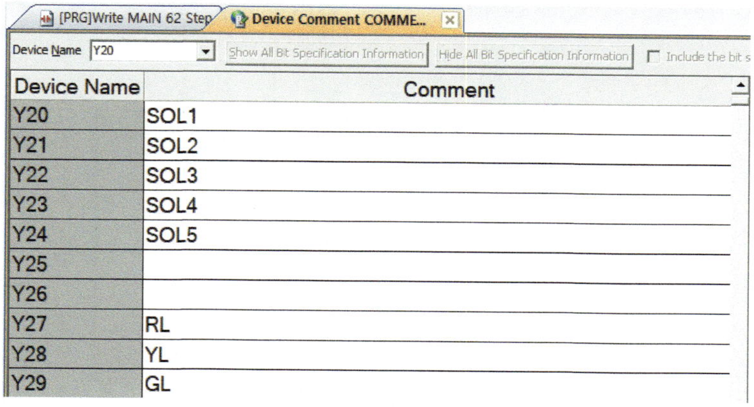

② 위에서 설명한 실린더 및 램프를 제어하기 위한 STEP별 프로그램을 작성하여 본다.

ⓐ STEP1 : (입력) SW1을 ON하면 ⇒ 이를 M0에 저장(자기유지) ⇒ (출력) 실린더1 전진(SOL1 ON), 녹색램프 ON 된다.

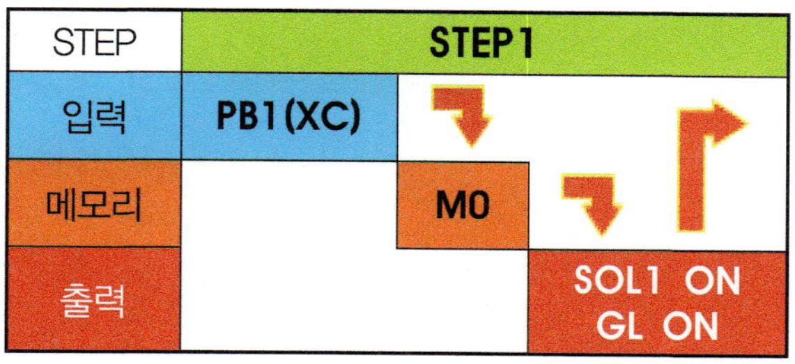

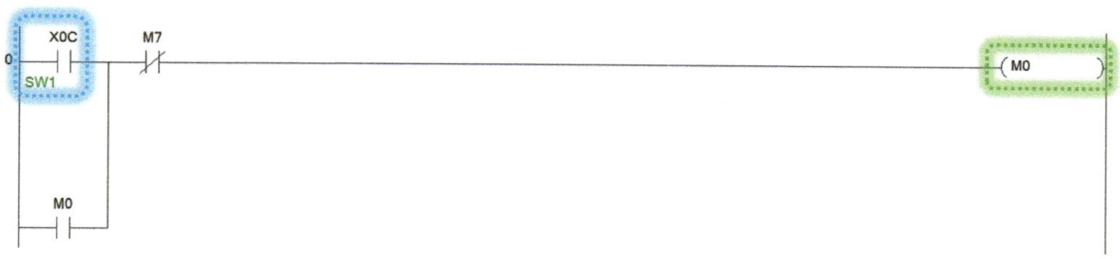

ⓑ STEP2: 실린더1이 전진 완료되면, (입력) LS2가 ON된다 ⇒ 이를 M1에 저장(자기유지) ⇒ (출력) 실린더1 후진(SOL2 ON, SOL1 OFF), 실린더4 전진(SOL5 ON) 완료된다.

STEP	STEP2		
입력	LS2(X1)		
메모리		M1	
출력			SOL2 ON SOL5 ON SOL1 OFF

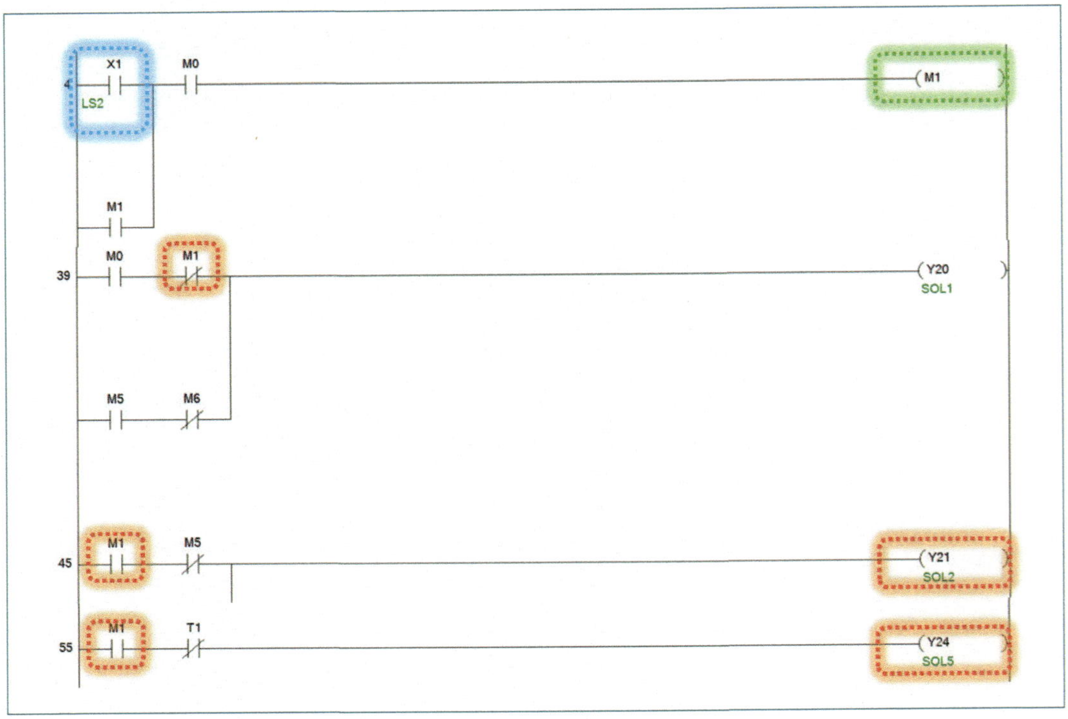

ⓒ STEP3: 실린더1 후진 완료, 실린더4 전진 완료되면, (입력) LS1이 ON, LS8이 ON 된다 ⇒ 이를 M2에 저장(자기유지) ⇒ (출력) 실린더2, 실린더3 전진(SOL3 ON, SOL4 ON) 완료된다.

STEP	STEP3		
입력	LS1(X0) LS8(X7)		
메모리		M2	
출력			SOL3 ON SOL4 ON

ⓓ STEP4: 실린더2, 실린더3 전진 완료되면, (입력) LS4, LS6이 ON된다 ⇒ 이를 M3에 저장(자기유지) ⇒ (출력) 없음, 시간지연 2초

STEP	STEP4		
입력	LS4(X3) LS6(X5)		
메모리		M3	
출력			T1(2초)

ⓔ STEP5: 이때, 출력에 따른 입력이 없어 시간지연(2초) 타이머의 출력값을 사용한다.
⇒ (출력) 실린더3, 실린더4 후진(SOL4 OFF, SOL5 OFF), 적색램프 OFF 완료된다.

STEP	STEP5		
입력	T1(2초) 후		
메모리		T1	
출력			SOL4 OFF SOL5 OFF GL OFF

ⓕ STEP6: 실린더3, 실린더4 후진 완료되면, (입력) LS5이 ON, LS7이 ON 된다 ⇒ 이를 M4에 저장(자기유지) ⇒ (출력) 실린더2 후진(SOL3 OFF) 완료된다.

STEP	STEP6		
입력	LS5(X4) LS7(X6)		
메모리		M4	
출력			SOL3 OFF

ⓖ STEP7: 실린더2 후진 완료되면, (입력) LS3가 ON 된다 ⇒ 이를 M5에 저장(자기유지) ⇒ (출력) 실린더1 전진(SOL1 ON), 황색램프 ON 완료된다.

STEP	STEP7		
입력	LS3(X2)		
메모리		M5	
출력			SOL1 ON SOL2 OFF YL ON

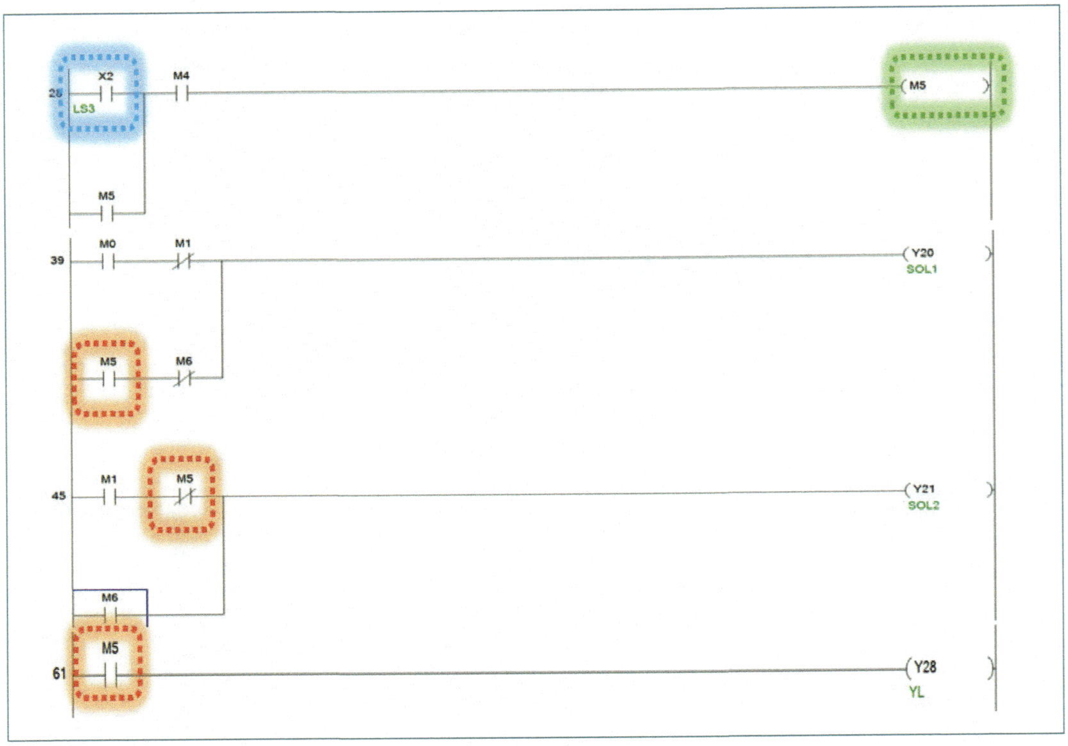

ⓗ STEP8: 실린더1 전진 완료되면, (입력) LS2가 ON 된다 ⇒ 이를 M6에 저장(자기유지) ⇒ (출력) 실린더1 후진(SOL2 ON, SOL1 OFF) 완료된다.

STEP	STEP8		
입력	LS2(X1)		
메모리		M6	
출력			SOL2 ON SOL1 OFF

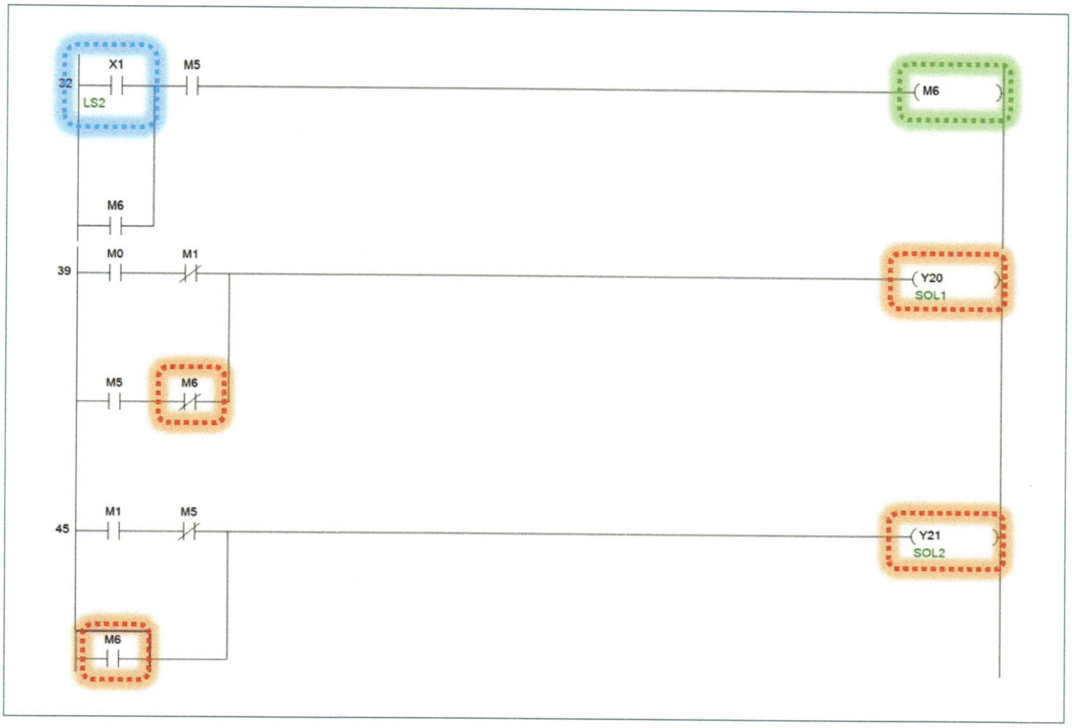

ⓘ STEP9: 실린더1 후진 완료되면, (입력) LS1가 ON 된다 ⇒ 이를 M7에 저장(자기유지) ⇒ (출력) 없음 ⇒ 시스템 전체 리셋

STEP	STEP9		
입력	LS1(X0)		
메모리		M7	
출력			RESET

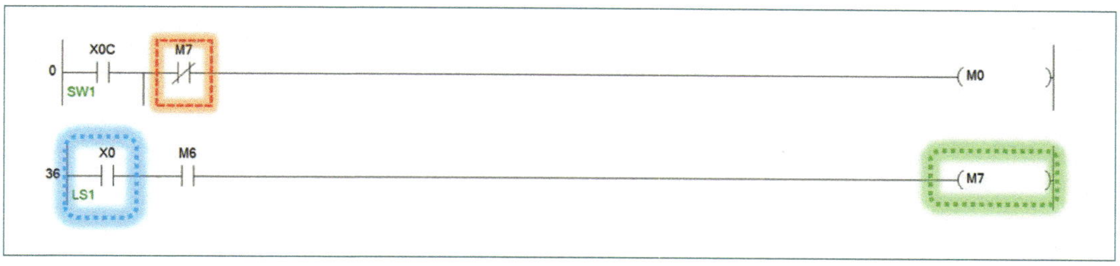

프로그램 전체

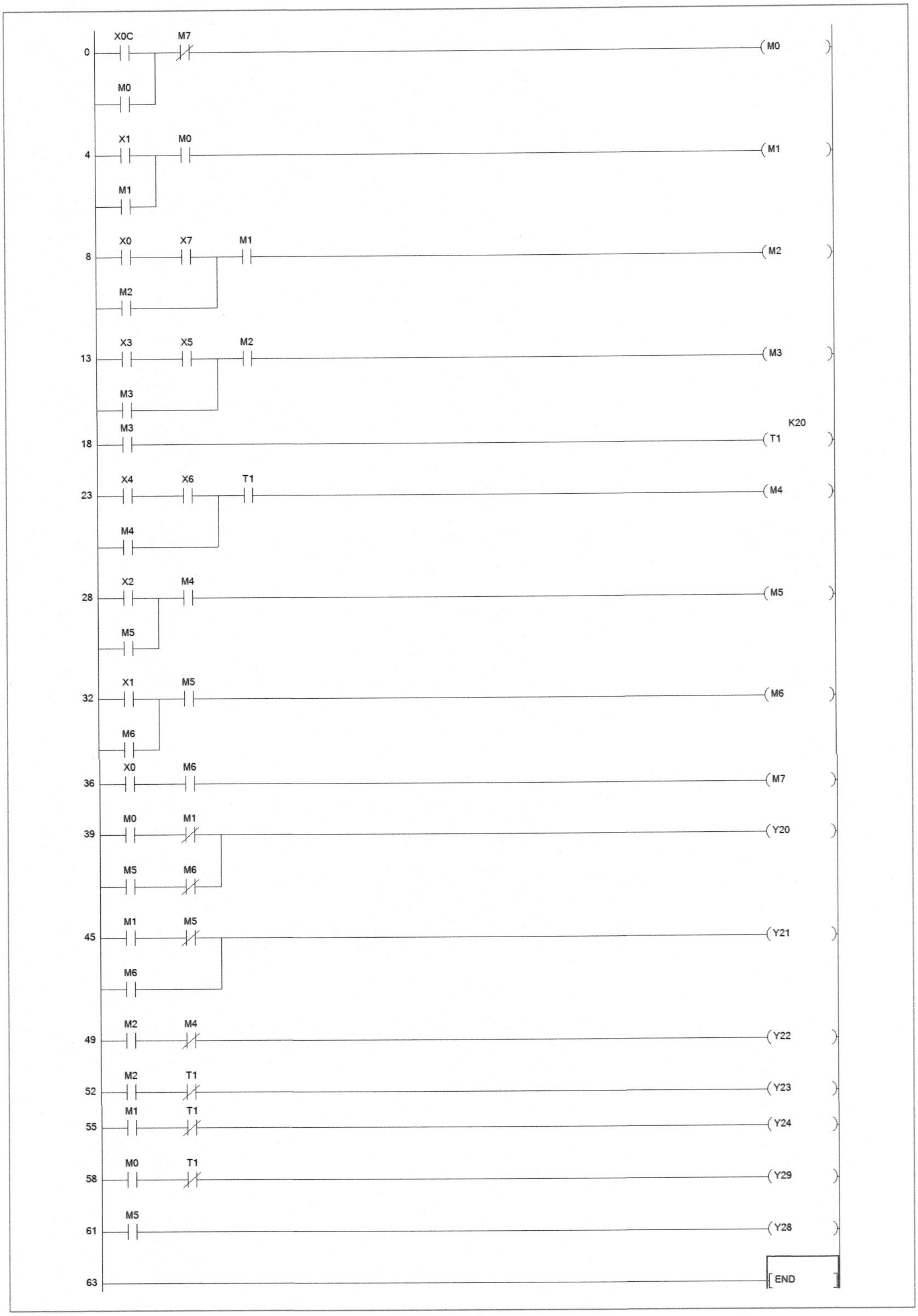
X0C
M7
M0
X1
M1
X0
X7
M2
X3
X5
M3
K20
T1
X4
X6
M4
X2
M5
M6
M7
Y20
Y21
Y22
Y23
Y24
Y29
Y28
END
0
4
8
13
18
23
28
32
36
39
45
49
52
55
58
61
63

실습 24 기본동작 예시 2

학습목표: 이번 실습에서는 생산자동화기능사 PLC작업의 기본 동작인 입/출력, 타이머 명령어를 통해 문제에서 제시된 요구조건에 따라 사용자가 프로그램하여 각종 실린더, 램프를 제어하는 방법에 대해 알아보자.

24.1 주요 동작 설명

① PB1을 누르면 아래 변위단위선도와 같이 동작이 수행하도록 프로그램을 작성하시오.

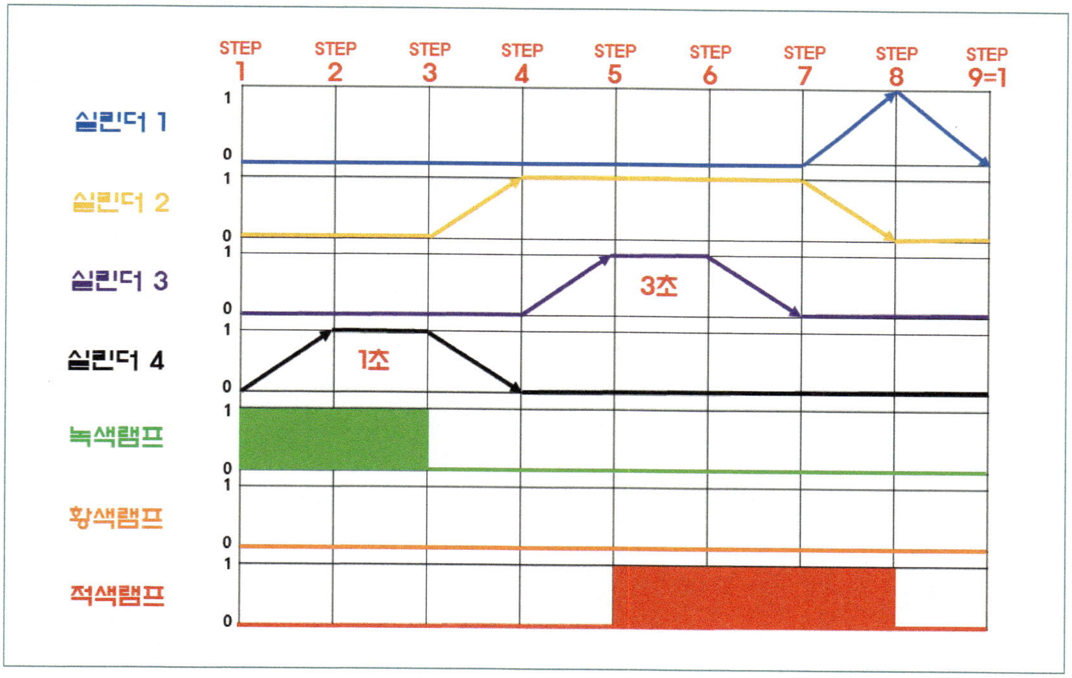

② 표와 같이 시작스위치(PB1) 입력 후 STEP에 따른 순서는 아래 표와 같다.

STEP	STEP1	STEP2	STEP3	STEP4	STEP5	STEP6	STEP7	STEP8	STEP9
입력	PB1(XC)	LS8(X7)	T1(1초) 후	LS4(X3) LS7(X6)	LS6(X5)	T2(3초) 후	LS5(X4)	LS2(X1) LS3(X2)	LS1(X0)
메모리	M0	M1	T1	M2	M3	T2	M4	M5	M6
출력	SOL5 ON GL ON	T1(1초)	SOL3 ON SOL5 OFF GL OFF	SOL4 ON	T2(3초) RL ON	SOL4 OFF	SOL1 ON SOL3 OFF	SOL2 ON SOL1 OFF RL OFF	RESET

24.2 프로그램 하기

① 프로그램을 입력하기 전에 입력/출력부의 디바이스 코멘트를 작성하여 사용하는 것이 매우 편리하다. 실습 23.2와 같이 디바이스 코멘트를 작성하여 보자.

② 위에서 설명한 실린더 및 램프를 제어하기 위한 STEP별 프로그램을 작성하여 본다.

ⓐ STEP1: (입력) SW1을 ON하면 ⇒ 이를 M0에 저장(자기유지) ⇒ (출력) 실린더4 전진(SOL5 ON), 녹색램프 ON 된다.

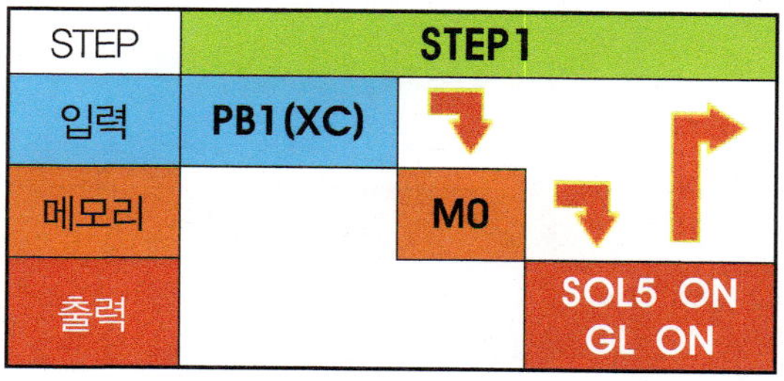

ⓑ STEP2: 실린더4가 전진 완료되면, (입력) LS8이 ON된다 ⇒ 이를 M1에 저장(자기유지) ⇒ (출력) 없음, 시간지연 1초.

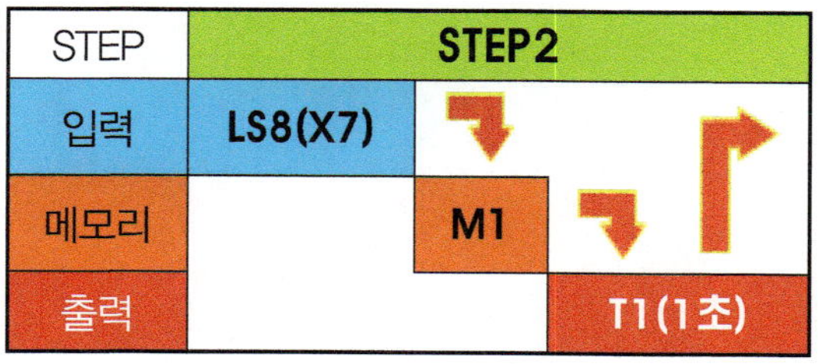

ⓒ STEP3: 이때, 출력에 따른 입력이 없어 시간지연(1초) 타이머의 출력값을 사용한다. ⇒ 이를 T1에 유지(자기유지)⇒ (출력) 실린더2 전진, 실린더4 후진(SOL3 ON, SOL5 OFF), 녹색 OFF 완료된다.

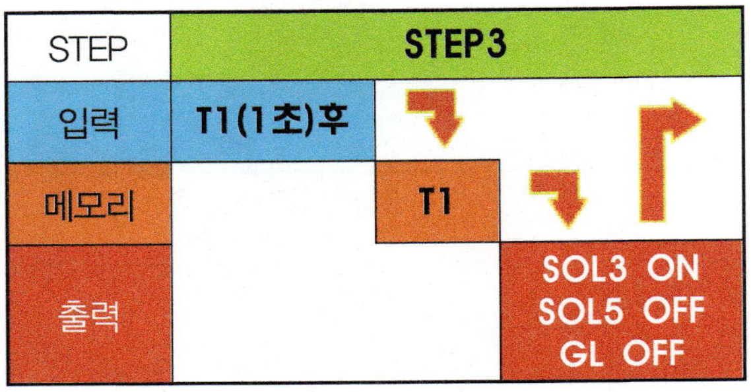

ⓓ STEP4: 실린더2 전진, 실린더4 후진 완료되면, (입력) LS4, LS7이 ON된다 ⇒ 이를 M2에 저장(자기유지) ⇒ (출력) 실린더3 전진(SOL4 ON) 된다.

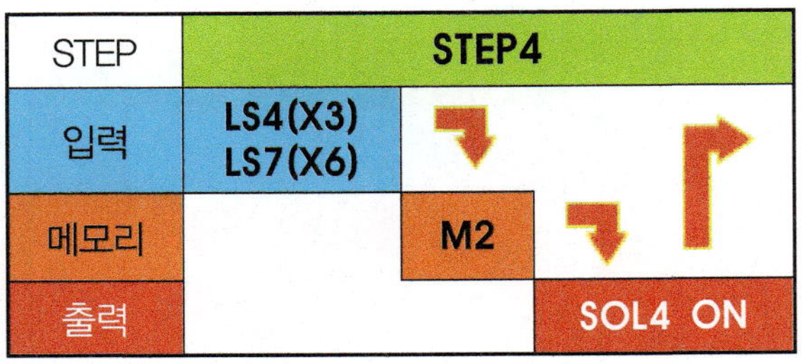

ⓔ STEP5: 실린더3가 전진 완료되면, (입력) LS6이 ON된다 ⇒ 이를 M3에 저장(자기유지)
⇒ (출력) 없음, 시간지연 3초, 적색램프를 ON한다.

STEP	STEP5		
입력	LS6(X5)		
메모리		M3	
출력			T2(3초) RL ON

ⓕ STEP6: 이때, 출력에 따른 입력이 없어 시간지연(3초) 타이머의 출력값을 사용한다.
⇒ 이를 T2에 유지(자기유지)⇒ (출력) 실린더3 후진(SOL4 OFF) 된다.

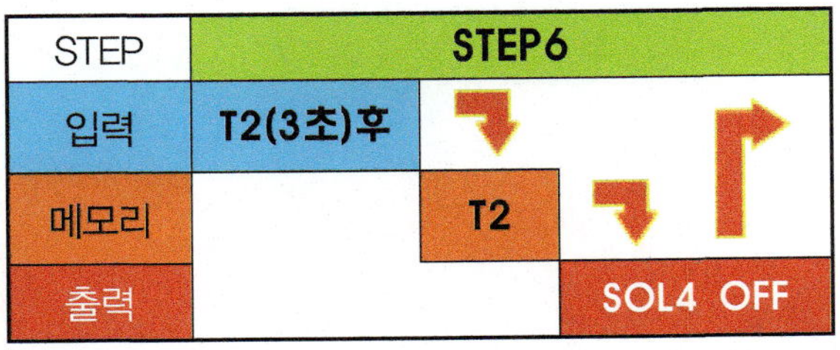

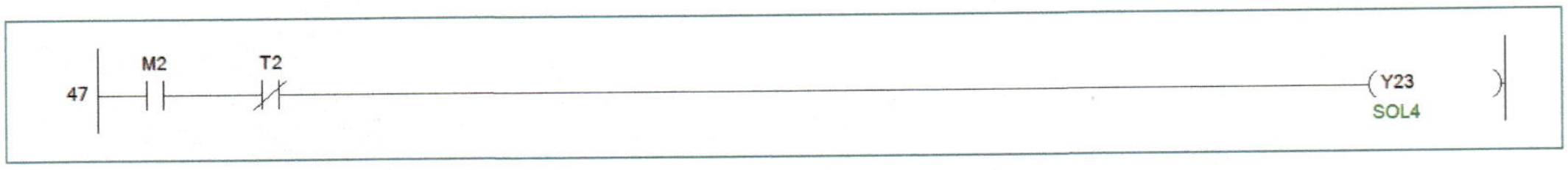

ⓖ STEP7: 실린더3 후진 완료되면, (입력) LS5가 ON 된다 ⇒ 이를 M4에 저장(자기유지) ⇒ (출력) 실린더1 전진, 실린더2 후진(SOL1 ON, SON3 OFF) 된다.

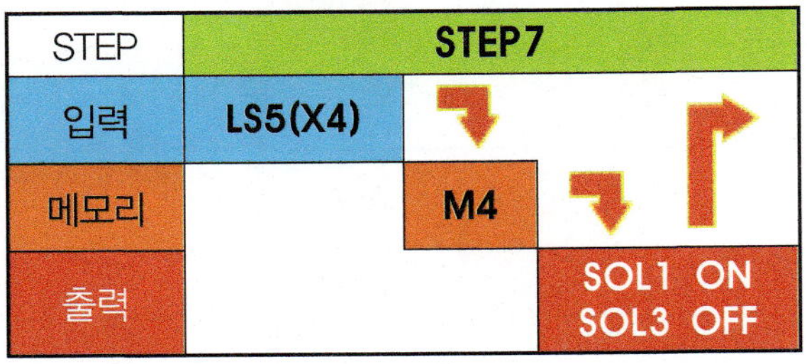

ⓗ STEP8: 실린더1 전진 완료, 실린더2 후진 완료되면, (입력) LS2, LS3가 ON 된다 ⇒ 이를 M5에 저장(자기유지) ⇒ (출력) 실린더1 후진(SOL2 ON, SOL1 OFF), 적색램프 OFF 한다.

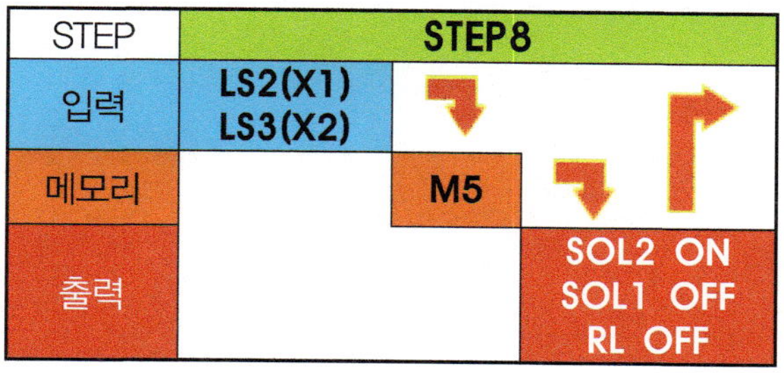

ⓘ STEP9: 실린더1 후진 완료되면, (입력) LS1가 ON 된다 ⇒ 이를 M6에 저장(자기유지) ⇒ (출력) 없음 ⇒ 시스템 전체 리셋

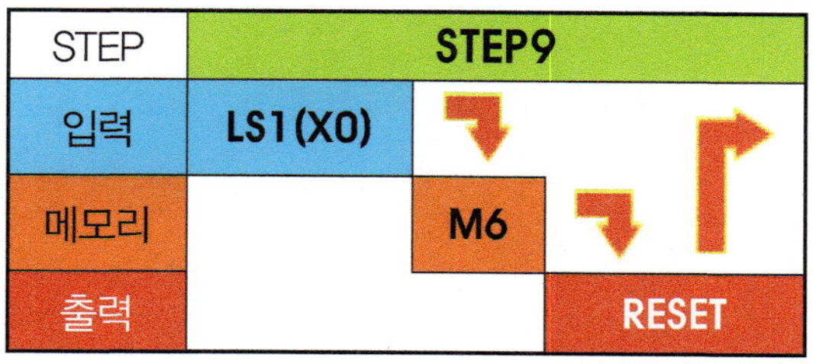

프로그램 전체

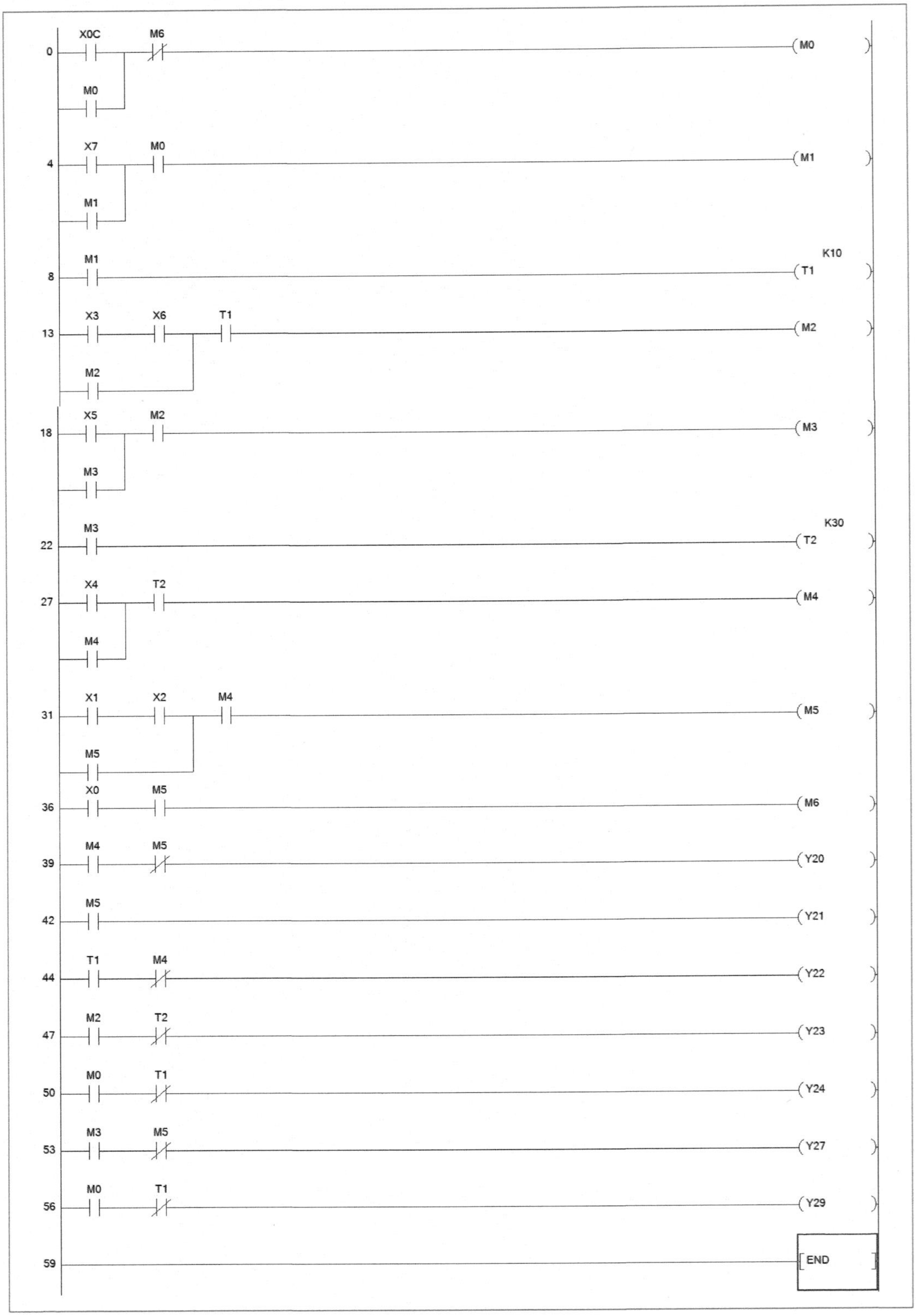

0
X0C
M6
M0
M0
4
X7
M0
M1
M1
8
M1
K10
T1
13
X3
X6
T1
M2
M2
18
X5
M2
M3
M3
22
M3
K30
T2
27
X4
T2
M4
M4
31
X1
X2
M4
M5
M5
36
X0
M5
M6
39
M4
M5
Y20
42
M5
Y21
44
T1
M4
Y22
47
M2
T2
Y23
50
M0
T1
Y24
53
M3
M5
Y27
56
M0
T1
Y29
59
END

실습 25 기본동작 예시 3

학습목표: 이번 실습에서는 생산자동화기능사 PLC작업의 기본 동작인 입/출력, 타이머 명령어를 통해 문제에서 제시된 요구조건에 따라 사용자가 프로그램하여 각종 실린더, 램프를 제어하는 방법에 대해 알아보자.

25.1 주요 동작 설명

① PB1을 누르면 아래 변위단위선도와 같이 동작이 수행하도록 프로그램을 작성하시오.

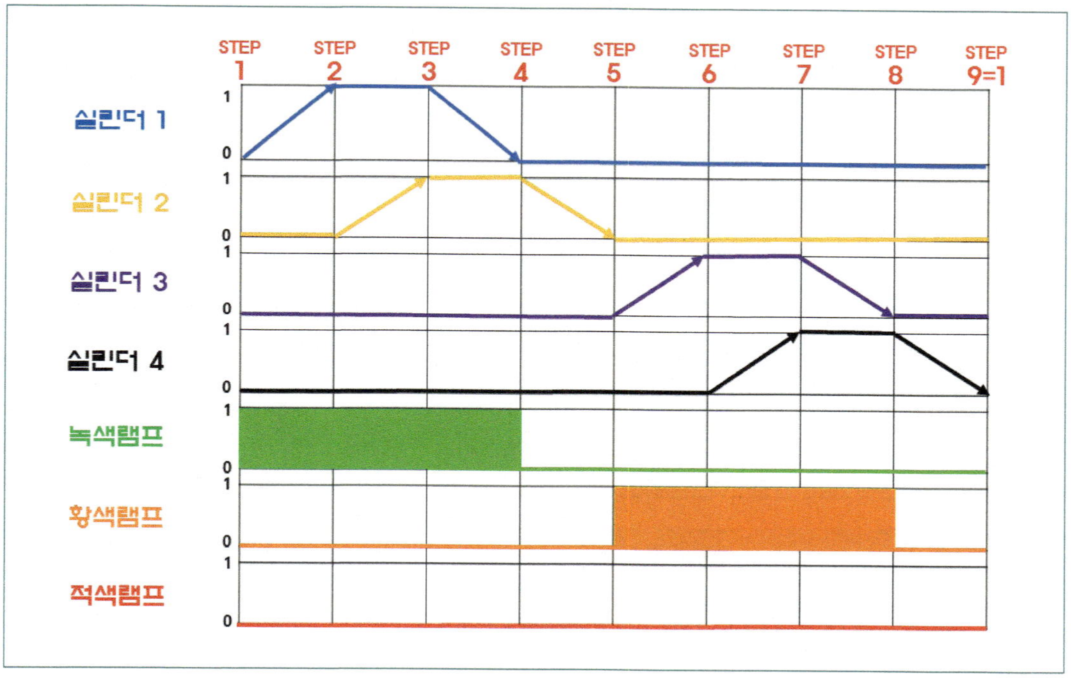

② 표와 같이 시작스위치(PB1) 입력 후 STEP에 따른 순서는 아래 표와 같다.

STEP	STEP1
입력	PB1(XC)
메모리	M0
출력	SOL1 ON GL ON

⇨

STEP	STEP2
입력	LS2(X1)
메모리	M1
출력	SOL3 ON

STEP	STEP3
입력	LS4(X3)
메모리	M2
출력	SOL2 ON SOL1 OFF

⇨

STEP	STEP4
입력	LS1(X0)
메모리	M3
출력	SOL3 OFF GL OFF

STEP	STEP5
입력	LS3(X2)
메모리	M4
출력	SOL4 ON YL ON

⇨

STEP	STEP6
입력	LS6(X5)
메모리	M5
출력	SOL5 ON

STEP	STEP7
입력	LS8(X7)
메모리	M6
출력	SOL4 OFF

⇨

STEP	STEP8
입력	LS5(X4)
메모리	M7
출력	SOL5 OFF YL OFF

STEP	STEP9
입력	LS7(X6)
메모리	M8
출력	RESET SOL2 OFF

25.2 프로그램 하기

① 프로그램을 입력하기 전에 입력/출력부의 디바이스 코멘트를 작성하여 사용하는 것이 매우 편리하다. 실습 23.2와 같이 디바이스 코멘트를 작성하여 보자.

② 위에서 설명한 실린더 및 램프를 제어하기 위한 STEP별 프로그램을 작성하여본다.

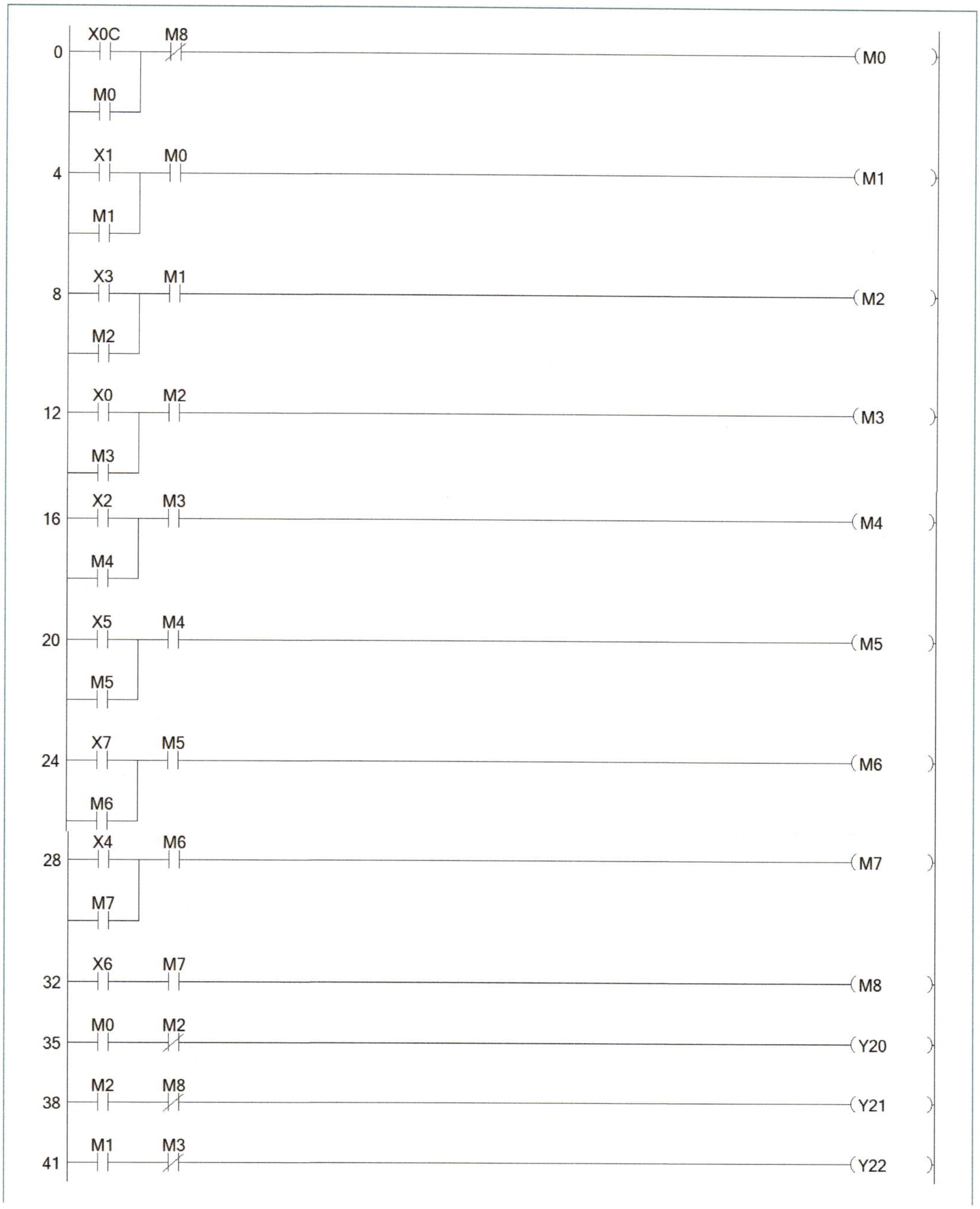

44 M4 M6 Y23
47 M5 M7 Y24
50 M4 M7 Y28
53 M0 M3 Y29
56 END

실습 26 기본동작 예시 4

학습목표: 이번 실습에서는 생산자동화기능사 PLC작업의 기본 동작인 입/출력, 타이머 명령어를 통해 문제에서 제시된 요구조건에 따라 사용자가 프로그램하여 각종 실린더, 램프를 제어하는 방법에 대해 알아보자.

26.1 주요 동작 설명

① PB1을 누르면 아래 변위단위선도와 같이 동작이 수행하도록 프로그램을 작성하시오.

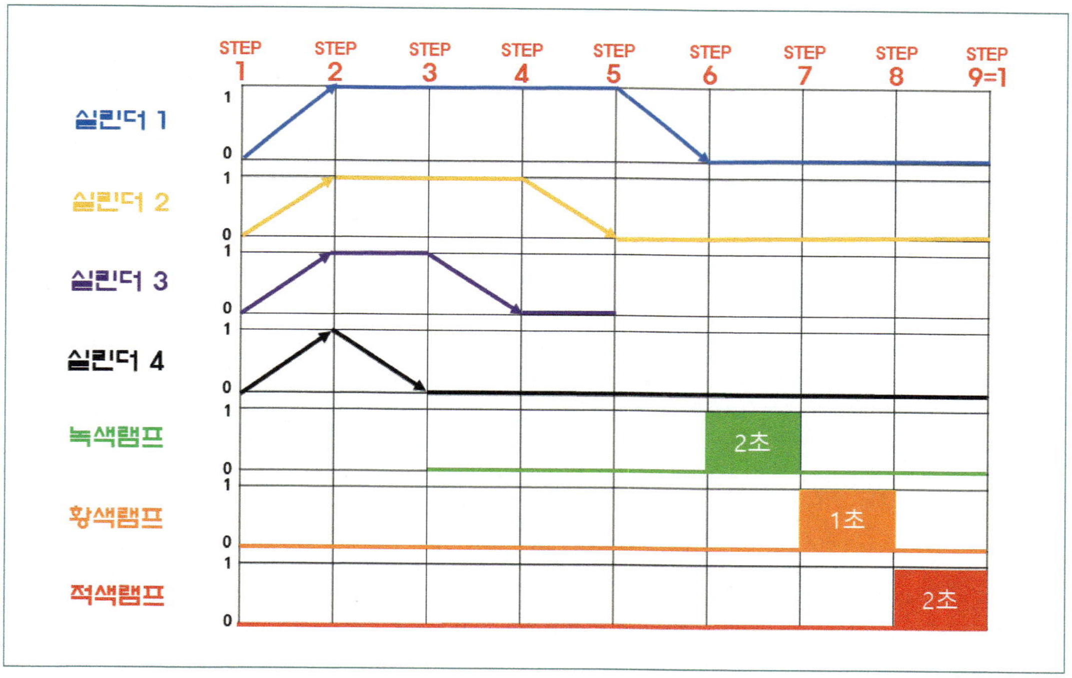

② 표와 같이 시작스위치(PB1) 입력 후 STEP에 따른 순서는 아래 표와 같다.

STEP	STEP1
입력	PB1(XC)
메모리	M0
출력	SOL1 ON SOL3 ON SOL4 ON SOL5 ON

STEP	STEP2
입력	LS2(X1) LS4(X3) LS6(X5) LS8(X7)
메모리	M1
출력	SOL5 OFF

STEP	STEP3
입력	LS7(X6)
메모리	M2
출력	SOL4 OFF

STEP	STEP4
입력	LS5(X4)
메모리	M3
출력	SOL3 OFF

STEP	STEP5
입력	LS3(X2)
메모리	M4
출력	SOL2 ON SOL1 OFF

STEP	STEP6
입력	LS1(X0)
메모리	M5
출력	GL ON T1(2초)

STEP	STEP7
입력	T1(2초) 후
메모리	T1
출력	GL OFF YL ON T2(1초)

STEP	STEP8
입력	T2(1초) 후
메모리	T2
출력	YL OFF RL ON T3(2초)

STEP	STEP9
입력	T3(2초) 후
메모리	T3
출력	RESET RL OFF SOL2 OFF

26.2 프로그램 하기

① 프로그램을 입력하기 전에 입력/출력부의 디바이스 코멘트를 작성하여 사용하는 것이 매우 편리하다. 실습 23.2와 같이 디바이스 코멘트를 작성하여 보자.

② 위에서 설명한 실린더 및 램프를 제어하기 위한 STEP별 프로그램을 작성하여본다.

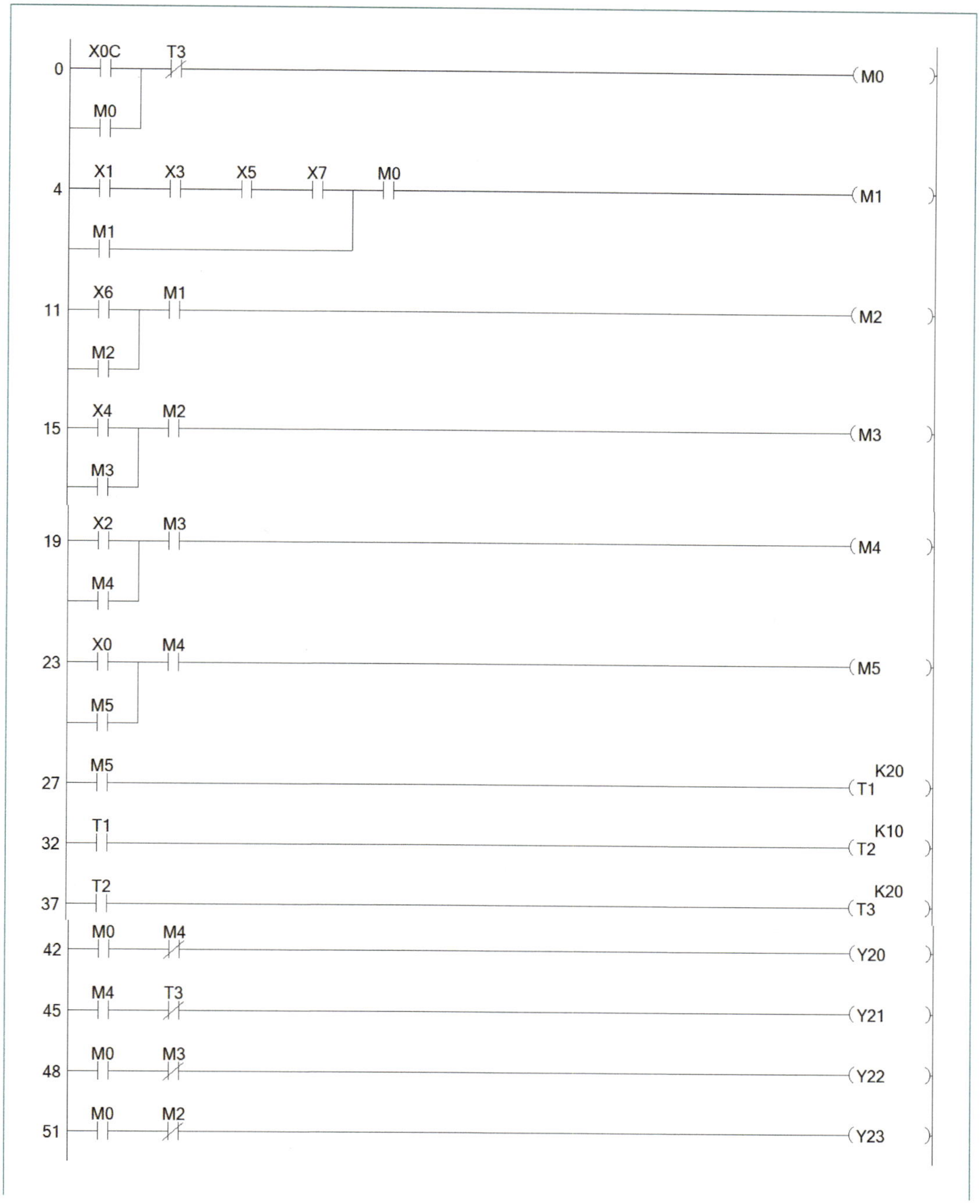

54
M0
M1
Y24
57
T2
T3
Y27
60
T1
T2
Y28
63
M5
T1
Y29
66
END

9 생산자동화 기능사(예시)

응용 동작 1, 2

실습 27. 응용동작 예시 1
실습 28. 응용동작 예시 2
실습 29. 응용동작 예시 3
실습 30. 응용동작 예시 4

실습 27 응용동작 예시 1

학습목표: 이번 실습에서는 생산자동화기능사 PLC작업의 응용 동작인 입/출력, 타이머 명령어를 통해 문제에서 제시된 요구조건에 따라 사용자가 프로그램하여 각종 실린더, 모터, 램프를 제어하는 방법에 대해 알아보자.

27.1 주요 동작 설명(응용동작 1)

아래의 동작 순서대로 MPS장비가 작동하도록 프로그램 하시오.

① 매거진에 물품이 있고 SW2를 누르면 1초 후 공급실린더가 전진하여 물품을 공급하고 후진한다.
② 2초 후에 드릴모터가 구동되며 드릴실린더가 전진하고, 2초 후에 후진한다.
③ 2초 후에 드릴모터가 정지한다.
④ 송출실린더가 전 · 후진하여 컨베이어로 송출시킨 후 1초 후 컨베이어 동작이 시작된다. 컨베이어 끝에 있는 저장상자에 물품을 배출한 후 3초 후에 컨베이어는 정지한다.
⑤ 시스템 운전 중에 SW2를 누르면 황색램프를 제외한 모든 램프는 소등되고 시스템은 즉시 정시하고 초기화 한다.
⑥ 전원이 투입된 상태에서는 황색램프가 항시 점등되어 있고, PB2버튼을 누른 후 시스템 구동 중에는 녹색 램프가 점등되어 시스템 종료 시까지 점등되며, 컨베이어모터 구동 중에는 적색램프가 점등된다.

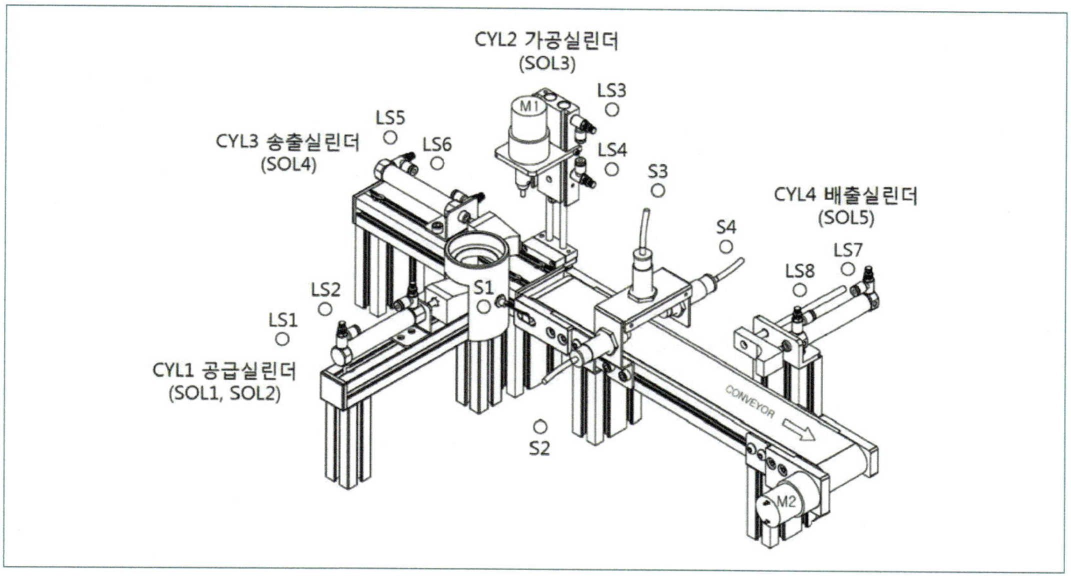

27.2 프로그램 하기

① 프로그램을 입력하기 전에 입력/출력부의 디바이스 코멘트를 작성하여 사용하는 것이 매우 편리하다. 아래 순서에 따라 디바이스 코멘트를 작성하여 보자.

▌사용자가 여러 개의 프로그램을 사용하고자 할 경우 공통의 디바이스 코멘트 데이터를 사용할 수 있다.

- Main 프로그램에 디바이스 코멘트를 붙이고자 할 경우에도 가능

ⓐ 글로벌 디바이스 코멘트 설정을 위해 Global Device Comment 더블클릭

ⓑ 그림과 같이 코멘트를 입력할 수 있는 팝업창이 나타난다.

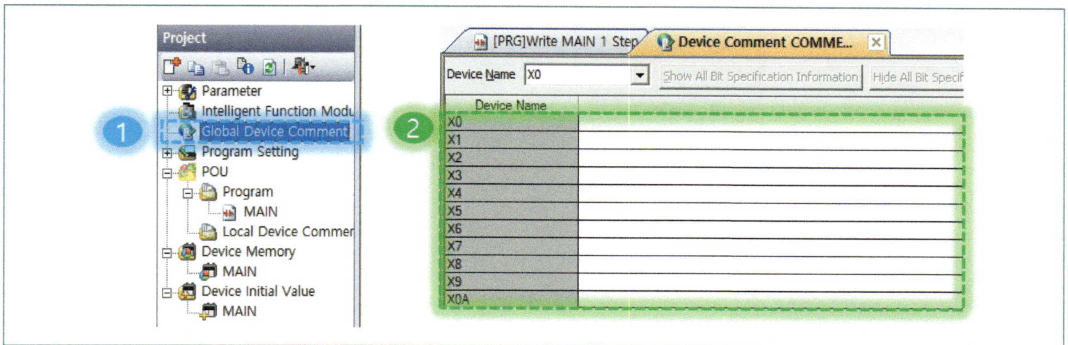

ⓒ 그림과 같이 입력부의 코멘트를 작성한다.

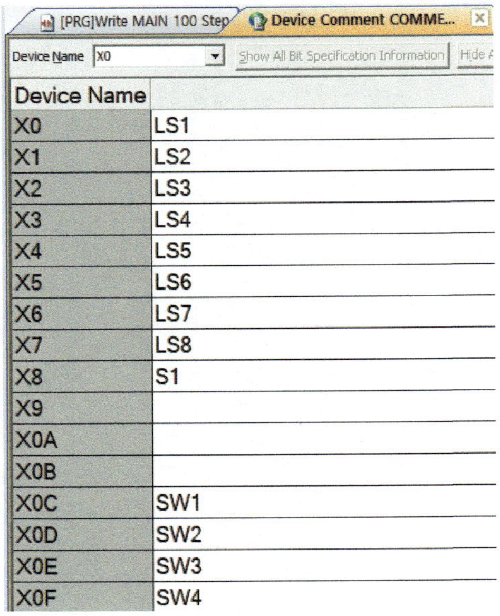

ⓓ 그림과 같이 Device Name에 Y20을 입력 후 엔터키를 클릭한다.

ⓔ 그림과 같이 출력부의 코멘트를 작성한다.

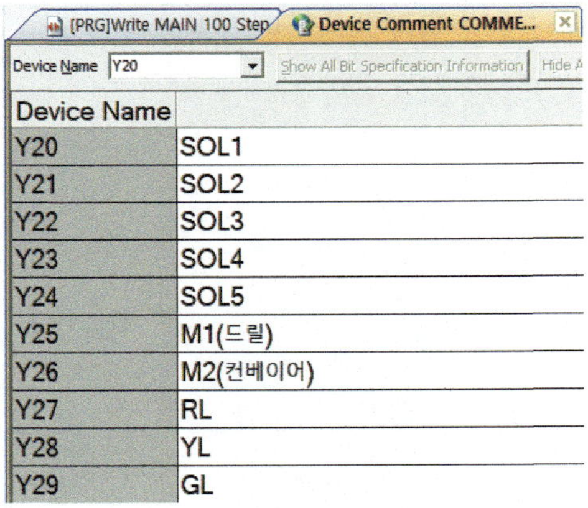

② 위에서 설명한 실린더, 모터, 램프를 제어하기 위한 번호 순서별 프로그램을 작성한다.

Ⓐ 매거진에 물품이 있고(ⓐ), SW2를 누르면(ⓑ, 이를 M0 저장(ⓒ)) 1초 후(T1 ⓓ) 공급실린더가 전진(ⓔ)하여 물품을 공급하고(ⓕ) 후진한다(ⓖ).

Ⓑ 2초 후(ⓐ)에 드릴모터가 구동(ⓑ)되며, 드릴실린더가 전진(ⓒ)하고(ⓓ), 2초 후(ⓔ)에 후진(ⓕ)한다.

Ⓒ 2초 후에 드릴모터가 정지한다.

Ⓓ 송출실린더가 전(ⓐ, 감지ⓑ) · 후진(ⓒ, 감지ⓓ)하여 컨베이어로 송출시킨 후 1초 후(ⓔ) 컨베이어 동작이 시작된다. 컨베이어 끝에 있는 저장상자에 물품을 배출한 후(ⓕ) 3초 후에 컨베이어는 정지(ⓖ)한다.

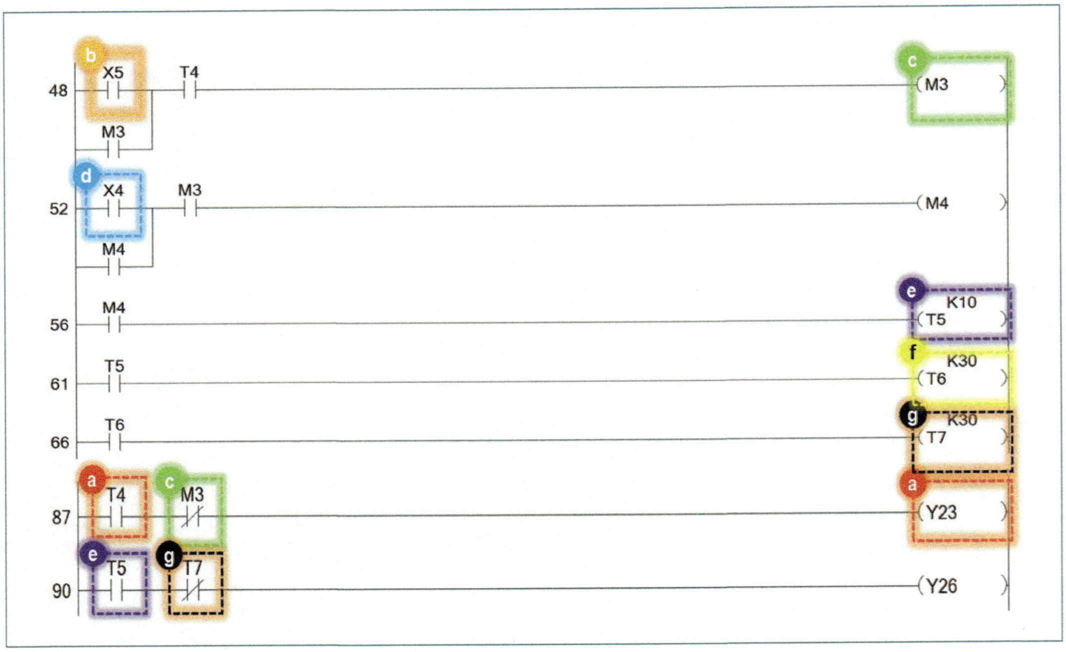

Ⓔ 시스템 운전 중에 PB2를 누르면(ⓐ) 황색램프를 제외한 모든 램프는 소등되고 시스템은 즉시 정시하고 초기화(ⓑ) 한다.

전원이 투입된 상태에서는 황색램프가 항시 점등(ⓒ)되어 있고, PB2버튼을 누른 후 시스템 구동 중에는 녹색 램프가 점등되어 시스템 종료 시까지 점(ⓓ)등되며, 컨베이어 모터 구동 중에는 적색램프가 점등(ⓔ)된다.

리셋을 위한 C1의 출력은 항상 리셋 부분보다는 하위에 위치하여야 한다.

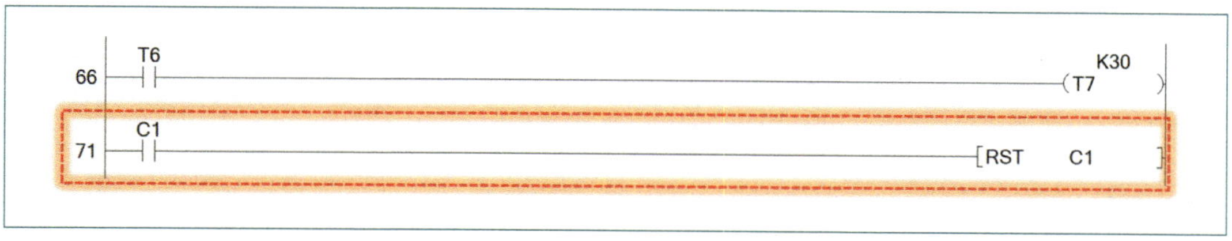

알아두기

사용자가 버튼(PB) 하나로 On/Off를 제어하는 방법

① 1스캔타임을 활용한 제어

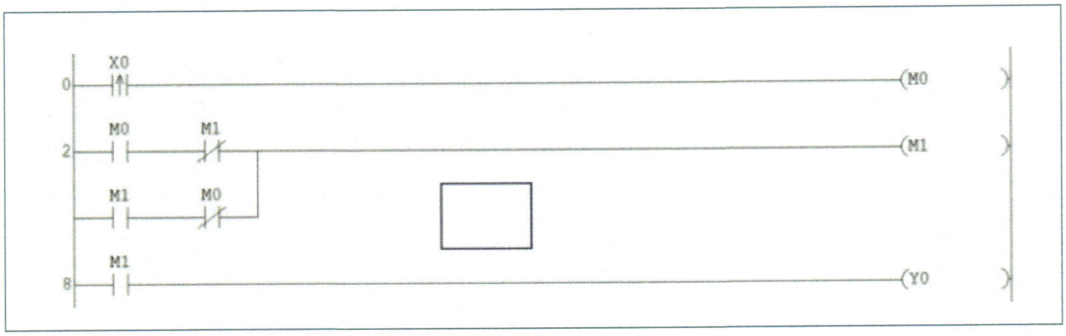

② 카운터를 활용한 제어

③ FF(반전) 명령어를 활용한 제어

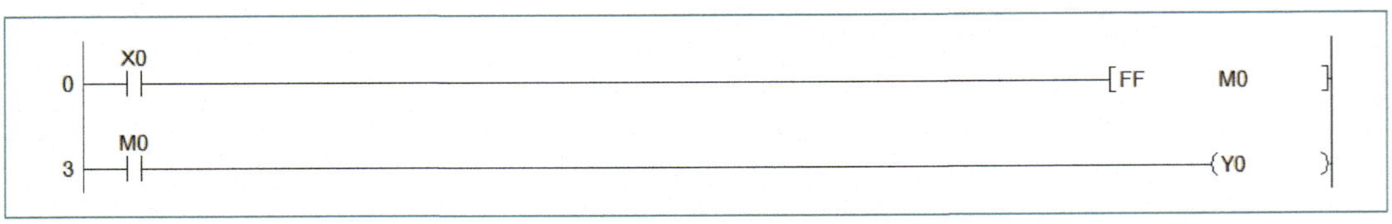

• 비트 디바이스 출력 반전(FF)

분류	명령 기호	심볼	처리내용	실행 조건
출력 **반전**	FF	FF D	· 출력 반전	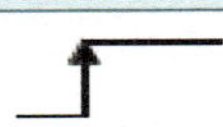

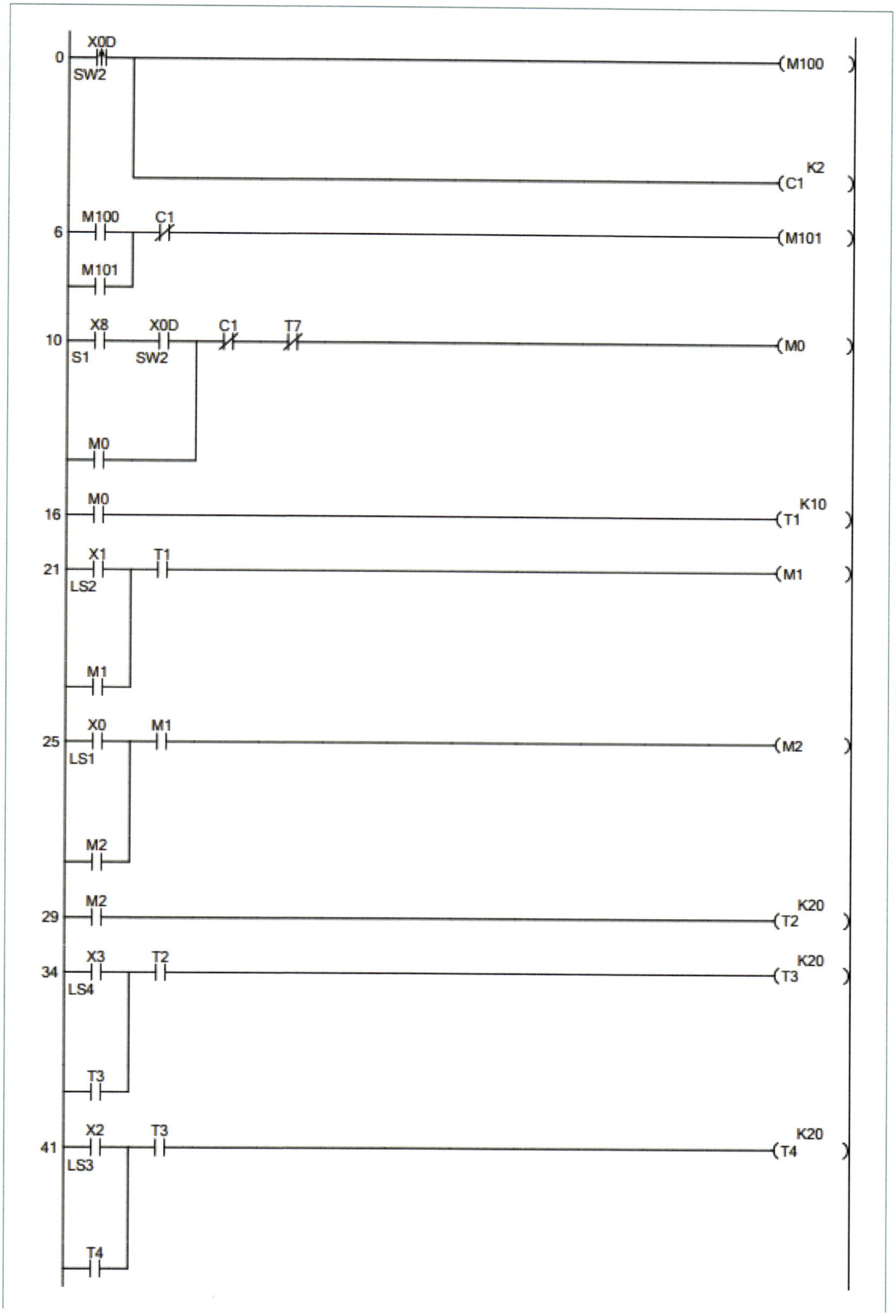
0
X0D
SW2
M100
K2
C1
6
M100
C1
M101
M101
10
X8
X0D
C1
T7
S1
SW2
M0
M0
16
M0
K10
T1
21
X1
T1
LS2
M1
M1
25
X0
M1
LS1
M2
M2
29
M2
K20
T2
34
X3
T2
LS4
K20
T3
T3
41
X2
T3
LS3
K20
T4
T4

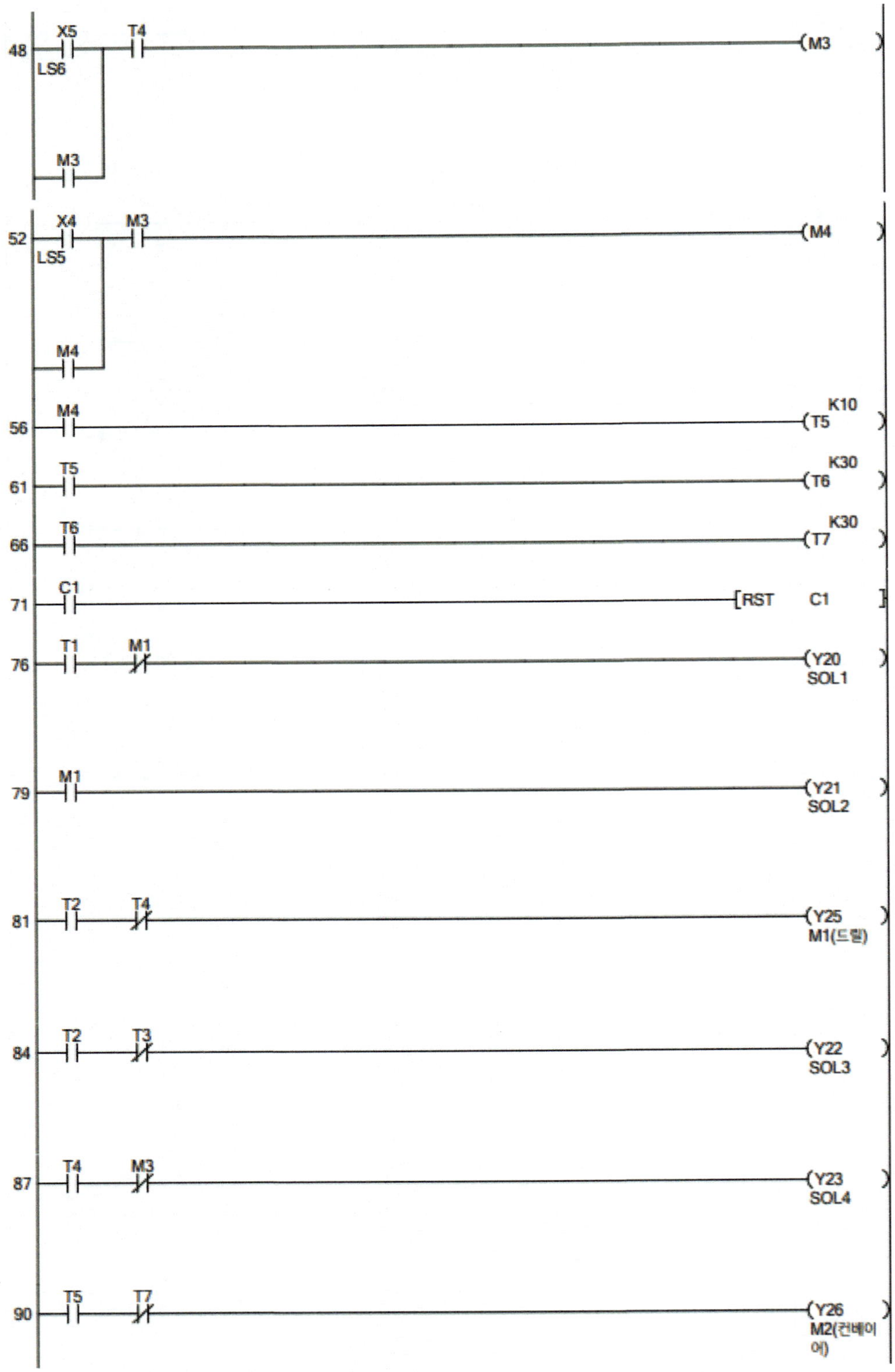

48
X5
LS6
T4
M3
M3
52
X4
LS5
M3
M4
M4
56
M4
T5
K10
61
T5
T6
K30
66
T6
T7
K30
71
C1
RST C1
76
T1
M1
Y20
SOL1
79
M1
Y21
SOL2
81
T2
T4
Y25
M1(드릴)
84
T2
T3
Y22
SOL3
87
T4
M3
Y23
SOL4
90
T5
T7
Y26
M2(컨베이어)

SM400
93
Y28
YL
M0
95
Y29
GL
T5
97
Y27
RL
99
END

27.3 주요 동작 설명(응용동작 2)

아래의 동작 순서대로 MPS장비가 동작되도록 프로그램 하시오.

① 매거진에 물품을 금속, 비금속 순으로 4개만 적재한다.
PB3버튼을 누르면 1초 후 공급실리더가 전진하여 물품을 공급하고 후진한다.
(단, 매거진에 물품이 없으면 동작을 하지 않아야 한다.)

② 1초 후에 드릴모터가 구동되며 드릴실린더가 전진하고, 2초 후에 후진한다.

③ 1초 후에 드릴모터가 정지한다.

④ 송출실린더가 전·후진하여 컨베이어로 송출시킨 후 2초 후 컨베이어 동작이 시작된다.
물품이 금속이면 배출상자로 배출하고, 비금속이면 저장상자로 배출한다.

⑤ 금속 2개, 비금속 2개가 모두 적재되면 2초 후 컨베이어는 정지한다.

⑥ 시스템을 재시작하면 "①"의 항으로 다시 시작할 수 있도록 한다.

⑦ 시스템 운전 중에 PB3버튼을 누르면 시스템은 즉시 정지하고 초기화 한다.

⑧ 전원이 투입되고 초기 상태에서는 황색램프가 항시 점등되어 있고, PB3버튼을 누른 후 시스템 구동 중에는 녹색 램프가 점등되어 시스템 종료 시까지 점등되고, 황색램프는 소등된다. 컨베이어모터 구동 중에는 적색램프가 점등된다. 시스템이 초기화 되면 다시 황색램프만 점등된다.

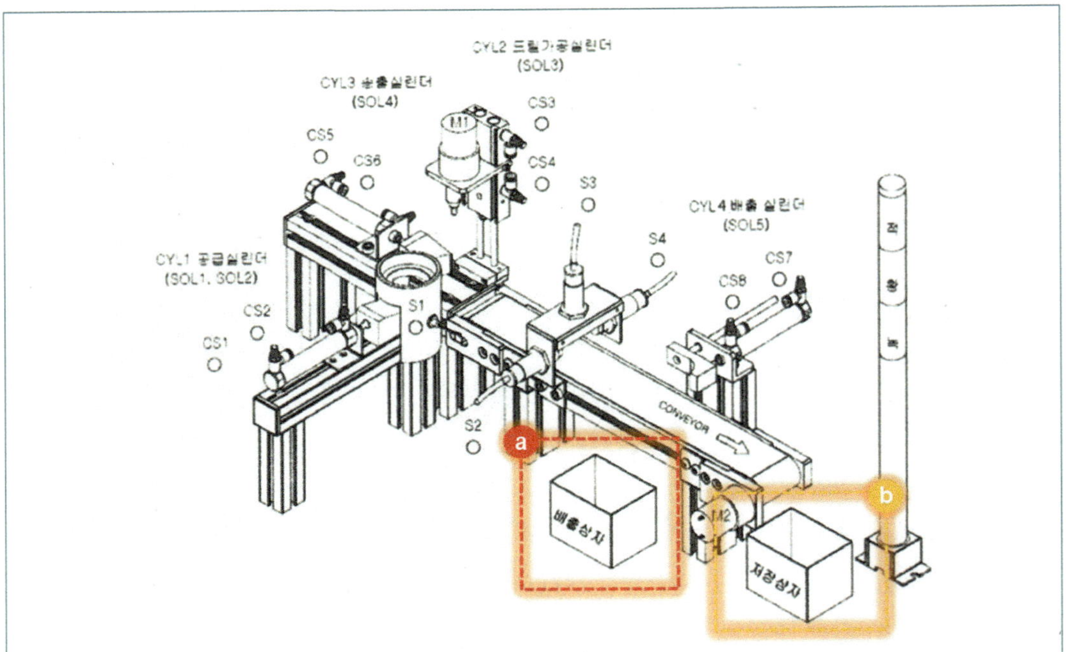

① 매거진에 물품을 금속, 비금속 순으로 4개만 적재한다.

※ 위 설명과 같이 MPS장비의 매거진에 금속, 비금속, 금속, 비금속 순으로 적재한다.

PB3버튼을 누르면 1초 후 공급실리더가 전진하여 물품을 공급하고 후진한다.
(단, 매거진에 물품이 없으면 동작을 하지 않아야 한다.)

② 1초 후에 드릴모터가 구동되며 드릴실린더가 전진하고, 2초 후에 후진한다.

③ 1초 후에 드릴모터가 정지한다.

④ 송출실린더가 전 · 후진하여 컨베이어로 송출시킨 후 2초 후 컨베이어 동작이 시작된다.

물품이 금속이면 배출상자로 배출하고,

※ 이때, T11은 배출상자로 배출하기 위한 시간을 1초로 설정하였으나, 장비의 특성에 따라 시간 조정이 필요

비금속이면 저장상자로 저장한다.

※ 이때, T10은 저장상자로 저장하기 위한 시간을 3초로 설정하였으나, 장비의 특성에 따라 시간 조정이 필요

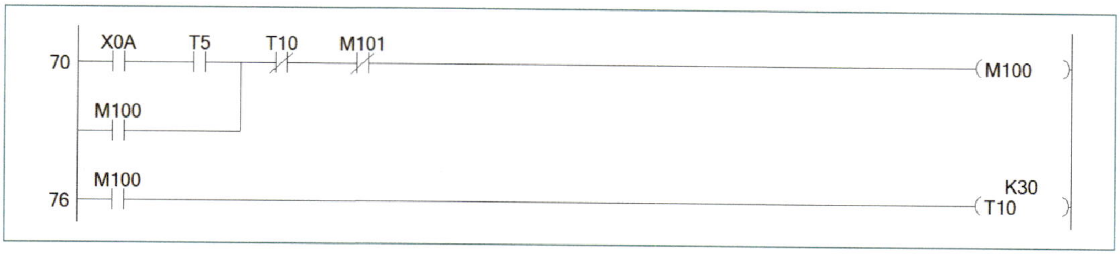

⑤ 금속 2개, 비금속 2개가 모두 적재되면 2초 후 컨베이어는 정지한다.

※ 비금속 동작완료(T10), 금속 동작완료(M103)가 동작되면 C0 카운터에 신호를 주어 값을 1 더하게 된다.

⑥ 시스템을 재시작하면 "①"의 항으로 다시 시작할 수 있도록 한다.

⑦ 시스템 운전 중에 PB3버튼을 누르면 시스템은 즉시 정지하고 초기화 한다.

⑧ 전원이 투입되고 초기 상태에서는 황색램프가 항시 점등되어 있고, PB3버튼을 누른 후 시스템 구동 중에는 녹색 램프가 점등되어 시스템 종료 시까지 점등되고, 황색램프는 소등된다. 컨베이어모터 구동 중에는 적색램프가 점등된다. 시스템이 초기화되면 다시 황색램프만 점등된다.

ⓐ 황색램프: SM400은 전원이 투입되면 On되고, PB3버튼이 눌려지면 Off된다.
ⓑ 녹색램프: 시스템 구동 중에는 M0가 계속 On되어 있다.
ⓒ 적색램프: 컨베이어 동작은 T20과 동일하다.

알아두기

센서를 활용하여 금속과 비금속 제품을 판정하는 프로그램을 작성하는 방법

① 금속/비금속 제품의 센서 입력신호

※ 금속/비금속 판별을 위해 용량형, 유도형 두 개의 센서만 사용하여 판별 가능

제품	용량형 센서	유도형 센서	비고
비금속	on	off	
금속	on	on	

② 금속/비금속 제품 판별 프로그래밍하기

ⓐ 비금속 제품의 경우 용량형센서만 on되고, 유도형센서는 감지되지 않는다.

ⓑ 이에 따라 모든 제품을 우선 비금속으로 판정한다.

ⓒ 하지만 금속 제품이 감지되는 경우 용량형센서 On, 유도형센서 On 모두 감지되므로,

ⓓ 이때, 금속으로 판정한다.

ⓔ 금속으로 판정된 경우는 비금속이 아니므로, 이때 비금속으로 판정한 M100의 코일을 M101 b접점으로 끊어주어 비금속이 아닌 것으로 판정한다.

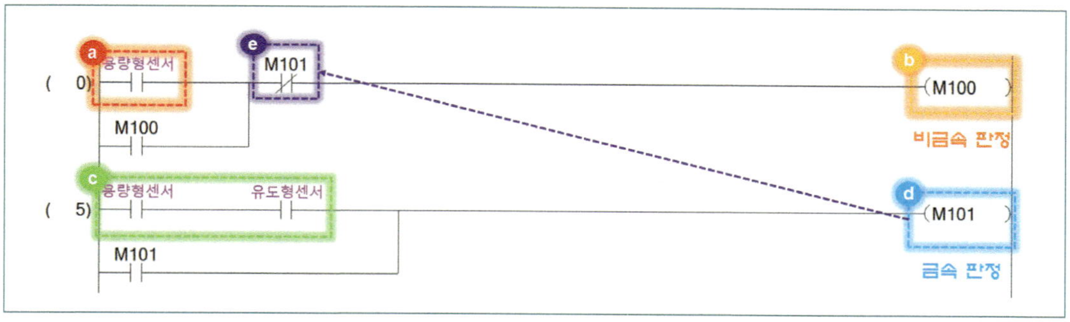

프로그램 전체

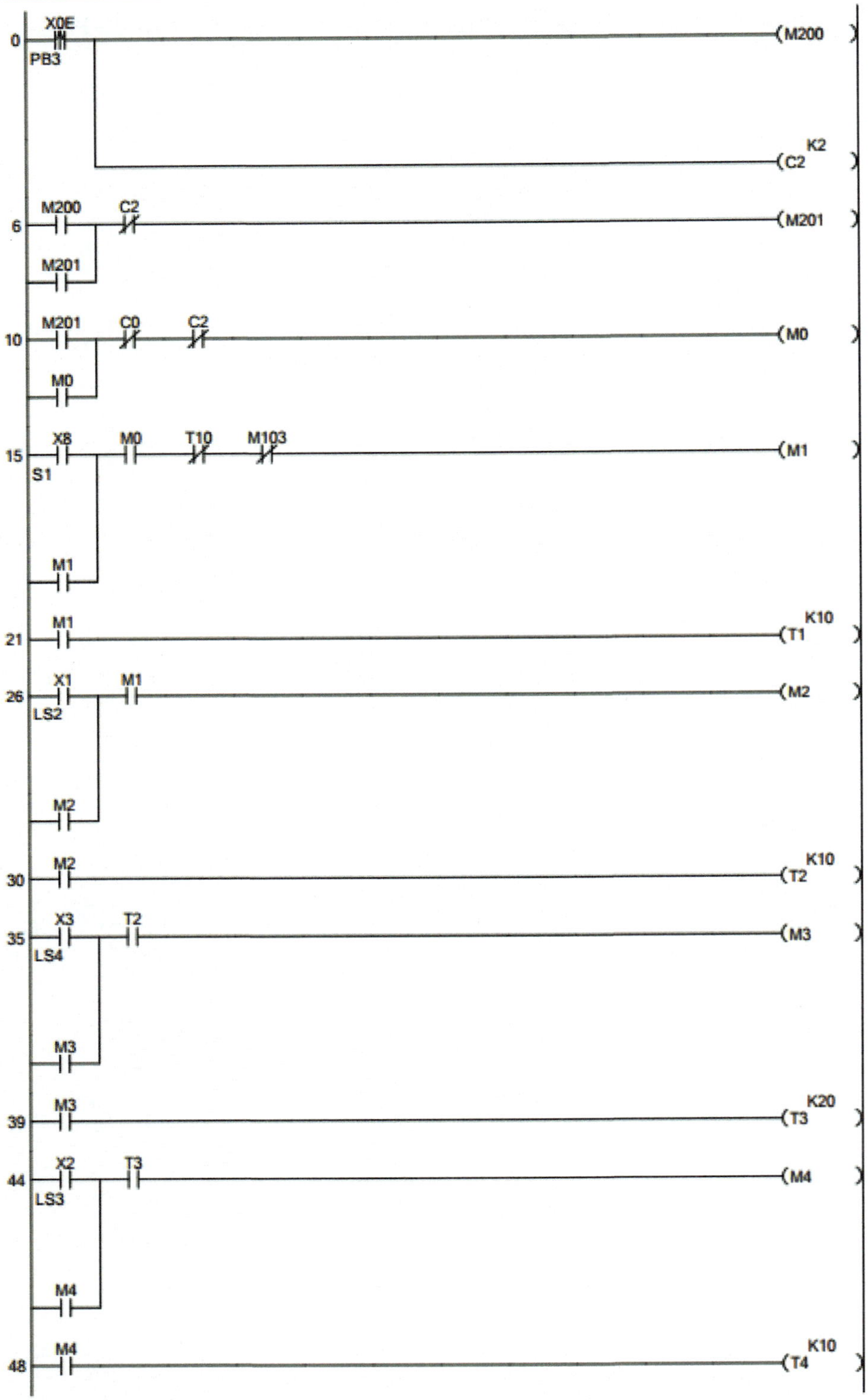
0
X0E
PB3
M200
C2
K2
6
M200
C2
M201
M201
10
M201
C0
C2
M0
M0
15
X8
S1
M0
T10
M103
M1
M1
21
M1
T1
K10
26
X1
LS2
M1
M2
M2
30
M2
T2
K10
35
X3
LS4
T2
M3
M3
39
M3
T3
K20
44
X2
LS3
T3
M4
M4
48
M4
T4
K10

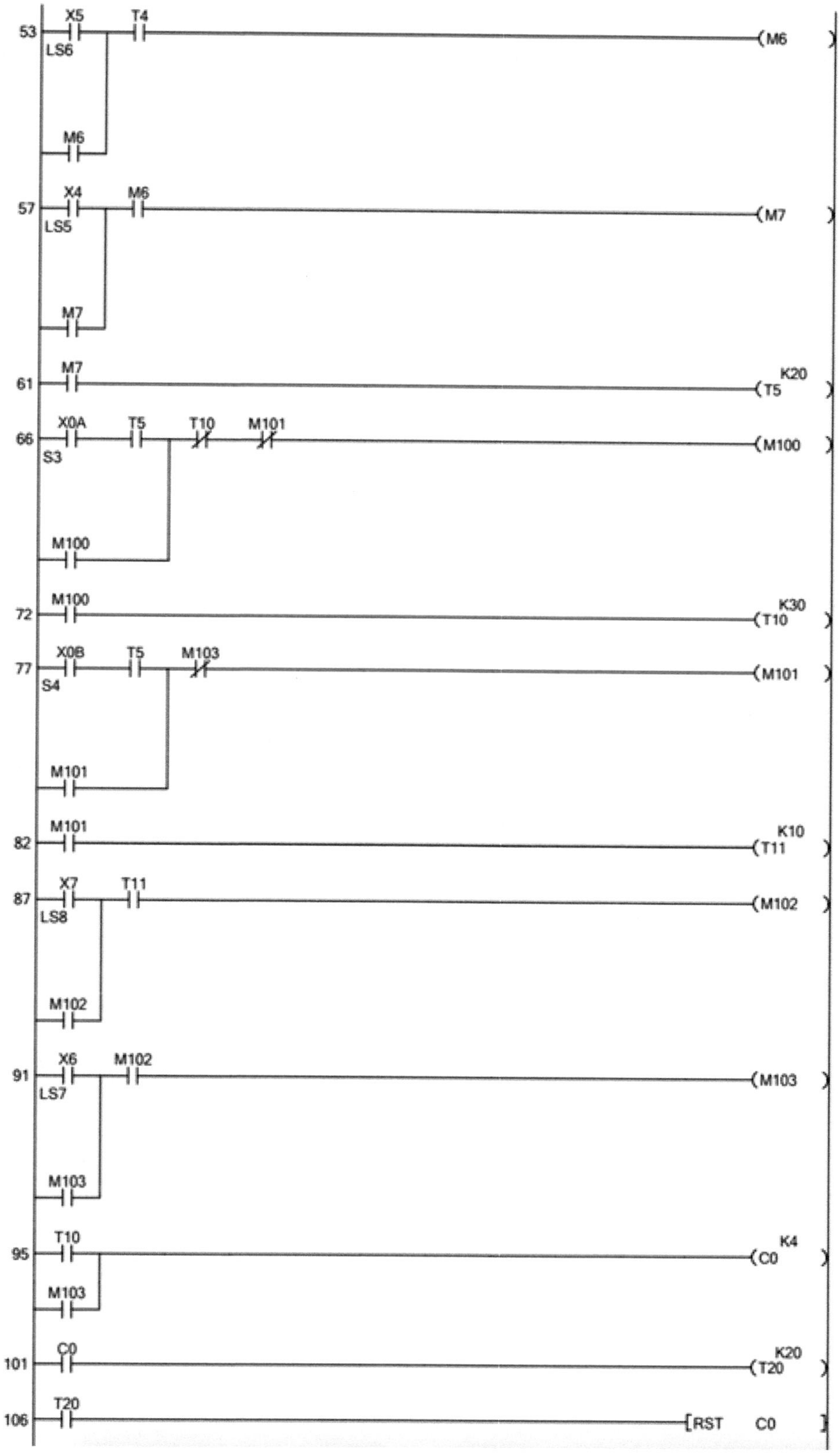
53
X5
LS6
T4
M6
M6
57
X4
LS5
M6
M7
M7
61
M7
K20
T5
66
X0A
S3
T5
T10
M101
M100
M100
72
M100
K30
T10
77
X0B
S4
T5
M103
M101
M101
82
M101
K10
T11
87
X7
LS8
T11
M102
M102
91
X6
LS7
M102
M103
M103
95
T10
M103
K4
C0
101
C0
K20
T20
106
T20
RST C0

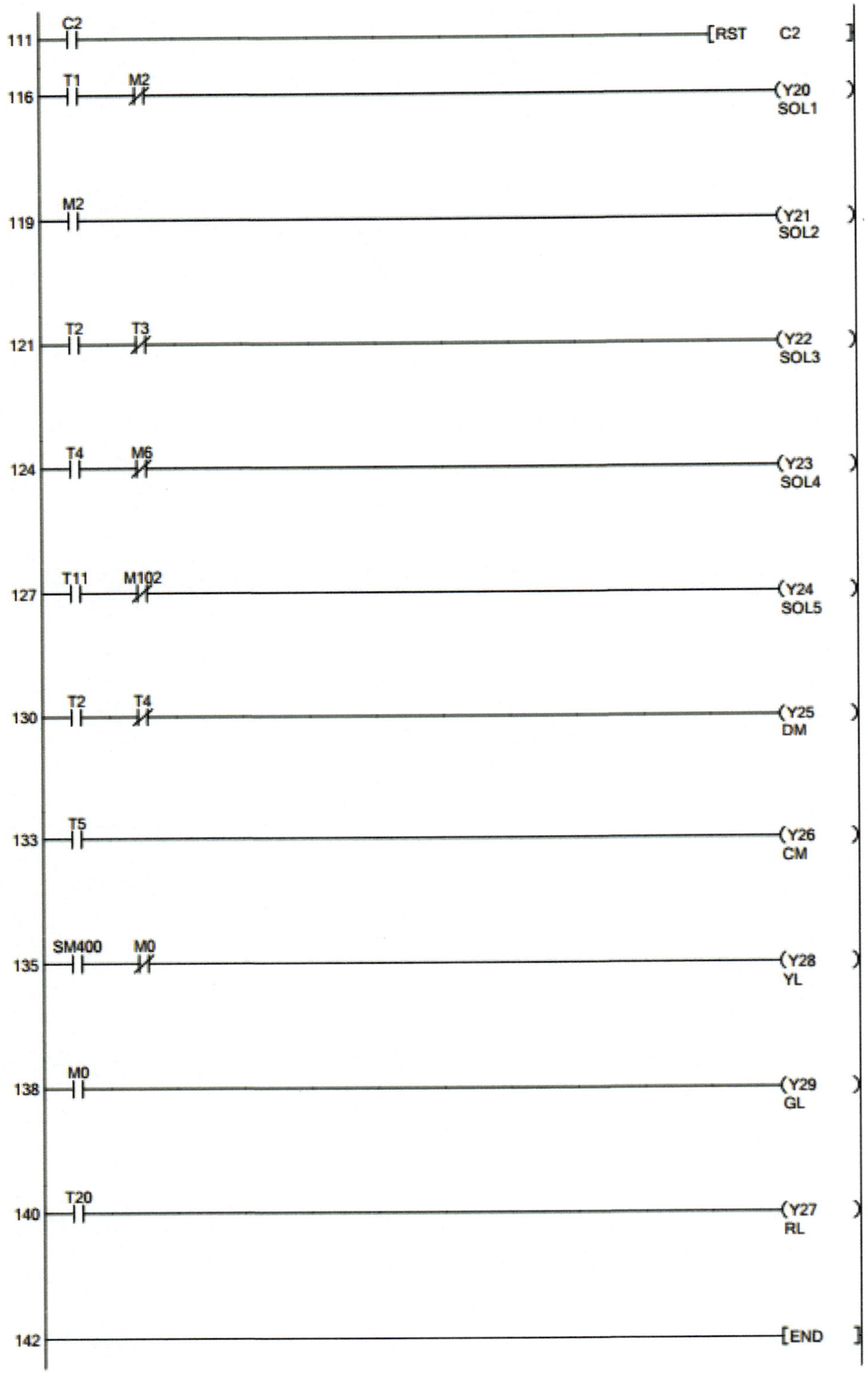
111 C2 RST C2
116 T1 M2 Y20 SOL1
119 M2 Y21 SOL2
121 T2 T3 Y22 SOL3
124 T4 M6 Y23 SOL4
127 T11 M102 Y24 SOL5
130 T2 T4 Y25 DM
133 T5 Y26 CM
135 SM400 M0 Y28 YL
138 M0 Y29 GL
140 T20 Y27 RL
142 END

실습 28 응용동작 예시 2

학습목표: 이번 실습에서는 생산자동화기능사 PLC작업의 응용 동작인 입/출력, 타이머 명령어를 통해 문제에서 제시된 요구조건에 따라 사용자가 프로그램하여 각종 실린더, 모터, 램프를 제어하는 방법에 대해 알아보자.

28.1 주요 동작 설명(응용동작 1)

아래의 동작 순서대로 MPS장비가 작동하도록 프로그램하시오.

① 매거진에 물품이 있을때 SW2를 누르면, 공급실린더가 전진하여 물품을 공급한다.
② 2초 후에 드릴모터가 구동되며 드릴실린더가 전진하고, 전진 완료 후 1초 후에 후진한다.
③ 1초 뒤에 다시 드릴실린더가 전진하며, 전진완료하고 3초 후에 후진한다.

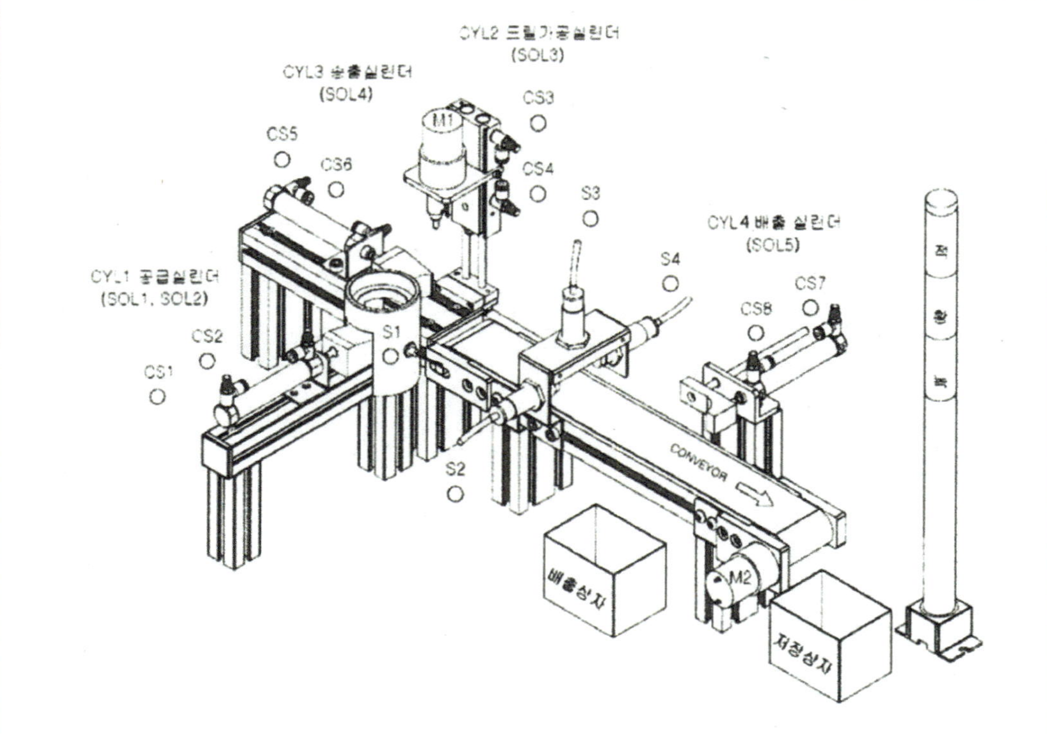

④ 드릴모터가 정지하고, 공급실린더가 후진한다.
⑤ 송출실린더가 전 · 후진하여 컨베이어로 송출시키고, 컨베이어 벨트를 구동시킨다.
⑥ 금속, 비금속인지를 판별하여 금속일 경우 녹색램프가 점등하고, 비금속일 경우 황색램프가 점등한다.
⑦ 배출상자에 물품을 적재한 후 컨베이어는 정지한다.
⑧ 작업이 완료되면 모든 램프는 소등된다.

28.2 프로그램 하기

① 프로그램을 입력하기 전에 입력/출력부의 디바이스 코멘트를 작성하여 사용하는 것이 매우 편리하다. 아래 순서에 따라 디바이스 코멘트를 작성하여 보자.

▌사용자가 여러 개의 프로그램을 상용하고자 할 경우 공통의 디바이스 코멘트 데이터를 사용할 수 있다.

- Main 프로그램에 디바이스 코멘트를 붙이고자 할 경우에도 가능
  ⓐ 글로벌 디바이스 코멘트 설정을 위해 Global Device Comment 더블클릭
  ⓑ 그림과 같이 코멘트를 입력할 수 있는 팝업창이 나타난다.

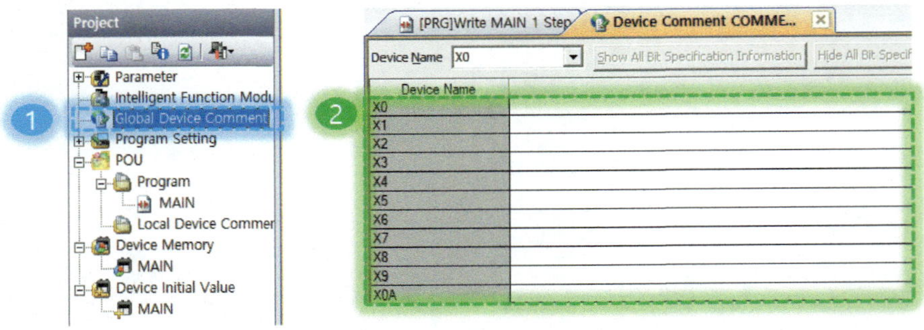

ⓒ 그림과 같이 입력부의 코멘트를 작성한다.

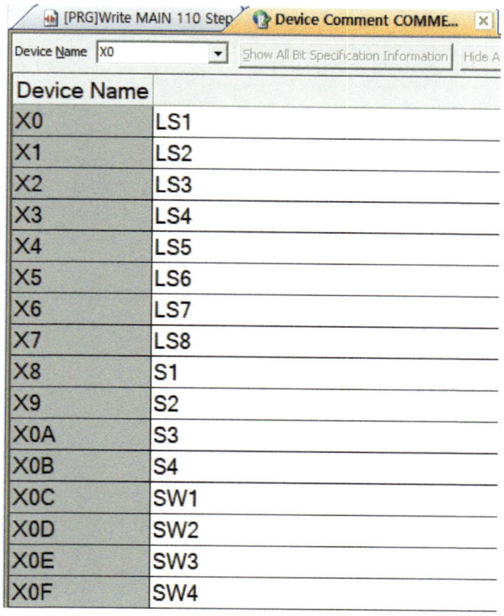

ⓓ 그림과 같이 Device Name에 Y20을 입력 후 엔터키를 클릭한다.

ⓔ 그림과 같이 출력부의 코멘트를 작성한다.

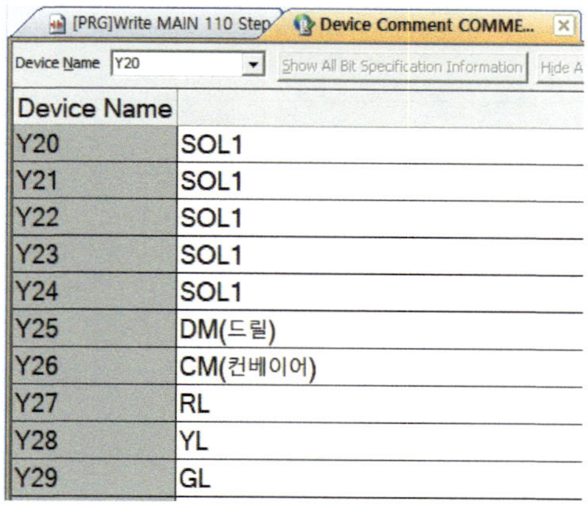

② 위에서 설명한 실린더, 모터, 램프를 제어하기 위한 번호 순서별 프로그램을 작성한다.

Ⓐ 매거진에 물품이 있을 때(ⓐ), SW2를 누르면(ⓑ), 공급실린더가 전진(ⓒ)하여 물품을 공급한다.

Ⓑ 2초 후(ⓐ)에 드릴모터가 구동(ⓑ)되며 드릴실린더가 전진(ⓒ)하고, 전진 완료(감지ⓓ) 후 1초 후(ⓔ)에 후진(ⓕ)한다.

Ⓒ 1초 뒤(ⓐ)에 다시 드릴실린더가 전진(ⓑ)하며, 전진완료(감지 ⓒ)하고, 3초 후(ⓓ)에 후진(ⓔ)한다.

Ⓓ [참고: 드릴실린더 후진 감지(ⓒ)] ⇒ 드릴모터가 정지(ⓐ)하고, 공급실린더가 후진(ⓑ)한다.

Ⓔ [참고: 공급실린더 후진 감지(ⓕ)] ⇒ 송출실린더가 전진(ⓐ 감지ⓑ) · 후진(ⓒ 감지ⓓ)하여 컨베이어로 송출시키고, 컨베이어 벨트를 구동(ⓔ)시킨다.

Ⓕ 금속(ⓐ), 비금속(ⓑ)인지를 판별하여 금속일 경우 녹색램프가 점등(ⓒ)하고, 비금속일 경우 황색램프가 점등(ⓓ)한다.

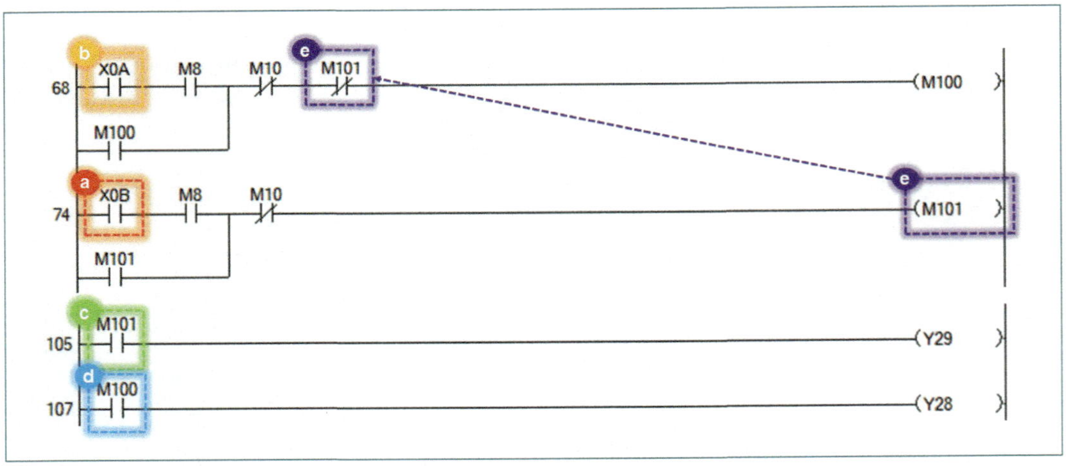

※ 용량형 센서(비금속 감지)는 금속과 비금속을 모두 감지되며, 이에 따라 비금속으로 우선 판별한다(M100), 만약 유도형 센서(금속 감지)가 감지되면 금속으로 판별(ⓔ, M101)하고, 비금속으로 판별한 M100 코일을 OFF시킨다.

Ⓖ 배출상자에 물품을 적재한 후 컨베이어는 정지한다.

※ 배출상사의 위치가 ⓐ위치에 있어, 배출 실린더를 전진 · 후진(ⓑ)시켜야 한다. 이때 가공품이 컨베이어로 이동하는데 소요되는 시간 및 배출 실린더 전진 속도를 설정(ⓒ)하여야 한다

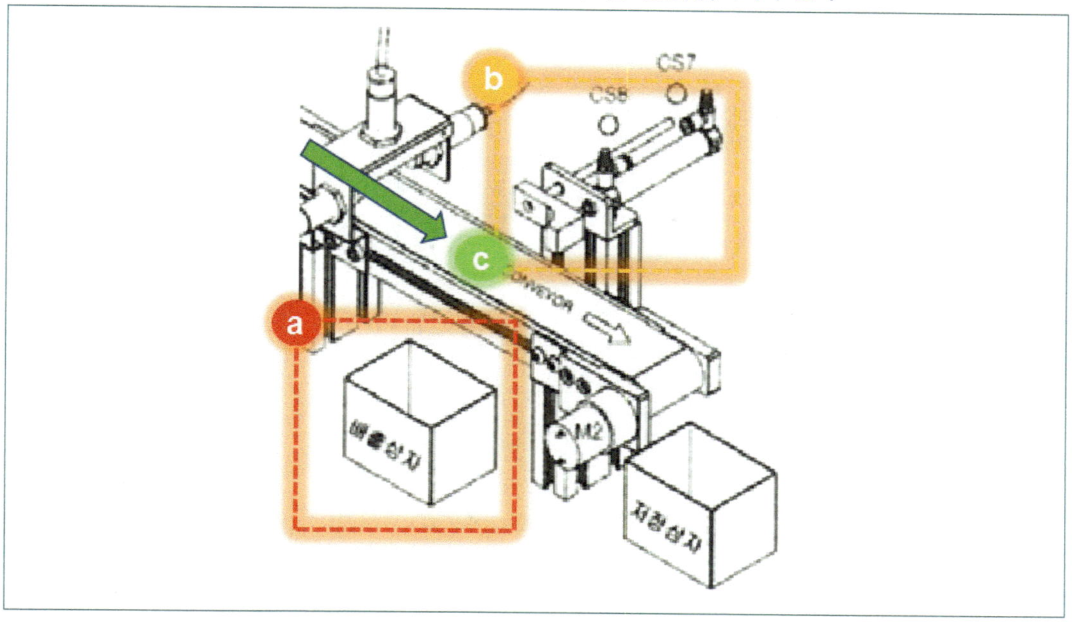

[참고] 가공품이 배출 실린더까지 이동하는 시간(ⓐ) 후 배출 실린더 전진(ⓑ 감지ⓒ)후 후진(ⓓ)한다.

Ⓗ [참고: 배출 실린더 후진 감지(ⓐ)] ⇒ 작업이 완료되면 모든 램프는 소등(리셋 ⓑ)된다.

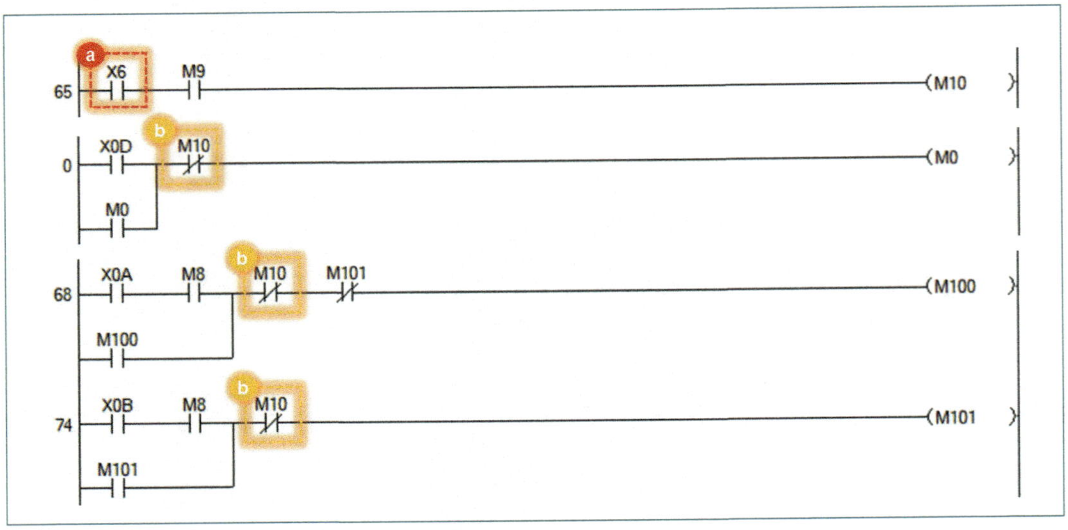

프로그램 전체

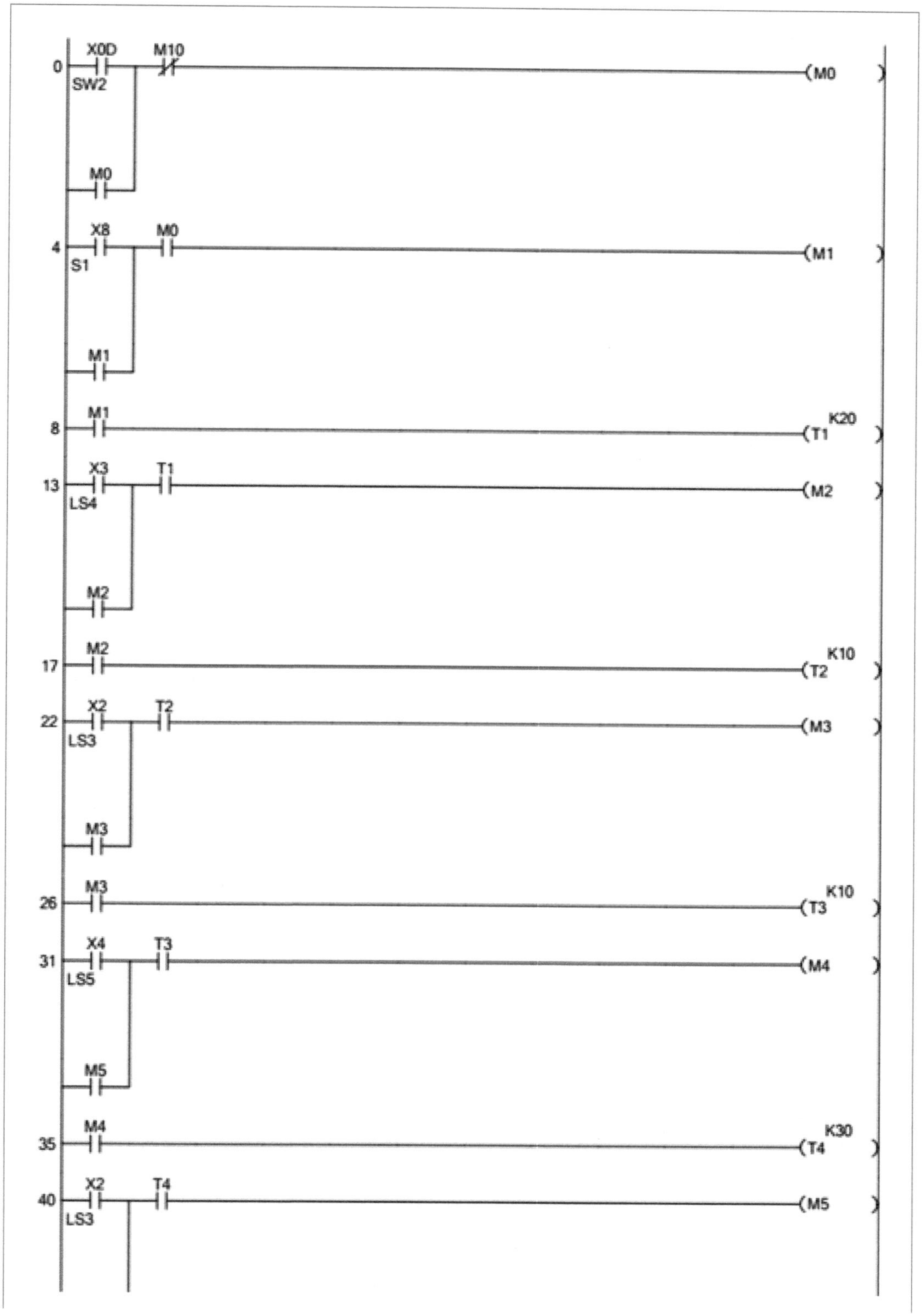
0
X0D
SW2
M10
M0
M0
4
X8
S1
M0
M1
M1
8
M1
T1
K20
13
X3
LS4
T1
M2
M2
17
M2
T2
K10
22
X2
LS3
T2
M3
M3
26
M3
T3
K10
31
X4
LS5
T3
M4
M5
35
M4
T4
K30
40
X2
LS3
T4
M5

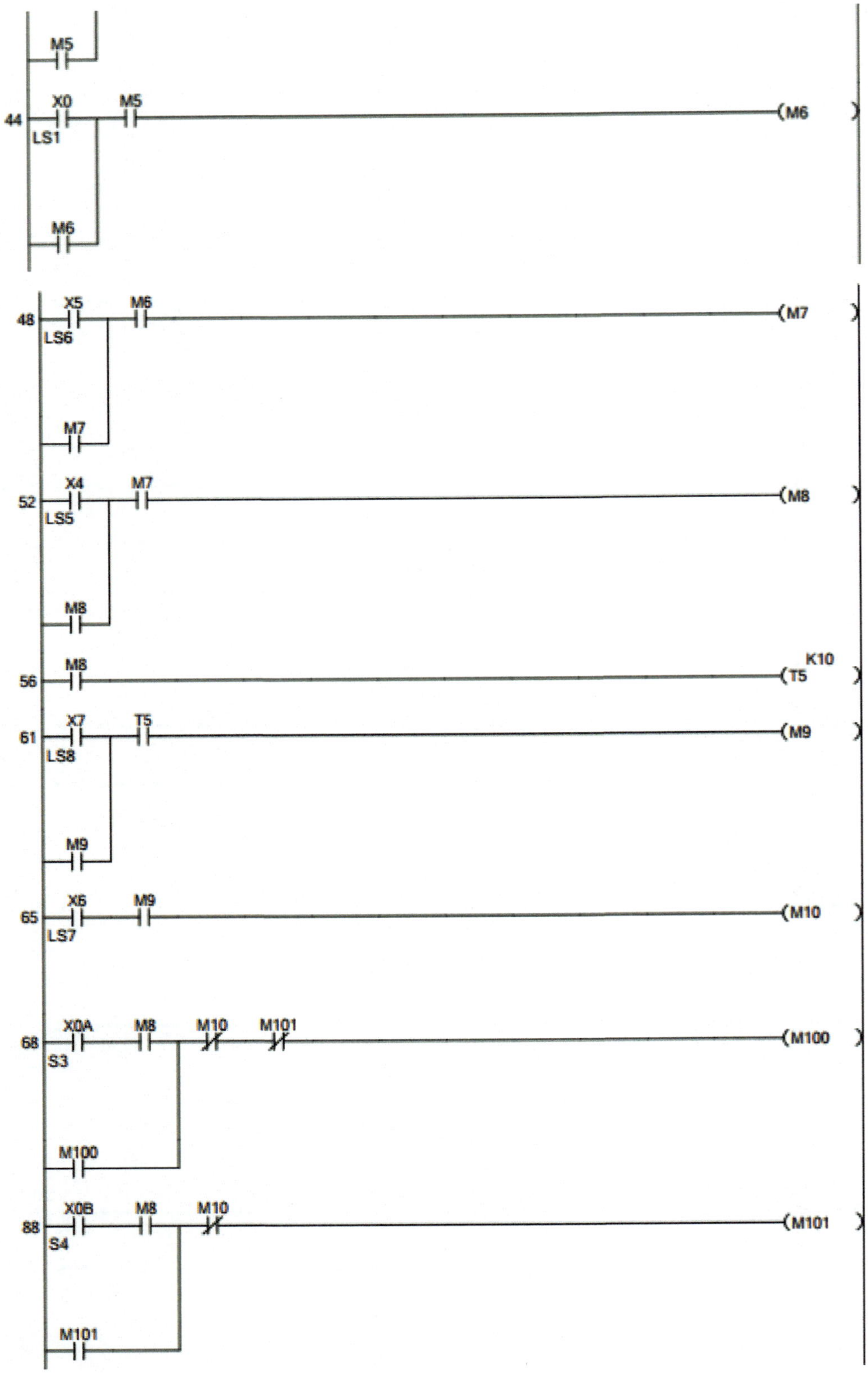
M5
44
X0
LS1
M5
M6
M6
48
X5
LS6
M6
M7
M7
52
X4
LS5
M7
M8
M8
56
M8
T5
K10
61
X7
LS8
T5
M9
M9
65
X6
LS7
M9
M10
68
X0A
S3
M8
M10
M101
M100
M100
88
X0B
S4
M8
M10
M101
M101

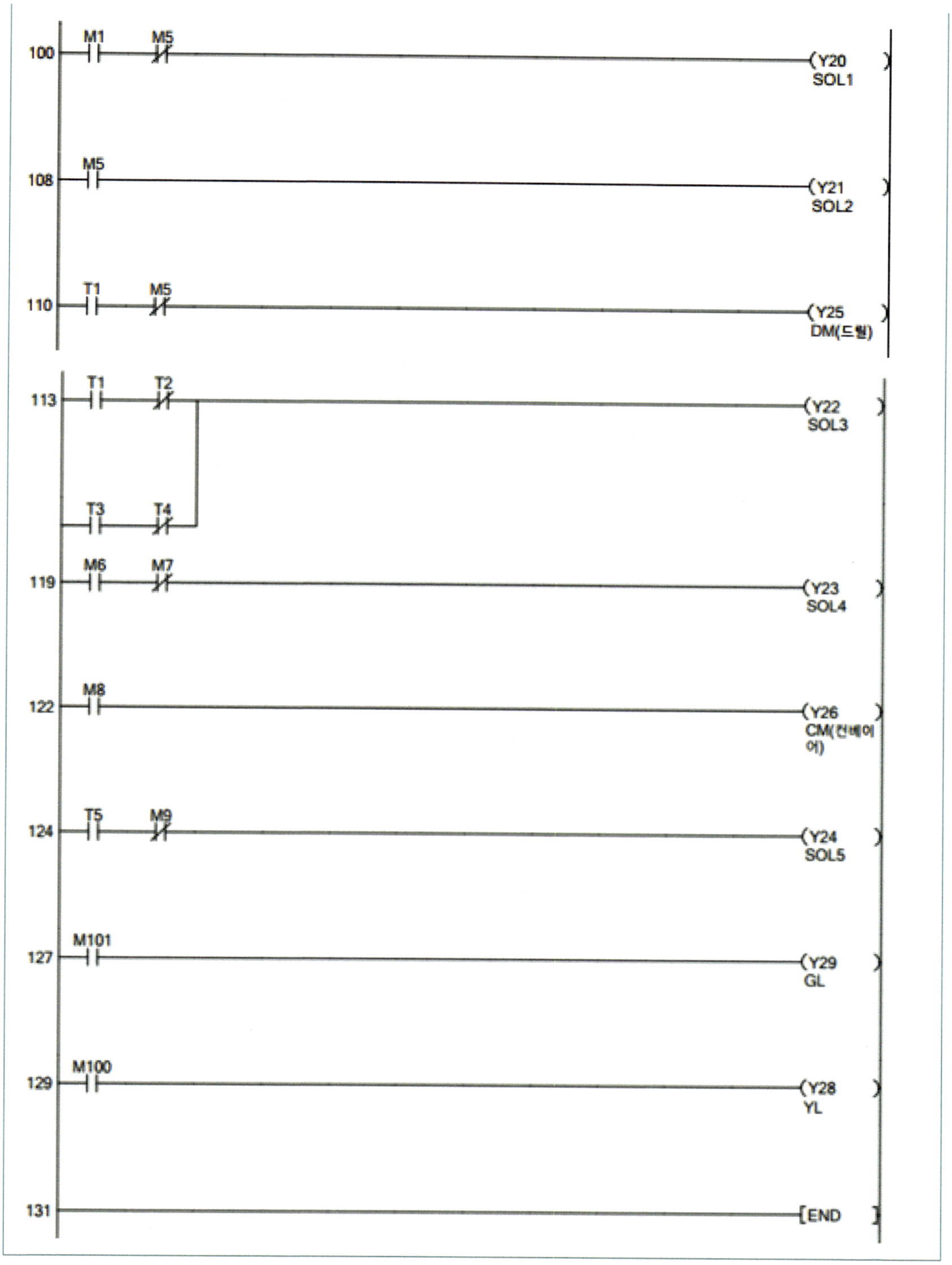
100
M1
M5
Y20
SOL1
108
M5
Y21
SOL2
110
T1
M5
Y25
DM(드릴)
113
T1
T2
Y22
SOL3
T3
T4
119
M6
M7
Y23
SOL4
122
M8
Y26
CM(컨베이
어)
124
T5
M9
Y24
SOL5
127
M101
Y29
GL
129
M100
Y28
YL
131
END

28.3 주요 동작 설명 (응용동작 2)

※ 응용동작 1의 프로그램을 아래의 조건대로 변경하시오

① 매거진에 금속 물품과 비금속 물품을 세팅하고, 매거진에 물품이 있을 때, PB3 스위치를 누르면 적색램프가 점등되고 공급실린더가 전 · 후진하여 물품을 공급한다.

② 금속은 배출실린더를 이용해 배출상자에 적재되고, 비금속은 컨베이어 끝에 있는 저장상자에 적재되고 적색램프가 소등된다.

③ 비금속이 3개 적재될 때까지 연속동작을 하며 적재가 완료되면 황색램프가 0.5초 간격으로 3초간 점멸한 후 모든 시스템은 초기화 된다.

④ PB3 스위치를 다시 누르면 ①의 동작을 다시 수행할 수 있어야 한다.

⑤ 비상정지 스위치를 누르면 작업이 즉시 정지되고 적색램프가 0.5초 간격으로 점멸한다. 비상정지 스위치를 해제하면 시스템이 초기화 된다.

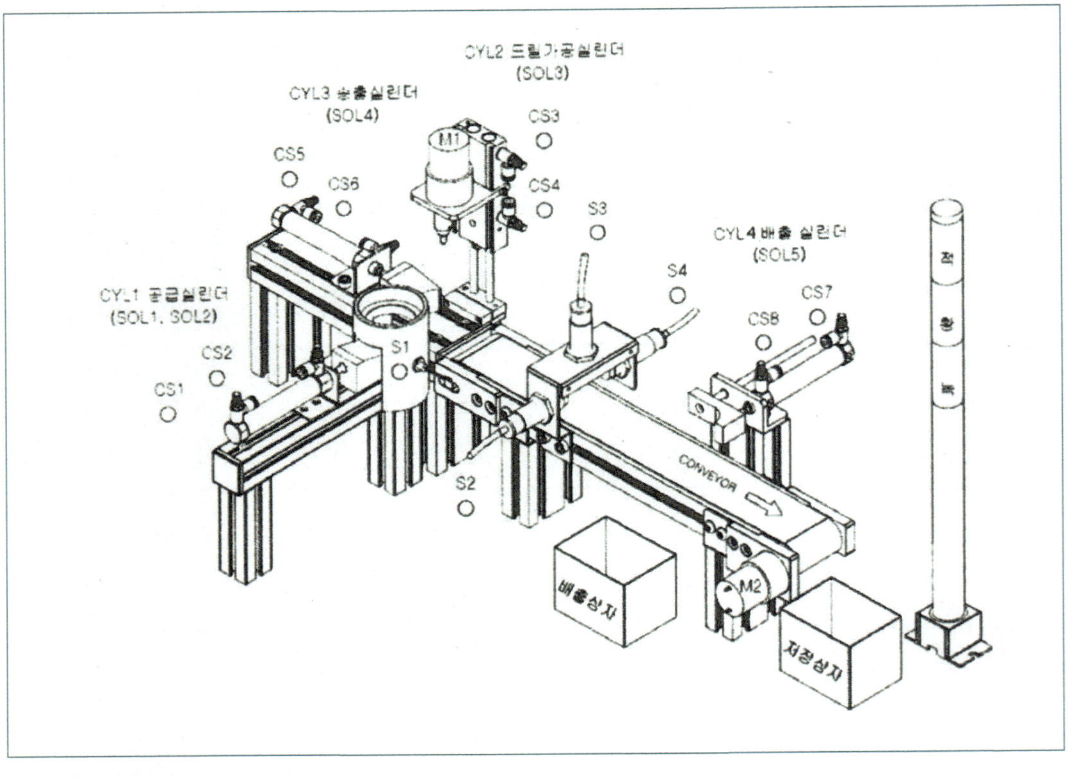

① 매거진에 금속 물품과 비금속 물품을 세팅하고, 매거진에 물품이 있을 때, PB3 스위치를 누르면(ⓐ) 적색램프가 점등(ⓑ)되고 공급실린더가 전·후진하여 물품을 공급한다.

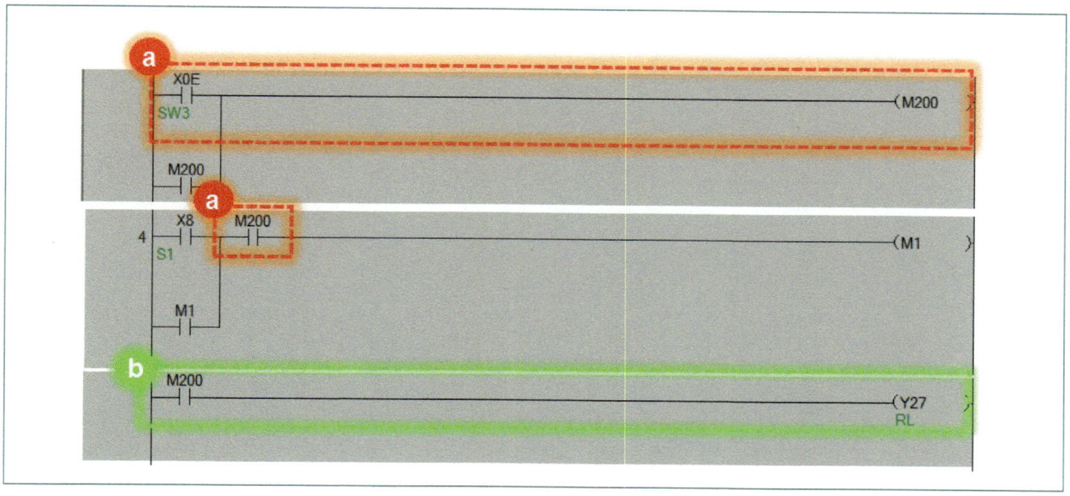

② 금속은 배출실린더를 이용해 배출상자에 적재(ⓑ)되고, 비금속은 컨베이어 끝에 있는 저장 상자에 적재(ⓐ)되고 적색램프가 소등된다.

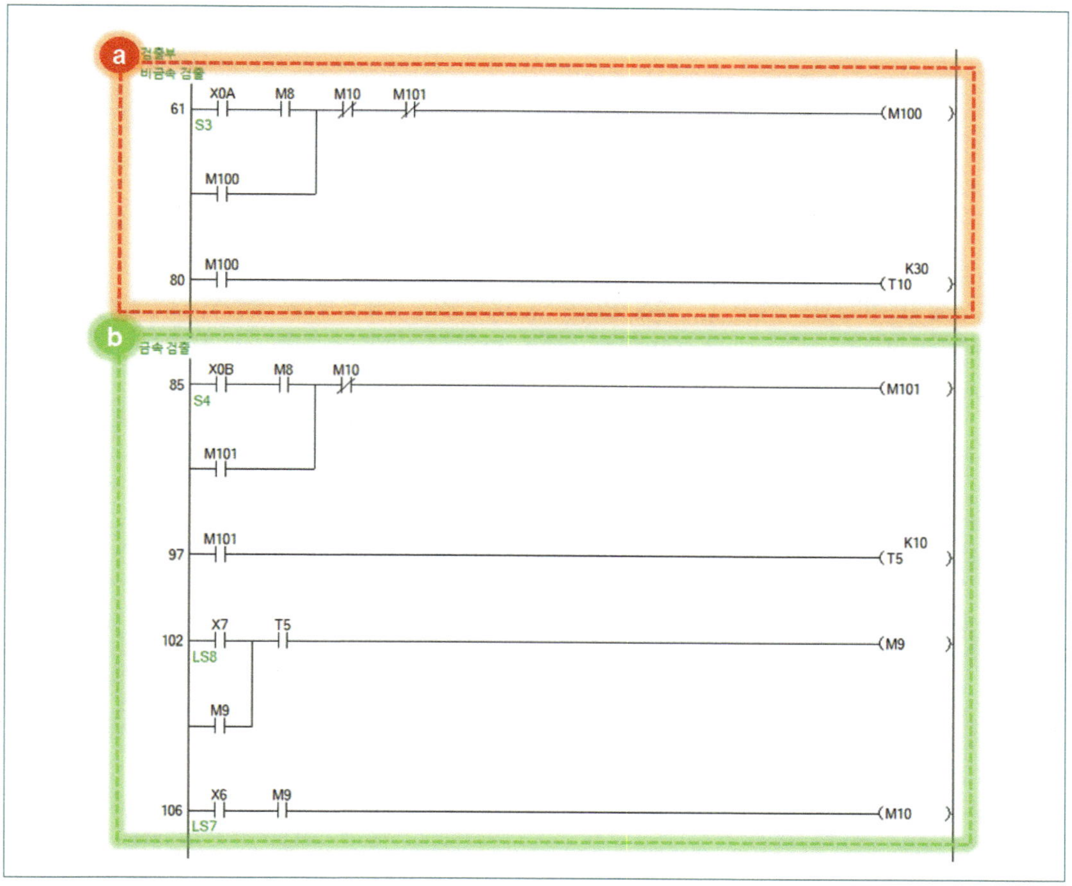

③ 비금속이 3개 적재될 때까지(ⓐ) 연속동작을 하며 적재가 완료되면 황색램프가 0.5초 간격으로 3초간 점멸(ⓑ)한 후 모든 시스템은 초기화(ⓒ) 된다.

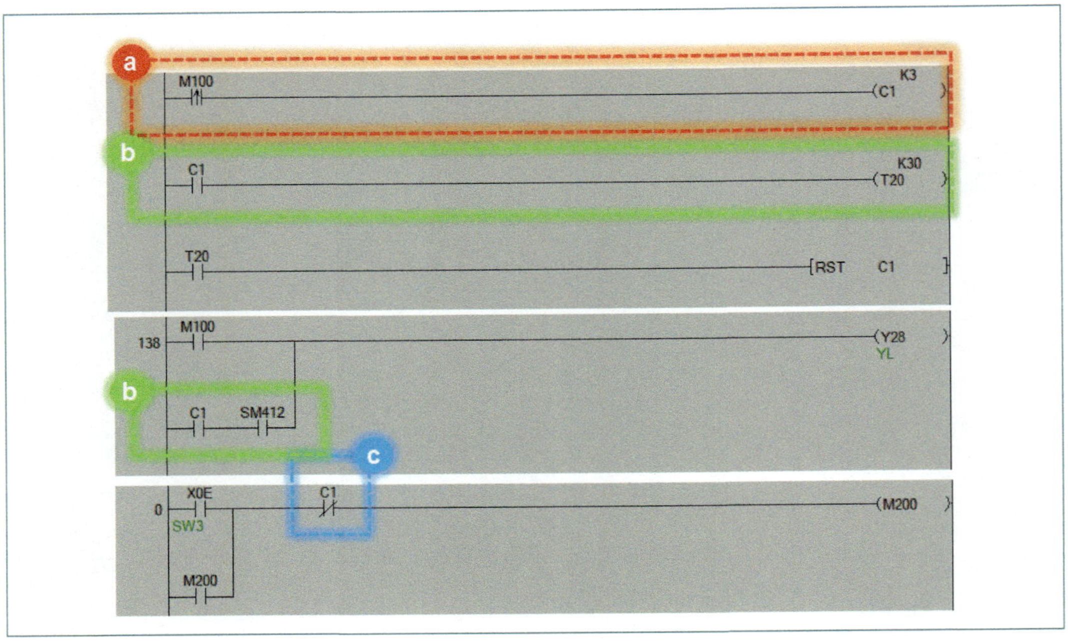

④ PB3 스위치를 다시 누르면 ①의 동작을 다시 수행할 수 있어야 한다.

※ 위 ⓒ에서 초기화 되어, 다시 동작 수행 가능

⑤ 비상정지 스위치를 누르면(ⓐ) 작업이 즉시 정지(ⓑ)되고 적색램프가 0.5초 간격으로 점멸(ⓒ)한다. 비상정지 스위치를 해제하면 시스템이 초기화(ⓔ) 된다.

※ 일반적으로 비상정지 스위치는 b접점 상태로 있으며, 장비에 따라 a접점 가능성도 있으므로 장비를 확인하여야 함.

ⓐ 비상정지 스위치를 누르면, ⎺⎺__ 하강 펄스에서 M300을 Set한다.

ⓑ M300이 On 되면 P0위치로 점프한다.

※ 점프할 위치를 입력하기 위해 ⓓ 위치 ⇒ 엔터 ⇒ "P0" ⇒ OK

ⓒ 적색램프가 0.5초 간격으로 점멸(ⓒ)한다.

ⓔ 비상정지 스위치를 해제하면__/⎺⎺ 상승 펄스가 발생하며 이때, M300을 리셋한다.

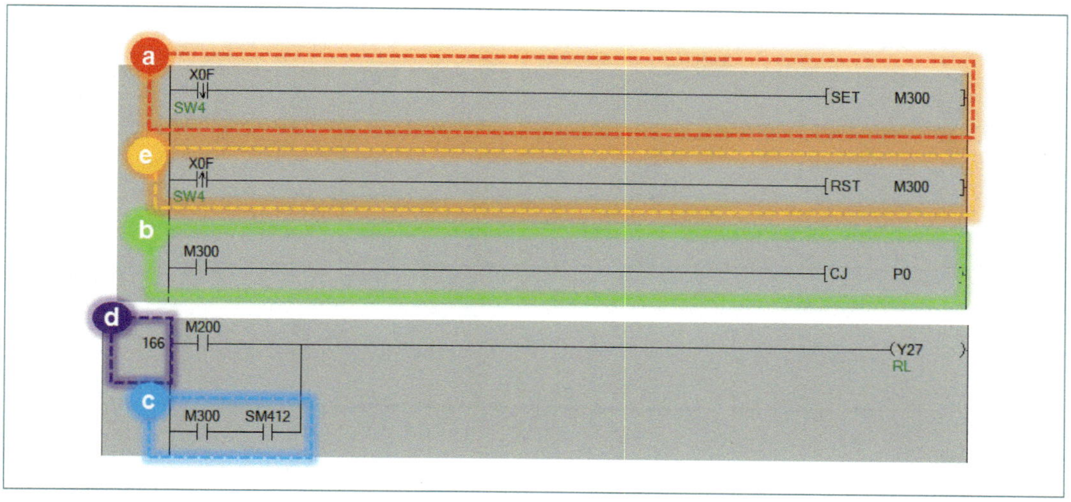

알아두기

프로그램 분기명령

분류	명령 기호	심볼	실행 조건
포인터 분기 명령	CJ	CJ P**	· 실행 지령이 ON되면,
	SCJ	SCJ P**	· 실행 지령이 OFF ⇒ ON되면,
	JMP	JMP P**	· 무조건, 동일 프로그램 파일 내
라벨 ⇒ P**		프로그램	

프로그램 전체

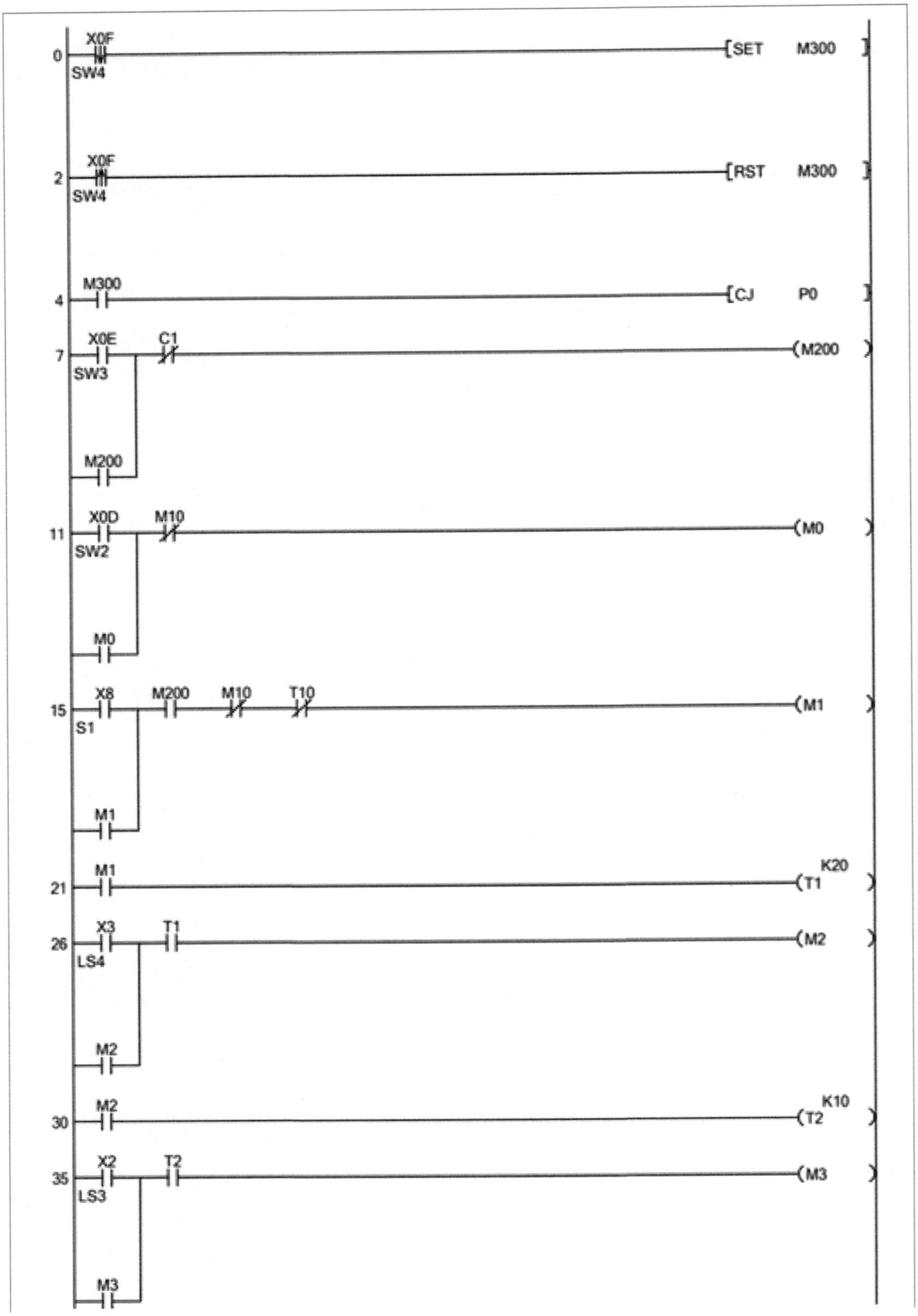
0
X0F
SW4
SET M300
2
X0F
SW4
RST M300
4
M300
CJ P0
7
X0E
SW3
C1
M200
M200
11
X0D
SW2
M10
M0
M0
15
X8
S1
M200
M10
T10
M1
M1
21
M1
T1
K20
26
X3
LS4
T1
M2
M2
30
M2
T2
K10
35
X2
LS3
T2
M3
M3

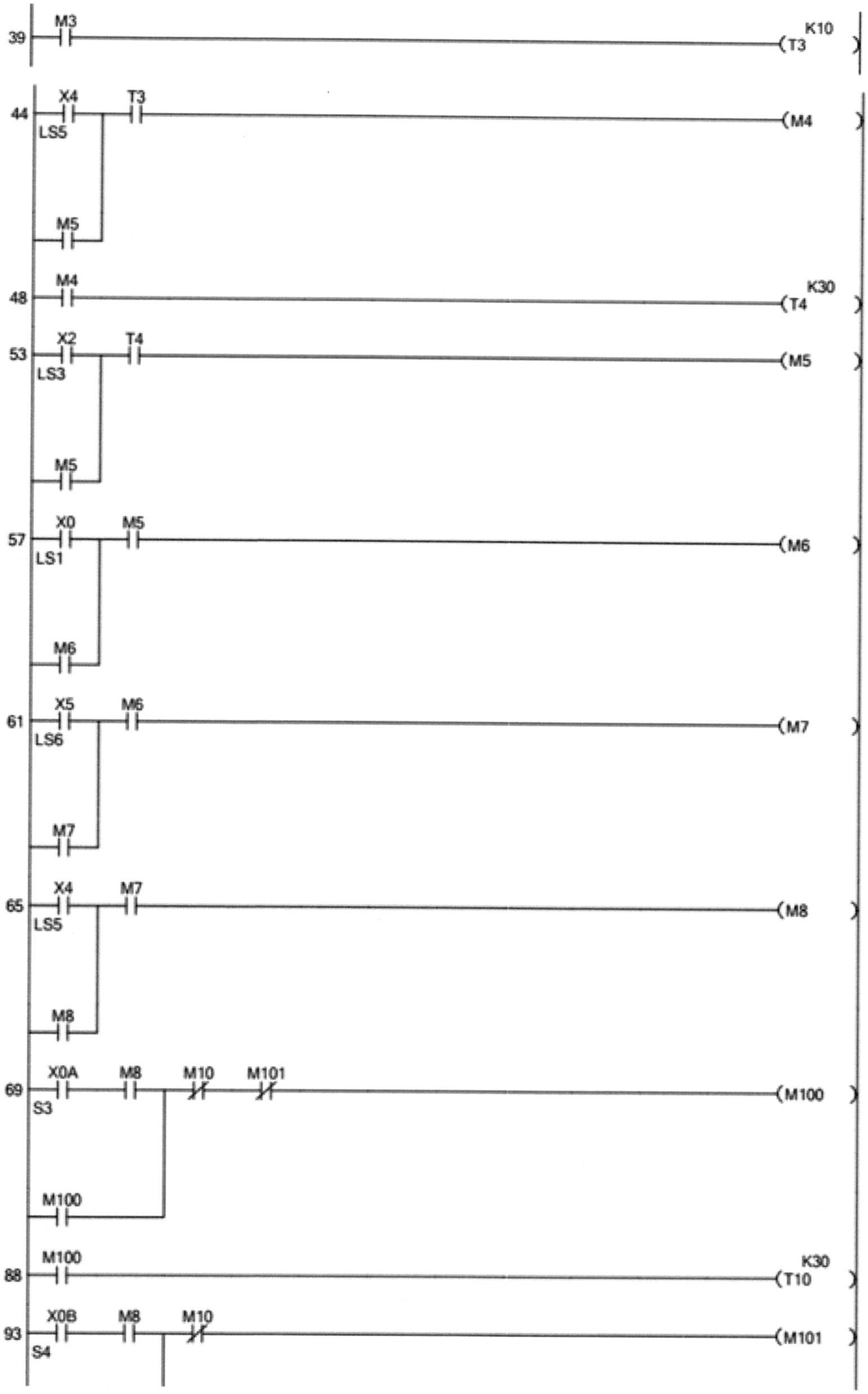
39 M3 T3 K10
44 X4 LS5 T3 M4 M5
48 M4 T4 K30
53 X2 LS3 T4 M5 M5
57 X0 LS1 M5 M6 M6
61 X5 LS6 M6 M7 M7
65 X4 LS5 M7 M8 M8
69 X0A S3 M8 M10 M101 M100 M100
88 M100 T10 K30
93 X0B S4 M8 M10 M101

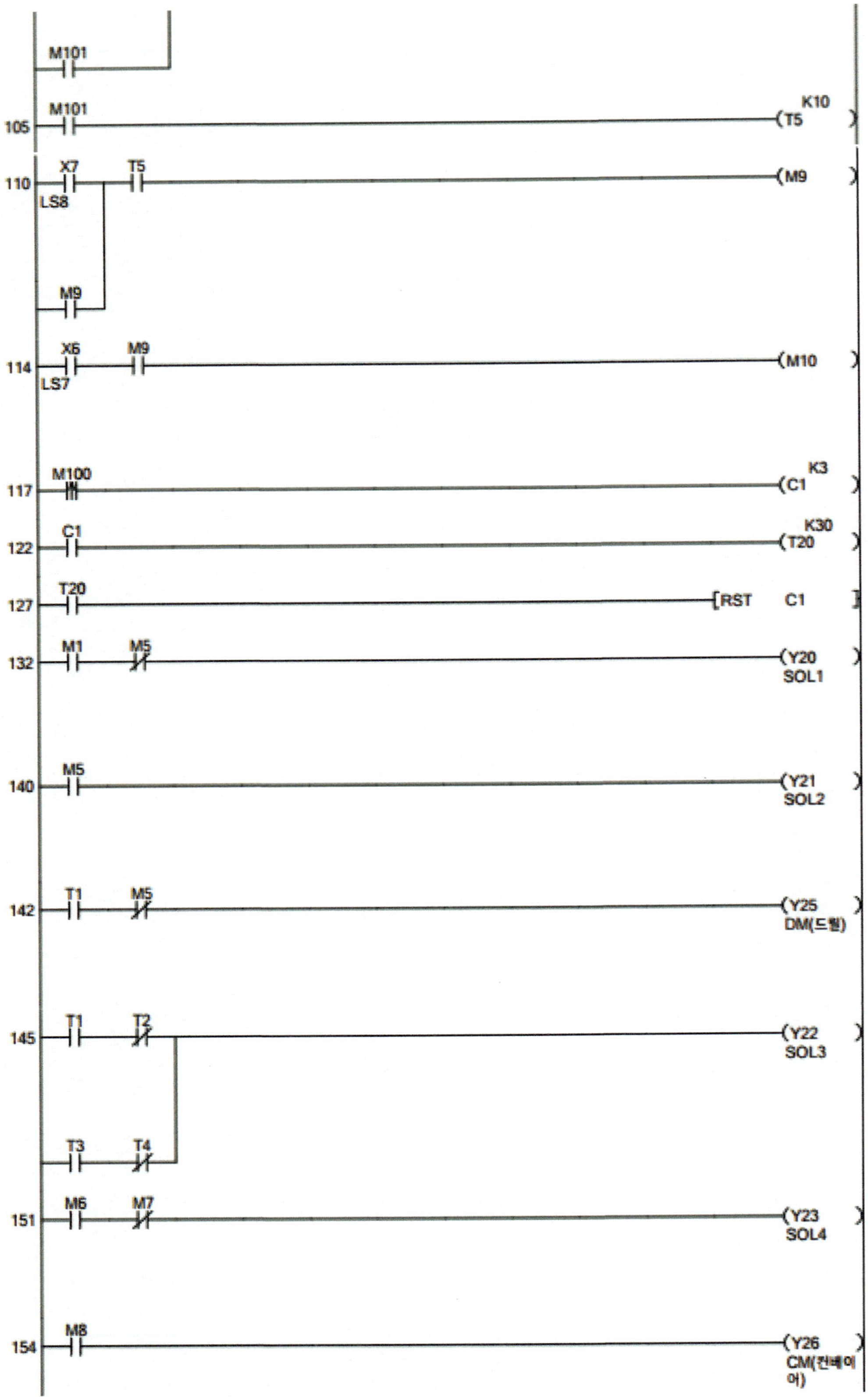

M101
105
M101
K10
T5
110
X7
T5
M9
LS8
M9
114
X6
M9
M10
LS7
117
M100
K3
C1
122
C1
K30
T20
127
T20
RST
C1
132
M1
M5
Y20
SOL1
140
M5
Y21
SOL2
142
T1
M5
Y25
DM(드릴)
145
T1
T2
Y22
SOL3
T3
T4
151
M6
M7
Y23
SOL4
154
M8
Y26
CM(컨베이
어)

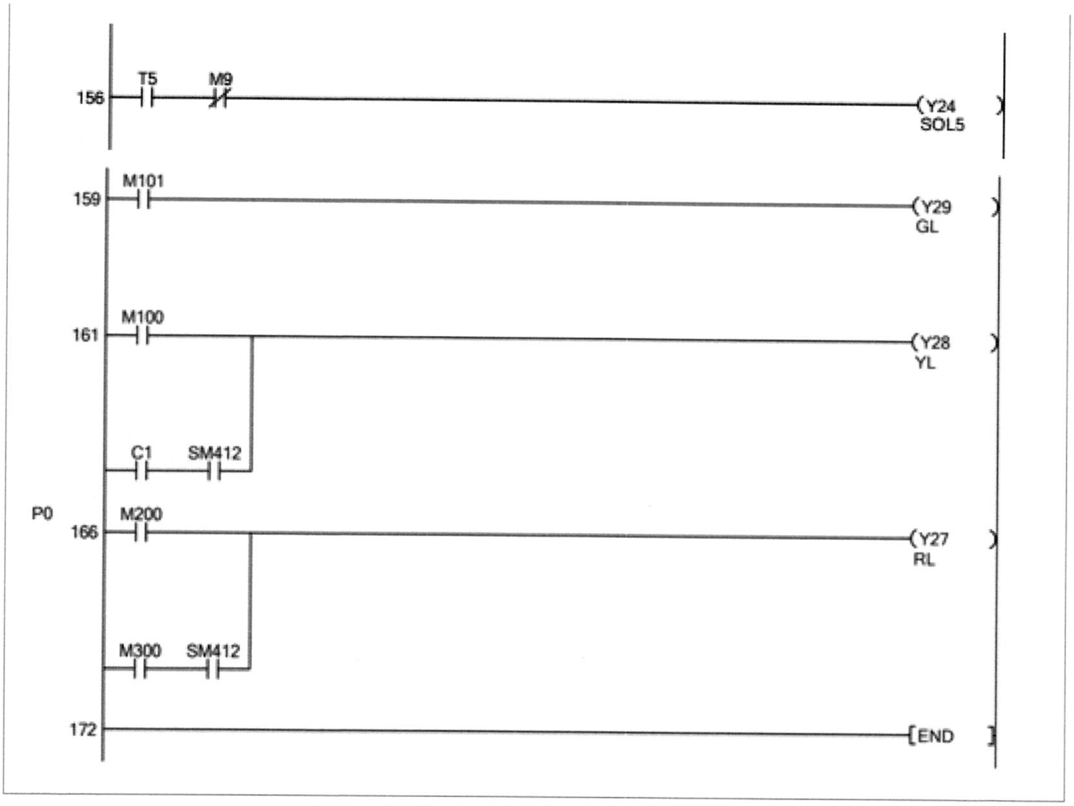
156
T5
M9
Y24
SOL5
159
M101
Y29
GL
161
M100
Y28
YL
C1
SM412
P0
166
M200
Y27
RL
M300
SM412
172
END

실습 29 응용동작 예시 3

학습목표: 이번 실습에서는 생산자동화기능사 PLC작업의 응용 동작인 입/출력, 타이머 명령어를 통해 문제에서 제시된 요구조건에 따라 사용자가 프로그램하여 각종 실린더, 모터, 램프를 제어하는 방법에 대해 알아보자.

29.1 주요 동작 설명(응용동작 1)

아래의 동작 순서대로 MPS장비가 작동하도록 프로그램하시오.

① 매거진에 물품이 있을때 SW2를 누르면, 녹색램프가 점등되고 1초 후에 공급 실린더가 전진하여 물품을 공급하고 후진한다.
② 2초 후에 드릴모터가 구동되고 드릴 실린더가 전·후진을 2회 반복한다.
③ 1초 후에 드릴모터를 정지시킨다.

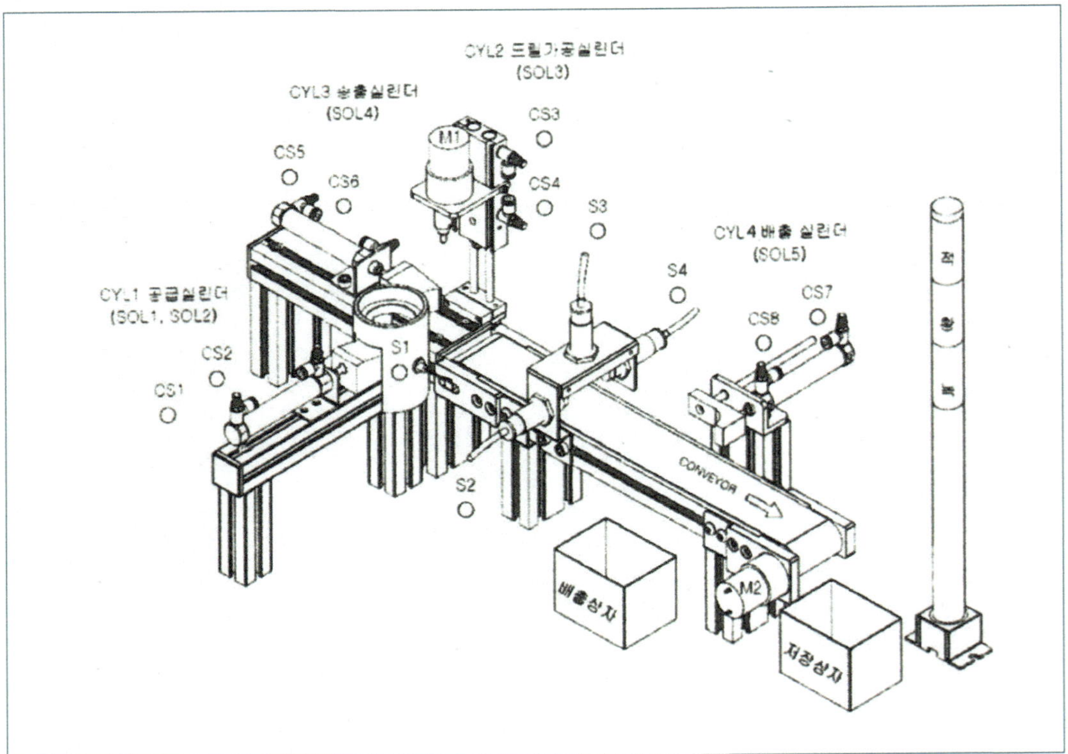

④ 송출실린더가 전 · 후진하여 컨베이어로 송출시키고, 1초 후에 컨베이어 벨트를 구동시킨다.

⑤ 금속, 비금속인지를 판별하여 금속일 경우 황색램프를 0.5초 간격으로 점멸하고, 비금속일 경우 황색램프가 점등한다.

⑥ 배출실린더를 작동시켜 배출상자에 물품을 적재한 후 컨베이어는 정지한다.

⑦ 작업이 완료되면 모든 램프는 소등된다.

29.2 프로그램 하기

① 프로그램을 입력하기 전에 입력/출력부의 디바이스 코멘트를 작성하여 사용하는 것이 매우 편리하다. 아래 순서에 따라 디바이스 코멘트를 작성하여 보자.

▌사용자가 여러 개의 프로그램을 사용하고자 할 경우 공통의 디바이스 코멘트 데이터를 사용할 수 있다.

- Main 프로그램에 디바이스 코멘트를 붙이고자 할 경우에도 가능
  - ⓐ 글로벌 디바이스 코멘트 설정을 위해 Global Device Comment 더블클릭
  - ⓑ 그림과 같이 코멘트를 입력할 수 있는 팝업창이 나타난다.

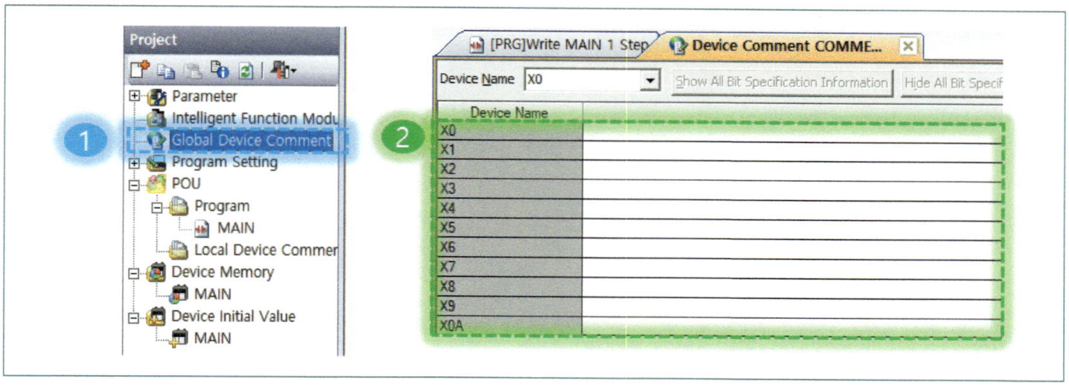

ⓒ 그림과 같이 입력부의 코멘트를 작성한다.

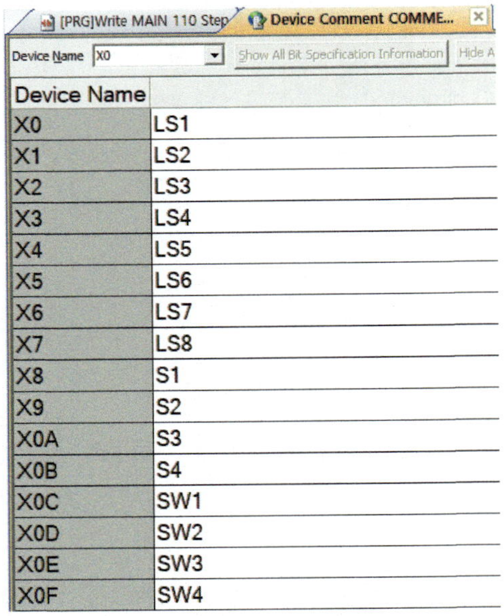

Device Name	
X0	LS1
X1	LS2
X2	LS3
X3	LS4
X4	LS5
X5	LS6
X6	LS7
X7	LS8
X8	S1
X9	S2
X0A	S3
X0B	S4
X0C	SW1
X0D	SW2
X0E	SW3
X0F	SW4

ⓓ 그림과 같이 Device Name에 Y20을 입력 후 엔터키를 클릭한다.

ⓔ 그림과 같이 출력부의 코멘트를 작성한다.

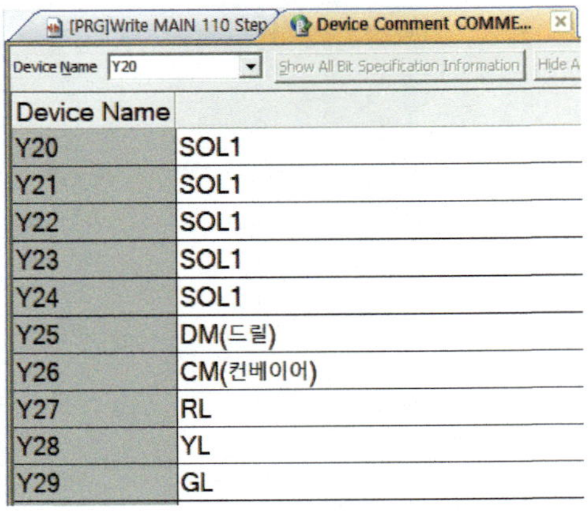

Device Name	
Y20	SOL1
Y21	SOL1
Y22	SOL1
Y23	SOL1
Y24	SOL1
Y25	DM(드릴)
Y26	CM(컨베이어)
Y27	RL
Y28	YL
Y29	GL

② 위에서 설명한 실린더, 모터, 램프를 제어하기 위한 번호 순서별 프로그램을 작성한다.

※ 이번 실습은 동작사항을 확인하여 아래와 같이 표를 작성하고 이를 프로그램으로 작성하는 것을 배워보자.

- ❶~⓱(검정색)은 입력부에 대한 STEP별 순서이다.
- ❶~⓱(붉은색)은 출력부에 대한 STEP별 순서이다.

Ⓐ 매거진에 물품이 있을 때(❷) SW2를 누르면(❶), 녹색램프가 점등(❷)되고 1초 후(❸)에 공급 실린더가 전진(❸, 감지❹)하여 물품을 공급하고 후진(❹, 감지❺)한다.

Ⓑ 2초 후(❻)에 드릴모터가 구동(❻)되고 드릴 실린더가 전진(❻, 감지❼) · 후진(❼, 감지❽)을 2회 반복[참고: 드릴신린더 전 · 후진(❽~❿)]한다.

Ⓒ 1초 후(⓫)에 드릴모터를 정지(⓫)시킨다.

Ⓓ 송출실린더가 전진(⓫, 감지⓬) · 후진(⓬, 감지⓭)하여 컨베이어로 송출시키고, 1초 후(⓮)에 컨베이어 벨트를 구동시킨다.

Ⓔ 금속, 비금속인지를 판별하여 금속일 경우 황색램프를 0.5초 간격으로 점멸하고, 비금속일 경우 황색램프가 점등한다.

※ 앞에서 배웠던 내용과 동일하다

Ⓕ 배출실린더를 작동시켜 배출상자에 물품을 적재[참고: 이송시간 1초 지연(⓯) → 배출실린더 (⓯, 감지⓰) · 후진(⓰, 감지⓱)]한 후 컨베이어는 정지한다.

Ⓖ 작업이 완료(⓱)되면 모든 램프는 소등된다.

구분	Step1	Step2	Step3	Step4	Step5	Step6	Step7
입력	SW2	S1	1초 후	LS2	LS1	2초 후	LS4
M/T	M0	M1	T1	M2	M3	T2	M4
출력	–	GL ON	SOL1 ON	SOL2 ON SOL1OFF	–	DM ON SOL3 ON	SOL3 OFF

구분	Step8	Step9	Step10	Step11	Step12	Step13	Step14
입력	LS3	LS4	LS3	1초 후	LS6	LS5	1초 후
M/T	M5	M6	M7	T3	M8	M9	T4
출력	SOL3 ON	SOL3 OFF	–	DM OFF SOL4 ON	SOL4 OFF	–	CM ON

구분	Step15	Step16	Step17
입력	1초 후	LS8	LS7
M/T	T5	M10	M11
출력	SOL5 ON	SOL5 OFF	RESET

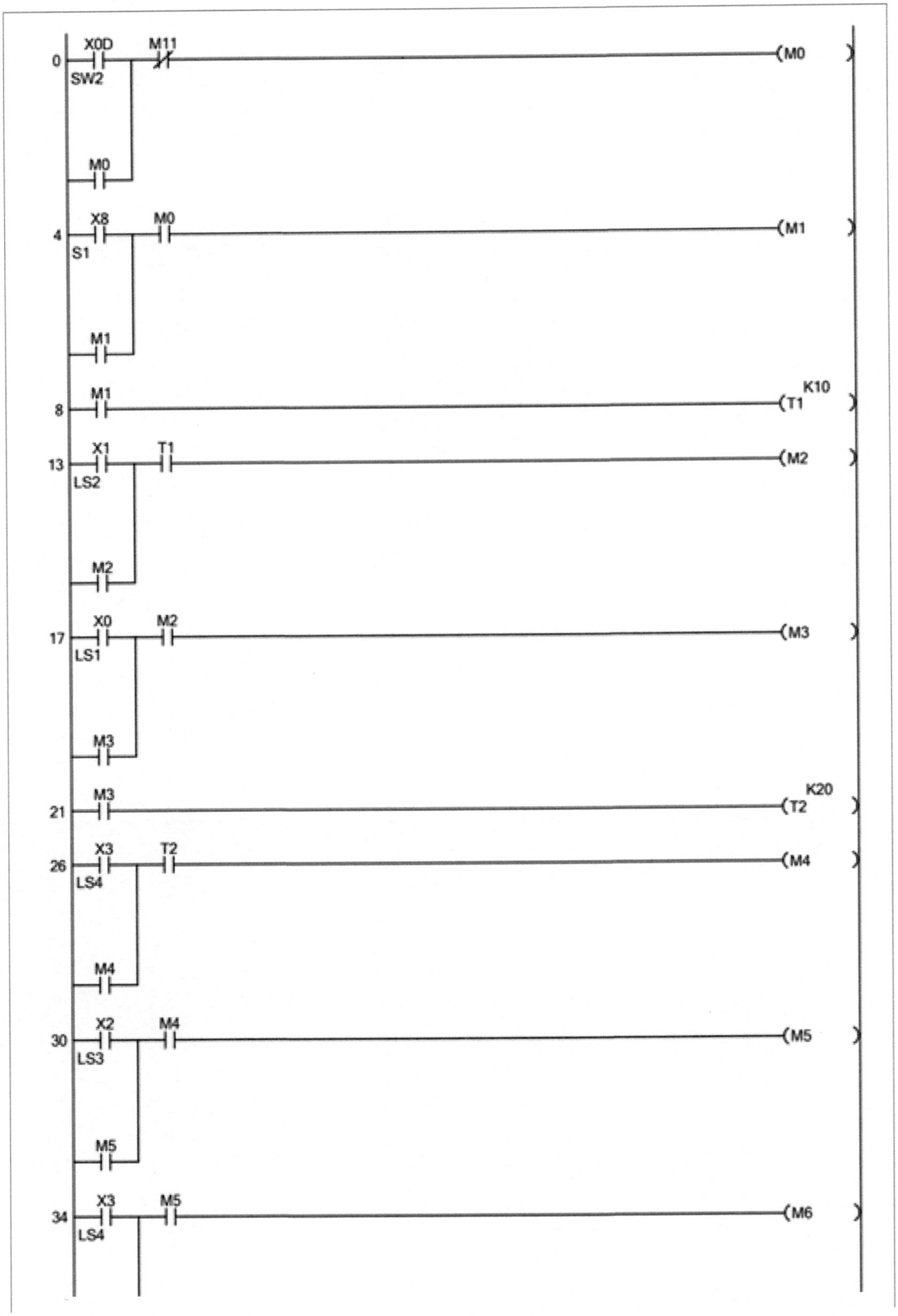

0
X0D
SW2
M11
M0
(M0)
4
X8
S1
M0
M1
(M1)
8
M1
K10
(T1)
13
X1
LS2
T1
M2
(M2)
17
X0
LS1
M2
M3
(M3)
21
M3
K20
(T2)
26
X3
LS4
T2
M4
(M4)
30
X2
LS3
M4
M5
(M5)
34
X3
LS4
M5
(M6)

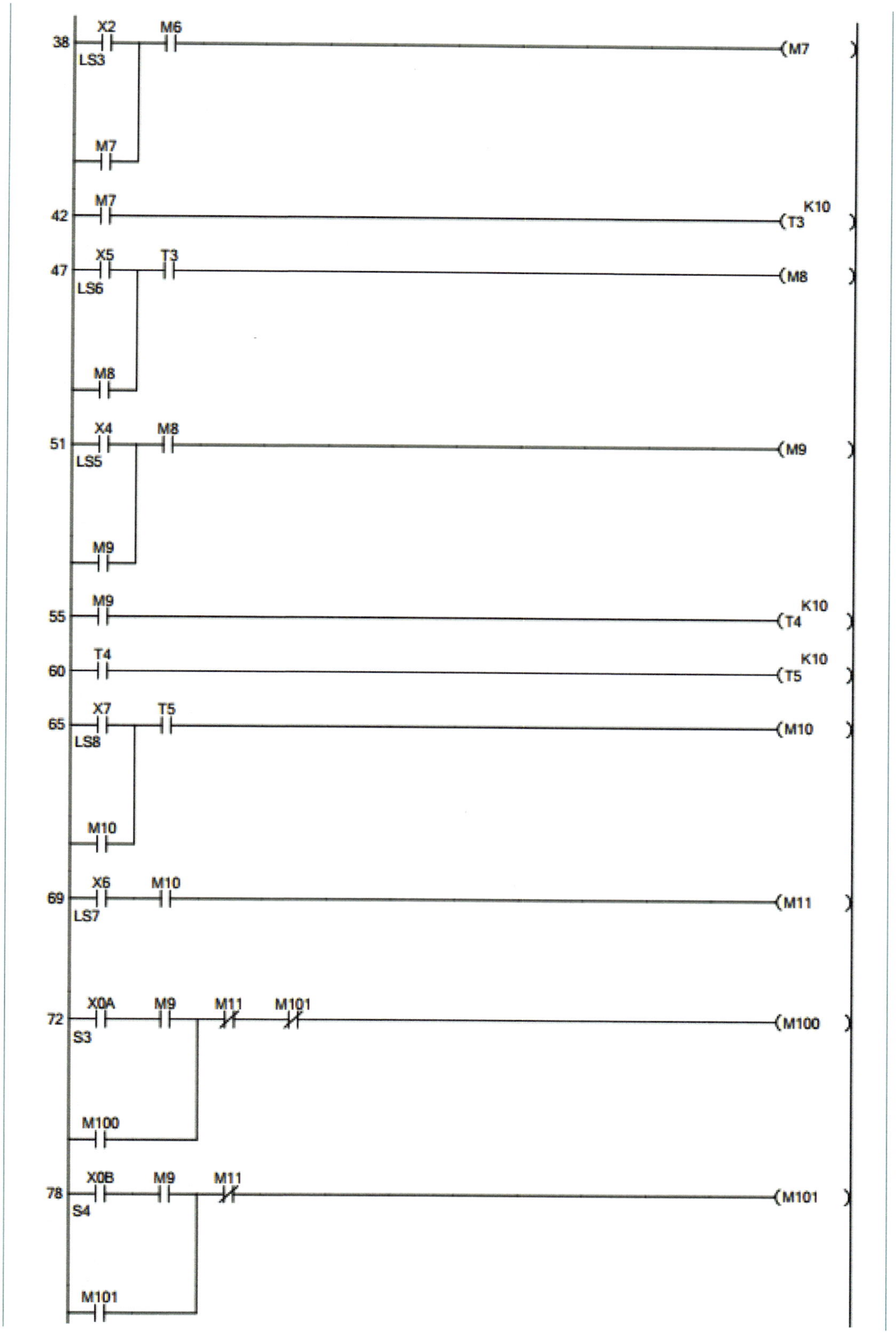

38
X2
LS3
M6
M7
M7
42
M7
T3
K10
47
X5
LS6
T3
M8
M8
51
X4
LS5
M8
M9
M9
55
M9
T4
K10
60
T4
T5
K10
65
X7
LS8
T5
M10
M10
69
X6
LS7
M10
M11
72
X0A
S3
M9
M11
M101
M100
M100
78
X0B
S4
M9
M11
M101
M101

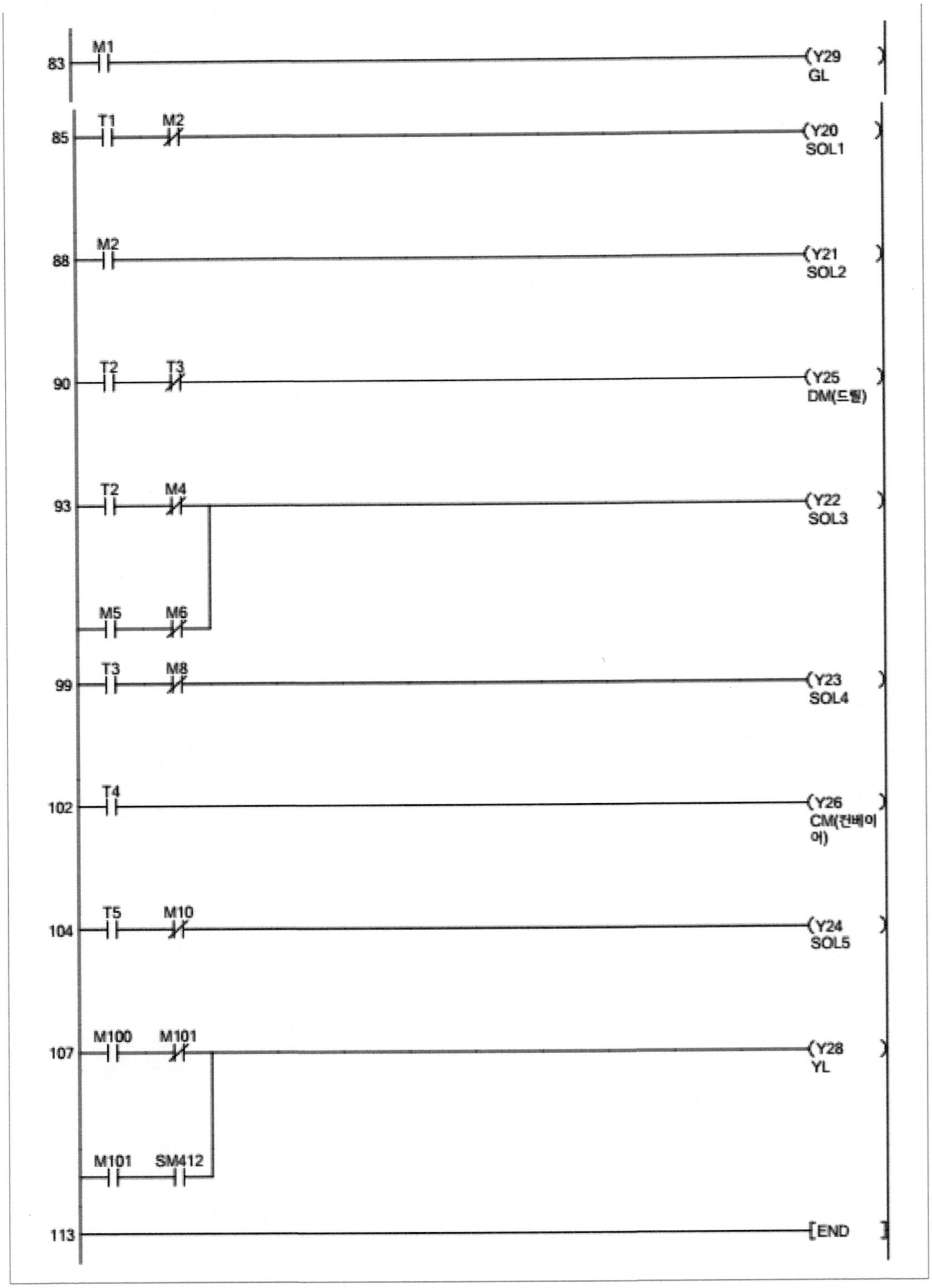

83
M1
Y29
GL
85
T1
M2
Y20
SOL1
88
M2
Y21
SOL2
90
T2
T3
Y25
DM(드릴)
93
T2
M4
Y22
SOL3
M5
M6
99
T3
M8
Y23
SOL4
102
T4
Y26
CM(컨베이
어)
104
T5
M10
Y24
SOL5
107
M100
M101
Y28
YL
M101
SM412
113
END

29.3 주요 동작 설명(응용동작 2)

※ 응용동작 1의 프로그램을 아래의 조건대로 변경하시오

① 물품이 금속일 경우 배출실린더를 이용해 배출박스에 적재하고, 비금속일 경우 저장박스에 적재한다.

② 동작 완료 후 모든 램프는 소등한다. 매거진에 물품이 있으면 다시 운전을 시작하고 배출되는 물품이 3개가 되면 남은 동작을 끝낸 후 운전이 종료된다.

③ 동작 중에 PB3 스위치를 누르면 녹색램프가 1초 간격으로 점멸하고 모든 모터와 실린더가 정지된다. PB3 스위치를 한번 더 누르면 시스템이 정상 작동된다.

④ 비상정지 스위치를 누르면 적색램프가 1초 간격으로 점멸하며, 나머지 램프는 다 소등하고 모든 모터와 실린더가 정지된다. 비상정지 스위치를 해제하면 시스템이 초기화 된다. (모든 실린더 후진)

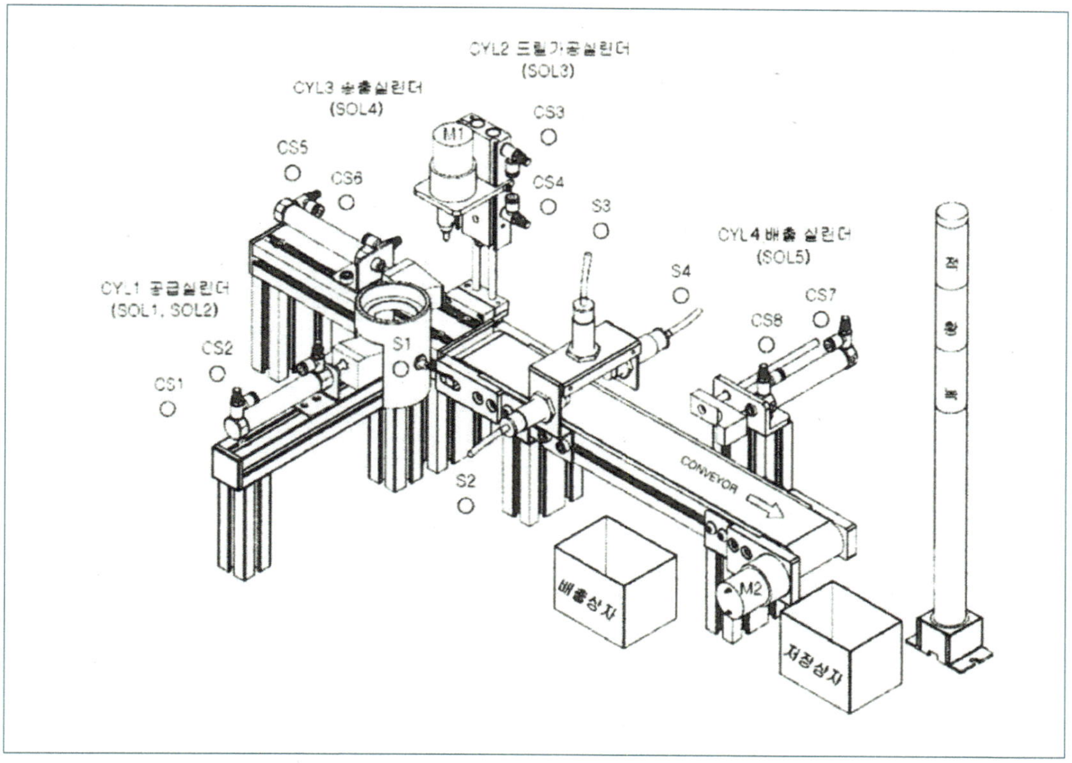

프로그램 전체

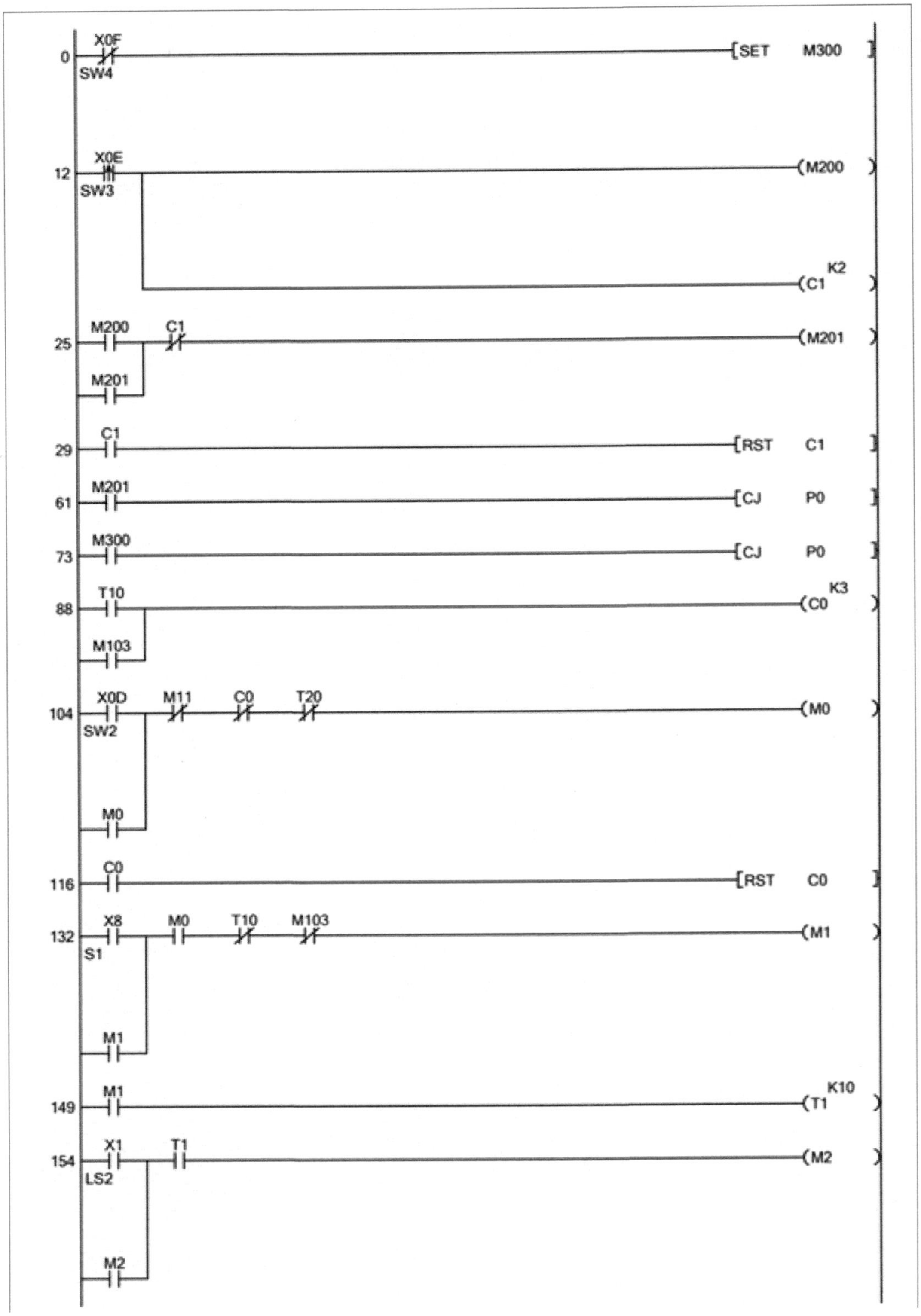
0
X0F
SW4
SET M300
12
X0E
SW3
M200
C1 K2
25
M200
C1
M201
M201
29
C1
RST C1
61
M201
CJ P0
73
M300
CJ P0
88
T10
C0 K3
M103
104
X0D
SW2
M11
C0
T20
M0
M0
116
C0
RST C0
132
X8
S1
M0
T10
M103
M1
M1
149
M1
T1 K10
154
X1
LS2
T1
M2
M2

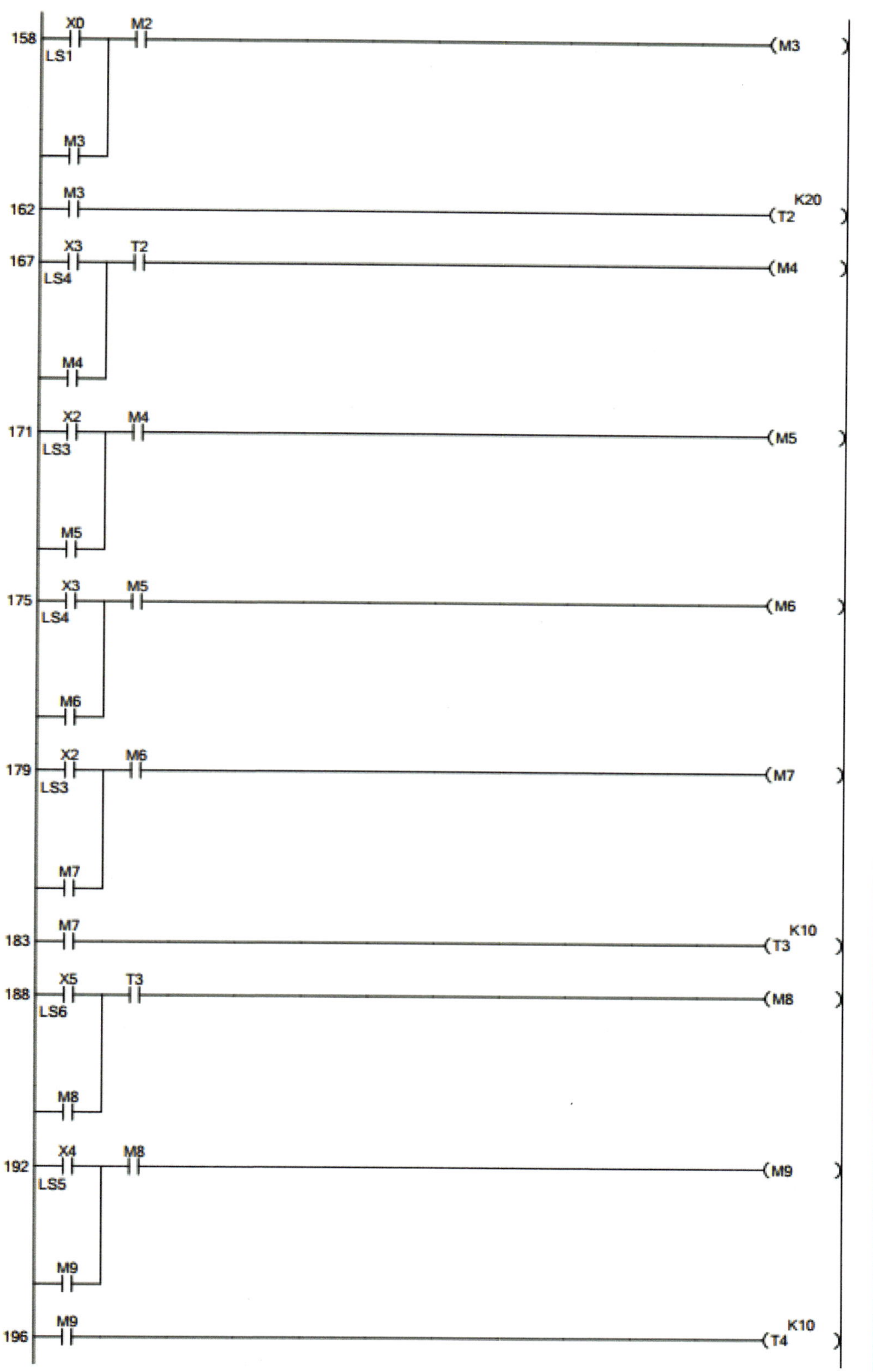
158
X0
LS1
M2
M3
M3
162
M3
K20
T2
167
X3
LS4
T2
M4
M4
171
X2
LS3
M4
M5
M5
175
X3
LS4
M5
M6
M6
179
X2
LS3
M6
M7
M7
183
M7
K10
T3
188
X5
LS6
T3
M8
M8
192
X4
LS5
M8
M9
M9
196
M9
K10
T4

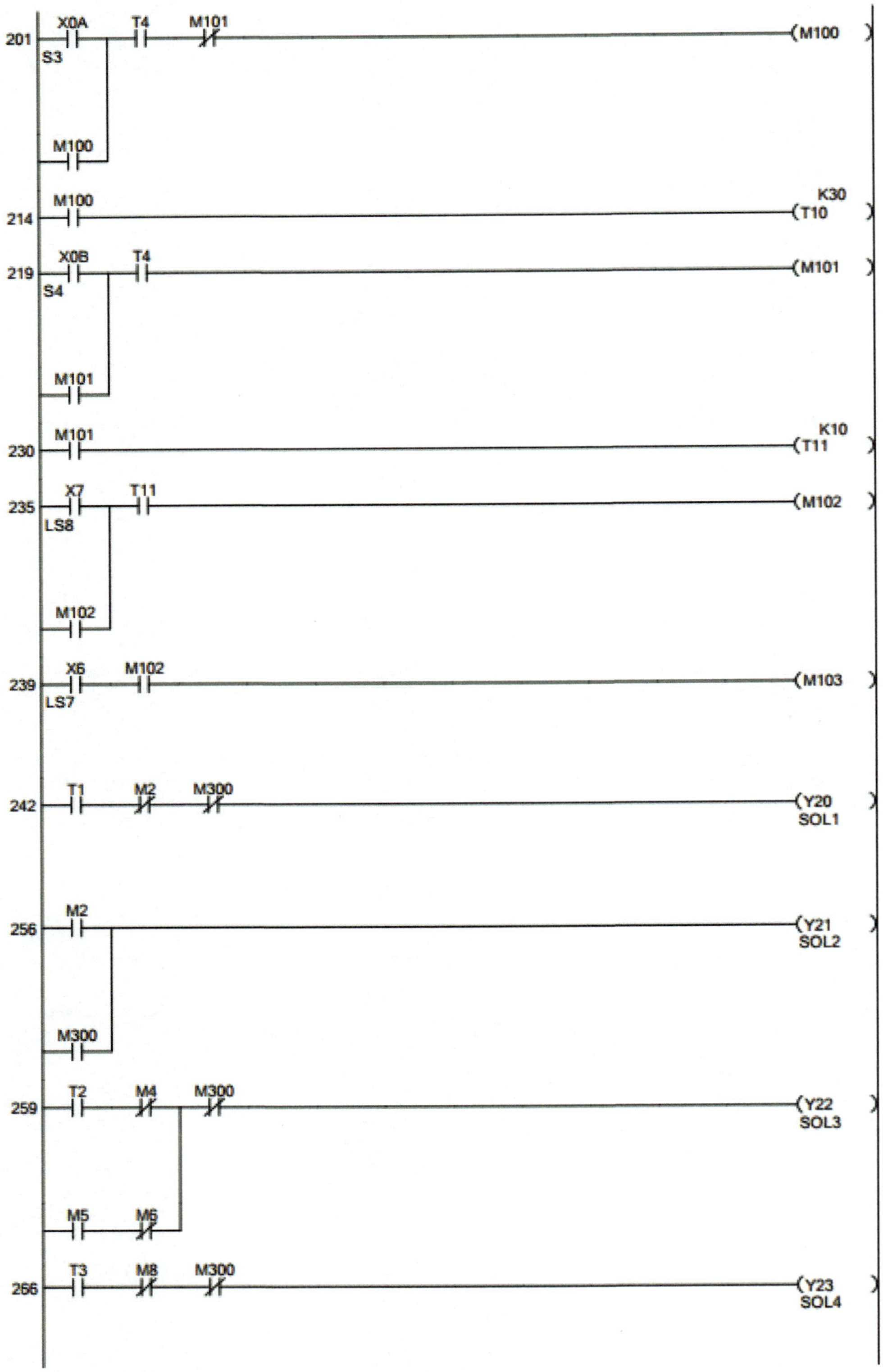
201
X0A
S3
T4
M101
M100
M100
214
M100
K30
T10
219
X0B
S4
T4
M101
M101
230
M101
K10
T11
235
X7
LS8
T11
M102
M102
239
X6
LS7
M102
M103
242
T1
M2
M300
Y20
SOL1
256
M2
M300
Y21
SOL2
259
T2
M4
M300
M5
M6
Y22
SOL3
266
T3
M8
M300
Y23
SOL4

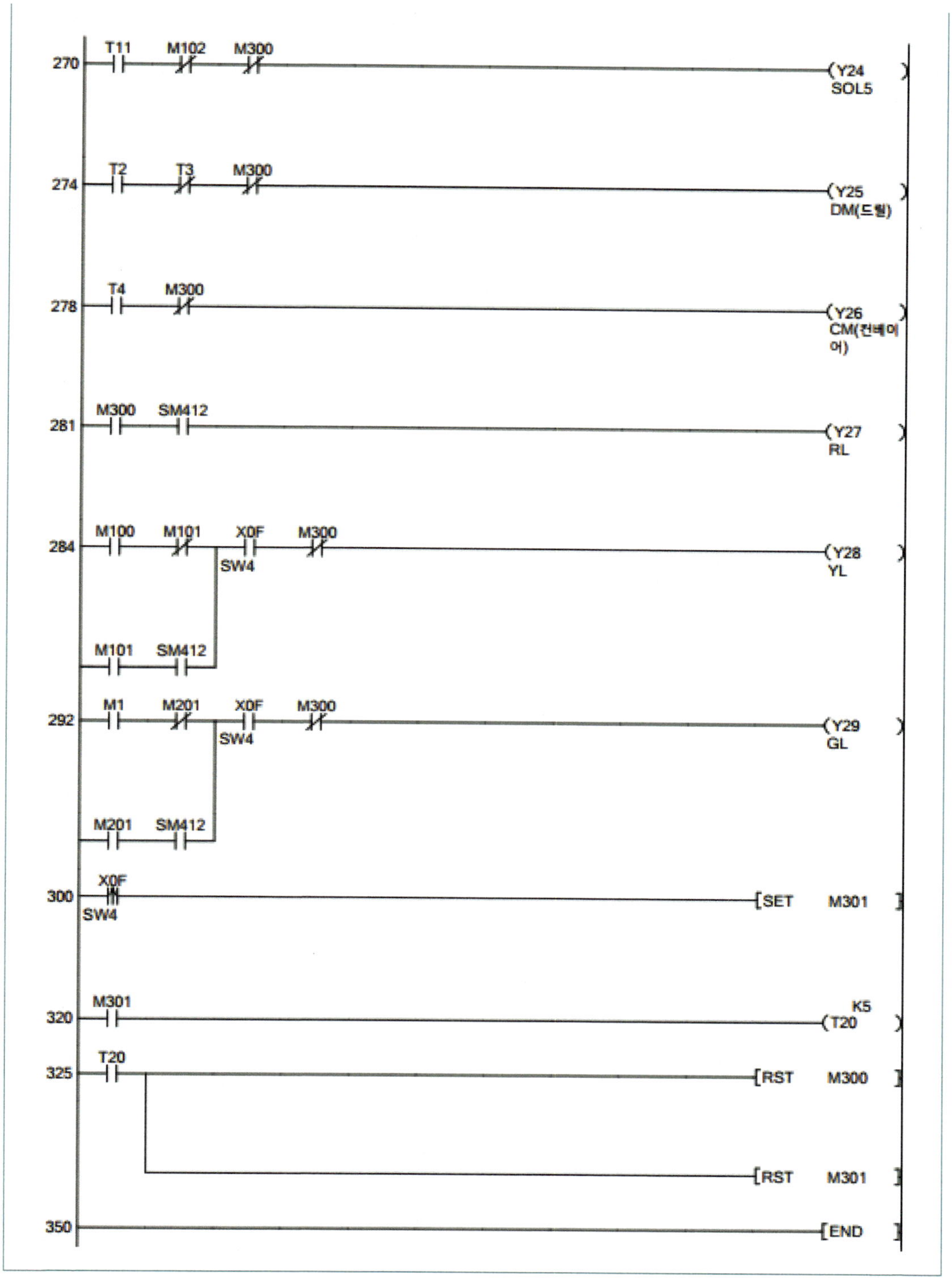
270
T11
M102
M300
Y24
SOL5
274
T2
T3
M300
Y25
DM(드릴)
278
T4
M300
Y26
CM(컨베이
어)
281
M300
SM412
Y27
RL
284
M100
M101
X0F
SW4
M300
Y28
YL
M101
SM412
292
M1
M201
X0F
SW4
M300
Y29
GL
M201
SM412
300
X0F
SW4
SET
M301
320
M301
K5
T20
325
T20
RST
M300
RST
M301
350
END

실습 30 응용동작 예시 4

학습목표: 이번 실습에서는 생산자동화기능사 PLC작업의 응용 동작인 입/출력, 타이머 명령어를 통해 문제에서 제시된 요구조건에 따라 사용자가 프로그램하여 각종 실린더, 모터, 램프를 제어하는 방법에 대해 알아보자.

30.1 주요 동작 설명(응용동작 1)

아래의 동작 순서대로 MPS장비가 작동하도록 프로그램 하시오.

① 매거진에 물품이 있을때 SW2를 누르면, 1초 후에 공급 실린더가 전진하여 물품을 공급하고 후진한다.(단, 매거진에 물품이 없으면 동작하지 않는다)
② 드릴모터가 구동되고 1초 후 드릴 실린더가 전진하고 2추 후에 후진한다.
③ 송출실린더가 전·후진하여 컨베이어로 송출시킨 후 1초 후에 컨베이어 동작이 시작된다. 모든 물품은 배출실린더에 의해 배출상자로 배출시킨다.

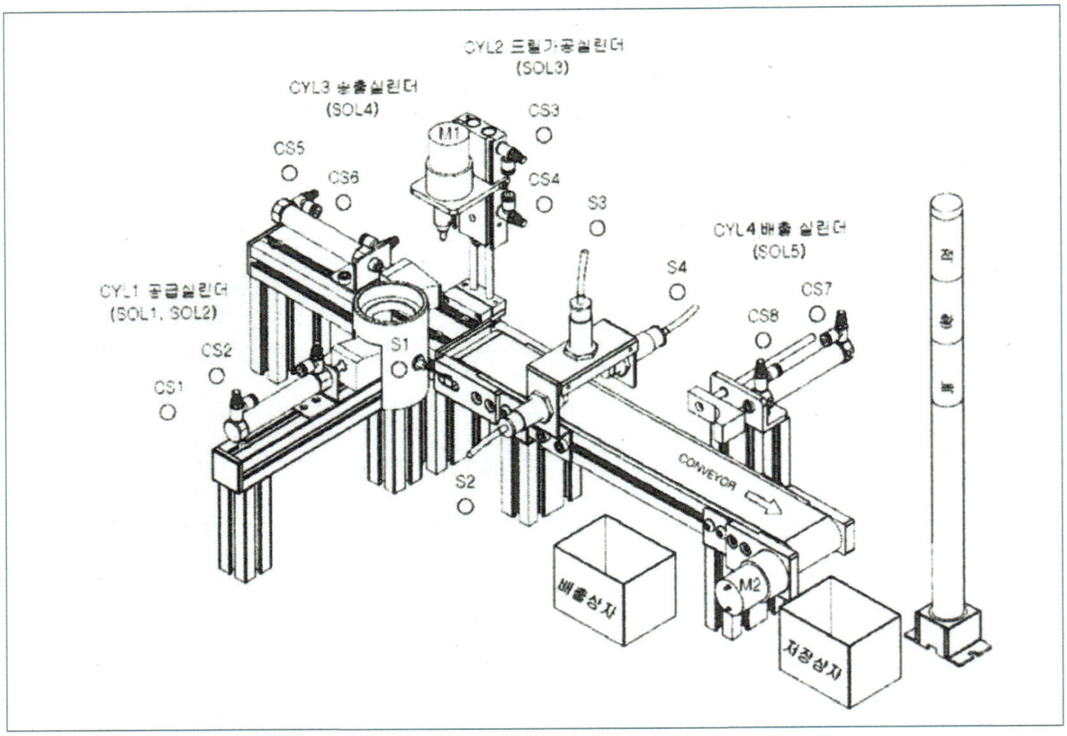

④ 배출되는 물품이 3개가 되면 시스템은 종료한다.

⑤ 재운전 하려면 SW2를 누르면 "①"의 동작을 반복하며 다시 시작한다.

⑥ 컨베이어에서 물품을 1개 배출하면 황색램프가, 2개째는 황색램프, 녹색램프가, 3개째는 황색램프, 녹색램프, 적색램프가 점등되며 시스템 종료 후 3초 후에 모두 소등된다.

30.2 프로그램 하기

① 프로그램을 입력하기 전에 입력/출력부의 디바이스 코멘트를 작성하여 사용하는 것이 매우 편리하다. 아래 순서에 따라 디바이스 코멘트를 작성하여 보자.

▌사용자가 여러 개의 프로그램을 사용하고자 할 경우 공통의 디바이스 코멘트 데이터를 사용할 수 있다.

- Main 프로그램에 디바이스 코멘트를 붙이고자 할 경우에도 가능

ⓐ 글로벌 디바이스 코멘트 설정을 위해 Global Device Comment 더블클릭

ⓑ 그림과 같이 코멘트를 입력할 수 있는 팝업창이 나타난다.

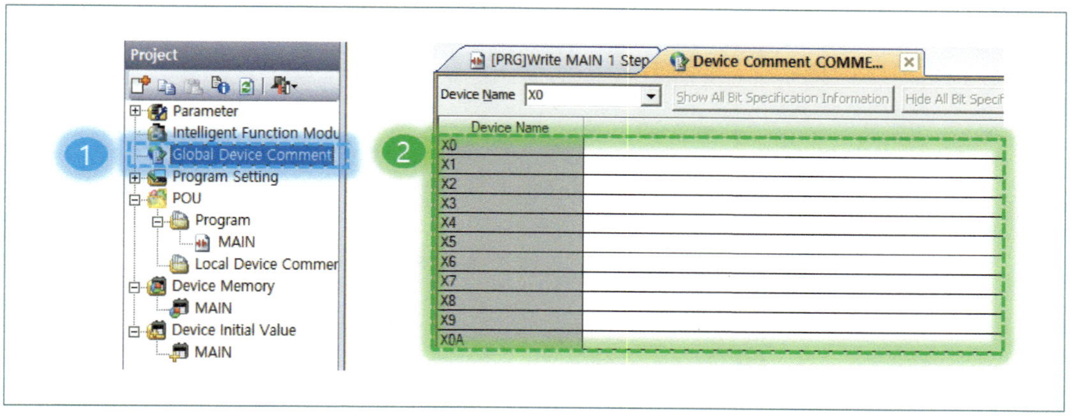

ⓒ 그림과 같이 입력부의 코멘트를 작성한다.

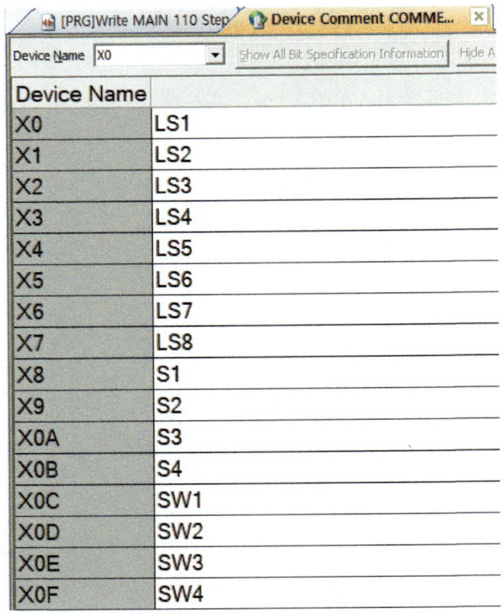

ⓓ 그림과 같이 Device Name에 Y20을 입력 후 엔터키를 클릭한다.

ⓔ 그림과 같이 출력부의 코멘트를 작성한다.

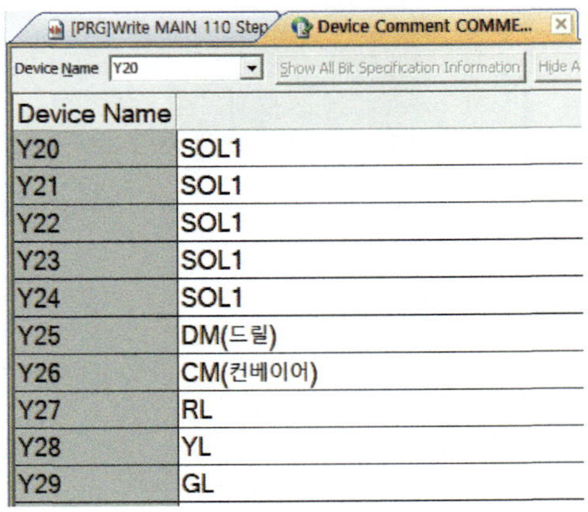

② 위에서 설명한 실린더, 모터, 램프를 제어하기 위한 번호 순서별 프로그램을 작성한다.

※ 이번 실습은 동작사항을 확인하여 아래와 같이 표를 작성하고 이를 프로그램으로 작성하는 것을 배워보자.

- ❶~⓱(검정색)은 입력부에 대한 STEP별 순서이다.
- ❶~⓱(붉은색)은 출력부에 대한 STEP별 순서이다.

Ⓐ 매거진에 물품이 있을 때(❷) SW2를 누르면(❶), 1초 후에(❸) 공급 실린더가 전진(❸, 감지❹)하여 물품을 공급하고 후진(❹, 감지❺)한다.(단, 매거진에 물품이 없으면 동작하지 않는다)

Ⓑ 드릴모터가 구동(❺)되고 1초 후(❻) 드릴 실린더가 전진(❻, 감지❼)하고 2초 후(❽)에 후진(❽, 감지❾)한다.

※ 드릴모터의 정지 조건이 없어 시스템 분석 결과 드릴실린더 후진 후 모터는 정지(❾)한다.

Ⓒ 송출실린더가 전진(❾, 감지❿) · 후진(❿, 감지⓫)하여 컨베이어로 송출시킨 후 1초 후(⓬)에 컨베이어 동작(⓬)이 시작된다. 모든 물품은 배출실린더에 의해 배출상자로 배출[참고: 이송시간 1초 지연(⓭) → 배출 실린더 (⓭, 감지⓮) · 후진(⓰, 감지⓱)] 시킨다.

Ⓓ 배출되는 물품이 3개가 되면 시스템은 종료(⓲)한다.

Ⓔ 재운전 하려면 SW2를 누르면 "①"의 동작을 반복하며 다시 시작(⓿)한다.

Ⓕ 컨베이어에서 물품을 1개 배출하면 황색램프가(⓰), 2개째는 황색램프, 녹색램프가(⓱), 3개째는 황색램프, 녹색램프, 적색램프가 점등(⓲)되며 시스템 종료 후 3초 후(⓳)에 모두 소등(⓳)된다.

구분	Step1	Step2	Step3	Step4	Step5	Step6	Step7
입력	SW2	S1	1초 후	LS2	LS1	1초 후	LS4
M/T	M0	M1	T1	M2	M3	T2	M4
출력	–	–	SOL1 ON	SOL2 ON SOL1OFF	DM ON	SOL3 ON	–

구분	Step8	Step9	Step10	Step11	Step12	Step13	Step14
입력	2초	LS3	LS6	LS5	1초 후	1초 후	LS8
M/T	T3	M5	M6	M7	T4	T5	M8
출력	SOL3 OFF	DM OFF SOL4 ON	SOL4 OFF	–	CM ON	SOL5 ON	SOL OFF

구분	Step15	Step16	Step17	Step18	Step19
입력	LS7	C0값≥1	C0값≥2	C0값=3	3초 후
M/T	M9	M10	M11	M12	T6
출력	카운터 +1 M1 RESET	YL ON	YL ON GL ON	YL ON GL ON RL ON	C0 전체 RESET

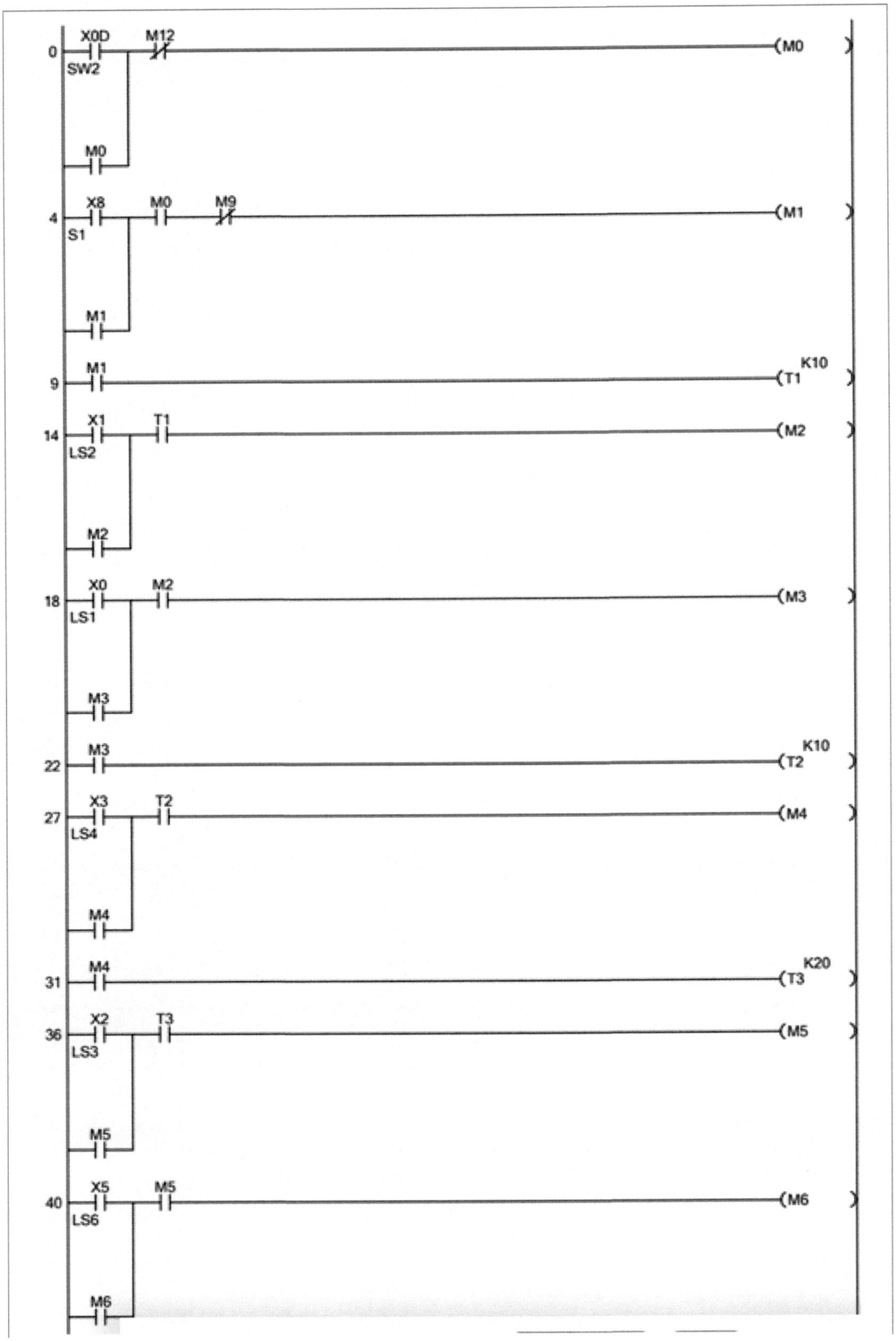
0
X0D
SW2
M12
M0
M0
4
X8
S1
M0
M9
M1
M1
9
M1
K10
T1
14
X1
LS2
T1
M2
M2
18
X0
LS1
M2
M3
M3
22
M3
K10
T2
27
X3
LS4
T2
M4
M4
31
M4
K20
T3
36
X2
LS3
T3
M5
M5
40
X5
LS6
M5
M6
M6

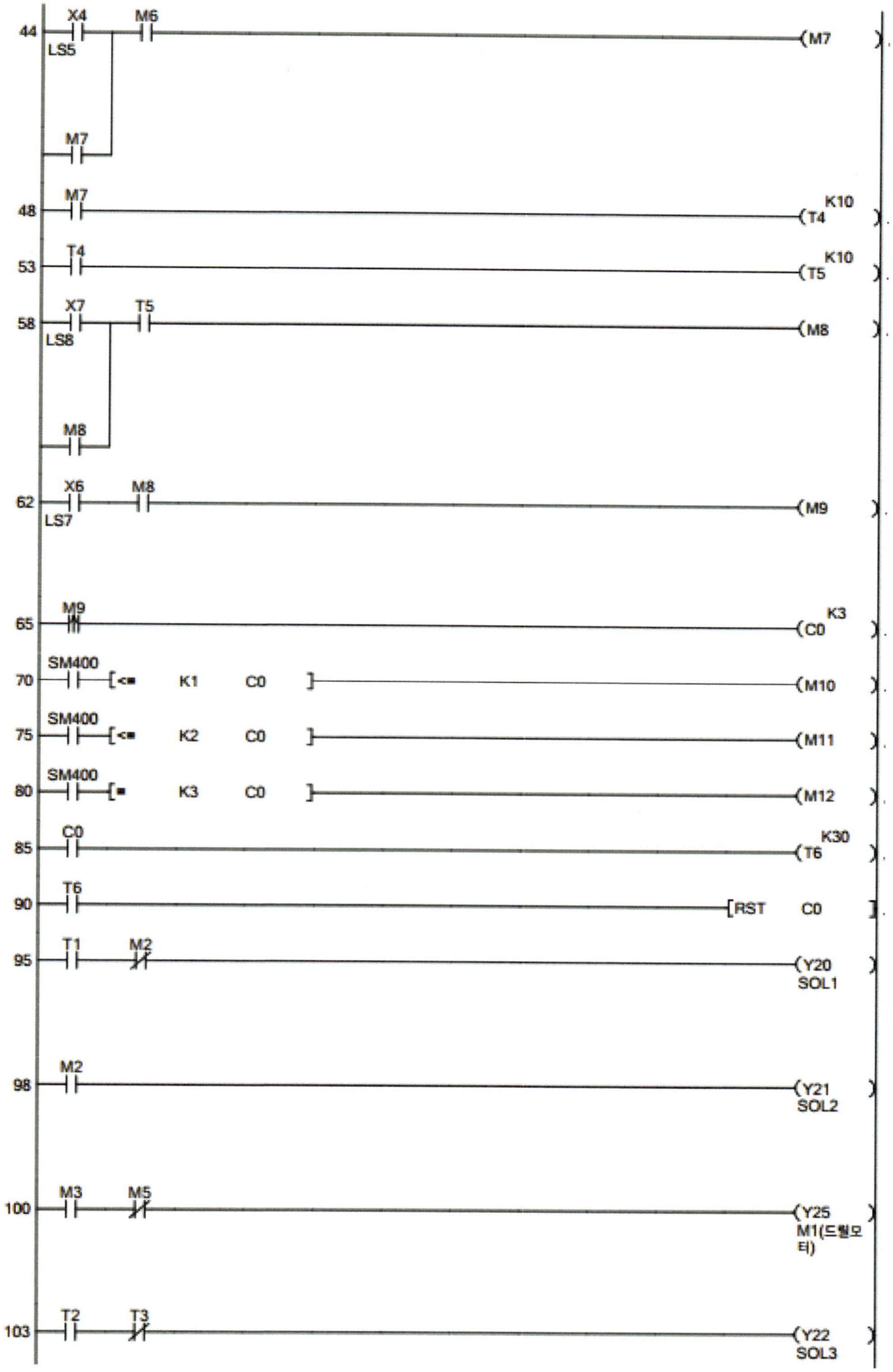
44 X4 M6 (M7)
LS5
M7
48 M7 (T4 K10)
53 T4 (T5 K10)
58 X7 T5 (M8)
LS8
M8
62 X6 M8 (M9)
LS7
65 M9 (C0 K3)
70 SM400 [<= K1 C0] (M10)
75 SM400 [<= K2 C0] (M11)
80 SM400 [= K3 C0] (M12)
85 C0 (T6 K30)
90 T6 [RST C0]
95 T1 M2 (Y20)
SOL1
98 M2 (Y21)
SOL2
100 M3 M5 (Y25)
M1(드릴모
터)
103 T2 T3 (Y22)
SOL3

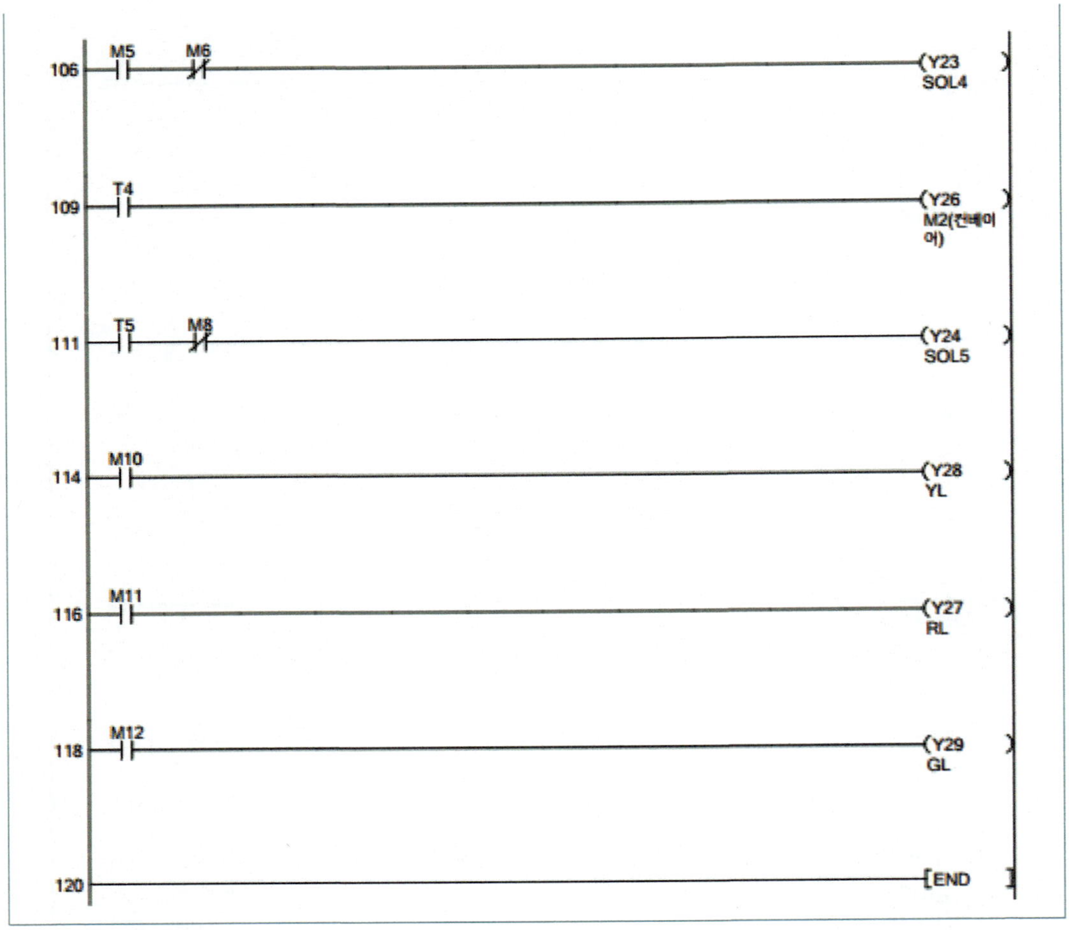
106
M5
M6
Y23
SOL4
109
T4
Y26
M2(컨베이
어)
111
T5
M8
Y24
SOL5
114
M10
Y28
YL
116
M11
Y27
RL
118
M12
Y29
GL
120
END

30.3 주요 동작 설명 (응용동작 2)

※ 아래의 동작이 순서대로 수행되도록 한다.

① 매거진에 물품을 적재하고 PB3버튼을 누르면 1초 후 공급실린더가 전진하여 물품을 공급하고 후진한다. (단, 매거진에 물품이 없으면 동작을 하지 않아야 한다.)
② 드릴모터가 구동되고 2초 후 드릴3실린더가 전진하고 3초 후에 후진한다.
③ 송출실린더의 전 · 후진과 동시에 컨베이어가 구동하며 컨베이어로 물품을 송출시킨 후 컨베이어 중간에 있는 물품감지 센서에 의해 감지가 되면 비금속물품은 배출실린더에 의해 배출상자로 배출시키고 금속은 컨베이어 끝단에 위치한 저장장치로 배출한다.
④ 운전 중 PB3버튼을 누르면 시스템은 즉시 정지되고 초기화 된다.
⑤ 컨베이어 끝단에 위치한 금속 물품의 수량에 따라 다음과 같이 램프가 점등되도록 한다.

금속물품의 갯수	황색램프	적색램프	녹색램프
1개	점등	소등	소등
2개	소등	점등	소등
3개	점등	점등	소등
4개	소등	소등	점등
5개	점등	소등	점등

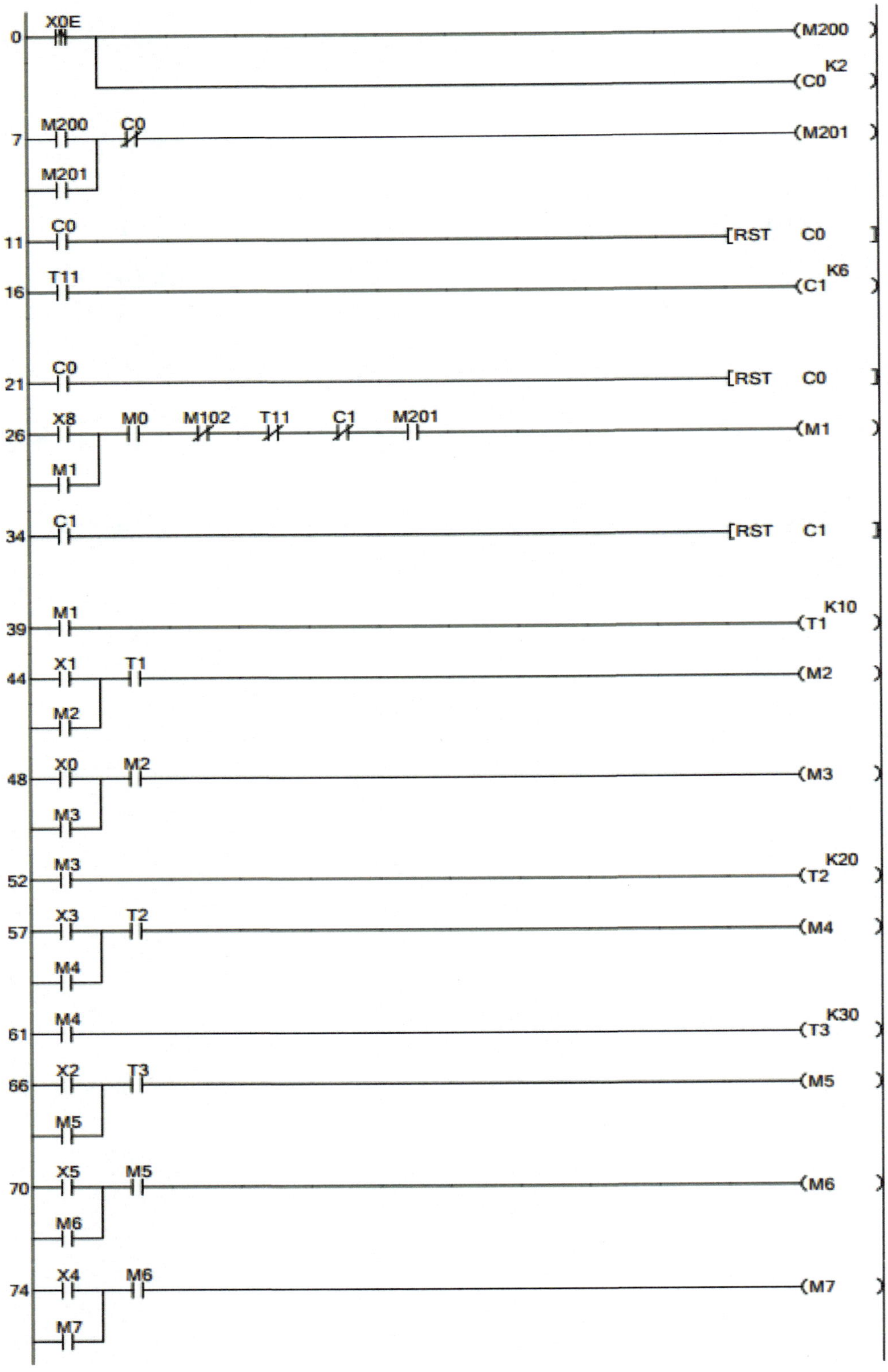
0 X0E (M200)
K2 (C0)
7 M200 C0 (M201)
M201
11 C0 [RST C0]
16 T11 K6 (C1)
21 C0 [RST C0]
26 X8 M0 M102 T11 C1 M201 (M1)
M1
34 C1 [RST C1]
39 M1 K10 (T1)
44 X1 T1 (M2)
M2
48 X0 M2 (M3)
M3
52 M3 K20 (T2)
57 X3 T2 (M4)
M4
61 M4 K30 (T3)
66 X2 T3 (M5)
M5
70 X5 M5 (M6)
M6
74 X4 M6 (M7)
M7

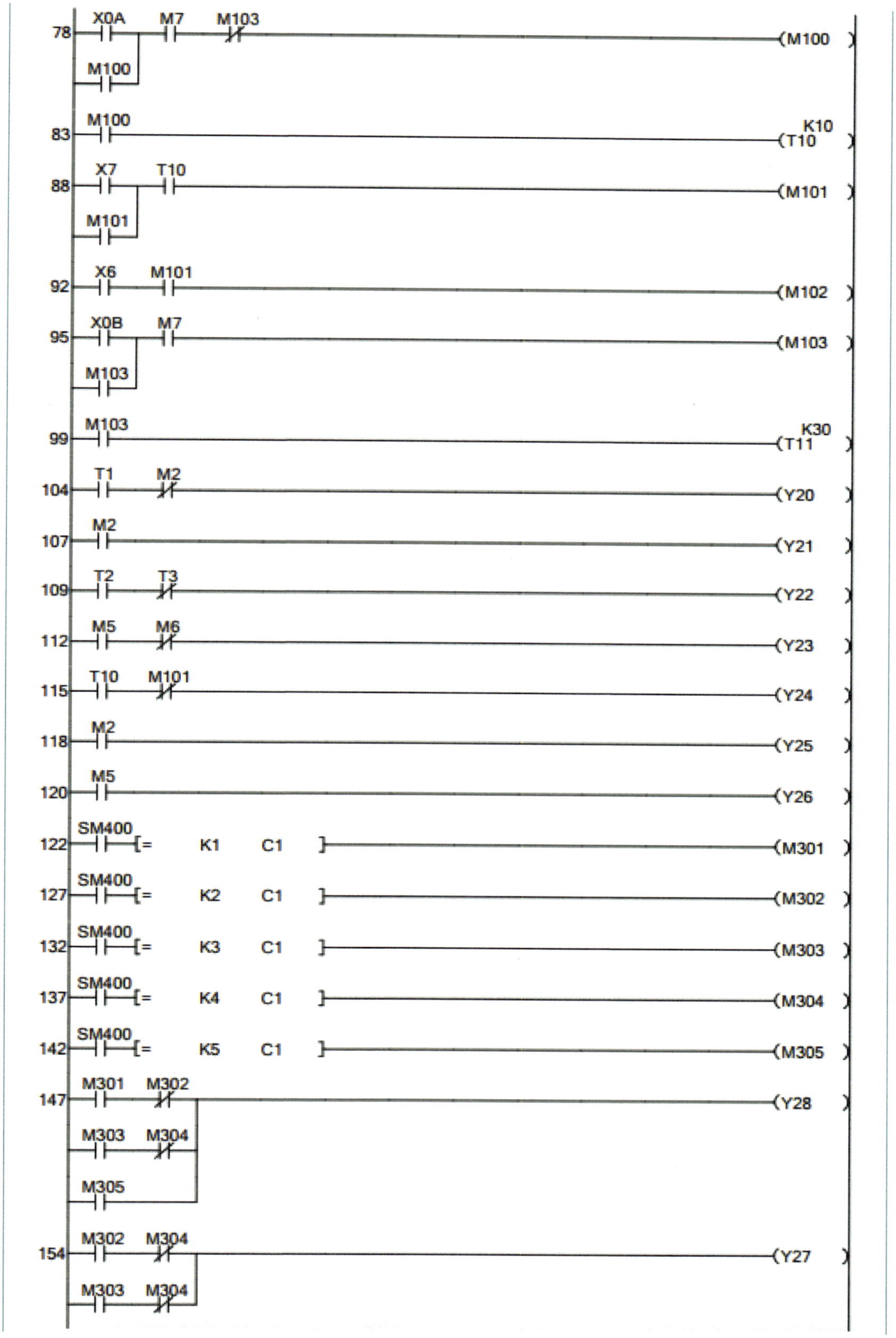
78 X0A M7 M103 M100
M100
83 M100 K10 T10
88 X7 T10 M101
M101
92 X6 M101 M102
95 X0B M7 M103
M103
99 M103 K30 T11
104 T1 M2 Y20
107 M2 Y21
109 T2 T3 Y22
112 M5 M6 Y23
115 T10 M101 Y24
118 M2 Y25
120 M5 Y26
122 SM400 [= K1 C1] M301
127 SM400 [= K2 C1] M302
132 SM400 [= K3 C1] M303
137 SM400 [= K4 C1] M304
142 SM400 [= K5 C1] M305
147 M301 M302 Y28
M303 M304
M305
154 M302 M304 Y27
M303 M304

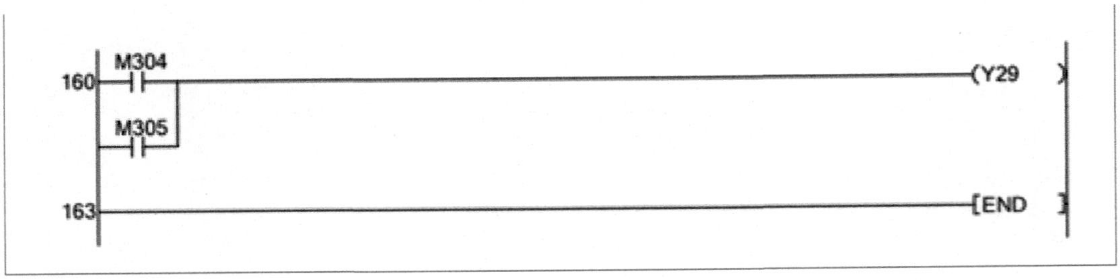
M304
160
(Y29
M305
163
[END

저자와의
협의에 의해
인지 생략

Melsec-Q PLC를 활용한

생산자동화 제어실습

3판 2쇄 2025년 1월 10일

저 자	오선일
발행인	송광헌
발행처	도서출판 복두(더)
주 소	서울특별시 영등포구 경인로 82길 3-4 센터플러스 807호 (우) 07371
전 화	02-2164-2580
FAX	02-2164-2584
등 록	1993. 11. 22. 제 10-902 호

정가 : 32,000원

ISBN : 979-11-6675-451-7 93560

한국과학기술출판협회 회원사